高等教育新工科物流专业系列教材

物流无人机技术基础

李红启　王飞龙　编著

中国财富出版社有限公司

图书在版编目（CIP）数据

物流无人机技术基础／李红启，王飞龙编著．—北京：中国财富出版社有限公司，2023.12

（高等教育新工科物流专业系列教材）

ISBN 978－7－5047－8049－2

Ⅰ．①物…　Ⅱ．①李…②王…　Ⅲ．①运输机—无人驾驶飞机—高等学校—教材　Ⅳ．①V271.2②V279

中国国家版本馆CIP数据核字（2024）第005225号

策划编辑	雷晓玲	**责任编辑**	刘　斐　于名珏	**版权编辑**	李　洋
责任印制	尚立业	**责任校对**	杨小静	**责任发行**	敬　东

出版发行	中国财富出版社有限公司		
社　　址	北京市丰台区南四环西路188号5区20楼	**邮政编码**	100070
电　　话	010－52227588转2098（发行部）		010－52227588转321（总编室）
	010－52227566（24小时读者服务）		010－52227588转305（质检部）
网　　址	http：//www.cfpress.com.cn	**排　　版**	宝蕾元
经　　销	新华书店	**印　　刷**	北京九州迅驰传媒文化有限公司
书　　号	ISBN 978－7－5047－8049－2/V·0003		
开　　本	787mm×1092mm　1/16	**版　　次**	2024年1月第1版
印　　张	22	**印　　次**	2024年1月第1次印刷
字　　数	482千字	**定　　价**	68.00元

前　言

1935 年出现的第一架现代意义的无人机被用于模拟实战；美国联邦航空管理局允许民用无人机用于搜救；2012 年，大疆发布了精灵 Phantom 1 无人机。联邦快递、UPS、亚马逊、谷歌等企业也在研发用于快递的无人机。从机身结构角度，无人机可分为固定翼、多旋翼、扑翼、混合翼等类型。近年来，自控、协同乃至集群技术的蓬勃发展，极大拓展了小型无人机的应用场景。

民用领域无人机技术研发和试点运用在近年来呈现出非常活跃的状态，特别是将多旋翼无人机运用于物流快递、应急救援、农药喷洒、灯光秀表演等方面。因此，针对无人机应用于末端配送实践的理论问题研究工作开始成为学术研究前沿。在将无人机配送的新技术和新模式运用于物流快递的过程中，无人机的载运能力与续航能力、无人机与既有物流体系的衔接等，均对兼顾无人机技术特点的物流运力运用方法提出了新的挑战。

本书旨在介绍物流领域运用无人机技术或模式时所涉及的一系列关键知识，全书包括 3 篇 15 章。

（1）若将物流无人机视为一类载运工具，则其对相关问题的解决方法仍需遵循最基本的物流管理原理，可参考既有的物流运力运用理论和技术。因此，本书第 1 篇从现代物流原理、物流节点、盈亏分析的角度介绍物流无人机运用过程应参照的基本原理。

（2）第 2 篇对无人机技术的基础知识做出全面且较为细致的介绍，包括无人机的结构与系统、无人机的飞行原理、多旋翼无人机的能耗估计、多旋翼无人机的组装和无人机飞手培训与资质获取，帮助读者快速了解和掌握与无人机技术相关的背景知识，以便后续对物流无人机运用理论与技术的学习。

（3）鉴于物流无人机的应用场景不一，多旋翼无人机的运用模式具有很强的灵活性，而现阶段多旋翼无人机的载运能力和续航能力有限，使得物流无人机的飞行路径设计、物流无人机与既有运力的衔接等问题具有很大的挑战性。第 3 篇是本书的重点，主要介绍物流无人机运用理论与技术，具体包括图论基础、优化算法概论、无人机配送技术、卡车－无人机联运理论、无人机编队配送理论、仓储无人机技术、无人机发展的挑战和趋势。

本书内容涵盖物流基本原理、无人机技术原理、数学规划基本概念和模型、物流无人机运用优化问题建模和求解算法等知识，内容贯通中高年级本科生和研究生教学阶段，能够迎合中高年级本科生到研究生的一贯制培养。全书多数内容适合中高年级本科生教学，对适合研究生教学的章节予以特别标识。此外，本书对于相关技术人员和物流从业者具有十分重要的参考价值。全书大部分计算结果以计算机程序运行结果为准，省略大部分数值的精度处理过程。

在本书的编著过程中，作者及其科研团队成员付出了大量的努力，力求为物流专业教学提供一本质量可靠的教材。我们参考了若干文献资料，在此对文献原作者表示感谢！但是，限于作者的学识和科研能力，书中可能仍有一些疏漏，欢迎大家批评指正。作者期待能与同行一起努力，为我国新工科背景下的物流专业教育和物流教材建设贡献力量。

作 者

目　录

第 1 篇　物流基础

第 2 篇　无人机技术基础

第3篇 物流无人机运用理论与技术

第1篇　物流基础

【内容摘要】本篇对与现代物流相关的基础内容进行了较为简要的介绍，涵盖现代物流原理、物流节点和盈亏分析。第 1 章介绍了几类物流学说，包括商物分离学说、效益背反理论和物流场论；详细介绍了物流要素的测度和物流结构。第 2 章首先概括了物流节点的功能和分类；其次介绍了物流节点密度，包括网点布局、配送成本估计方法和网点数量对配送成本的影响这三个部分的内容；最后介绍了物流节点的选址方法，包括层次分析法、重心法、数学规划法、CFLP（Capacitated Facility Location Problem，容量有限设施选址问题）法、Baumol－Wolfe（鲍摩－瓦尔夫）模型、中值模型、覆盖模型。第 3 章先概述了物流经济分析的基本要素，主要包括物流成本、物流税收和利润；然后讲述了本量利分析的基本模型及物流系统的本量利分析。

第 1 章　现代物流原理

1.1　物流学说

自从物流的概念形成以来，围绕物流的思考和研究迅速展开，涌现出若干种物流学说，这些学说从不同角度反映了人们对物流概念和本质的理解。较有代表性的包括商物分离学说、“黑大陆”学说、物流冰山学说、效益背反理论、第三利润源理论、物流场论等，它们是物流理论体系的组成部分，对理解和认识物流概念和本质起到了重要的理论导引作用。以下简要介绍几种。

1.1.1　商物分离学说

1. 商品流通

商品流通是指商品从生产领域向消费领域的转移过程（见图 1－1），是连接生产和消费的中间环节。以货币为媒介的商品交换，需要通过一定的组织方式实现商品实物转移。社会的专业化分工使商品交换转移从生产领域分化出来，形成专门的商品流通领域。

商品流通涵盖两个方面：一是商品所有权转移，即以货币为媒介的商品交换活动，形成商流；二是商品实物转移，即实现从供应地到消费地的空间转移，形成物流。商流实际上是商品所有权的转移；物流实际上是商品实物的流动过程。

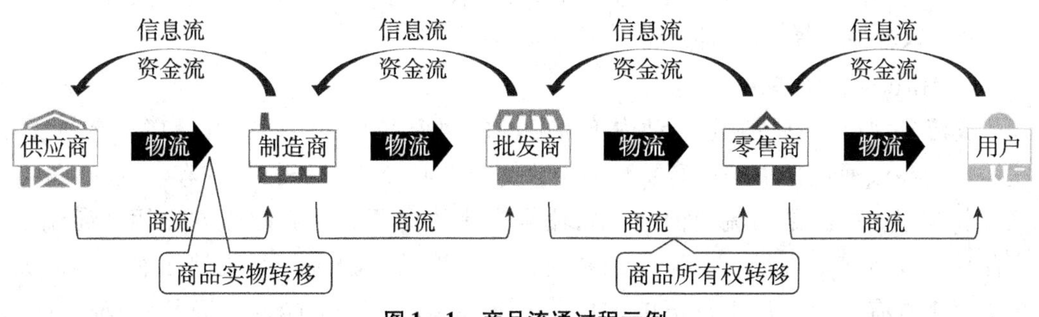

图 1－1　商品流通过程示例

2. 商流物流分离

商流物流分离即商物分离，是指商品流通中的两个组成部分——商流和物流各自按照其规律和渠道独立运行。商物分离学说是物流科学赖以独立并得以确立的先决条件。图 1-2 所示为商物分离现象示意。

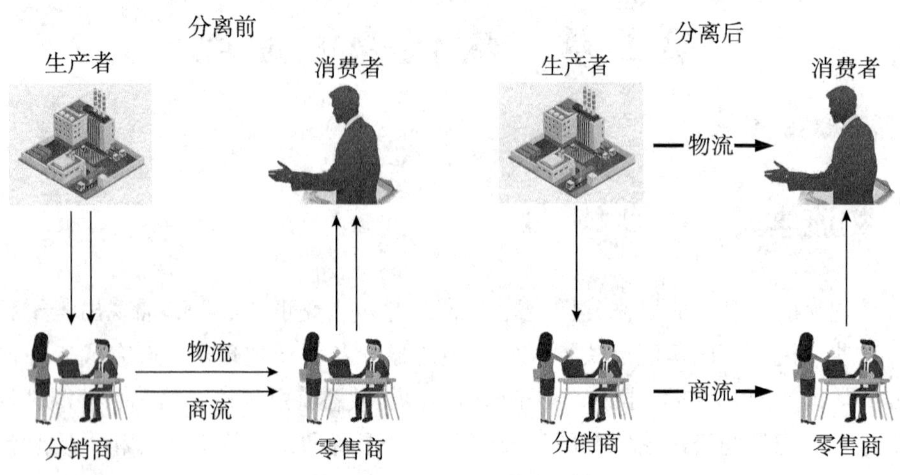

图 1-2 商物分离现象示意

在人类社会发展初期，生产力水平低下，生产者与消费者之间的时空分隔小，生产者在转让商品所有权的同时，也把商品本身转交给了消费者，此时，商流与物流过程是统一的。所谓“一手交钱一手交货”便是商流与物流过程统一的形象写照。

随着社会生产力和专业化分工的发展，商流与物流过程统一的情形虽然存在，但已不符合经济社会发展的大趋势。当今社会生产力高速发展，信息技术与管理手段日新月异，商流物流分离已是必然。如果按照一定的原则简化物流渠道，不与商流渠道重合，那么可以节约大量成本，物资流通的速度也会大大加快。

商物分离现象产生的驱动因素：经济领域流通职能分工与分化的客观要求，以及企业对流通各职能效率化的追求。社会进步使流通从生产中分离出来，但并没有结束分工和专业化的深入发展，分工和专业化是向一切经济领域延伸的。第二次世界大战以后，商流和物流出现了更明显的分流，逐渐变成了两个分别具有一定独立运行能力的过程，这就是所谓的“商物分离”。

3. 商流与物流的关系

商流与物流是商品流通活动中不可分割的两个方面，它们既有分离又有结合，统一在商品流通过程中。在商品流通中，商流与物流之间既相互依存、缺一不可，又互相独立。商流是物流的前提，物流是商流的保证。商流起先导作用，商流随商品所有权转移而进行，商流导致物流，但如果没有物流，商流就无法实现。如果消费者没有对商品使用价值的偏好，不购买商品，就不能发生商品所有权的转移，商品交易就无法进行。同时，如果不具备物流条件或者商品实物转移受阻，则商品不能被及时送到消费者手中，那么，商流失去了保证，也谈不上真正意义的商品交易。

1.1.2 效益背反理论

效益背反理论认为物流的各项活动（运输、储存、搬运、包装、流通加工等）之间可能存在效益背反现象。对于物流的部分功能进行规划和决策可能会影响其他部分的功能，因此物流的规划和决策一般都以整个物流系统为基础来考虑。例如包装方面，每节省一分钱，这一分钱就必然转到收益上来，包装越省利润越多；但是，一旦商品进入流通过程，过于便宜的包装可能降低商品防护效果，造成涉及储存、装卸、运输功能要素的工作劣化，效益大减。库存量和运输成本是相关的，若使用快速运输方式，运输成本高，而库存量低；如果用较慢的运输方式，运输成本低，库存量却高。图 1－3 所示为效益背反现象示意。物流系统的效益背反主要体现在以下方面。

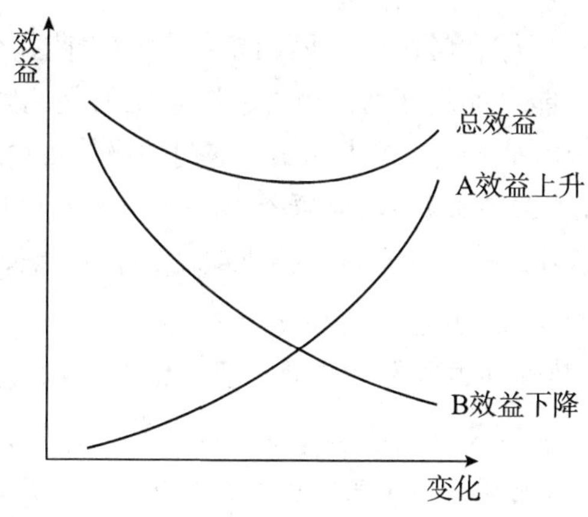

图 1－3 效益背反现象示意

1. 物流成本与服务水平的效益背反

（1）一般来说，提高服务水平，物流成本即上升，它们之间存在着效益背反。

（2）服务水平与物流成本之间并非呈现线性的关系，也就是说，投入相同的物流成本并非可以得到相同的服务水平的提升。一般而言，当服务处于低水平阶段，追加物流成本的效果较佳。

（3）对服务水平和物流成本做决策时可采取的思路列举如下。

①保持服务水平不变，通过改进物流系统来降低物流成本。

②提高服务水平，不惜增加物流成本。这是许多企业提高服务水平的做法，也是企业面对特定顾客或其特定商品面临竞争时所采取的具有战略意义的做法。

③保持物流成本不变，提高服务水平。这是一种积极的物流成本对策，是一种追求效益的方法，也是一种有效利用物流成本的方法。

④用较低的物流成本，达到较高的服务水平。这是一种增加销售、增加效益、具有战略意义的方法。企业只有合理运用自身的资源，才能获得这样的成果。企业采取

哪种物流成本策略，往往是通盘考虑各方面因素的结果。这些因素包括商品战略、地区销售战略、流通战略、竞争对手、物流系统所处的环境等。

2. 物流各功能活动的效益背反

物流的各项功能活动处于一个相互矛盾的系统中，想要较多地达到某个方面的目的，必然会使另一个方面的目的受到一定的损失，这便是物流各功能活动的效益背反。例如：

（1）减少物流网络中仓库的数量并减少库存，必然会使库存补充变得频繁而增加运输的次数和费用；

（2）简化包装虽可降低包装成本，但由于包装强度的降低，运输和装卸过程中货物的破损率会增加，且货物在仓库中摆放时也不可堆放过高，降低了保管效率；

（3）将铁路运输改为航空运输，虽然增加了运费，却提高了运输速度，从而有利于降低库存费用。

在设计物流系统时，要综合考虑各方面因素的影响，使整个物流系统达到最优，不能片面强调某种物流功能。由此可见，物流系统强调的是调整各方面因素，把它们有机地结合起来，寻求成本最小化，追求和实现部门的最佳效益。

【例题】假设某物流企业的服务水平主要体现在送货的时效性方面。如果仅仅考虑时间，那么其配送成本较高；如果多个订单集中配送，时间较长，会失去一定的客户。根据以往的数据，拟合出收入－服务水平曲线为 $q(x)=0.7\sqrt{x}$，其中 x 是服务水平，表示30分钟内货物送达的订单占所有订单的比重。拟合出相应的成本曲线为 $c(x)=0.0008x^2$，则最大利润的表达式为 $f(x)=q(x)-c(x)=0.7\sqrt{x}-0.0008x^2-a$，其中 a 表示固定成本。物流成本与服务水平呈现出效益背反现象，试计算最优服务水平。

【解析】对最大利润的表达式求一阶导数，并令其为0，即可求出最优服务水平：$\frac{0.35}{\sqrt{x}}-0.0016x=0$，根据以上公式求解得到 $x\approx36.3$，因此保证约36.3%的订单在30分钟内送达可以获得最大利润。

1.1.3 物流场论

1. 物流场模型

爱因斯坦指出，我们有两种实在：实物和场。借鉴场论理论研究物流，从而形成物流场的概念。经济地域是指由工业、农业、商业、交通运输业、其他服务业等物质生产部门和非物质生产部门，以及城镇体系在一定地域上有机组合而成的统一整体。经济地域相互联系与互为作用的纽带是交通、通信、信息和网络传输系统，其主要联系与流动的内容是物质流、能源流、资金流、信息流、技术流等。从国民经济总体的角度，以经济地域作为物流场中的“点”，该点称为物流场场节点。每个经济地域上必然有物流的产生，在经济地域产生的物流总量的基础上建立该经济地域上的理论物流规模——选定为“量”。以存在多个经济地域和非经济地域的较大的地域范围（如一个国家）为研究的空间范围，该地域空间中有众多的物流场场节点，每个物流场场节点有其相应的理论物流规模。根据“场”的定义，该空间范围为物流场。

通过对物理模型的比选，以场论中的一个较为简单的理想化模型（即真空中点电荷产生的静电场）为原型来定义物流场的各个表征量。真空中点电荷产生的静电场是不随时间变化的一种理想化电场，是有源无旋场。物流场是由物流场场节点产生的、随时间变化的现实存在。如果以较长时间间隔（如年）为周期观测物流场，可以认为该时间间隔内物流场是不随时间变化的。物流场基本满足有源无旋的特征。表 1－1 所示为静电场和物流场的主要特征对比。

表 1－1　　静电场和物流场的主要特征对比

真空中点电荷产生的静电场	物流场
点电荷	物流场场节点（经济地域）
点电荷电量（q）	物流场场节点的理论物流规模（O）
电力线	运输线路
场强（E）	物流运动量——货物周转量（Y）
电势（U）	物流停顿量——库存量（C）
空间距离（r）	空质转换函数（v）

（1）物流场场节点与现代物流学中提出的物流节点不同。这里所说的物流场场节点是经济地域，类似于点电荷产生静电场，物流场场节点产生物流场；物流场场节点是经济地域系统的组成部分。

（2）物流场场节点的理论物流规模是物流场场节点的表征量，是一个综合性的、虚拟的指标，它既表达了物流运动量的状态水平，又表达了物流停顿量的状态水平。正是这个表征量的存在，引发了各种单项物流作业量。

（3）在实际的统计工作中，货物运输量有货运量（货物发送/到达量）和货物周转量之分。在物流场模型中，物流运动量不仅取决于物流场场节点发送的货物数量或者到达物流场场节点的货物数量，而且还受运输线路、运输距离的影响。所以，为使物流运动量对应静电场的场强，采用货物周转量这一统计指标表征物流运动量。在统计中，库存量一般具有时点性，这与货物周转量不同。根据香农采样定理，只要合理地选择采样间隔来测量记录库存量，所得的序列就能如实地反映原来时间序列的特征。在使用库存量统计数据时需要确保采样间隔的一致性。

（4）静电场的电势与场强之间存在一定的数量关系，为在物流场中理顺这一关系，提出“空质转换函数”的概念。运输实现了物流的空间转移功能，而储存、包装、装卸搬运、流通加工等作业实现了货物自身的价值增加（质的变化），用“空质转换函数”将货物周转量与库存量联系起来。

（5）与电力线对应的是运输线路，两者有一定的联系，也有区别。电力线遍布空间，起于正电荷、终于负电荷，不会在无电荷处中断，不会相交，也不会回到起始点上的电荷而形成闭合曲线。运输线路有起点和终点，不会在没有城镇的地方中断，但运输线路在空间的分布是有限的，可能形成闭合的线路，也可能相交。

任何简化的模型都不能解决经济活动的所有问题。因此，总存在一些模型未加说明的问题。一个好的模型必须能够解释社会经济发展的某些主要问题，同时，其中又会包含一些暂时难以说明的问题。物流场模型能够辅助阐述物流领域的某些问题。至于其中的暂时难以说明或论证的假设，可另行深入探讨。通过比较分析的方法建立物流场模型的目的：借用场论的一些定律、定理研究物流场中各种表征量之间的关系。

真空中点电荷的库仑定律是静电场的基本定律，根据这一定律可以确定静电场中各个物理量之间的量化关系：$U = \frac{Kq}{r}$，$E = \frac{Kq}{r^2}$，$U = E \cdot r$（K 为常量）。

将这些量化关系引入物流场，则：

$$C = Y \cdot v$$

$$C = \frac{K \cdot O}{v}, Y = \frac{K \cdot O}{v^2} (K\text{ 为常量})$$

理论物流规模 $O = \frac{Y \cdot v^2}{K}$，将 v 以 Y 与 C 代替，则：

理论物流规模
$$O = \frac{C^2}{K \cdot Y} \quad (1-1)$$

可见，物流场场节点的理论物流规模可以用货物周转量与库存量进行计算。由式（1-1）可知，如果保持货物周转量不变而使库存量增长 c（c 为一个正的百分数），则理论物流规模将是变化前的 $(1+c)^2$ 倍；如果保持库存量不变而使货物周转量增长 c，则理论物流规模将是变化前的 $\frac{1}{1+c}$ 倍。显然，$(1+c)^2 - 1 > \frac{1}{1+c} - 1$。可见，库存量对计算结果的影响要大于货物周转量，库存量的变化对物流总量的作用强于货物周转量的变化。

此外，基于上述理论物流规模的计算公式，考虑一种理想状态：全社会的工商业企业均已实现了零库存。从统计习惯上，一旦交易成功，即使商品在运输途中也应算为库存量，而非终端运输量（不是面向最终消费者的运输量），应当算作工商业企业的库存量，即 $C = Y \cdot g(t)$［这里 $g(t)$ 为非终端货物周转量占总货物周转量的比例函数，t 为时间变量］。

此时理论物流规模为 $O = \frac{g^2(t)}{K} \cdot Y$。可见，理论物流规模与货物周转量在该理想状态下大体成正比关系，可以用货物周转量描述物流总量。但是现实中全社会工商业企业的零库存状态是达不到的，该结论同时说明了用货物周转量描述物流总量时受社会库存水平影响这一局限性。

2. 实证分析：美国理论物流规模测算

由于本实证分析着眼于时间序列发展趋势的探讨，所以常量 K 可以不纳入计算过程。这样，对于美国理论物流规模的计算可采用公式 $O' = \frac{C^2}{Y}$。由于计算的是物流总量，所以使用的原始指标及数据必须由国民经济各部门统计，即必须与物流的范围相一致。一般地，货物周转量的统计是针对全社会的。社会再生产是生产过程和流通过程的统一，生产过程运输是产品生产过程的直接组成部分，流通过程运输是生产过程运输的继续，这两种运输存在着紧密的联系。从我国的统计看，运输统计的是属于流通过程的货物运输量，包括：专业运输部门的车船以及交通部门组织其他部门的车船完成的货物运输量；非交通系统中独立核算运输单位完成的货物运输量；非交通系统中非独立核算的车队或车辆完成的发生运费结算的营业性货物运输量；运输邮电系统及其他系统（除工业、农业、建筑、财贸等属于物质生产部门的系统外）中，非独立核算的车队或车辆自货自运完成的货物运输量；其他社会运输力量完成的货物运输量。库存量的统计由于统计口径的差别而有所不同。美国对库存量的统计领域包括农业、工业、建筑业、批发贸易业、零售贸易业等。可见，美国有关指标的统计口径基本满足研究其物流总量的要求。

采用物流总成本指标衡量物流总量是国内外较为普遍的做法，物流总成本指标可以从物流服务过程中消耗的各种资源量的角度衡量物流总量，但因为价格变动、通货膨胀等因素，物流总成本指标与实际的物流作业量指标之间基本呈现不了线性的相关关系，在描述实际的物流总量时就存在一定的理论偏差。此外，大量研究证明物流总成本数据是不充分的，物流总成本在刻画物流总量时存在统计上的偏差。这里把用式（1－1）计算的理论物流规模和实际测算的物流总成本在表 1－2 中作对比，分析两者之间的联系与区别。

表 1－2　“理论物流规模”和实际测算的物流总成本（限于篇幅，本表只罗列部分年份的数据）

年份（年）	货物周转量（10 亿吨英里）	社会总库存（亿美元）	理论物流规模（LC）	物流总成本（10 亿美元）	单位理论物流规模需要的物流成本（亿美元/LC）
1960	1330	1362	1395	78	0.559
…	…	…	…	…	…
1970	1936	2360	2877	153	0.532
…	…	…	…	…	…

续　表

年份（年）	货物周转量（10 亿吨英里）	社会总库存（亿美元）	理论物流规模（LC）	物流总成本（10 亿美元）	单位理论物流规模需要的物流成本（亿美元/LC）
1980	2487	7398	22007	451	0. 205
…	…	…	…	…	…
1990	2896	10823	40448	659	0. 163
…	…	…	…	…	…
2000	3746	15359	62974	1006	0. 160

数据来源：美国运输部和美国商务部经济分析局。

（1）从时间序列发展趋势看，美国理论物流规模的总体发展趋势与物流总成本的总体发展趋势基本一致（这里暂将计算得出的理论物流规模的单位定为 LC，这是一个虚拟的标准实物量单位）（见图 1 －4）。

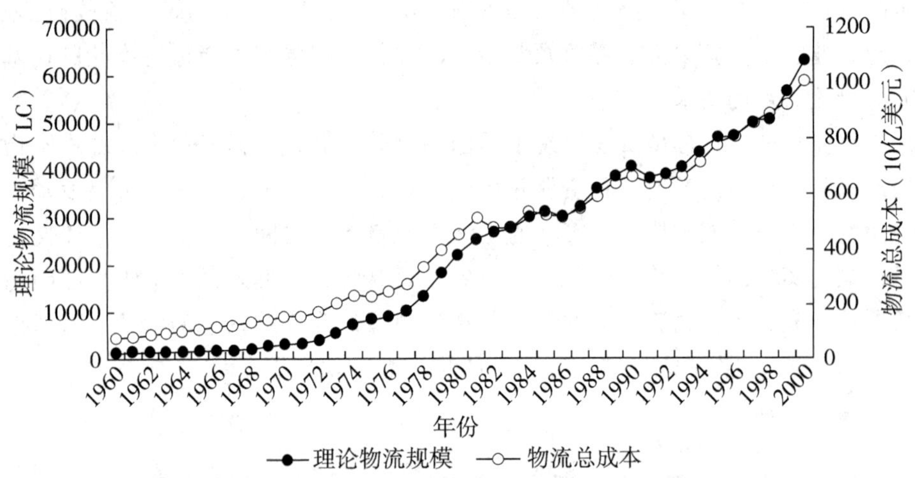

图 1 －4　美国历年物流总成本与理论物流规模的总体发展趋势

（2）从相关关系看，美国理论物流规模与物流总成本之间存在很强的线性相关关系，相关系数高达 0. 996（见图 1 －5）。

（3）美国理论物流规模与物流总成本还是存在一定的差别的。这里采用单位理论物流规模需要的物流成本来分析二者的区别。从单位理论物流规模需要的物流成本看，随着物流管理理念在美国企业中的广泛应用，单位理论物流规模需要的物流成本呈现下降趋势，特别是 1983 年以前，这种下降趋势是非常明显的。而 1984 年以来，单位理论物流规模需要的物流成本沿某一稳定水平线呈小振幅的上下波动趋势，可见，美国物流已进入一个相对平衡状态，物流系统的效益背反作用明显（见图 1 －6）。

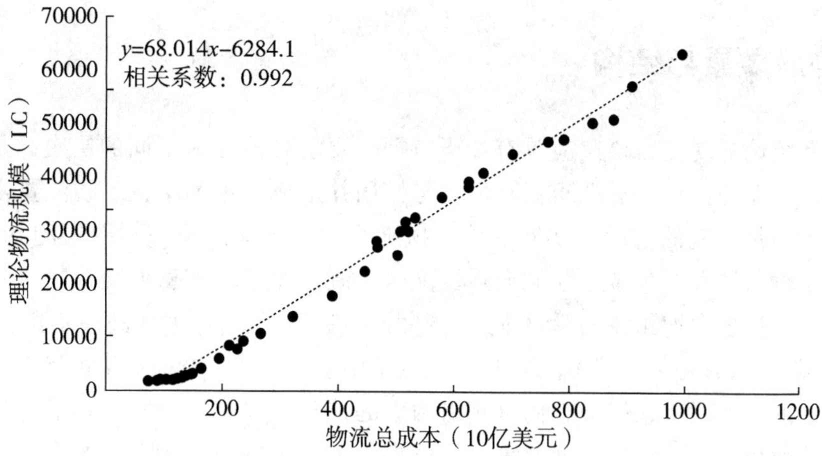

图 1－5　美国理论物流规模与物流总成本的线性相关关系

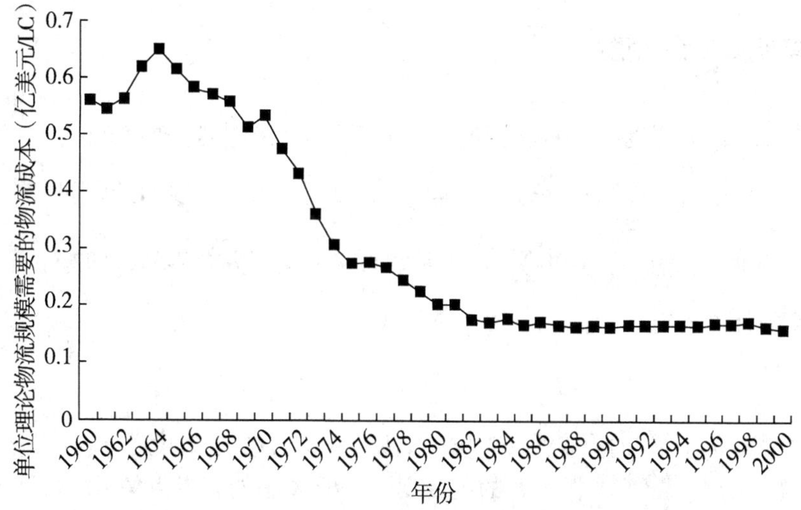

图 1－6　美国历年单位理论物流规模需要的物流成本

不难发现，采用该计算方法有如下好处。一是合理选取并利用既有的统计指标和统计数据，便于对历史数据进行研究。既有的统计指标体系中与物流相关的指标很多，抓主要关系，选择处于主要地位的指标，简化物流中错综复杂的各种关系。选取的指标是统计中具有普遍性的指标，历史数据丰富，为顺利使用各种技术方法深入研究物流发展规律提供了较强的统计数据支持。二是由于常量 K 的存在，对既有统计指标的计量单位无要求。这里，K 作为常量，除了“权”的作用外，更重要的是其可以根据需要而使用任何单位，主要的目的是使计算得到的结果具有事先要求的物流计量单位。三是简化了物流总量的测算方法，对生产实践有重要的意义。只要具备货物周转量和库存量的统计数据就可以计算出物流总量，并不需要再专门设计新的统计指标，这比抽样调查、估算物流总量的方法更易于操作。

1.2 物流要素与结构

按照系统论的观点，要素应具有如下特征：要素可再分为不同的层次；要素之间相对独立，有差异性；要素之间相互联系与作用并形成一定的结构。物流要素即物流的组成单元，是物流的基础和实际载体。物流要素的选择必须遵循要素的基本特征，可以选取运输、储存、包装、装卸搬运、配送、流通加工和信息处理为物流要素。理由如下：①上述要素均可细分为不同的层次，如物质基础层（可进一步细分为点与线）、软环境层（体制、标准）等，这就满足了要素的第一个特征；②虽然上述要素之间存在一定的作业联系，但是它们是相对独立的甚至存在运作效率目标的冲突，产生的物流作业效果是不一样的，这就满足了要素的第二个特征；③上述要素之间的相互联系和相互作用形成了物流的运行结构，这就满足了要素的第三个特征。

1.2.1 物流要素的测度

点集的 Lebesgue 测度（勒贝格测度，以下简称测度）是这样定义的：对于 **R** 中的有界点集 E，设 $I_1,I_2,\cdots,I_n,\cdots$ 是一串区间，$E \subset \bigcup_{n=1}^{\infty} I_n$，用 mI_n 表示开区间 I_n 的长度，则 $\sum_{n=1}^{\infty} mI_n$ 是一个非负的数集，且 $\{\sum_{n=1}^{\infty} mI_n \mid E \subset \bigcup_{n=1}^{\infty} I_n\}$ 是下方有界的，即有下确界。

点集 E 的外测度定义为：

$$\mu^*(E) = \inf\{\sum_{n=1}^{\infty} mI_n \mid E \subset \bigcup_{n=1}^{\infty} I_n\} \tag{1-2}$$

设 $E \subset [a,b]$，E 的余集（$E^c = [a,b] - E$）的外测度为 $\mu^*(E^c)$，则称数 $\mu_*(E) = (b-a) - \mu^*(E^c)$，为 E 的内测度。对于 **R** 中的有界点集 E，如果 $\mu_*(E) = \mu^*(E)$，则称 E 是 Lebesgue 可测集，E 的外测度和内测度的公共值称为 E 的测度。

可见，所谓测度就是长度、面积和体积等概念的推广。一般意义上的测度是反映事物某一方面整体数量特征的数学概念。

1. 运输要素的测度

运输是改变“物”的空间状态的主要手段。从物流作业各种费用在物流总成本中所占的比重看，运费所占的比重最大。运输是物流的主要要素之一。

类似于点集的测度的定义，在货物流动——停顿的环节考察运输：设 $I_1,I_2,\cdots,I_n,\cdots$ 是社会上特定货物在不同的两个停顿之间的流动，用 mI_n 表示运输环节 I_n 上的运输作业量，该作业量应当是货物的重量与运输里程的复合。对于运输要素 E 而言，$E \subset \bigcup_{n=1}^{\infty} I_n$。这样，运输要素的测度应当是：

$$\mu^*(E) = \inf\{\sum_{n=1}^{\infty} mI_n \mid E \subset \bigcup_{n=1}^{\infty} I_n\} \tag{1-3}$$

运输要素的测度对应统计中的全社会货物周转量指标。

2. 储存要素的测度

储存是以改变“物”的时间状态为目的的活动。按其存在的场所分类，储存包括仓库储存、生产车间储存、场站储存。

类似于点集的测度的定义，从货物储存的不同地点考虑储存：设 $I_1, I_2, \cdots, I_n, \cdots$ 是全社会货物的不同储存地点，用 mI_n 表示储存地点 I_n 上的储存量。对于储存要素 E 而言，$E \subset \bigcup_{n=1}^{\infty} I_n$。这样，储存要素的测度应当是：

$$\mu^*(E) = \inf\{\sum_{n=1}^{\infty} mI_n \mid E \subset \bigcup_{n=1}^{\infty} I_n\} \tag{1-4}$$

作为物流主要要素之一的储存主要存在于仓库和场站中，储存要素的测度可以用仓库和场站的储存量表示。由于储存量时刻变化，所能得到的储存量统计数据一般是某一时间点的统计结果，是一种时间上的抽样统计数据。

3. 要素测度形式的多样性

采用类似上述关于运输要素的测度、储存要素的测度的确定方式，可以确定装卸搬运要素、包装要素、流通加工要素、配送要素和信息处理要素的测度。必须指出，以上仅仅是从某一选定的方面（如运输作业量、库存量等实物量）定义物流某要素的测度，如果换一个角度（如价值量）来看物流要素，可能得到不同的要素测度的定义形式。所以，这里提出的要素测度是一个普适指标，它既可能代表规模，也可能代表成本、投入量等，只要能够反映要素这种测度特点的统计量均可作为测度的一种形式。

4. 要素测度与统计数据的采样频率

由要素测度形式的多样性不难发现，有的统计量是时点量（如库存量），而有的统计量是时段量（如货物周转量），这样就导致了统计量之间的不可比问题（统计频率不同），给进一步揭示物流的规律造成了较大的障碍。下面根据香农采样定理确定物流要素测度不同形式指标的统计记录时间间隔选择问题。

香农采样定理指出：能根据采样信号复现原连续信号所必需的最小采样频率是 $2f_{\max}$，其中 $f_{\max}$ 为原始信号最大频率，即 $\left(\frac{1}{\Delta t}\right)_{\min} = 2f_{\max}$，或 $\Delta t \leqslant \frac{1}{2f_{\max}}$，其中 Δt 为采样间隔。换言之，每周期两次的采样频率可以近似得出原来的信号，以 Δt 为间隔进行采样时，能够检测出的最短周期是 $2\Delta t$（这里的采样间隔为采样频率的倒数）。

人类社会的经济周期可以概括为四种类型：①时间为 40 ~ 70 年、平均 50 年左右的长周期，也称康德拉季耶夫周期；②15 ~ 25 年的中长周期，也称库兹涅茨周期，因其与建筑业的盛衰关系密切，又称为建筑周期；③时间为 7 ~ 12 年、平均大约 10 年的周期，称为设备投资周期；④3 ~ 4 年的短周期，即基钦周期，因其与库存调整有一定的关系，故又称为库存周期。

根据香农采样定理，如果以年为间隔选择统计数据来进行其隐含周期的研究，则理论上能够检测出的最小周期长度为 2 年，比既有的经济周期的长度要短。所以，以年为统计测量时间间隔的统计数据一般可以隐含各种经济周期信息。可见，如果以“年”作为物流要素测度不同形式指标的统计记录时间间隔，应当能够满足统计数据采集的基本要求。

1.2.2 物流结构

物流结构是指物流的各个组成要素之间的相对稳定的联系方式、组织秩序及其时空关系的内在表现形式。物流结构取决于其构成要素和这些要素之间的联系，物流的目标是通过要素的协同运作完成的。结构反映的是物流的内部关系，体现出内在的规定性，与物流的质的规定性是密切相关的。在物流管理理念产生初期，各要素是相互分离的，联系程度很低，所以物流的运作水平是比较低的；随着物流业的发展，越来越密切的作业联系使得个别要素与其他部分要素组成较高的运作层次，物流的运作水平得到提高。

若把物流结构理解为物流要素的时间、空间或时空分布形式，则物流结构体现出物流的一种量的规定性。要素有其规模与发展程度，要素之间的相互作用在一定程度上表现为规模、发展程度之间的数量关系。鉴于运输、储存、包装、装卸搬运、配送、流通加工、信息处理等物流活动都以人力或机械作业的方式消耗一定的资源（机械折旧、人力、动力等）而对商品进行各种物流作业处理，作业量、作业成本和商品价值的增加量等均是要素某种方面的定量刻画。

为进一步探讨物流结构，采用微分方程描述物流要素测度间的关系。也许实际的社会经济现象表现出一定的离散性而需要用差分方程刻画，也许实际的社会经济现象非常复杂而需要用高阶微分（差分）方程刻画，但可以证明：高阶微分方程、差分方程与一阶微分方程的解具有等价性。在建立基于微分方程理论的物流结构描述模型时，采用一阶微分方程组。

以 ML_i（$i=1,2,\cdots,7$）表示物流的运输、储存、包装、装卸搬运、配送、流通加工和信息处理要素，记 ML_i（$i=1,2,\cdots,7$）的测度为 $x_i(i=1,2,\cdots,7)$，t 为时间，用一阶微分方程组描述各要素的测度之间的关系：

$$\begin{cases}\dfrac{\mathrm{d}x_1}{\mathrm{d}t}=f_1(t,x_1,x_2,\cdots,x_7)\\ \dfrac{\mathrm{d}x_2}{\mathrm{d}t}=f_2(t,x_1,x_2,\cdots,x_7)\\ \cdots\\ \dfrac{\mathrm{d}x_7}{\mathrm{d}t}=f_7(t,x_1,x_2,\cdots,x_7)\end{cases} \tag{1-5}$$

微分方程组（1-5）隐含如下特点：任何测度 x_i 的变化都是所有 $x_i(i=1,2,\cdots,7)$ 的函数，而任何 x_i 的变化会使所有其他测度发生变化。

微分方程组（1－5）加入初始条件并用向量形式表示为：

$$\begin{cases}\dfrac{\mathrm{d}\boldsymbol{X}}{\mathrm{d}t} = \boldsymbol{F}(t,\boldsymbol{X}) \\ \boldsymbol{X}(t_0) = \boldsymbol{X}_0\end{cases} \tag{1-6}$$

其中 $\boldsymbol{X} = \begin{bmatrix} x_1 \\ x_2 \\ \vdots \\ x_7 \end{bmatrix}$，$\boldsymbol{F}(t,\boldsymbol{X}) = \begin{bmatrix} f_1(t,x_1,x_2,\cdots,x_7) \\ f_2(t,x_1,x_2,\cdots,x_7) \\ \cdots \\ f_7(t,x_1,x_2,\cdots,x_7) \end{bmatrix}$，$\boldsymbol{X}_0 = \begin{bmatrix} x_{10} \\ x_{20} \\ \vdots \\ x_{70} \end{bmatrix}$，初始条件 $\boldsymbol{X}(t_0) = \boldsymbol{X}_0$，$\boldsymbol{X}_0$ 为基准期数值。

在社会生产实践过程中，不同时段内物流要素的测度构成的时间序列有其发展变化的轨迹，这就要求微分方程组（1－6）必须存在通解以及在给定初始条件下的特解，否则物流要素就不存在发展轨迹，与现实矛盾（现实中的物流要素总是有其发展演变轨迹的）。所以，微分方程组（1－6）应当满足初值问题的解存在唯一性定理。

（存在唯一性定理）设方程组 $\begin{cases}\dfrac{\mathrm{d}\boldsymbol{X}}{\mathrm{d}t} = \boldsymbol{F}(t,\boldsymbol{X}) \\ \boldsymbol{X}(t_0) = \boldsymbol{X}_0\end{cases}$ 的右端函数 $\boldsymbol{F}$（t，$\boldsymbol{X}$）在区域 $\mathfrak{R}: |t - t_0 \leqslant a|, \|\boldsymbol{X} - \boldsymbol{X}_0\| \leqslant b$ 上满足：

（1）连续，记 $M = \max\limits_{(t,X)\in\mathfrak{R}} \|\boldsymbol{F}(t,\boldsymbol{X})\|, h = \min\left(a, \dfrac{b}{M}\right)$；

（2）关于 $\boldsymbol{X}$ 满足 Lipschitz 条件，即存在常数 $L > 0$（L 为 Lipschitz 常数），使对于 $\mathfrak{R}$ 的任意两点 $(t,\boldsymbol{X}_1)$，$(t,\boldsymbol{X}_2)$，有 $\|\boldsymbol{F}(t,\boldsymbol{X}_1) - \boldsymbol{F}(t,\boldsymbol{X}_2)\| \leqslant L\|\boldsymbol{X}_1 - \boldsymbol{X}_2\|$。

则微分方程组在 $|t - t_0| \leqslant h$ 上存在唯一的满足初始条件 $\boldsymbol{X}(t_0) = \boldsymbol{X}_0$ 的连续解。

根据该定理，$\boldsymbol{F}$（t，$\boldsymbol{X}$）及其对 $\boldsymbol{X}$ 的偏导数应当满足一定的条件，特别是不能有间断点和突变点存在。可见，物流各个要素测度的发展速度应当有其规定性。如果要求控制物流各个要素的测度及其发展速度，使物流整体达到一种稳定的运转状态，则需要借助微分方程组的稳定性理论进一步推导出物流各个要素测度的发展轨迹应当遵循的规律，而这些规律为确定 $\boldsymbol{F}$（t，$\boldsymbol{X}$）的具体表达式提供了一定的条件。

如果 $\boldsymbol{F}(t,\boldsymbol{X}) = 0$，则物流各个要素测度的发展速度为 0，要素测度达到一种不变状态，这是微分方程组的一个平衡态。更为普遍的微分方程组平衡态是趋向于稳定或渐近稳定的平衡态，此时微分方程组的解往往包含周期项，可以通过搜寻要素测度的隐含周期来对微分方程组（1－6）的解进行统计意义上的分析。

课后习题

1. 简述商物分离学说。

2. 根据物流要素的测度定义，结合我国的统计习惯，试构建物流要素测度的指标体系。

3. 根据物流场论模型 $O = \frac{C^2}{K \cdot Y}$，推导理论物流规模年均增长率、货物周转量年均增长率、库存量年均增长率之间的量化关系。

4. 根据物流场论模型 $O = \frac{C^2}{K \cdot Y}$，理论物流规模与 GDP 之比的数学表达式可以表示为 $\eta = \frac{C^2}{K \cdot Y \cdot GDP}$。试分析 $\lim\limits_{t \to +\infty} \eta$。

5. 某石化企业采用图 1 - 7 所示网络形式从厂区（图中五角星形处）往其他地区仓库（图中圆形处）运货。针对某一仓库，采用铁路运输的平均运输时间为 10 天，采用公路运输的平均运输时间为 7 天，铁路运输每单位货品的运价为 0.2（价值单位），公路运输每单位货品的运价为 0.8（价值单位）。据仓储管理人员测算，每节省 1 天的运输时间可降低 2% 的库存。为满足市场需求，仓库必须保持库存 10000 单位，年需求量为 100000 单位。每年每单位货品的库存费用为 6（价值单位）。若用铁路运输，每年需组织运输 10 次，而用公路运输则要组织运输 20 次。

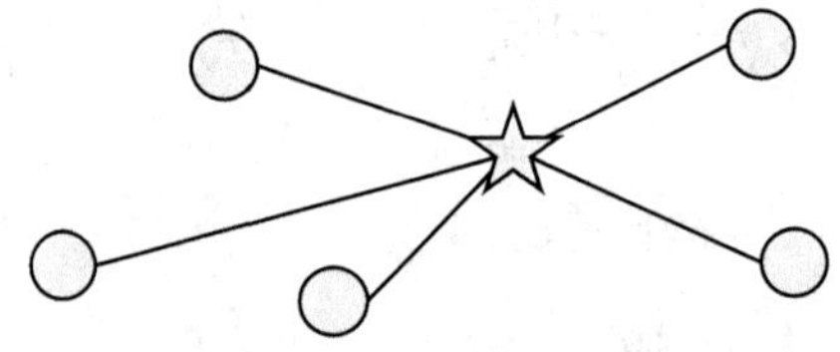

图 1 - 7　网络形式示意

根据以上材料，回答以下问题。

（1）分别计算采用铁路运输的整体费用和采用公路运输的整体费用（整体费用应包括运费、途中和仓库储存费）。在题目所述的情景中，采用哪种运输方式可节省费用？

（2）通过对比铁路运输的整体费用和公路运输的整体费用中运费与储存费之间的比例关系，可发现什么现象？如何应对这种现象？

第 2 章　物流节点

2.1　物流节点的功能和分类

如果按其运动的程度即相对位移大小来审视，物流过程是由若干个运动过程和若干个相对停顿过程组成的。物流网络由执行运动功能的线路和执行停顿功能的节点两种基本元素组成。全部物流活动是在线路和节点上进行的。其中，在线路上进行的物流活动主要是运输，包括干线运输、支线运输、末端集配等。物流功能要素中的其他功能要素，如包装、装卸、储存、分货、配货、流通加工等，是在节点上完成的。

2.1.1　物流节点的功能

衔接功能。物流节点将各条物流线路联结成一个系统，使各条线路通过节点变得更为贯通而不是互不相干。物流节点的衔接功能可以通过多种方法实现，例如，通过转换运输方式衔接不同运输手段，通过加工，衔接干线物流及配送，通过储存衔接不同时间的供应和需求，通过集装箱、托盘等集装处理衔接整个“门到门”运输。

信息功能。每一个节点都是物流信息的一个点，若干个这种类型的信息点和物流系统的信息中心结合起来，形成了管理、指挥、调度整个物流系统的信息网络。

管理功能。物流节点是集管理、指挥、调度、信息传递、衔接及货物处理为一体的综合设施。整个物流系统运转的有序化和正常化，整个物流系统的效率和水平取决于物流节点的管理职能实现的情况。

2.1.2　物流节点的分类

不同类型的物流节点在网络中的作用不同，有的影响整个物流网络，有的只是在局部网络范围中起作用。完整的物流系统一般有三个层次的物流节点，即物流园区、物流中心、配送中心。三者的主要区别如下。

（1）规模不同。一般而言，物流园区是超大规模的，物流中心是大规模和中等规模的，配送中心则依据专业化配送和市场大小而确定，多数规模较小。

（2）综合程度不同。物流园区必定是综合性的物流设施，物流中心带有一定综合性，配送中心一般而言是专业化的，或者是局部范围的。

（3）服务对象不同。物流园区是综合性的物流设施，面向全社会，物流中心则在局部领域进行经营服务，配送中心则面向特定用户和特定市场。

（4）功能不同。物流园区具有组织综合运输和多式联运、大规模处理货物和提供服务的功能，物流中心的主要功能是分销功能，配送中心的功能可实现向最终用户提供送货服务。

（5）运作方式不同。物流园区、物流中心这种规模的物流设施，带有基础性和公众性，配送中心的主体归属是企业，其运作也是由企业进行。

2.2 物流节点①密度

城市物流配送活动在物流过程中发挥着关键作用，它是物流供应链中的最后一环，负责将产品或货物从供应商传递到城市的终端用户，但城市物流配送活动带来了交通拥堵、尾气排放和噪声污染等负面影响。随着城市的扩张发展与绿色物流要求的不断提高，大型货运车辆进入市区的时间被严格控制，低能耗配送车辆的使用需求日益增多。由于城市内部的软硬件环境复杂，约束条件较多，城市物流配送活动受到诸多限制，这直接导致了大多数物流企业的配送系统运行效率低，却要面对消费者对配送服务质量日渐提升的期望。在多种因素作用下，城市物流配送活动逐渐体现出多层级的物流配送网络形态，特别是两个层级的配送网络。城市末端两级配送网络对城市物流企业的运行和经营提出了更高要求，面对层级化的城市物流配送网络，如何布局各种类型的物流节点，尽量节省不同层级网络的运力成本，是城市物流企业需要关注的核心问题。

城市物流配送网络的网点布局密度会对配送成本产生重要影响，本节介绍两级配送网络上网点布局密度与配送成本之间的关系。将配送成本分为第一级网络上的配送成本、第二级网络上的配送成本和网点运营成本，考虑网点服务区域的不同形状，对配送成本进行量化描述，分析配送成本随主要参数取值的变化趋势，考察网点数量与配送成本间的关系。

2.2.1 网点布局

对于一个城市区域的两级配送网络而言，其第一级网络节点为配送中心与网点，第二级网络节点为网点与其所服务的客户。假设在确定的区域内，客户的空间分布是相对稳定的，而网点可以根据实际情况来进行布局配置，以下针对一定区域内网点的布局数量（网点布局的最优密度）开展分析。

① 本书的物流节点包括物流网点，这里的物流节点主要处于物流网络结构的视角，物流网点主要针对城市物流配送网络（包括配送中心、客户、网点）。

如果一个区域内布局的网点数量较多，则平均每个网点可服务区域的面积较小，进而减少在服务客户的过程中第二级配送车辆的行驶距离，且更容易满足客户的服务时效要求；但是，所有网点的运营成本以及第一级配送车辆在网点之间的行驶距离会增加。如果一个区域内布局的网点数量较少，则第一级网络的配送过程相对简单，但每一个网点要服务的客户数量增加，为满足客户的服务时效要求可能需要使用更多的第二级配送车辆。一般而言，合适的网点布局密度对于提供配送服务的企业而言意义重大。

在分析既定区域内网点的数量时，即分析网点布局密度时，主要考虑成本因素。首先明确以下设定。

（1）假设被服务区域总面积为 a，网点的个数为 n；每个网点所负责的配送区域为规则形状，其面积为 a/n，且网点位于其服务区域的中心位置。

（2）在每个网点所服务的区域内，客户的空间分布是随机的，即区域内的任意一点均可能产生配送需求。鉴于所有网点覆盖了完整的区域，设定每个网点要服务的客户数量是相同的。

（3）考虑到网点服务区域的均匀性，第一级配送车辆的行驶距离与各网点至其服务区域边界的最短距离相关；考虑到客户点位置的随机性，第二级配送车辆的行驶距离与区域内任意点到达网点的平均距离相关。

2.2.2　配送成本估计方法

在整个配送网络中，配送成本涉及三个部分：第一级网络上的配送成本、第二级网络上的配送成本以及网点运营成本。这三种成本受到不同因素的影响。

1. 第一级网络上的配送成本

假设第一级配送车辆的额定载重为 Q_1（kg），实载率为 ε_1（%），第一级配送车辆的固定成本包括车辆使用成本 u_1（元/辆）与配送员工资 s_1（元/辆），第一级配送车辆行驶时消耗的能源成本为 f_1（元/km · 辆），则第一级网络上的配送成本 c_1（元）可以表示为：

$$c_1 = \frac{M}{Q_1 \varepsilon_1}(u_1 + s_1 + f_1 d_1) \tag{2-1}$$

式中：M——区域内所需配送的货物总量（kg）；

$M/Q_1\varepsilon_1$——需要使用的第一级配送车辆的数量；

d_1——第一级配送车辆的平均行驶距离（km）。

2. 第二级网络上的配送成本

假设第二级配送车辆的额定载重为 Q_2（kg），实载率为 ε_2（%），第二级配送车辆的固定成本包括车辆使用成本 u_2（元/辆）与配送员工资 s_2（元/辆），第二级配送车辆行驶时消耗的能源成本为 f_2（元/km · 辆），则货物在第二级网络上的运输成本 c_2

（元）可以表示为：

$$c_2 = \frac{M}{Q_2\varepsilon_2}(u_2 + s_2 + f_2 d_2) \tag{2-2}$$

式中：$M/Q_2\varepsilon_2$——需要使用的第二级配送车辆的数量；

d_2——每个网点区域内第二级配送车辆的平均行驶距离（km）。

3. 网点运营成本

网点运营成本主要涵盖网点固定设施的折旧和租赁成本、设备的购置和运维成本、日常办公成本和人工成本等，网点运营成本与网点作业规模有密切关系。在某一区域内的配送需求总量相对固定的前提下，当区域内布局的网点数量较多时，每个网点的作业规模就相对较小，其运营成本就较低。假设某一区域内只布局一个网点，该网点的运营成本为 e（元），则随着所布局的网点数量变化，每个网点的运营成本可表示为网点数量的函数—— $e/\sqrt{n}$，所有网点的运营成本 c_3（元）的计算公式为 $c_3 = \frac{e}{\sqrt{n}}n$。

综上，配送网络中配送一定货物的总成本的计算公式为 $C = c_1 + c_2 + c_3$，即：

$$C = \frac{M}{Q_1\varepsilon_1}(u_1 + s_1 + f_1 d_1) + \frac{M}{Q_2\varepsilon_2}(u_2 + s_2 + f_2 d_2) + \frac{e}{\sqrt{n}}n \tag{2-3}$$

式（2－3）中的未知量为第一级配送车辆的平均行驶距离 d_1 和每个网点区域内第二级配送车辆的平均行驶距离 d_2。

（1）车辆行驶距离。

车辆的行驶距离与配送区域的形状有关，这里将网点服务区域分别设定为三角形、正方形和圆形等典型形状（见图 2－1），由此推导第一级配送车辆的平均行驶距离 d_1 和每个网点区域内第二级配送车辆的平均行驶距离 d_2 的表达式。

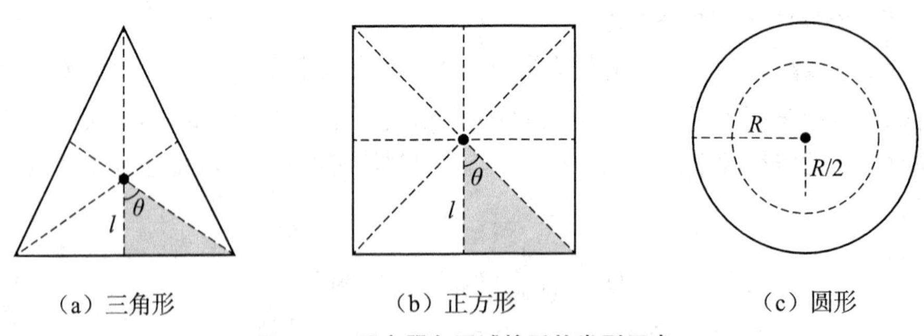

图 2－1 网点服务区域的形状类型示意

①三角形。

当网点服务区域为三角形时，将其分为面积相等的 6 个子区域，每个子区域均为直角三角形。针对其中任意一个子区域［见图 2－1（a）灰色区域］，利用积分求网点到区域内任意一点的平均距离。

图 2－1（a）灰色区域中所有点到网点的距离之和可用积分 $\int_0^l \int_0^{y\tan\theta} \sqrt{x^2 + y^2}\,\mathrm{d}x\mathrm{d}y$

来求，再除以灰色区域内所有点的个数，即灰色区域的面积 $(1/2)l^2\tan\theta$ ，则三角形区域内任意一点到达网点的平均距离 $d^T(l,\theta) = \dfrac{\int_0^l\int_0^{y\tan\theta}\sqrt{x^2+y^2}\mathrm{d}x\mathrm{d}y}{(1/2)l^2\tan\theta}$ ，其中角 θ 为 60°。求解该积分表达式，可得：

$$d^T(l,\theta) = (1/3)(\sqrt{1+(\tan\theta)^2} + \ln(\tan\theta + \sqrt{1+(\tan\theta)^2})\tan^{-1}\theta)l$$

灰色区域面积等于网点服务区域面积的 1/6，即 $(1/2)l^2\tan\theta = a/6n$ ，则：

$$d^T = (1/3)(\sqrt{1+(\tan\theta)^2} + \ln(\tan\theta + \sqrt{1+(\tan\theta)^2})\tan^{-1}\theta)\sqrt{a/(3n\tan\theta)}$$

令 $\phi^T = (1/3)(\sqrt{1+(\tan\theta)^2} + \ln(\tan\theta + \sqrt{1+(\tan\theta)^2})\tan^{-1}\theta)\sqrt{a/(3\tan\theta)}$ ，可将三角形网点服务区域内的平均距离表达为 $d^T = \phi^T n^{-1/2}$ 。

网点到达三角形区域边界的最短距离为网点到达任意一个三角形边的垂直距离，$l = \sqrt{a/(3n\tan\theta)}$ 。令 $\eta^T = \sqrt{a/(3\tan\theta)}$ ，可将三角形区域内网点到达区域边界的最短距离表示为 $l^T = \eta^T n^{-1/2}$ 。

②正方形。

当网点服务区域为正方形时，区域被分为面积相等的 8 个子区域［见图 2－1（b）灰色区域］，角 θ 的度数为 45°。

正方形区域内任意一点到达网点的平均距离为 $d^S(l,\theta) = \dfrac{\int_0^l\int_0^{y\tan\theta}\sqrt{x^2+y^2}\mathrm{d}x\mathrm{d}y}{(1/2)l^2\tan\theta}$ ，求解该积分可得：

$$d^S(l,\theta) = (1/3)(\sqrt{1+(\tan\theta)^2} + \ln(\tan\theta + \sqrt{1+(\tan\theta)^2})\tan^{-1}\theta)l$$

灰色区域面积等于网点服务区域面积的 1/8，即 $(1/2)l^2\tan\theta = a/8n$ ，则：

$$d^S = (1/3)(\sqrt{1+(\tan\theta)^2} + \ln(\tan\theta + \sqrt{1+(\tan\theta)^2})\tan^{-1}\theta)\sqrt{a/(4n\tan\theta)}$$

令 $\phi^S = (1/3)(\sqrt{1+(\tan\theta)^2} + \ln(\tan\theta + \sqrt{1+(\tan\theta)^2})\tan^{-1}\theta)\sqrt{a/(4\tan\theta)}$ ，可将正方形网点服务区域内的平均距离表示为 $d^S = \phi^S n^{-1/2}$ 。

网点到达正方形区域边界的最短距离为网点到达任意一个正方形边的垂直距离，$l = \sqrt{a/(4n\tan\theta)}$ 。令 $\eta^S = \sqrt{a/(4\tan\theta)}$ ，可将正方形区域内网点到达区域边界的最短距离表示为 $l^S = \eta^S n^{-1/2}$ 。

③圆形。

当网点服务区域为圆形［见图 2－1（c）］时，任意一点到达网点的平均距离的积分表达式为 $d^C(r) = \dfrac{\int_0^R 2\pi r\cdot r\mathrm{d}r}{\pi R^2} = \dfrac{2}{3}R$ ，因该圆形区域面积为 a/n，则圆形区域半径 $R = \sqrt{a/\pi n}$ ，圆形网点服务区域内的平均距离可表示为：

$$d^C = (2/3)\sqrt{a/\pi n}$$

令 $\phi^C = (2/3)\sqrt{a/\pi}$，可将圆形网点服务区域内的平均距离表达式写为 $d^C = \phi^C n^{-1/2}$。

网点到达圆形区域边界的最短距离为圆形区域的半径 R，$l = R = \sqrt{a/\pi n}$。

令 $\eta^C = \sqrt{a/\pi}$，可将圆形区域内网点到达区域边界的最短距离表示为 $l^C = \eta^C n^{-1/2}$。

综上，根据网点服务区域的形状，在所获得的网点到达区域边界的最短距离和网点到达区域内任意一点的平均值基础上，可分别确定 d_1 和 d_2 的表达式。针对 d_1，假设第一级配送车辆行驶的均为网点之间的最短距离 $2l$，则当共有 n 个网点时，$d_1 = 2l \cdot n = \eta n^{1/2}$，其中 η 的取值与区域形状有关，当网点服务区域形状为三角形、正方形和圆形时，η 分别取 $2\eta^T$、$2\eta^S$ 和 $2\eta^C$。针对 d_2，假设第二级配送车辆行驶的距离为网点到达区域内任意一点平均值的 p 倍，则 $d_2 = p \cdot \bar{d} = \phi n^{-1/2}$，公式中 ϕ 的取值与区域形状有关，当网点服务区域形状为三角形、正方形和圆形时，ϕ 分别取 $p\phi^T$、$p\phi^S$ 和 $p\phi^C$。

（2）配送成本。

以网点数量为主要变量的配送成本表达式为：

$$C = \frac{M}{Q_1\varepsilon_1}(u_1 + s_1 + f_1\eta n^{1/2}) + \frac{M}{Q_2\varepsilon_2}(u_2 + s_2 + f_2\phi n^{-1/2}) + \frac{e}{\sqrt{n}}n$$

整理可得：

$$C = \left(\frac{Mf_1\eta}{Q_1\varepsilon_1} + e\right)n^{1/2} + \frac{Mf_2\phi}{Q_2\varepsilon_2}n^{-1/2} + \frac{M}{Q_1\varepsilon_1}(u_1 + s_1) + \frac{M}{Q_2\varepsilon_2}(u_2 + s_2) \tag{2-4}$$

将配送成本对网点数量 n 求导，则：

$$\frac{\mathrm{d}C}{\mathrm{d}n} = \frac{1}{2}\left(\frac{Mf_1\eta}{Q_1\varepsilon_1} + e\right)n^{-1/2} - \frac{Mf_2\phi}{Q_2\varepsilon_2}n^{-3/2}$$

令该导数等于0，则获得使配送成本最小的网点数量表达式：

$$n^* = \frac{f_2\phi MQ_1\varepsilon_1}{f_1\eta MQ_2\varepsilon_2 + eQ_1\varepsilon_1Q_2\varepsilon_2} \tag{2-5}$$

利用式（2-5）可分析一定配送区域内网点布局的最优数量，以及网点布局密度对配送成本的影响。

2.2.3 网点数量对配送成本的影响

从式（2-4）的各组成部分来看，第一级配送车辆的车辆使用成本 u_1 与配送员工资 s_1、第二级配送车辆的车辆使用成本 u_2 与配送员工资 s_2，只存在于公式的后两项。使用配送车辆的固定成本对配送成本的影响是确定的，当它们的取值增加时，均会导致配送成本增加。

第一级配送车辆的额定载重 Q_1 及实载率 ε_1、第二级配送车辆的额定载重 Q_2 及实载率 ε_2 和区域内所需配送的货物总量 M，对配送成本的影响是固定的，即增加配送车辆的额定载重或实载率，可降低配送成本，而区域内所需配送的货物总量的增加会使配送成本增加。此外，在式（2－4）前两项的其余参数中，当配送车辆行驶时消耗的能源成本 f_1 和 f_2 以及网点运营成本 e 增加时，配送成本会增加。

对配送成本有影响的可变参数是网点数量和网点服务区域形状类型。在式（2－4）的前两项中，有两个与网点数量 n 有关的幂函数，其指数分别为1/2和－1/2，这两个幂函数的变化趋势相反。可见，应存在一个最优的 n 值，使得配送成本最小（此时 n 值就是 n^*）。

网点服务区域形状会影响配送成本公式中的两个参数取值，即 η 和 ϕ，这两个参数通过影响网点到达区域边界的最短距离和网点到达区域内任意一点的平均值来影响配送成本。将不同网点服务区域形状对应的 θ 角取值带入相应的公式，可得不同形状类型的具体参数值（见表2－1）。

表2－1　不同网点服务区域形状的参数值

区域形状	参数	取值	求和
三角形	$2\eta^T$	$0.877\sqrt{a}$	$0.877\sqrt{a}+0.448\sqrt{ap}$
	$p\phi^T$	$0.448\sqrt{ap}$	
正方形	$2\eta^S$	$\sqrt{a}$	$\sqrt{a}+0.383\sqrt{ap}$
	$p\phi^S$	$0.383\sqrt{ap}$	
圆形	$2\eta^C$	$1.128\sqrt{a}$	$1.128\sqrt{a}+0.376\sqrt{ap}$
	$p\phi^C$	$0.376\sqrt{ap}$	

在其他参数取值相同的条件下，网点服务区域的三种形状的配送成本在配送网络中呈现出不同的大小关系，分别为：对于第一级网络上的配送成本，三角形＜正方形＜圆形；对于第二级网络上的配送成本，三角形＞正方形＞圆形。可见，当网点服务区域形状不同时，不能直接判断其对配送成本的影响，需要依据具体参数数值进行比较。

2.3　物流节点的选址方法

由于常用的选址方法被广泛应用于物流网络上各种节点（如物流中心、配送中心）和运输网络上各种节点（如货运场站）的选址，在以下的表述中，以节点设施涵盖这些节点选址情形。

2.3.1　层次分析法

层次分析法（AHP方法）是一种实用的多方案或多目标决策方法。它将定性与定量的决策结合起来，把决策过程层次化、数量化，特别适合用于分析那些难以完全定量分析的复杂问题。首先将所要分析的问题层次化，即根据问题的性质和要达到的总目标，将问题分解成不同的组成因素，按照因素间的相互关系及隶属关系，将因素按不同层次聚集组合，形成一个多层分析结构模型，最终归结为最底层（方案、措施、指标等）对于最高层（总目标）相对重要程度的权值或相对优劣次序的问题。

应用 AHP 方法来分析决策问题时，首先要构造一个有层次的结构模型。在这个模型中，复杂问题被分解为不同的因素，这些因素又按其属性及关系形成若干层次。上一层次的因素作为准则对下一层次的有关因素起支配作用。这些层次可以分为三类（见图 2 – 2）。最高层（目标层），即需解决的目标问题是什么。这一层次中只有一个因素，一般它是分析问题的预定目标或理想结果。中间层（准则层），即影响目标的因素是什么。这一层次包含了为实现目标所涉及的中间环节，可以由若干个层次组成，包括所需考虑的各类准则。最底层（方案层），即备选方案是什么。这一层次包括了为实现目标可供选择的各种措施、决策方案等，也称为措施层。

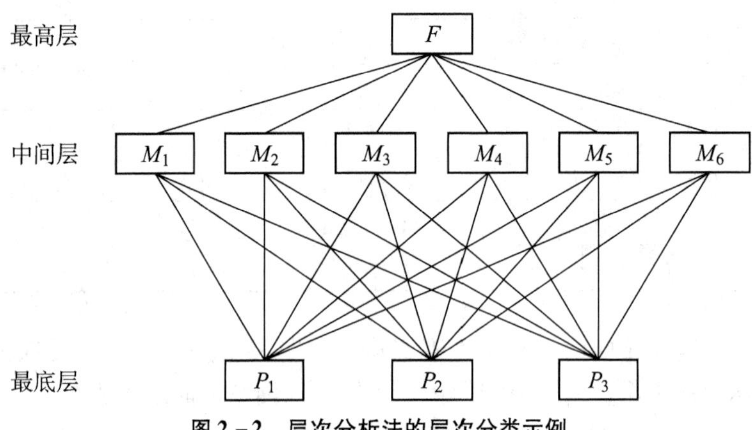

图 2 – 2　层次分析法的层次分类示例

递阶层次结构中的层次数与问题的复杂程度及需要分析的详尽程度有关，层次数一般不受限制。每一层次中各因素所支配的因素一般不要超过 9 个。

应用 AHP 方法来解决多目标决策问题一般包括若干个步骤，在物流网络节点布局中具体表现为以下内容。

步骤 1　明确问题：选择最优的节点设施地址。

步骤 2　确立层次结构：根据评价指标建立目标与因素之间的层次结构，对目标进行逐层分解，使同层次的因素的含义互不交叉，相邻上、下层因素之间为递推隶属关系。

步骤 3　构建判断矩阵：对每一层次各个准则的相对重要性进行两两比较，并给出判断。这些判断用数值表示出来，写成矩阵，该矩阵为判断矩阵。通常采用 9 级标度法，如表 2 – 2 所示。

表2-2　　标度表

标度 a_{ij}	含义
1	i 因素与 j 因素同等重要
3	i 因素比 j 因素略为重要
5	i 因素比 j 因素较为重要
7	i 因素比 j 因素更为重要
9	i 因素重要程度远大于 j 因素
2，4，6，8	以上两两比较之间的中间状态对应的标度值
上述标度的倒数	若 j 因素与 i 因素比较，则判断值 $a_{ji}=1/a_{ij}$

步骤4　对各层次判断矩阵单排序及一致性检验：通过计算矩阵最大特征根及特征向量来确定矩阵中各因素的排序，并进行一致性检验。这一步骤的目的是计算准则层各因素的权重（特征向量）以及校验上一步骤打分的合理性，若不合理则需重新进行打分。

步骤4.1　计算各因素的权重（特征向量）：对第 k 层判断矩阵 $\boldsymbol{A}^k$ 做归一化，得到特征向量 $\boldsymbol{w}^k$，即每个因素对目标重要程度所占比例。假设该层有 n 个影响因素。

$$\boldsymbol{A}^k=\begin{bmatrix} a_{11} & a_{12} & \cdots & a_{1n} \\ a_{21} & a_{22} & \cdots & a_{2n} \\ \vdots & \vdots & & \vdots \\ a_{n1} & a_{n2} & \cdots & a_{nn} \end{bmatrix}$$

列向量归一化，矩阵 $\boldsymbol{A}^k$ 每列相加后，计算各因素与其所在列之和的比值，得到矩阵 $\boldsymbol{B}^k$。

$$\boldsymbol{B}^k=\begin{bmatrix} a_{11}/\sum_{i=1}^{n}a_{i1} & a_{12}/\sum_{i=1}^{n}a_{i2} & \cdots & a_{1n}/\sum_{i=1}^{n}a_{in} \\ a_{21}/\sum_{i=1}^{n}a_{i1} & a_{22}/\sum_{i=1}^{n}a_{i2} & \cdots & a_{2n}/\sum_{i=1}^{n}a_{in} \\ \vdots & \vdots & & \vdots \\ a_{n1}/\sum_{i=1}^{n}a_{i1} & a_{n2}/\sum_{i=1}^{n}a_{i2} & \cdots & a_{nn}/\sum_{i=1}^{n}a_{in} \end{bmatrix}$$

行向量归一化，求矩阵 $\boldsymbol{B}^k$ 每行的平均值，得特征向量 $\boldsymbol{w}^k$。

$$\boldsymbol{w}^k=\left[\frac{1}{n}\sum_{j=1}^{n}(a_{1j}/\sum_{i=1}^{n}a_{ij}),\ \frac{1}{n}\sum_{j=1}^{n}(a_{2j}/\sum_{i=1}^{n}a_{ij}),\ \cdots,\ \frac{1}{n}\sum_{j=1}^{n}(a_{nj}/\sum_{i=1}^{n}a_{ij})\right]^{\mathrm{T}}$$

步骤4.2　进行一致性检验，即判断矩阵 $\boldsymbol{A}^k$ 求出的权系数是否合理。$\boldsymbol{A}^k$ 具有完全一致性时，$\lambda_{\max}=n$，且除 $\lambda_{\max}$ 之外，其余特征根均为0。当判断矩阵具有满意的一致性时，它的最大特征根稍大于矩阵阶数 n，且其余特征根接近0。这样基于层次分析法得出的结论才是基本合理的。检验过程如下：将求得的各判断矩阵的 λ_{max} 代入 $CI=(\lambda_{max}-n)/(n-1)$，得出一致性检验指标 CI 的数值；根据平均随机一致性指标查出 RI 的值（见表2-3）；最后用 $CR=CI/RI$ 得出相对一致性指标 CR 的数值。当 $CR<0.1$ 时，判断矩阵合理，求出的权系数恰当，否则要对判断矩阵进行调整，按上述步骤重新计算矩阵权系数。

表2-3　RI 数值

矩阵阶数	RI	矩阵阶数	RI	矩阵阶数	RI
1	0.00	6	1.24	11	1.51
2	0.00	7	1.32	12	1.48
3	0.58	8	1.41	13	1.56
4	0.90	9	1.45	14	1.57
5	1.12	10	1.49	15	1.59

步骤5　层次总排序：计算同一层次所有因素对于最高层（目标层）相对重要性的得分（见表2-4），这一过程由最高层到最底层逐层进行。第 k 层得分计算步骤如下：假设第 k_0 层为其上一层，w_{ij}^k 表示第 k_0 层的 i 因素对第 k 层的 j 因素的权重。

表2-4　层次得分

	第 k_0 层因素1	第 k_0 层因素2	…	第 k_0 层因素 n_0	得分
第 k 层因素1	w_{11}^k	w_{21}^k	…	$w_{n_0 1}^k$	$f_1^k=\sum_{i=1}^{n_0} w_{i1}^k \cdot f_i^{k_0}$
第 k 层因素2	w_{12}^k	w_{22}^k	…	$w_{n_0 2}^k$	$f_2^k=\sum_{i=1}^{n_0} w_{i2}^k \cdot f_i^{k_0}$
…	…	…	…	…	…
第 k 层因素 n	w_{1n}^k	w_{2n}^k	…	$w_{n_0 n}^k$	$f_n^k=\sum_{i=1}^{n_0} w_{in}^k \cdot f_i^{k_0}$

通过综合计算各层因素相对重要性的权值，得到最底层（方案层）对于最高层（目标层）的相对重要性次序的组合权值，以此作为评价和选择方案的依据，分数最高的方案为所选方案。其中，被选点权重的大小会直接影响计算所得到的结果，所以利用层次分析法确定权重时，要广泛征集有关人员的意见，使得所计算出的权重较好地符合实际情况，从而最大限度地提高该模型的适用性。

【例题2-1】基于AHP方法的物流园区选址。

虽然影响物流园区选址的因素很多，但这些因素主要涉及社会效益、经济效益和技术效益等。在进行物流园区选址时，应选择远离市中心的地方，使得城市的流通机能、道路交通状况能够得到改善，维持城市正常运行和健康发展。按层次分析法对影响物流园区的因素进行归纳，其层次结构如图2－3所示。

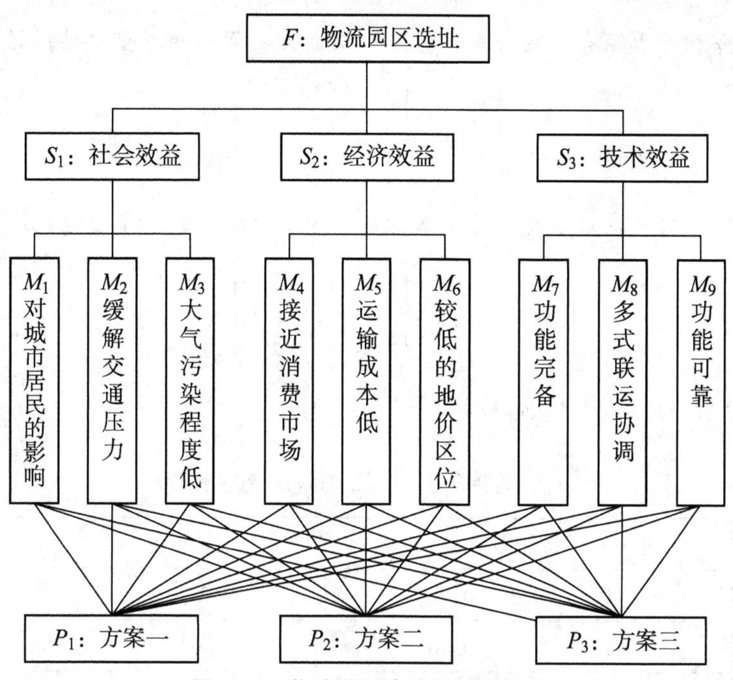

图2－3 物流园区选址的层次结构

在物流园区选址中，目标层受到三个决策因素的影响，而三个决策因素又分别受到各自决策因素的影响，通过对上一层某因素与本层相关因素之间相对重要性的比较和确立层次结构，可以构造判断矩阵。

（1）判断矩阵 $\boldsymbol{A}_{F-S}$。

对于目标层 F 而言，S_1、S_2 和 S_3 同等重要，因而判断矩阵为：

$$\boldsymbol{A}_{F-S}=\begin{bmatrix}1&1&1\\1&1&1\\1&1&1\end{bmatrix}$$

表2－5给出了判断矩阵 $\boldsymbol{A}_{F-S}$ 的特征值、特征向量和一致性检验。

表2－5　$\boldsymbol{A}_{F-S}$ 的特征值、特征向量、一致性检验

判断矩阵	特征向量	最大特征值	CI	CR
$\boldsymbol{A}_{F-S}$	$(0.33,\ 0.33,\ 0.33)^{\mathrm{T}}$	3	0	0

（2）判断矩阵 $\boldsymbol{A}_{S_i-M}$，其中 $i=1,2,3$。

$\boldsymbol{A}_{S_1-M}$，即相对于社会效益而言，各准则层因素之间的相对重要性比较。

$$A_{S_1-M}=\begin{bmatrix}1 & 1 & 2\\ 1 & 1 & 2\\ 1/2 & 1/2 & 1\end{bmatrix}$$

A_{S_2-M}，即相对于经济效益而言，各准则层因素之间的相对重要性比较。

$$A_{S_2-M}=\begin{bmatrix}1 & 1/3 & 1/7\\ 3 & 1 & 1/4\\ 7 & 4 & 1\end{bmatrix}$$

A_{S_3-M}，即相对于技术效益而言，各准则层因素之间的相对重要性比较。

$$A_{S_3-M}=\begin{bmatrix}1 & 3 & 8\\ 1/3 & 1 & 5\\ 1/8 & 1/5 & 1\end{bmatrix}$$

特征值、特征向量、一致性检验如表2-6所示。

表2-6　A_{S_i-M}的特征值、特征向量、一致性检验

判断矩阵	特征向量	最大特征值	*CI*	*CR*
A_{S_1-M}	$(0.40, 0.40, 0.20)^T$	3	0	0
A_{S_2-M}	$(0.09, 0.21, 0.70)^T$	3.03	0.02	0.03
A_{S_3-M}	$(0.66, 0.27, 0.07)^T$	3.04	0.02	0.04

相对于社会效益而言，3个决策因素按照权重排序应当为M_1、M_2、M_3；相对于经济效益而言，3个决策因素按照权重排序应当为M_6、M_5、M_4；相对于技术效益而言，3个决策因素按照权重排序应当为M_7、M_8、M_9。

（3）判断矩阵A_{M_i-P}，其中$i=1, 2, \cdots, 9$。

A_{M_i-P}，即相对于每一个子准则层指标，各方案之间的相对重要性比较。

$$A_{M_1-P}=\begin{bmatrix}1 & 2 & 2\\ 1/2 & 1 & 2\\ 1/2 & 1/2 & 1\end{bmatrix},A_{M_2-P}=\begin{bmatrix}1 & 3 & 4\\ 1/3 & 1 & 2\\ 1/4 & 1/2 & 1\end{bmatrix},A_{M_3-P}=\begin{bmatrix}1 & 1/8 & 2\\ 8 & 1 & 7\\ 1/2 & 1/7 & 1\end{bmatrix},$$

$$A_{M_4-P}=\begin{bmatrix}1 & 1/8 & 1/6\\ 8 & 1 & 1\\ 6 & 1 & 1\end{bmatrix},A_{M_5-P}=\begin{bmatrix}1 & 1/5 & 2\\ 5 & 1 & 6\\ 1/2 & 1/6 & 1\end{bmatrix},A_{M_6-P}=\begin{bmatrix}1 & 5 & 6\\ 1/6 & 1 & 2\\ 1/5 & 1/2 & 1\end{bmatrix},$$

$$A_{M_7-P}=\begin{bmatrix}1 & 1/3 & 1/7\\ 3 & 1 & 1/6\\ 7 & 6 & 1\end{bmatrix},A_{M_8-P}=\begin{bmatrix}1 & 9 & 3\\ 1/9 & 1 & 1/5\\ 1/3 & 5 & 1\end{bmatrix},A_{M_9-P}=\begin{bmatrix}1 & 8 & 3\\ 1/8 & 1 & 1/2\\ 1/3 & 2 & 1\end{bmatrix},$$

特征值、特征向量、一致性检验如表2-7所示。

表 2-7 A_{M_i-P}的特征值、特征向量、一致性检验

判断矩阵	特征向量	最大特征值	CI	CR
A_{M_1-P}	$(0.49, 0.31, 0.20)^T$	3.05	0.03	0.05
A_{M_2-P}	$(0.62, 0.24, 0.14)^T$	3.02	0.01	0.02
A_{M_3-P}	$(0.13, 0.78, 0.09)^T$	3.08	0.04	0.07
A_{M_4-P}	$(0.07, 0.49, 0.44)^T$	3.01	0.005	0.01
A_{M_5-P}	$(0.17, 0.72, 0.10)^T$	3.03	0.01	0.03
A_{M_6-P}	$(0.72, 0.17, 0.11)^T$	3.06	0.03	0.05
A_{M_7-P}	$(0.08, 0.18, 0.74)^T$	3.10	0.05	0.09
A_{M_8-P}	$(0.67, 0.06, 0.27)^T$	3.03	0.01	0.03
A_{M_9-P}	$(0.69, 0.10, 0.21)^T$	3.01	0.005	0.01

相对于M_1而言，3个方案按照权重排序应当为：P_1、P_2、P_3。相对于M_2而言，3个方案按照权重排序应当为：P_1、P_2、P_3。相对于M_3而言，3个方案按照权重排序应当为：P_2、P_1、P_3。相对于M_4而言，3个方案按照权重排序应当为：P_2、P_3、P_1。相对于M_5而言，3个方案按照权重排序应当为：P_2、P_1、P_3。相对于M_6而言，3个方案按照权重排序应当为：P_1、P_2、P_3。相对于M_7而言，3个方案按照权重排序应当为：P_3、P_2、P_1。相对于M_8而言，3个方案按照权重排序应当为：P_1、P_3、P_2。相对于M_9而言，3个方案按照权重排序应当为：P_1、P_3、P_2。

（4）一致性检验。

对以上判断矩阵进行一致性检验，当 $CR < 0.1$ 时，认为判断矩阵具有满意的一致性，很显然，所有判断矩阵满足一致性。

（5）层次总排序。

计算同一层次所有因素对于最高层（目标层）相对重要性的排序权值的过程，称为层次总排序。这个过程是从最高层到最底层逐层进行的，因此，可以求得相邻层之间的相对权重。

相对于目标层下，S 层中三个因素影响程度相同，S 层各因素的得分如表 2-8 所示。

表 2-8 S 层各因素的得分

	F	得分
S_1	0.33	0.33
S_2	0.33	0.33
S_3	0.33	0.33

相对于 S 层，M 层中各因素重要性总排序为：M_6、M_7、M_1、M_2、M_8、M_3、M_5、M_4、M_9。在该物流园区选址中，重要性排序为：较低的地价区位、功能完备、对城市

居民的影响、缓解交通压力、多式联运协调、大气污染程度低、运输成本低、接近消费市场、功能可靠。M 层各因素的总得分如表 2－9 所示。

表 2－9　　M 层各因素的总得分

	S_1	S_2	S_3	得分
M_1	0.40			0.13
M_2	0.40			0.13
M_3	0.20			0.07
M_4		0.09		0.03
M_5		0.21		0.07
M_6		0.70		0.23
M_7			0.66	0.22
M_8			0.27	0.09
M_9			0.07	0.02

相对于 M 层，P 层中各因素重要性总排序为：P_1、P_3、P_2。在该物流园区选址中，方案一是最优选择，方案三是次优选择，方案二是最差选择。P 层各方案的总得分如表 2－10 所示。

表 2－10　　P 层各方案的总得分

	M_1	M_2	M_3	M_4	M_5	M_6	M_7	M_8	M_9	得分
P_1	0.49	0.62	0.13	0.07	0.17	0.72	0.08	0.67	0.69	0.43
P_2	0.31	0.24	0.78	0.49	0.72	0.17	0.18	0.06	0.10	0.28
P_3	0.20	0.14	0.09	0.44	0.10	0.11	0.74	0.27	0.21	0.29

（6）结论。

用层次分析法对物流园区选址问题进行分析，可以得出各因素对于物流园区选址的重要性排序。在选择了具体方案之后，还应当继续排序和进行一致性检验，从而得出最终的方案。相比而言，层次分析法是一种简便、工作量较小、消耗人力和物力较少的方法。

2.3.2　重心法

重心法是将物流系统的需求点看成分布在某一平面范围内的物体，各点的需求量和资源分别看成物体的重量，物体系统的重心将作为节点设施的最佳设置点，利用确定重心的方法来确定节点设施的位置。重心模型是解决只设置一个节点设施的简单模型，是一种连续型模型。连续选址一般做如下假设：选址的目标区域是连续的，区域内任意一点都是候选地点；用两点间的直线距离近似代替两点间的运输距离；用最大允许配送距离来表征时效性约束。

问题定义：在某一经济地理区域范围内为 n 个货主规划建设一个节点设施，已知货主 j 的地理空间坐标为（x_j，y_j），运输需求量为 w_j，最大允许配送距离为 D_j。确定节点设施的地理空间坐标（X，Y），使得在满足最大允许配送距离约束的前提下，货物周转量最低。

节点设施选址模型如下。

目标函数：$\min \sum_{j=1}^{n} w_j \sqrt{(X - x_j)^2 + (Y - y_j)^2}$。

约束条件：$\sqrt{(X - x_j)^2 + (Y - y_j)^2} - D_j \leqslant 0 , j = 1,2,\cdots,n$。

目标函数表示的货物周转量最低，是常见的无时效性约束的选址模型；约束条件表示每个货主的配送距离必须在允许范围内，满足时效性要求。目标函数与约束条件共同构成带时效性约束的选址模型，它表示在满足时效性要求前提下追求最低货物周转量。

对于重心模型，一般运用迭代方式求解，可以求出货物周转量最小的地址。理论和实践表明，无论初始解为何值，迭代算法都是收敛的，且收敛速度很快。重心法的优点是不限于特定的备选地点、灵活性较大。但正是由于该选址过程的自由度大，实际上很难得到最优的地址，因为这个地址可能位于无法使用的地点。另外，节点设施的通过能力不受限制，各节点设施之间的运输都被认为是直线往返运输，这与实践有较大的偏差。

为了简化选址问题，设只有一个仓库，并且不考虑从生产厂到仓库的运输费用和仓库的管理费用。只考虑从仓库到顾客的发送费用，仓库的选址问题就是使总发送费用 H 为最小的问题。

设有 n 个顾客，各自的坐标为 $(x_i, y_i)(i = 1,2,\cdots,n)$，仓库的坐标为（$x_0$，$y_0$）。从仓库到顾客的发送费用为 C_i，总发送费用为 H，则有 $H = \sum_{i=1}^{n} C_i$，而 C_i 又可以表示为：

$$C_i = h_i w_i d_i$$

式中：h_i——从仓库到顾客 i 的发送费率（单位吨公里的发送费用）；

w_i——向顾客 i 的发送量；

d_i——从仓库到顾客 i 的直线距离。

d_i 可以表示为 $d_i = \sqrt{(x_0 - x_i)^2 + (y_0 - y_i)^2}$，将 $C_i = h_i w_i d_i$ 代入 $H = \sum_{i=1}^{n} C_i$ 中，得到 $H = \sum_{i=1}^{n} h_i w_i d_i$。

将 $d_i = \sqrt{(x_0 - x_i)^2 + (y_0 - y_i)^2}$ 代入 $H = \sum_{i=1}^{n} h_i w_i d_i$ 中，为求 H 最小，对该式分别

求 x_0，y_0的偏导数，并令其等于零，得出最优的 x_0^*，y_0^* 为：

$$x_0^* = \frac{\sum_{i=1}^{n} h_i w_i x_i / d_i}{\sum_{i=1}^{n} h_i w_i / d_i}, \quad y_0^* = \frac{\sum_{i=1}^{n} h_i w_i y_i / d_i}{\sum_{i=1}^{n} h_i w_i / d_i}$$

为简化计算，通常采用迭代法来进行计算。迭代法的计算步骤如下。

步骤1 采用几何重心点作为仓库的初始地点 (x_0^0, y_0^0)，此时 $d_i = 0$。

步骤2 利用 $d_i = \sqrt{(x_0 - x_i)^2 + (y_0 - y_i)^2}$ 和 $H = \sum_{i=1}^{n} h_i w_i d_i$，计算与 (x_0^0, y_0^0) 相应的总发送费用 H^0。

步骤3 把 (x_0^0, y_0^0) 分别代入 $d_i = \sqrt{(x_0 - x_i)^2 + (y_0 - y_i)^2}$，$x_0^* = \frac{\sum_{i=1}^{n} h_i w_i x_i / d_i}{\sum_{i=1}^{n} h_i w_i / d_i}$，$y_0^* = \frac{\sum_{i=1}^{n} h_i w_i y_i / d_i}{\sum_{i=1}^{n} h_i w_i / d_i}$ 中，计算仓库的改善地点 (x_0^1, y_0^1)。

步骤4 利用 $d_i = \sqrt{(x_0 - x_i)^2 + (y_0 - y_i)^2}$ 和 $H = \sum_{i=1}^{n} h_i w_i d_i$，计算与 (x_0^1, y_0^1) 相应的总发送费用 H^1。将 H^1 与 H^0 进行比较，如果 $H^1 \geqslant H^0$，则 (x_0^0, y_0^0) 为最优解，如果 $H^1 < H^0$，再把 (x_0^1, y_0^1) 代入步骤3进行计算，得到 (x_0^2, y_0^2)。重复步骤3和步骤4直到 $H^{n+1} \geqslant H^n$，求出的 (x_0^n, y_0^n) 即为最优解 (x_0^*, y_0^*)。

【例题2-2】已知四个区域市场的坐标 M_1（5，3），M_2（13，4），M_3（11，9），M_4（6，7），各市场的供货需求分别为1、3、4和2。现需要设置一个中转仓库，已知仓库到各市场的发送费率为5。求总发送费用最小的仓库地点。

【解析】首先按照向各市场的发送量，求四个市场所构成的四边形的重心，重心坐标为 $(\bar{x}, \bar{y})$。$\bar{x} = \frac{\sum_{i=1}^{n} h_i w_i x_i}{\sum_{i=1}^{n} h_i w_i}$，$\bar{y} = \frac{\sum_{i=1}^{n} h_i w_i y_i}{\sum_{i=1}^{n} h_i w_i}$，因为 h_i 相同，所以 $\bar{x} = \frac{1 \times 5 + 3 \times 13 + 4 \times 11 + 2 \times 6}{1 + 3 + 4 + 2} = 10$，$\bar{y} = \frac{1 \times 3 + 3 \times 4 + 4 \times 9 + 2 \times 7}{1 + 3 + 4 + 2} = 6.5$，四个市场的重心为（10，6.5），再把这个坐标作为初始地点 (x_0^0, y_0^0)，用迭代法来改善它，使总发送费用为最小。

按照步骤2求 d_i和 H^0。

$$d_1 = \sqrt{(10 - 5)^2 + (6.5 - 3)^2} = 6.1$$

$$d_2 = \sqrt{(10 - 13)^2 + (6.5 - 4)^2} = 3.9$$

$$d_3 = \sqrt{(10 - 11)^2 + (6.5 - 9)^2} = 2.7$$

$$d_4 = \sqrt{(10-6)^2 + (6.5-7)^2} = 4.0$$

$$H^0 = (1 \times 6.1 + 3 \times 3.9 + 4 \times 2.7 + 2 \times 4.0) \times 5 = 183$$

按照步骤 3 求 (x_0^1, y_0^1)。

$$x_0^1 = \frac{1 \times 5/6.1 + 3 \times 13/3.9 + 4 \times 11/2.7 + 2 \times 6/4.0}{1/6.1 + 3/3.9 + 4/2.7 + 2/4.0} = 10.3$$

$$y_0^1 = \frac{1 \times 3/6.1 + 3 \times 4/3.9 + 4 \times 9/2.7 + 2 \times 7/4.0}{1/6.1 + 3/3.9 + 4/2.7 + 2/4.0} = 7.0$$

按照步骤 4，基于 (10.3,7.0) 计算 d_i 和 H^1。

$$d_1 = \sqrt{(10.3-5)^2 + (7.0-3)^2} = 6.6$$

$$d_2 = \sqrt{(10.3-13)^2 + (7.0-4)^2} = 4.0$$

$$d_3 = \sqrt{(10.3-11)^2 + (7.0-9)^2} = 2.1$$

$$d_4 = \sqrt{(10.3-6)^2 + (7.0-7)^2} = 4.3$$

$$H^1 = (1 \times 6.6 + 3 \times 4.0 + 4 \times 2.1 + 2 \times 4.3) \times 5 = 178$$

此时 $H^1 < H^0$，将（x_0^1，y_0^1）代入步骤 3 进行计算，得到（x_0^2，y_0^2）=（11.9，8.3），$H^2 = 201.5 > H^1$，因此（x_0^1，y_0^1）已接近最优解，求得的最佳地点的坐标为（10.3，7.0）。

2.3.3　数学规划法

1. 线性规划法

为利用线性规划法解决问题，必须满足一定的条件：第一，两个或两个以上的活动或定位必须为有限资源而展开竞争；第二，问题中所有的相关关系必须是确定的，且能够进行线性逼近。

给定平面上的 n 个位置点 $P_i(x_i, y_i)$（$i = 1,2,\cdots,n$）。

要寻找选址点 P（x，y），使得 $\max\{|x - x_i| + |y - y_i|\}$ 最小（这就是所谓的极小极大选址问题或绝对值距离选址问题）。对于简单的线性规划模型，可以直接利用单纯形法对其进行求解。

2. 非线性规划法

在实践中，因位置的差异对市场吸引力不同，从而引起的运输量就不同，对企业产生的效益也就不一样。同时随着节点设施功能的拓展，其能提供的服务也越来越多，因位置的不同而产生的收益差异越来越明显。综合考虑成本因素和收益因素来建立节点设施的选址模型，一般属于非线性规划问题。

在一组等式或不等式的约束下，求一个函数的最大值（或最小值）问题，其中目标函数或约束条件中至少有一个非线性函数，这类问题称为非线性规划问题。其一般形式为：

$$\min f(\boldsymbol{x})$$
$$\text{s.t.}\begin{cases}g_i(\boldsymbol{x})=0, i=1,2,\cdots,p\\h_j(\boldsymbol{x})\leqslant 0, j=1,2,\cdots,q\end{cases}$$

其中，$\boldsymbol{x}=[x_1,x_2,\cdots,x_n]^{\mathrm{T}}$ 称为模型的决策变量，f 称为目标函数，$g_i(\boldsymbol{x})$（$i=1,2,\cdots,p$）和 $h_j(\boldsymbol{x})$（$j=1,2,\cdots,q$）称为约束函数。另外，$g_i(\boldsymbol{x})=0$（$i=1,2,\cdots,p$）称为等式约束，$h_j(\boldsymbol{x})\leqslant 0$（$j=1,2,\cdots,q$）称为不等式约束。

运用非线性规划模型进行选址时的基本假设包括：①能够对某区域内的需求量进行合理的预测；②货物始发点到节点设施，以及节点设施到顾客的运输费用可表示为运量、运距的线性函数；③仓储费用为仓储规模的凹函数；④能够初步确定候选地点的数量，仅在候选地点中考虑选址的解；⑤不考虑不同的运输工具；⑥运输需求按区域总计。虽然节点设施选址受到多种因素的影响，但在建立非线性规划模型时只考虑那些定量因素，如运输收益、运输成本、初始投资成本、管理成本、站场数量、备选地址等。

3. 混合整数规划法

混合整数规划法是解决物流网络设计问题常用的数学方法。例如：运用这种方法进行仓库选址，决策目标是在物流网络中确定仓库的数量、容量和位置，使得物流总成本最小。决策问题的约束条件为：①不能超过每个工厂的生产能力；②所有产品的需求必须得到满足；③各仓库的吞吐量不能超过其吞吐能力；④必须达到最低吞吐量，仓库才可以开始运营；⑤同一顾客需要的所有产品必须由同一仓库供给。

当最优化问题的变量是线性实变量时，线性规划法是最方便、最有效的方法。但是，物流基础设施建设初期的基本投资费用、固定费用都不能用实变量表示在目标函数和约束条件中，因此这一类选址优化问题不宜采用连续变量的线性规划模型来处理。固定费用是离散的，只宜用离散变量表示。因此，含有固定费用的优化问题，应该选取包含离散变量的模型。混合整数规划模型包括连续变量和离散变量，适合表述同时有可变费用和固定费用的选址问题。一般地，用混合整数规划模型来描述选址问题时，目标是使各种成本费用的总和最小，用整数变量表示各种选择，用连续变量表示各种资源的分配，用约束条件表示各种平衡关系。求解混合整数规划模型的计算量很大，用该方法处理大规模选址问题时可能需要很长的求解时间。

规划和新建节点设施时，在考虑固定费用等的情况下，可以采用混合整数规划法进行选址。应用混合整数规划法进行选址的步骤是，先对总费用以及一些限制条件进行分析和抽象，转化为混合整数规划模型，然后求解模型。

2.3.4 CFLP 法

CFLP 法适用于节点设施的能力有限、数目确定，而且各需求点的位置和需求量都确定的情形。首先假定候选地点的位置，据此在保证运输费用最小的前提下，求出各暂定节点设施的供应范围，然后在求出的供应范围内分别移动假定候选地点到其他位置，以使总费用下降。当移动每个假定候选地点都不能使总费用下降时，则计算结束；否则，按可使总费用下降的新地点，再求各暂定节点设施的供应范围，重复以上过程。CFLP 法的前半部分属于线性规划中运输问题的解法，但其后半部分完善了线性规划；该方法的缺点主要是缺乏理论证明，且需要事先确定要设置的节点设施的数量，否则就要对所有可能的数量进行重复的运算过程，然后对比结果。

以配送中心选址为例，该方法的基本步骤如下。

步骤 1　初选配送中心的地点。通过定性分析，根据配送中心的配送能力和用户需求分布情况适当地确定配送中心的数量及其设置地点，并以此作为初始方案。

步骤 2　确定各暂定配送中心的供应范围。设暂定的配送中心有 m（1，2，…，m）个；需求地有 n 个；以总费用 Z 最低为目标，则可构成运输问题模型。求解该运输问题模型，就可求得各暂定配送中心的供应范围。

步骤 3　在以上各供应范围内，移动配送中心到其他备选地点，寻求可能的改进方案。

步骤 4　比较新、旧配送中心的总费用。若前者小于后者，说明新得到的配送中心地点可使总费用下降，通过改善配送中心的供应范围，还有可能进一步降低总费用；若前者大于或等于后者，说明已经得到了所要求的解，计算可停止。对所有暂定的配送中心重复步骤 2 至步骤 4，直到总费用不能再下降为止。

【例题 2－3】现有选址问题的节点位置和需求量等已知条件，如图 2－4 所示，要求在该地域范围内的 12 个需求点中选出 3 个作为配送中心的地址。需求不可拆分，即一个需求点只能由一个配送中心进行配送。同时，假设各配送中心的固定费用均为 10 个单位，容量为 13 个单位，运输费率为一个常数，即运输费用与运输距离成正比。

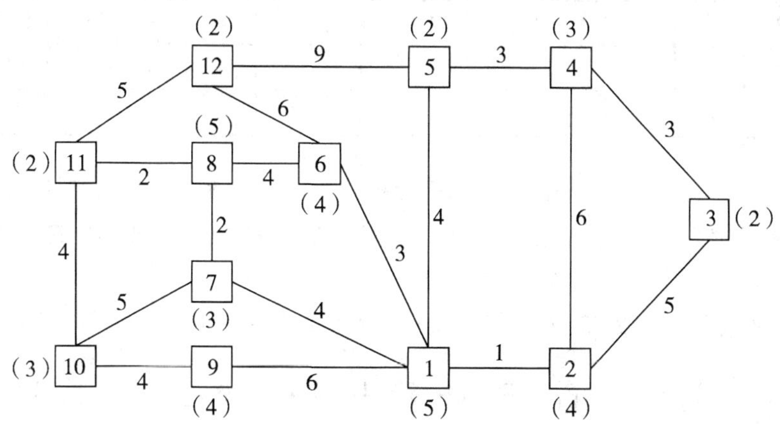

图 2－4　选址问题的节点位置和需求量

注：方框内数字为节点序号，括号内数字为节点的需求量，线段上数字为相邻节点的直线距离。

【解析】根据图 2－4 可得各需求点之间的最短运输距离，如表 2－11 所示。

表 2-11　　各需求点之间的最短运输距离

(i, j)	1	2	3	4	5	6	7	8	9	10	11	12
1	0	1	6	7	4	3	4	6	6	9	8	9
2	1	0	5	6	5	4	5	7	7	10	9	10
3	6	5	0	3	6	9	10	12	12	15	14	15
4	7	6	3	0	3	10	11	13	13	16	15	12
5	4	5	6	3	0	7	8	10	10	13	12	9
6	3	4	9	10	7	0	6	4	9	10	6	6
7	4	5	10	11	8	6	0	2	9	5	4	9
8	6	7	12	13	10	4	2	0	10	6	2	7
9	6	7	12	13	10	9	9	10	0	4	8	13
10	9	10	15	16	13	10	5	6	4	0	4	9
11	8	9	14	15	12	6	4	2	8	4	0	5
12	9	10	15	12	9	6	9	7	13	9	5	0

(1) 根据需求量的分布情况，可将配送中心的初始位置暂定在 4、6、9 这三个节点上。

(2) 以节点 4、6、9 为配送中心，其他各节点为需求点，求运输问题的最优解，如表 2-12 所示。于是得到初始解方案，总费用为 179 个单位。

表 2-12　　运输问题的初始解方案

(i, j)	1	2	3	4	5	6	7	8	9	10	11	12	供应量
4	2	4	2	3	2								13
6	2					4		5				2	13
9	1						3		4	3	2		13
需求量	5	4	2	3	2	4	3	5	4	3	2	2	39

(3) 根据以上求得的初始解，可以看出配送中心 4 的配送范围为用户 1、2、3、4、5，配送中心 6 的配送范围为用户 1、6、8、12，配送中心 9 的配送范围为用户 1、7、9、10、11。

对于用户集合 {1, 2, 3, 4, 5}，配送中心的位置设在 4 时配送费用为：

$$u_{s4} = u_4 = \sum_{j=1}^{N_1} h_{4j} X_{4j} + F_4 = 7 \times 2 + 6 \times 4 + 3 \times 2 + 0 \times 3 + 3 \times 2 + 10 = 60$$

如果配送中心的位置从 4 移到其他需求点，则配送费用分别为：

如果移到 1，则 $u_{s1} = u_1 = \sum_{j=1}^{N_1} h_{1j} X_{1j} + F_1 = 0 \times 2 + 1 \times 4 + 6 \times 2 + 7 \times 3 + 4 \times 2 + 10 = 55$；

如果移到2，则 $u_{s2} = u_2 = \sum_{j=1}^{N_1} h_{2j} X_{2j} + F_2 = 50$；

如果移到3，则 $u_{s3} = u_3 = \sum_{j=1}^{N_1} h_{3j} X_{3j} + F_3 = 63$；

如果移到5，则 $u_{s5} = u_5 = \sum_{j=1}^{N_1} h_{5j} X_{5j} + F_5 = 59$。

所以，配送中心移到2时，配送费用最少。

同理，通过计算，可知对于用户集合｛1，6，8，12｝，配送中心移到6时，配送费用最少；对于用户集合｛1，7，9，10，11｝，配送中心移到10时，配送费用最少。于是，新的配送系统应由用户集合｛2，6，10｝组成。

（4）对新的配送系统重复进行计算。再次计算所得配送中心方案与前一次结果相同，说明选址方案已达到最优。最终解方案是：配送中心选址在2、6、10，供应方案如表2－13所示，总费用为152个单位。

表2－13　运输问题的解方案

(i, j)	1	2	3	4	5	6	7	8	9	10	11	12	供应量
2	2	4	2	3	2								13
6	3					4		4				2	13
10							3	1	4	3	2		13
需求量	5	4	2	3	2	4	3	5	4	3	2	2	39

2.3.5　Baumol－Wolfe 模型

Baumol－Wolfe模型所考虑的问题情景是从数个工厂经过数个仓库向用户输送物资。以运输问题为基础，同时考虑非线性费用函数。在运输量和运价一定时，运输费用与运输距离的关系是线性的，但是仓库（流通中心）的管理费用在工作效率提高时，需采用边际费用递减的非线性费用函数来描述。对该模型的求解一般采用分阶段逐次逼近的方法。首先按照运输问题求解运输费用和配送费用；然后求管理费用函数的微分，使边际费用最小；再进一步求解运输问题；按此顺序反复进行。

以配送中心选址为例，Baumol－Wolfe模型将运输问题简化如下：①货源地到配送中心，及配送中心到需求地的运输成本都与运输量成线性关系；②货源地、需求地、供应量和需求量都已知；③配送中心的处理（通过）能力不受限制；④配送中心的候选位置及其变动、固定成本都已知。在这些假设条件下，求解配送中心的数量、规模及位置，使运输成本及配送中心运作成本之和最小。

Baumol－Wolfe模型属于非线性规划模型，用以逐次求解运输问题为思路的启发式算法寻求解决方案。在求解过程中只需要运用一般的运输规划，降低了计算难度。

Baumol – Wolfe 模型的优点是：计算比较简单；能评价流通过程的总费用（包括运输成本、物流中心的固定成本和变动成本）；能求解配送中心的业务量，业务量可决定配送中心的规模；根据配送中心变动成本的特点，可以采用大批量进货的方式。该模型的缺点是：由于采用逐次逼近法，所以不能保证得到最优解；由于选择候选地点的方法不同，求出的较优解中可能出现配送中心数量过多的情况；此外，配送中心的固定成本在解中没有被反映出来。

假设有 m 个工厂，其产品经配送中心发送给 n 个地区的用户。这些工厂的生产能力和每个地区的需求量均已知。拟建立若干个配送中心，使得通过物流中心所运送产品的固定成本和可变成本在下列约束条件下最低：①不能超过每个工厂的供货能力；②所有用户的需求必须得到满足；③每个物流中心的总进货量等于总出货量。

选址运算步骤如下。

步骤 1 求初始解。首先，对工厂与用户间的所有组合（i，k），求每单位运输成本最小值，即求从工厂 i 到用户 k 的运输成本最低的线路，其运输成本为：

$$C_{ik}^0 = \min_j \{ C_{ij} + D_{jk} \}$$

式中：C_{ij}——从工厂 i 到配送中心 j 的单位运输成本；

D_{jk}——从配送中心 j 到用户 k 的单位运输成本。

解如下线性规划问题：

$$\min f(u) = \sum_i \sum_k C_{ik}^0 U_{ik}$$

式中：U_{ik}——从工厂 i 经某一个配送中心 j 到用户 k 的流通量。

约束条件：

$$\sum_k U_{ik} = A_i, i = 1,2,\cdots,m$$

$$\sum_i U_{ik} = B_k, k = 1,2,\cdots,n$$

$$\nabla U_{ik} > 0$$

求出初始解 Z_j^0 。

步骤 2 求二次解。设经过配送中心 j 的所有（i，k）组成的集合为 G（j），则 $Z_j = \sum_{(i,k) \in G(j)} U_{ik}$ ，以运输成本和变动费用合计最小为标准，求得费用最省的线路，即令：

$$C_{ik}^1 = \min_j \{ C_{ij} + D_{jk} + W_j p \ (Z_j)^{p-1} \}$$

式中：W_j——配送中心 j 每单位通过量的变动费用。

在考虑变动费用时，引进指数 p，满足条件 $0 < p < 1$ ，以便考虑配送中心的规模经济性，配送中心 j 的变动费用表示为 $W_j p \ (Z_j)^p$ 。如果不考虑规模经济性，可令 $p = 1$。解如下线性规划问题：

$$\min f(u) = \sum_i \sum_k C_{ik}^1 U_{ik}$$

约束条件：

$$\sum_{k} U_{ik} = A_i, i = 1,2,\cdots,m$$

$$\sum_{i} U_{ik} = B_k, k = 1,2,\cdots,n$$

$$\nabla U_{ik} > 0$$

利用所求 U_{ik}，求出对应的 Z_j^1 。

步骤3 求最优解。按步骤2的方法反复计算，将 $n-1$ 次解的配送中心通过量 Z_j^{n-1} 与 n 次解的配送中心通过量 Z_j^n 进行比较，如果相等则终止计算。

【例题2-4】有两个工厂 A_1、A_2，向8个地区供应产品，在每个地区各有一个配送站（B_1、B_2、B_3、B_4、B_5、B_6、B_7、B_8）送货上门，现有5个配送中心（D_1、D_2、D_3、D_4、D_5），求解选择哪几个配送中心能使总成本最小。在此要考虑配送费用与产品通过量之间的非线性关系。已知条件如表2-14、表2-15和表2-16所示，取 $p=0.5$ 。

表2-14　　工厂到配送中心的单位运输成本 C_{ij}

	D_1	D_2	D_3	D_4	D_5	供应量
A_1	7	13	9	39	25	100
A_2	26	18	15	21	16	200

表2-15　　配送中心的变动费用 $W_jp\ (Z_j)^p$

	D_1	D_2	D_3	D_4	D_5
变动费用	$200p$	$500p$	$300p$	$600p$	$200p$

表2-16　　配送中心到配送站的单位配送成本 D_{jk}

	B_1	B_2	B_3	B_4	B_5	B_6	B_7	B_8
D_1	12	5	13	22	30	46	41	50
D_2	50	13	5	10	17	33	27	37
D_3	34	22	10	5	9	25	19	29
D_4	58	46	33	25	16	5	9	9
D_5	59	50	37	29	17	9	18	5
需求量	20	30	80	40	60	30	20	20

【解析】(1) 初始解。

对于工厂到配送站的所有组合，找出使运输成本和配送成本之和最小的配送中心，如表2-17所示。

表 2-17 工厂经配送中心到配送站的最小运费（初始解）

	B_1	B_2	B_3	B_4	B_5	B_6	B_7	B_8
A_1	19 （D_1）	12 （D_1）	18 （D_2）	14 （D_3）	18 （D_3）	34 （D_3）	28 （D_3）	30 （D_5）
A_2	38 （D_1）	31 （D_1）	23 （D_2）	20 （D_3）	24 （D_3）	25 （D_5）	30 （D_4）	21 （D_5）

表 2-17 中括号内的 D_i 表示通过的配送中心（其他表同）。求解运输问题得到的初始解如表 2-18 所示。

表 2-18 初始解

	B_1	B_2	B_3	B_4	B_5	B_6	B_7	B_8	供应量
A_1		30（D_1）	30（D_2）	40（D_3）					100
A_2	20（D_1）		50（D_2）		60（D_3）	30（D_5）	20（D_4）	20（D_5）	200
需求量	20	30	80	40	60	30	20	20	300

（2）第二次解。

利用初始解，可以求出各配送中心的初始通过量 Z_j^0，进而求出 C_{ik}^1。由于 $p=0.5$，所以配送中心每单位通过量的变动费用 W_j 按公式 $W_jp(Z_j)^p$ 计算，计算结果如表 2-19 和表 2-20 所示。

表 2-19 配送中心的初始通过量和单位变动费用

	D_1	D_2	D_3	D_4	D_5
初始通过量 Z_j^0	50	80	100	20	50
单位变动费用 W_j	$100/50^{0.5}=$ 14.14	$250/80^{0.5}=$ 27.95	$150/100^{0.5}=$ 15	$300/20^{0.5}=$ 67.08	$100/50^{0.5}=$ 14.14

表 2-20 工厂经配送中心到配送站的最小运费（第二次解）

	B_1	B_2	B_3	B_4	B_5	B_6	B_7	B_8
A_1	33.14 （D_1）	26.14 （D_1）	34 （D_3）	29 （D_3）	33 （D_3）	48.14 （D_5）	43 （D_3）	44.14 （D_5）
A_2	52.14 （D_1）	45.14 （D_1）	40 （D_3）	35 （D_3）	39 （D_3）	39.14 （D_5）	48.14 （D_5）	35.14 （D_5）

对于工厂到配送站的所有组合，找到运输成本、配送成本与变动费用之和的最小值，对应的流动路线为最省路线，然后得到第二次解，如表2－21所示。

表2－21 第二次解

	B_1	B_2	B_3	B_4	B_5	B_6	B_7	B_8	供应量
A_1		30（D_1）		40（D_3）	30（D_3）				100
A_2	20（D_1）		80（D_3）		30（D_3）	30（D_5）	20（D_5）	20（D_5）	200
需求量	20	30	80	40	60	30	20	20	300

（3）第三次解。

利用第二次解，可求出各配送中心的通过量 Z_j^1，进而求出 C_{ik}^2。由于 D_2、D_4 无通过量，设 D_2、D_4 的单位变动费用为 $M(M\to\infty)$。计算结果如表2－22和表2－23所示。

表2－22 配送中心的通过量和单位变动费用

	D_1	D_2	D_3	D_4	D_5
通过量 Z_j^1	50	0	180	0	70
单位变动费用 W_j	$100/50^{0.5}=14.14$	M	$150/180^{0.5}=11.18$	M	$100/70^{0.5}=11.95$

表2－23 工厂经配送中心到配送站的最小运费（第三次解）

	B_1	B_2	B_3	B_4	B_5	B_6	B_7	B_8
A_1	47.28（D_1）	40.28（D_1）	45.18（D_3）	40.18（D_3）	44.18（D_3）	60.06（D_5）	54.18（D_3）	56.09（D_5）
A_2	66.28（D_1）	59.28（D_1）	51.18（D_3）	46.18（D_3）	50.18（D_3）	51.09（D_5）	60.09（D_5）	47.09（D_5）

对于工厂到配送站的所有组合，找到运输成本、配送成本与变动费用之和的最小值，对应的流动路线为最省路线，然后得到第三次解，如表2－24所示。

表2－24 第三次解

	B_1	B_2	B_3	B_4	B_5	B_6	B_7	B_8	供应量
A_1		30（D_1）		40（D_3）	30（D_3）				100
A_2	20（D_1）		80（D_3）		30（D_3）	30（D_5）	20（D_5）	20（D_5）	200
需求量	20	30	80	40	60	30	20	20	300

从表 2－24 可以看出，第三次解的通过量与第二次解的通过量相同，所以第三次解就是最终解。从最终解可以看出，在 5 个配送中心中，应选取 D_1、D_3、D_5，这样能使总成本最小。

2.3.6 中值模型

1. 交叉中值模型

交叉中值模型可用来解决连续点的选址问题，使用曼哈顿距离，其目标函数为：

$$\min Z = \sum_{i=1}^{n} w_i \left\{ |x_i - x_m| + |y_i - y_m| \right\}$$

式中：w_i——与第 i 个点对应的权重（如需求量）；

(x_i, y_i)——第 i 个点的坐标；

(x_m, y_m)——待选址地址的坐标；

n——需求点的个数。

这个目标函数可用两个不相关的部分来表达，即 $\min Z = \sum_{i=1}^{n} w_i |x_i - x_m| + \sum_{i=1}^{n} w_i |y_i - y_m|$，$x_m$是 x 方向的对应所有权重的中值点，y_m是 y 方向的对应所有权重的中值点。

$$\min Z = \sum_{i=1}^{n} w_i |x_i - x_m| + \sum_{i=1}^{n} w_i |y_i - y_m| = H_x + H_y$$

$$H_x = \sum_{i=1}^{n} w_i |x_i - x_m| = \sum_{i \in \{i | x_i \geqslant x_m\}} w_i (x_i - x_m) + \sum_{i \in \{i | x_i \leqslant x_m\}} w_i (x_m - x_i)$$

因此得到 $\dfrac{\mathrm{d}H_x}{\mathrm{d}x_m} = \sum_{i \in \{i | x_i \leqslant x_m\}} w_i - \sum_{i \in \{i | x_i \geqslant x_m\}} w_i = 0$，即 $\sum_{i \in \{i | x_i \leqslant x_m\}} w_i = \sum_{i \in \{i | x_i \geqslant x_m\}} w_i$。

x_m是最优解时，其两方的权重都为 50%，即 H_x的最优值点 x_m，是 x 方向对所有的权重 w_i的中值点。同样可得 H_y的最优值点 y_m是 y 方向对所有的权重 w_i的中值点，即 y_m需满足：

$$\sum_{i \in \{i | y_i \leqslant y_m\}} w_i = \sum_{i \in \{i | y_i \geqslant y_m\}} w_i$$

可见，最优的位置可能是一个点，可能是一条线段，也可能是一个区域。

【例题 2－5】某区域准备新建设一个物流中心，主要服务该区域附近的 9 家企业，物流中心及企业的地理位置如图 2－5 所示。各企业的坐标及需求权重如表 2－25 所示，其中的需求权重由对应企业的规模确定。试选择一个地点，使物流中心为企业配送的距离总和最小。

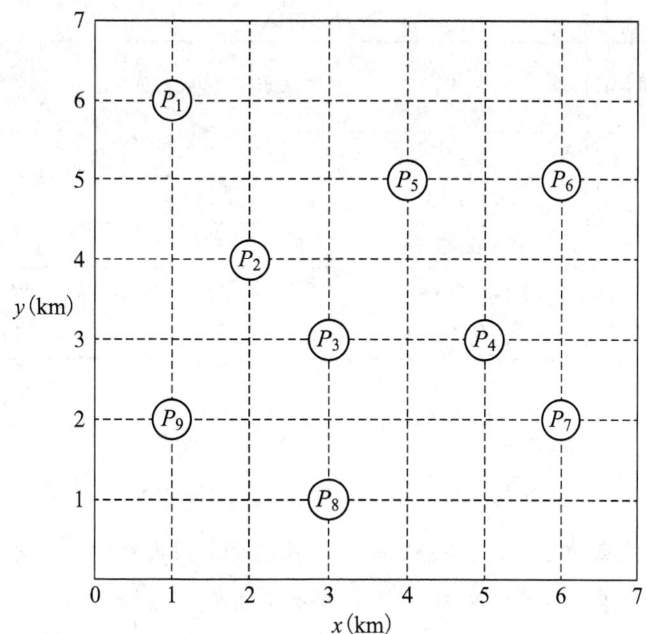

图 2-5　物流中心及企业的地理位置

表 2-25　各企业的坐标及需求权重

需求点 P_i	坐标 x_i	坐标 y_i	需求权重 w_i
1	1	6	6
2	2	4	4
3	3	3	5
4	5	3	7
5	4	5	4
6	6	5	9
7	6	2	6
8	3	1	8
9	1	2	3

【解析】由于在同一个区域内进行选址，使用曼哈顿距离是合适的，故用交叉中值模型来解决这个问题。

（1）确定中值：$\sum_{i\in\{i|x_i\leqslant 3\}} w_i = w_1 + w_9 + w_2 + w_3 + w_8 = 26 = w_z$。

（2）找到 x 方向上的中值点 x_m。对于 x 方向，中值计算如表 2-26 所示。

表 2-26 x 方向的中值

需求点 P_i（从左到右）	$\sum_i w_i$	需求点 P_i（从右到左）	$\sum_i w_i$
1	6 = 6	7	6 = 6
9	9 = 6 + 3	6	15 = 6 + 9
2	13 = 6 + 3 + 4	4	22 = 6 + 9 + 7
3	18 = 6 + 3 + 4 + 5	5	26 = 6 + 9 + 7 + 4
8	26 = 6 + 3 + 4 + 5 + 8		

$$\sum_{i\in\{i|x_i\leqslant 3\}} w_i = w_1 + w_9 + w_2 + w_3 + w_8 = 26$$

$$\sum_{i\in\{i|x_i\geqslant 4\}} w_i = w_7 + w_6 + w_4 + w_5 = 26$$

所以 H_x 极小值点的范围为 $3 \leqslant x_m \leqslant 4$，在这个范围内对于 x 方向都是一样的。

（3）找到 y 方向上的中值点 y_m。对于 y 方向，中值计算如表 2-27 所示。

表 2-27 y 方向的中值

需求点 P_i（从上到下）	$\sum_i w_i$	需求点 P_i（从下到上）	$\sum_i w_i$
1	6 = 6	8	8 = 8
5	10 = 6 + 4	7	14 = 8 + 6
6	19 = 6 + 4 + 9	9	17 = 8 + 6 + 3
2	23 = 6 + 4 + 9 + 4	4	24 = 8 + 6 + 3 + 7
3	28 = 6 + 4 + 9 + 4 + 5	3	29 = 8 + 6 + 3 + 7 + 5

$$\sum_{i\in\{i|y_i\geqslant 4\}} w_i = 23 < 26 = w_z$$

$$\sum_{i\in\{i|y_i\leqslant 3\}} w_i = 28 > 26 = w_z$$

从上边到需求点 P_2 尚未达到中值点，而到 P_3 将超过中值点。所以从下到上的方向考虑，y_m 应该在 P_3 或 P_3 以下；同理，从上到下的方向考虑，y_m 应该在 P_3 或 P_3 以上。

（4）计算点 A 和点 B 的加权距离值。

$$\begin{aligned} H_A &= \sum_{i=1}^{9} w_i(|x_i - 3| + |y_i - 3|) \\ &= 6\times 5 + 4\times 2 + 5\times 0 + 7\times 2 + 4\times 3 + 9\times 5 + 6\times 4 + 8\times 2 + 3\times 3 \\ &= 158 \end{aligned}$$

$$H_B = \sum_{i=1}^{9} w_i(|x_i - 4| + |y_i - 3|)$$

$= 6 \times 6 + 4 \times 3 + 5 \times 1 + 7 \times 1 + 4 \times 2 + 9 \times 4 + 6 \times 3 + 8 \times 3 + 3 \times 4$

$= 158$

综合考虑 x、y 方向的影响，选出的地址为 A（3，3）至 B（4，3）之间的一条线段（见图2－6）。

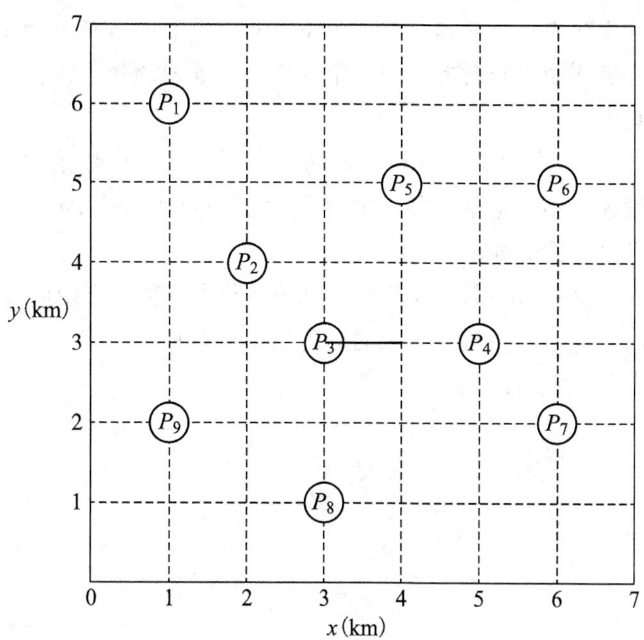

图2－6　备选地址

点 A 和点 B 的加权距离值如表2－28所示。

表2－28　　点 *A* 和点 *B* 的加权距离值

需求点 P_i	权重 w_i	A（3，3）		B（4，3）	
		距离 d_i	加权距离 $w_i \cdot d_i$	距离 d_i	加权距离 $w_i \cdot d_i$
1	6	5	30	6	36
2	4	2	8	3	12
3	5	0	0	1	5
4	7	2	14	1	7
5	4	3	12	2	8
6	9	5	45	4	36
7	6	4	24	3	18
8	8	2	16	3	24
9	3	3	9	4	12

$$H_A = \sum_{i=1}^{9} w_i(|x_i - 3| + |y_i - 3|) = 158$$

$$H_B = \sum_{i=1}^{9} w_i(|x_i - 4| + |y_i - 3|) = 158$$

若本题 y 方向中值点的选择范围为连续的区间，则整个可能的中值点选择范围就是一个区域；若 x 方向中值点的选择范围为唯一点，则整个可选的地点就只有一个点。可见，利用交叉中值模型选址时可以为决策者提供更多的选择方案。

2. P－中值模型

P－中值问题：在一个给定数量和位置的需求集合和一个候选设施位置的集合中，分别为 p 个节点设施找到合适的位置并指派每个需求点到一个特定的节点设施，使在节点设施和需求点之间的运输成本最低。

求解 P－中值问题的算法主要有精确算法和启发式算法。运用启发式算法不一定能得到问题的最优解，但是当数据量很大时计算速度比较快。

P－中值模型可以表示如下：

目标函数

$$\min \sum_{i \in N} \sum_{j \in M} d_i C_{ij} y_{ij}$$

约束条件

$$\sum_{j \in M} y_{ij} = 1, i \in N \tag{2-6}$$

$$\sum_{j \in M} x_j = p \tag{2-7}$$

$$y_{ij} \leqslant x_j, j \in M, i \in N \tag{2-8}$$

$$x_j \in \{0,1\}, y_{ij} \in \{0,1\}, i \in N, j \in M \tag{2-9}$$

式（2－6）～式（2－9）中：

N——需求点数，$N = 1,2,\cdots,n$；

M——节点设施的候选点数，$M = 1,2,\cdots,m$；

d_i——第 i 个需求点的需求量；

C_{ij}——从需求点 i 到节点设施 j 的单位运输成本；

p——允许建造的节点设施的数量，$p < m$；

x_j——第 j 个设施候选点被选中，取值为 1，否则为 0；

y_{ij}——第 j 个节点设施供应第 i 个需求点，取值为 1，否则为 0。

目标函数为最小化运输成本。约束条件中式（2－6）保证每个需求点只有一个节点设施来提供服务；式（2－7）限制节点设施的总数；式（2－8）保证没有节点设施的地点不会为客户提供服务；式（2－9）限定变量范围。

可以看出，求解 P－中值模型需要解决两方面的问题：选择合适的节点设施；指派客户与节点设施的服务关系。

【例题 2－6】某公司在某地区有 6 个主要客户 A_1、A_2、A_3、A_4、A_5 和 A_6，该公司拟

在该地区新建两个仓库，用最低的运输成本来满足该地区主要客户的需求。经过一段时间的实地考察之后，公司确定三个候选地 D_1、D_2 和 D_3。从候选地到客户的单位运输成本、各个客户的需求量都已经确定（见表2－29），客户分布及候选仓库位置如图2－7所示，试确定仓库位置。

表2－29　单位运输成本和需求量

C_{ij}	D_1	D_2	D_3	d_i
A_1	5	10	20	100
A_2	2	10	25	50
A_3	4	4	15	110
A_4	6	5	9	50
A_5	16	12	7	150
A_6	14	5	4	100

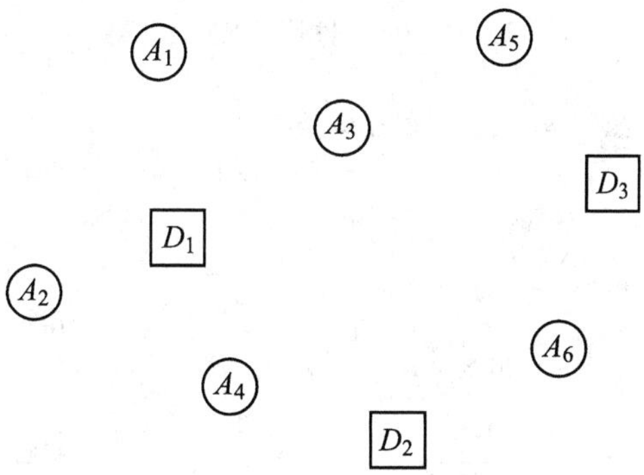

A1
A5
A3
D3
D1
A2
A6
A4
D2

图2－7　客户分布及候选仓库位置

【解析】采用启发式算法。

（1）初始化。令循环参数 $k = m$，m 为所有候选地的数量，然后将每个客户指派给离其距离最近的一个候选地（见图2－8）。

A1
A5
1050
500
A3
440
D3
D1
100
400
A2
A6
A4
250
D2

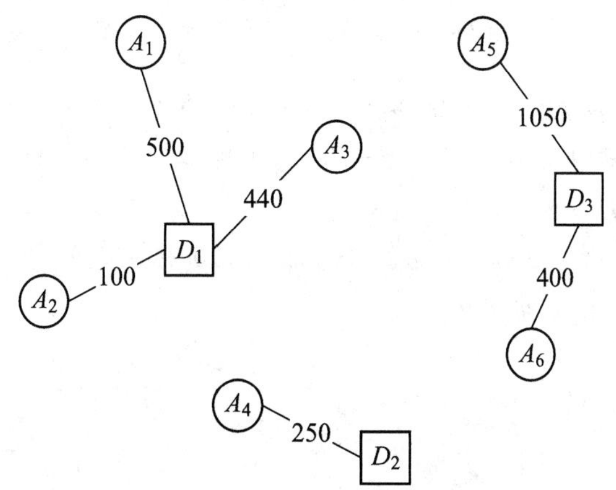

图2－8　为客户指派候选地（1）

(2) 选择并移除一个候选地，满足条件：重新指派其客户给另一个候选地后，总费用增量最小（见图 2-9 ~ 图 2-11），令 $k=2$。

移走 D_1 总费用增量 $\Delta Z_1=1000+500+440-500-100-440=900$。

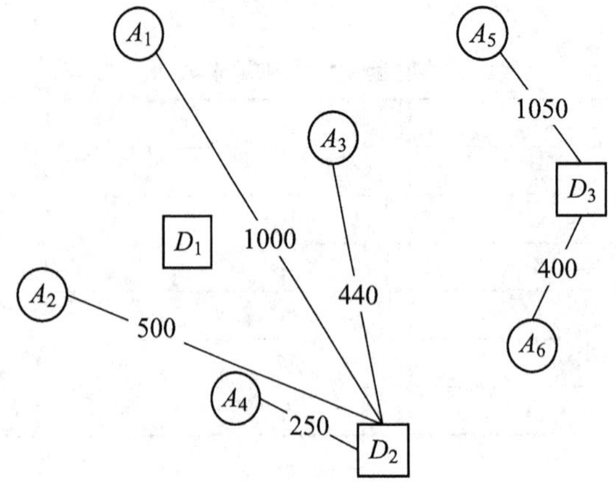

图 2-9　为客户指派候选地（2）

移走 D_2 总费用增量 $\Delta Z_2=300-250=50$。

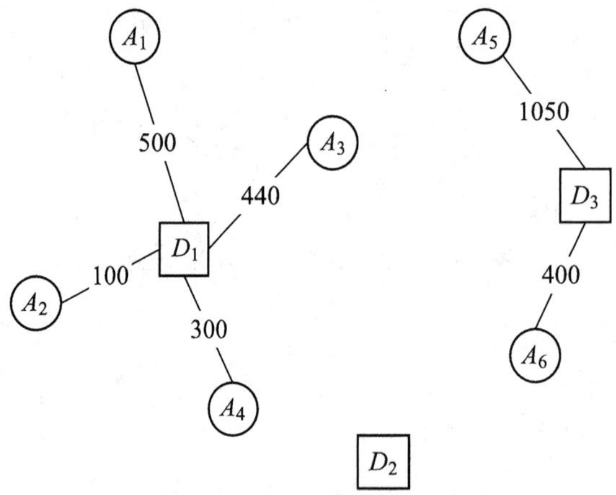

图 2-10　为客户指派候选地（3）

移走 D_3 总费用增量 $\Delta Z_3=1800+500-1050-400=850$。

从上述分析可以看出，移走候选地 D_2，总费用增量最小，为 50，因此，第一个被移走的是候选地 D_2，$k=2$。

(3) 重复步骤 (2)，直到 $k=p$。由于本例移走候选地 D_2 后，满足建设要求，因此，在候选地 D_1、D_3 建立新仓库。

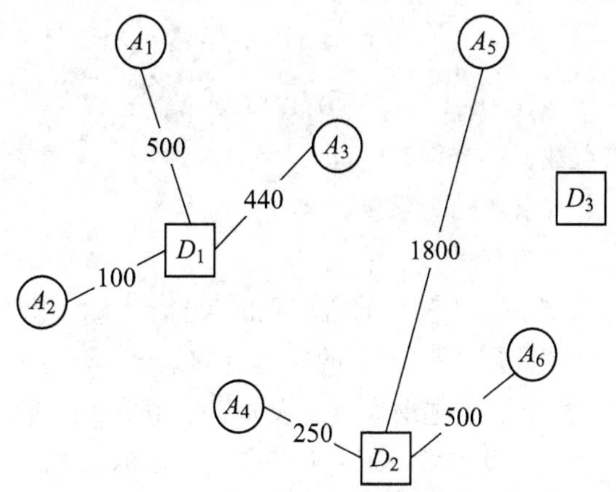

图 2－11　为客户指派候选地（4）

2.3.7　覆盖模型

1. 集合覆盖模型

集合覆盖模型旨在用尽可能少的节点设施来辐射服务所有的需求点。

对于集合覆盖模型类的带有约束条件的极值问题，有两种求解方法。一是精确算法，如应用分枝定界算法可以找到小规模问题的最优解；二是启发式算法，所得到的结果不一定是最优解，但可以对大规模问题进行有效求解。

集合覆盖模型的构造步骤如下。

步骤 1　找到每一个候选地址可以服务的所有需求点的集合 $A(j)$，它们距离该候选地址的距离小于或者等于指定距离。

步骤 2　找到可以给每一个需求点提供服务的所有候选地址的集合 $B(i)$，一般地，它与 $A(j)$ 是一样的。

步骤 3　设变量 $x_{ij}=1$，表示位于 i 点的节点设施向位于 j 点的需求点供货，否则 $x_{ij}=0$。$y_i=1$，表示在 i 点建立节点设施，否则 $y_i=0$。由于每个需求点都可以从一个或者多个节点设施进货，因此决定了运输服务分配的约束条件为 $\sum_{(i,j)\in F} x_{ij} \geqslant 1\ (j \in S)$，根据 $B(i)$ 可以写出各个约束条件。

步骤 4　检验。根据集合 $A(j)$，验证求得的选址方案是否覆盖了所有需求点。

集合覆盖模型的目标是用尽可能少的节点设施去覆盖所有的需求点，具体形式如下：

目标函数　$$\min \sum_{j\in N} x_j$$

约束条件

$$\sum_{j\in B(i)} y_{ij} = 1, i \in N$$

$$\sum_{i \in A(j)} d_i y_{ij} \leqslant C_j x_j, j \in N$$

$$x_j \in \{0,1\}, y_{ij} \in \{0,1\}, i \in N, j \in N$$

式中：N——需求点数，$N = 1,2,\cdots,n$；

d_i——第 i 个需求点的需求量；

C_j——候选点 j 的容量；

A（j）——候选点 j 所覆盖的需求点的集合；

B（i）——可以覆盖需求点 i 的候选点的集合，$B(i) = \{j \mid i \in A(j)\}$；

x_j——第 j 个需求点被选中为节点设施，取值为 1，否则为 0；

y_{ij}——第 j 个节点设施供应第 i 个需求点，取值为 1，否则为 0。

【例题 2－7】有一个配送企业，拟为 7 个生产企业（A_1、A_2、A_3、A_4、A_5、A_6 和 A_7）提供即时配送，生产企业要求配送企业在接到订单后 6h 之内将所需物品送至其生产线上，配送企业为满足生产企业配送要求，准备在每一个生产企业周围 30km 范围内至少设置一个配送中心，配送中心的服务能力不受限制，除生产企业 A_6 处受城市规划用地限制不能作为配送中心候选地外，其余 6 个生产企业所在地均可作为配送中心候选地，试对该配送企业配送中心的最少建设数量和相应的位置进行决策。7 个生产企业所在地分布情况如图 2－12 所示。

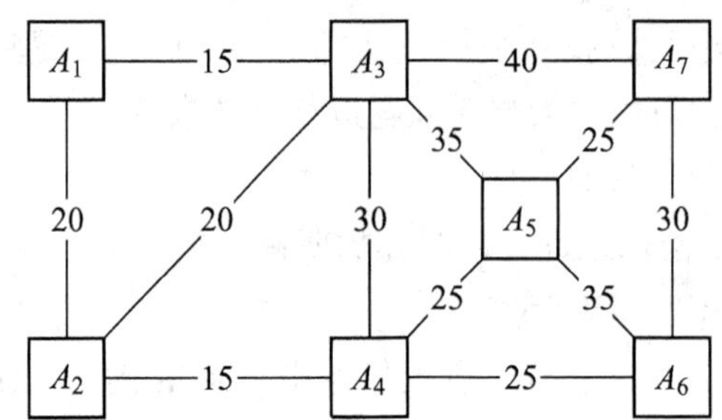

图 2－12　7 个生产企业所在地分布情况

【解析】(1) 根据服务距离小于等于 30km 的要求，求出每一个候选地（生产企业所在地）所服务生产企业的集合 A（j）和可以为每一个生产企业服务的候选地的集合 B（i），相应结果如表 2－30 所示。

一般情况下两个集合相同，但若有其他条件限制，可能会出现差异（本例由于生产企业 A_6 所在地不能作为候选地，就出现差异）。

表 2－30　　指派方案

生产企业	A（j）	B（i）
A_1	A_1、A_2、A_3	A_1、A_2、A_3
A_2	A_1、A_2、A_3、A_4	A_1、A_2、A_3、A_4
A_3	A_1、A_2、A_3、A_4	A_1、A_2、A_3、A_4

续　表

生产企业	A (j)	B (i)
A_4	A_2、A_3、A_4、A_5、A_6	A_2、A_3、A_4、A_5、A_6
A_5	A_4、A_5、A_7	A_4、A_5、A_7
A_6		A_4、A_7
A_7	A_5、A_6、A_7	A_5、A_7

（2）根据表2－30，将A（j）中可以作为为其他生产企业服务的候选地集合的子集删除，以简化问题。A_2可以为A_1、A_2、A_3、A_4提供服务，A_1可以为A_1、A_2、A_3提供服务，所以A（1）是A（2）的子集，不考虑在A_1所在地建设配送中心，同理将A_3所在地排除。A_2、A_4、A_5、A_7所在地是候选地。

（3）确定合适解。A_2、A_4、A_5、A_7本身就是一组可行解，但为了满足经济性要求，尽可能将配送中心的数量降到最少，因此需要进一步求解可以合并的候选地。A_2、A_7则是可以覆盖所有生产企业，并且使配送中心数量最少的组合解。因此，应在A_2、A_7所在地建设两个配送中心。

2. 最大覆盖模型

最大覆盖模型的目标是对有限的节点设施进行选址，来辐射服务尽可能多的需求点。最大覆盖模型的求解方式与集合覆盖模型的求解方式类似。

用有限的节点设施，为尽可能多的对象提供服务，即在给定数量的节点设施下，覆盖尽可能多的需求点。

目标函数

$$\max \sum_{j \in N} \sum_{i \in A(j)} d_i y_{ij}$$

约束条件

$$\sum_{j \in B(i)} y_{ij} \leqslant 1, i \in N$$

$$\sum_{i \in A(j)} d_i y_{ij} \leqslant C_j x_j, j \in N$$

$$\sum_{j \in N} x_j = p$$

$$x_j \in \{0,1\}, y_{ij} \geqslant 0, i \in N, j \in N$$

式中：N——需求点数，$N = 1,2,\cdots,n$；

d_i——第i个需求点的需求量；

C_j——候选点j的容量；

A（j）——候选点j所覆盖的需求点的集合；

B（i）——可以覆盖需求点i的候选点的集合，$B(i) = \{j \mid i \in A(j)\}$；

p——允许建造的物流节点的数目；

x_j——第 j 个需求点被选中为节点设施，取值为 1，否则为 0；

y_{ij}——节点 i 需求中被分配给节点 j 的比例。

最大覆盖模型可以采用贪婪算法进行求解，该算法先求出可以作为候选点的集合，并以一个空集作为原始解的集合，然后在候选点集合中选择一个具有最大满足能力的候选点进入原始解集合，如此循环，直到节点设施数目满足要求。

【例题 2-8】仍以例题 2-7 中的配送企业确定配送中心个数为例，假定最多建设 2 个配送中心。

【解析】上例中已得出一组可行解为 A_2、A_4、A_5、A_7。

(1) 初始解 $S = \varnothing$。

(2) 比较 A_2、A_4、A_5、A_7 的服务能力，A_4 的覆盖能力最大，可服务 5 个生产企业，因此将 A_4 加入 S，$S = \{A_4\}$。

(3) 除去 A_4 服务的范围，将其余覆盖能力最大的候选地加入 S，形成新的解集。本例中除去 A_4 服务的范围，剩下待服务企业为 A_1、A_7，候选地 A_2 可以为 A_1 提供服务，候选地 A_5、A_7 可以为 A_7 提供服务，服务能力相同，因此 $S = \{A_4, A_2\}$ 或 $S = \{A_4, A_5\}$ 或 $S = \{A_4, A_7\}$ 为新的解集，2 个候选地被选中建设配送中心，满足最多建设 2 个配送中心的要求。

课后习题

1. 物流节点的布局密度是不是越大越好？为什么？

2. 将层次分析法运用于物流节点选址时，应具备哪些运算条件？

3. 现为一配送中心选址，准则层考虑 5 个影响因素，即经济成本、交通条件、基本设施条件、市场和客户规模、环境因素，分别表示为 M_1、M_2、M_3、M_4 和 M_5。有 3 个备选地方案，分别表示为 P_1、P_2 和 P_3。

其中，对于目标层 F（配送中心选址）而言，M_1、M_2、M_3、M_4 和 M_5 的相对重要程度如判断矩阵 $\boldsymbol{A}_{F-M}$ 所示。

$$\boldsymbol{A}_{F-M} = \begin{bmatrix} 1 & 1/2 & 4 & 3 & 3 \\ 2 & 1 & 7 & 5 & 5 \\ 1/4 & 1/7 & 1 & 1/2 & 1/3 \\ 1/3 & 1/5 & 2 & 1 & 1 \\ 1/3 & 1/5 & 3 & 1 & 1 \end{bmatrix}$$

对于每一个准则层指标而言，P_1、P_2 和 P_3 的相对重要性如下列判断矩阵所示。

$$\boldsymbol{B}_{M_1-P} = \begin{bmatrix} 1 & 2 & 5 \\ 1/2 & 1 & 2 \\ 1/5 & 1/2 & 1 \end{bmatrix}, \boldsymbol{B}_{M_2-P} = \begin{bmatrix} 1 & 1/3 & 1/8 \\ 3 & 1 & 1/3 \\ 8 & 3 & 1 \end{bmatrix}, \boldsymbol{B}_{M_3-P} = \begin{bmatrix} 1 & 1 & 3 \\ 1 & 1 & 3 \\ 1/3 & 1/3 & 1 \end{bmatrix},$$

$$\boldsymbol{B}_{M_4-P} = \begin{bmatrix} 1 & 3 & 4 \\ 1/3 & 1 & 1 \\ 1/4 & 1 & 1 \end{bmatrix}, \boldsymbol{B}_{M_5-P} = \begin{bmatrix} 1 & 1 & 1/4 \\ 1 & 1 & 1/4 \\ 4 & 4 & 1 \end{bmatrix}$$

（1）为该配送中心选址问题构建层次分析模型。

（2）计算各判断矩阵的特征值和特征向量，并进行一致性检验。

（3）计算层次总排序值，并确定决策方案。

4. 在某地建设1个配送中心，给5个超市客户提供配送服务，各超市客户的位置坐标分别为 A（10，4）、B（2，3）、C（7，5）、D（5，8）和 E（6，4），各超市客户的需求为4、8、10、8和15（单位略）。请用重心法为该配送中心选址。

5. 现为一物流中心选址，候选地为 A_1 和 A_2，该物流中心的客户有4个，分别为 B_1、B_2、B_3 和 B_4。节点间的最短运输距离如表2－31所示，客户需求（单位略）如表2－32所示。请用CFLP法确定该物流中心的地址。

表2－31　节点间的最短运输距离

	B_1	B_2	B_3	B_4	A_1	A_2
B_1	0	13.1	21.6	13.2	8.8	3.1
B_2	13.1	0	28.6	0.66	5.6	9.9
B_3	21.6	28.6	0	27.1	29.9	22.3
B_4	13.2	0.66	27.1	0	6.2	10.2
A_1	8.8	5.6	29.9	6.2	0	6
A_2	3.1	9.9	22.3	10.2	6	0

表2－32　客户需求

	B_1	B_2	B_3	B_4
需求量	215	210	175	195

6. 某地区拟建2个配送中心，服务周边的8个客户（A_1、A_2、A_3、A_4、A_5、A_6、A_7 和 A_8），现有4个配送中心候选地（D_1、D_2、D_3 和 D_4），客户分布及候选地的位置如图2－13所示，候选地与客户之间的距离如表2－33所示，请用P－中值模型为该地区确定配送中心选址。

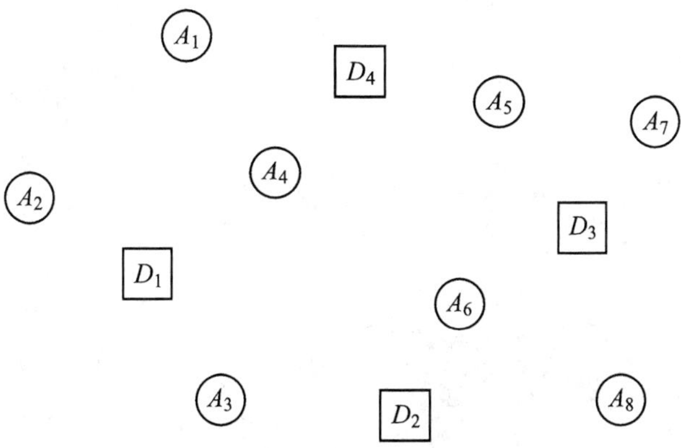

图2－13　客户分布及候选地的位置

表 2-33 候选地与客户之间的距离

	D_1	D_2	D_3	D_4	需求量
A_1	4	12	20	6	100
A_2	2	10	25	10	50
A_3	3	4	16	14	120
A_4	6	5	9	2	80
A_5	18	12	7	3	200
A_6	14	2	4	9	70
A_7	20	30	2	11	60
A_8	24	12	3	22	100

第 3 章　盈亏分析

3.1　物流经济分析的基本要素

3.1.1　物流成本

成本通常是指为获取商品和服务所需支付的费用。成本的含义非常广，不同的情况对应着不同的成本范围，本节讨论物流投资决策过程中所涉及的一些成本概念。

1. 物流会计成本

物流会计成本是会计记录在公司账上客观的、有形的支出，包括原材料、动力、租金、广告、利息等方面的支出。按照我国的财务制度，物流总成本由物流营运成本、管理费用、财务费用和营销费用等组成。

物流营运成本是在一定期间（通常为一年）内，由于提供物流服务而实际发生的现金支出。它不包括虽计入物流成本费用中，但实际没有发生现金支出的费用。物流营运成本包括物流营运部门为物流营运提供物流服务而发生的各项营运费用，比如各项直接支出和运作费用。直接支出包括直接材料（如原材料、辅助材料、备品备件、燃料等）支出、直接工资（如物流营运人员的工资、补贴）、其他直接支出（物流营运人员的福利）；运作费用是指物流企业或部门为组织和管理营运所发生的各项费用，包括管理人员的工资、设备折旧费和维修费及其他费用（如办公费、差旅费、劳保费等）。

管理费用是物流企业行政管理部门为组织和管理营运所发生的各项费用，包括行政人员的工资和福利费、技术转让费、无形资产和递延资产的管理费等。

财务费用是指为筹集资金而发生的各项费用，包括营运期间所发生的利息净支出及其他财务费用（如汇兑净损失、银行手续费等）。

营销费用是指为销售和提供物流服务而发生的各项费用，包括营销人员的工资、福利费及其他营销费用（如广告费、办公费、差旅费等）。

管理费用、财务费用和营销费用作为期间费用，直接计入当期损益。

2. 物流机会成本

物流机会成本是指由于将有限资源使用于某种特定的物流项目用途而放弃其他用途的最高收益。物流机会成本这个概念的产生来源于这样一个现实：资源是稀缺的。

物流领域资源的稀缺性决定了在进行物流投资决策时，只有充分考虑了某种资源用于其他用途的潜在收益后，才能做出正确的选择，使有限的资源得到有效的利用。

物流机会成本并不是实际物流建设或营运过程中发生的成本，而是对物流方案进行决策时产生的观念上的成本。因此，它在会计账本上是找不到的，但对决策非常重要。

例如：物流企业有一台大功率叉车，可以自用，也可以出租。出租可以获得7000元的净收益，自用可产生6000元的净收益。当舍弃出租方案而采用自用方案时，其物流机会成本为7000元，利益为－1000元；当舍弃自用方案而采用出租方案时，其物流机会成本为6000元，利益为1000元。很显然，此情况下应采用出租方案。

3. 物流经济成本

在进行物流经营决策时采用物流经济成本的概念，物流经济成本是显性成本和隐性成本之和。物流企业或企业的物流部门除发生显性成本（实际成本，如物流企业或企业的物流部门购买材料、设备以及支付借款利息等产生的成本）外，还存在着隐性成本——企业自有的资源，实际上已经投入，但在形式上没有支付的成本。由于隐性成本没有列入物流企业的账册，从而导致经营利润偏高。事实上，这种把自己拥有的资源投入进去的情况，存在着自有资源的物流机会成本，应该被看作实际物流成本的一部分。

例如，某人利用自己的地产和建筑物开设了一家物流企业，那么此人就放弃了向别的厂商出租土地和房子的租金收入，这部分租金收入作为隐性成本应计入物流经济成本。

4. 物流沉没成本

物流沉没成本是指物流企业或企业的物流部门过去已经支出而现在已无法得到补偿的成本。它对企业决策不起作用，主要表现为过去发生的费用已经支付，事后尽管可能认识到这项决策是不明智的，但已成为事实，今后的任何决策都不能取消这项支出。

例如，物流企业一年前以45万元/台的价格购入牵引车20辆（既定事实，900万元是物流沉没成本），现该型号牵引车的市场价格是30万元/台，目前该物流企业决定放弃自营运输业务，出售这批牵引车。在决策时，不应受45万元/台购入价格这一物流沉没成本的影响，而应以30万元/台的价格作为折旧基础。

5. 物流固定成本和物流变动成本

按照与物流业务量的关系分类，物流成本可分为物流固定成本和物流变动成本两种。物流固定成本是指在一定物流业务量范围内不随物流业务量变动而变动的费用。物流变动成本是指在一定物流业务量范围内随物流业务量变动而变动的费用。表3－1对比了这两种物流成本。

表 3-1 物流固定成本和物流变动成本

	内容	特点
物流固定成本	物流固定资产折旧费、管理费	其总额在一定时期和一定物流业务量范围内不随物流业务量的增加而变动
物流变动成本	直接材料费用、直接人工费用、直接燃料费用和动力费用、包装费用等	其总额随物流业务量的增加而增加

就单位物流成本而言，其中的物流固定成本部分与物流业务量的增减成反比，即物流业务量增加时，单位物流成本的物流固定成本部分减少，物流变动成本部分是固定不变的。物流固定成本与物流变动成本的划分，对于物流项目的盈亏分析及决策有重要意义。

【例题 3-1】某物流企业提供物流配送服务的作业能力为 15 万件，现因市场问题只有配送 10 万件的能力，配送价格为 50 元/件，物流固定成本为 150 万元，单位物流变动成本为 25 元/件，单位配送成本为 40 元/件。现有一客户提出以 37 元/件的价格再订购 4 万件的配送业务量，这样使总配送业务量达到 14 万件，企业若接受该业务是否会增加盈利？

【解析】表面上看，若企业接受该业务会减少盈利，因为 37 元/件的价格低于 40 元/件的单位配送成本。但在掌握了物流固定成本的特征后，就可以清楚地分析出接受 4 万件的配送业务，企业实际增加支出 25 元/件（单位物流变动成本），可盈利 12（37 - 25 = 12）元/件，增加总盈利 48 万元。若不考虑其他因素，单从经济的角度，企业应接受该业务。

6. 物流边际成本

物流边际成本是物流企业或企业的物流部门每多提供一单位物流业务量的配送服务所产生的物流总成本的增加量，或是生产、制造企业每增加一单位物流业务量所引起的物流总成本的增加量。

例如，当运量为 1500 吨时，物流总成本为 450000 元；当运量为 1501 吨时，物流总成本为 450310 元，则第 1501 吨运量的物流边际成本等于 310 元。物流边际成本考虑的是单位物流业务量的成本变动，物流固定成本可以视为不变，因此物流边际成本实际上是总的物流变动成本之差。

3.1.2 物流税收

税收是国家为满足社会公共需要，凭借公共权力，按照法律所规定的标准和程序，参与国民收入分配，强制地、无偿地取得财政收入的一种方式。税收特征可以概括为强制性、无偿性和固定性。根据各种税收的目的和作用不同，我国的税收按征税对象不同大致可划分为货物劳务税、所得税、资源税和财产行为税。与分析物流经济有关的主要税种是：增值税、资源税、城市维护建设税（城建税）和教育费附加；计入管理费用的房产税、土地使用税、车船使用税、印花税等；计入固定资产总投资的固定资产投资方向调节税；从利润中扣除的企业所得税。

下面就增值税、资源税、城市维护建设税、教育费附加和企业所得税进行简单说明。

1. 增值税

增值税是以商品（含应税劳务）在流转过程中产生的增值额作为计税依据而征收的一种流转税。其纳税人为在我国境内销售货物或者加工、修理修配劳务，销售服务、无形资产、不动产以及进口货物的单位和个人。

纳税人销售交通运输、邮政、基础电信、建筑、不动产租赁服务，销售不动产，转让土地使用权，销售或者进口下列货物，税率为11%：粮食等农产品、食用植物油、食用盐；自来水、暖气、冷气、热水、煤气、石油液化气、天然气、二甲醚、沼气、居民用煤炭制品；图书、报纸、杂志、音像制品、电子出版物；饲料、化肥、农药、农机、农膜以及国务院规定的其他货物。纳税人销售货物、劳务、有形动产租赁服务或者进口货物，除《中华人民共和国增值税暂行条例》第二条第二项、第四项、第五项另有规定外，税率为17%。纳税人销售服务、无形资产，除《中华人民共和国增值税暂行条例》第二条第一项、第二项、第五项另有规定外，税率为6%。纳税人出口货物，税率为零；但是，国务院另有规定的除外。计税公式如下：

$$应纳税额 = 当期销项税额 - 当期进项税额$$

$$销项税额 = 销售额 \times 税率$$

$$进项税额 = 买价 \times 扣除率$$

其中，销项税额是指纳税人发生应税销售行为，按照销售额和上述规定的税率计算收取的增值税额。进项税额是指纳税人购进与应税交易相关的货物、劳务、服务、无形资产、不动产支付或者负担的增值税额。

2. 资源税

资源税的纳税人为在中华人民共和国领域及管辖海域开采或者生产应税产品的单位和个人。资源税按照《资源税税目税率表》实行从价计征或者从量计征。实行从价计征的，应纳税额按照应税产品的销售额乘以具体适用税率计算。实行从量计征的，应纳税额按照应税产品的销售数量乘以具体适用税率计算。

3. 城市维护建设税

城市维护建设税是一种以纳税人依法实际缴纳的增值税、消费税税额为计税依据的地方税种。城市维护建设税的纳税人是在中华人民共和国境内缴纳增值税、消费税的单位和个人。城市维护建设税的税率为1%～7%。其中，纳税人所在地在市区的，税率为7%；纳税人所在地在县城、镇的，税率为5%；其余采用1%的税率。城市维护建设税的纳税义务发生时间与增值税、消费税的纳税义务发生时间一致，分别与增值税、消费税同时缴纳。城市维护建设税以纳税人依法实际缴纳的增值税、消费税税额为计税依据。其具体计算公式如下：

城建税计税依据 = 依法实际缴纳的增值税税额 + 依法实际缴纳的消费税税额

依法实际缴纳的增值税税额 = 纳税人依照增值税相关法律法规和税收政策规定计算应当缴纳的增值税税额 + 增值税免抵税额 - 直接减免的增值税税额 - 留抵退税额

依法实际缴纳的消费税税额 = 纳税人依照消费税相关法律法规和税收政策规定计算应当缴纳的消费税税额 - 直接减免的消费税税额

4. 教育费附加

教育费附加是国家为扶持教育事业发展，计征用于教育的专项收入，属于政府性基金收入，在预算管理中列入一般公共预算。教育费附加与增值税、消费税的征收范围相同。凡实际缴纳增值税、消费税的单位和个人，都应当依照规定缴纳教育费附加。教育费附加以各单位和个人实际缴纳增值税、消费税税额的 3% 计征。

5. 企业所得税

企业所得税是对我国境内企业和其他取得收入的组织（不包括个人独资企业和合伙企业）所征收的一种税。企业分为居民企业和非居民企业。居民企业是指依法在中国境内成立，或者依照外国（地区）法律成立但实际管理机构在中国境内的企业。非居民企业是指依照外国（地区）法律成立且实际管理机构不在中国境内，但在中国境内设立机构、场所的，或者在中国境内未设立机构、场所，但有来源于中国境内所得的企业。

企业所得税的税率为 25%；非居民企业取得《中华人民共和国企业所得税法》第三条第三款规定的所得，适用税率为 20%。企业的应纳税所得额乘以适用税率，减除依照《中华人民共和国企业所得税法》关于税收优惠的规定减免和抵免的税额后的余额，为应纳税额。

3.1.3　利润

如果企业不能获得利润，企业就不能生存，因此不管企业家是否以利润最大化为其首要目标，利润在企业家做决策时都是至关重要的。

企业的利润应当是企业的总经营收益减去企业投入的总成本，因为成本有不同的含义，利润也有着不同的含义。要想让一个企业继续在原行业经营，企业主所投入的自有要素必须得到相应的报酬，否则企业就会关门，自有资金就会投入他用。正常利润是隐性成本的一部分。企业的经营收益减去会计成本，所得到的就是会计利润。按照我国的财务制度，有销售利润、利润总额及税后利润等概念。

销售利润是产品销售净额扣除产品销售成本、销售费用和产品销售税金及附加费等后的余额；利润总额是企业在一定时期内实现盈亏的总额；税后利润是企业利润总额扣除应交所得税后的利润。其计算公式如下：

销售利润 = 产品销售净额 - 产品销售成本 - 产品销售税金及附加费 - 销售费用 - 管理费用 - 财务费用

产品销售净额 = 产品销售总额 - (销货退回 + 销货折扣与折让)

税后利润 = 利润总额 - 应交所得税

3.2 物流经济分析的本量利方法

3.2.1 本量利分析的基本模型

本量利分析(CVP 分析)是成本—业务量—利润关系分析的简称，是在变动成本计算模式的基础上，以数学化模型和图形来揭示固定成本、变动成本、业务量、单价、营业额、利润等变量之间的关系，从而为预测、决策和规划提供必要的财务信息的一种定量分析方法。在介绍其在物流中的应用前，先介绍本量利分析的原理。本量利分析的基本模型为:

利润 = 营业收入 - 变动成本总额 - 固定成本总额

利润 = 单价 × 业务量 - 单位变动成本 × 业务量 - 固定成本总额

利润 = (单价 - 单位变动成本) × 业务量 - 固定成本总额

销售收入、销售成本和利润三者的关系有以下情形:

第一，销售收入 > 销售成本，有利润;

第二，销售收入 < 销售成本，有亏损;

第三，销售收入 = 销售成本，不亏不盈(盈亏平衡，保本)。

在经营活动中，思考如何寻找“收支平衡，盈亏相等”的状态，这是企业进行经营决策的前提。在这里，把“收支平衡，盈亏相等”时的销售量或销售额，称为盈亏界点或盈亏转折点。也就是说，当销售量达到这一点时，或销售额达到这一点时，企业处于无盈利又无亏损的平衡状态。盈亏分析的关键是确定盈亏界点。

为了寻找盈亏界点，需要把销售成本分为变动成本和固定成本。所谓变动成本，是指随着销售量(销售收入)的增减而变化的各种费用开支；所谓固定成本，是指在一定的条件下，与销售量(额)的增减变化没有直接关系的费用支出。

1. 图解法

这里所说的盈亏界点是用生产经营规模(业务量)来表示的，盈亏界点是总收入与总成本相等时的销售量或销售额(即图 3 - 1 中的保本点)，盈亏界点判定三种状态：①总收入 > 总成本，处于盈利状态；②总收入 = 总成本，处于盈亏平衡状态；③总收入 < 总成本，处于亏损状态。

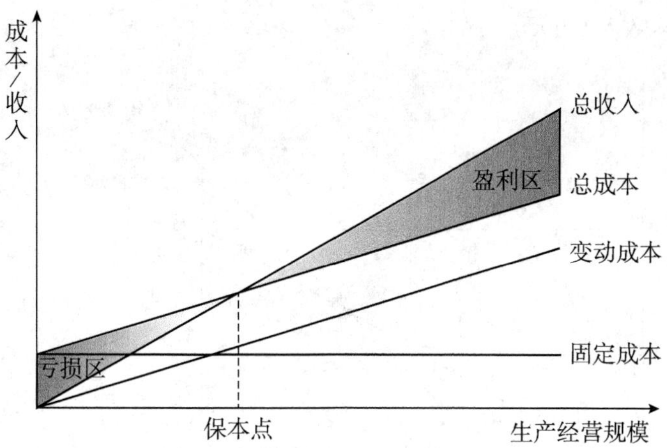

图3－1　本量利分析的图解法示意

通过图3－1，可归纳出以下的关系。

（1）在业务量不变的情况下，盈亏界点越低，盈利区面积越大，亏损区面积越小，产品的盈利性越强；反之，盈亏界点越高，产品的盈利性越弱。

（2）在盈亏界点不变的情况下，产品的业务量每高于盈亏界点一个单位业务量，就可为企业创造一个单位贡献毛益；反之，产品的业务量每低于盈亏界点一个单位业务量，就会使企业亏损一个单位贡献毛益。

【例题3－2】某企业的销售收入为7000万元，总成本为6000万元，其中固定成本为2000万元，变动成本为4000万元。现用图解法确定盈亏界点。

【解析】具体步骤如下。

（1）以横坐标轴表示销售额，以纵坐标轴表示成本/收入，画出销售收入线。盈亏界点是销售收入与总成本相等时的销售额，因此，盈亏界点总是在第一象限的角平分线上，这条线也是销售收入线。

（2）绘制固定成本线，与纵坐标轴相交于a点。

（3）绘制总成本线。从销售收入线上销售收入为7000万元的点向横坐标轴作垂线，从纵坐标轴取值为6000万元的点作横坐标轴的平行线，这两条线的交点为b点（见图3－2），连接a、b两点，画出总成本线。

（4）销售收入线与总成本线的交点M为盈亏界点。

2. 解析法

设销售单价为s，销售量为x，固定成本为a，单位变动成本为b，利润为P，盈亏界点的销售额为S^*，盈亏界点的销售量为x^*，从而可得如下公式。

利润：$P = sx - (a + bx)$。

销售单价：$s = \dfrac{a + bx + P}{x}$。

销售量：$x = \dfrac{a + P}{s - b}$。

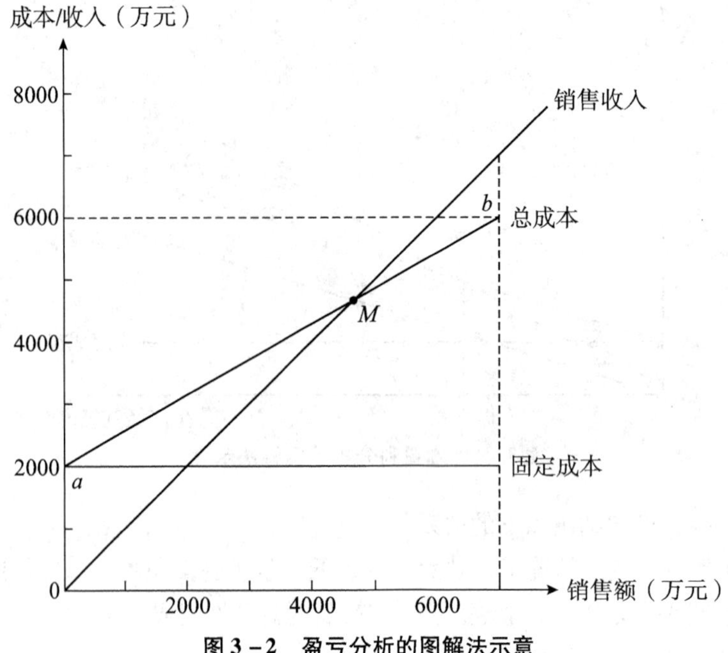

图 3－2　盈亏分析的图解法示意

固定成本：$a = sx - bx - P$。

单位变动成本：$b = \dfrac{sx - a - P}{x}$。

盈亏界点的销售量：$x^* = \dfrac{a}{s - b}$。

盈亏界点的销售额：$S^* = \dfrac{a \cdot s}{s - b}$。

即，

盈亏界点的销售量 = 固定成本 ÷（销售单价 - 单位变动成本）

盈亏界点的销售额 = 固定成本 ÷（1 - 变动费用率）

其中，b/s 为变动费用率。

【例题 3－3】某企业的销售收入为 7000 万元，总成本为 6000 万元，其中固定成本为 2000 万元，变动成本为 4000 万元。现用解析法确定盈亏界点的销售额。

【解析】将上述数据代入 盈亏界点的销售额 $= \dfrac{\text{固定成本}}{1 - \text{变动费用率}}$ 可得：

$$S^* = 2000 \div (1 - \frac{4000}{7000}) = 4666.7\ (\text{万元})$$

3. 边际贡献

边际贡献是营业收入与相应变动成本总额之间的差额，又称贡献边际、贡献毛利、边际利润或创利额。它除了用总额表示外，还可以用单位边际贡献和贡献边际率两种形式来表示。单位边际贡献是某产品或服务的营业单价减去单位变动成本后的差额，也可用边际贡献总额除以相关业务量求得。贡献边际率是边际贡献总额占营业收入总额的百分比，也等于单位边际贡献占营业单价的百分比。

在本量利分析的基本模型中：

营业单价－单位变动成本＝单位边际贡献

（营业单价－单位变动成本）×业务量＝边际贡献总额

可以看出，各种产品或服务所提供的边际贡献，虽然不是物流营业净利润，但它与物流营业净利润的形成有着密切的关系。边际贡献首先用于补偿物流系统的固定成本，边际贡献弥补固定成本后的余额即是物流系统的利润。

这里主要介绍经营决策中对本量利分析法的运用，其关键在于确定成本平衡点，所谓成本平衡点，就是两个备选方案的预期成本相等情况下的业务量，找到了成本平衡点，就可以确定在什么业务量范围内哪个方案较优。

【例题3－4】物流业务自营还是外包的决策分析。

某企业为某地区的客户提供送货服务，完成这一物流业务有两种方案可以选择：可以外包给专业化物流公司，费用是50元/件；也可以自己购置车辆完成配送任务，固定成本（包括购置车辆及专门管理的费用、人员工资等）预计需要160000元，燃料费用预计为18元/件，包装费用预计为12元/件，其他费用（包括轮胎费用、维修费用等）预计为12元/件。根据上述资料分析该企业在何种情况下应将该物流业务外包，在何种情况下应自营。

【解析】在自营方案中每件产品的配送分担的固定成本与运送量成反比。所以，当运送量超过一定件数时，自营方案比较合算；但是如果运送量低于该件数，外包方案比较合算。该项经营决策的关键就是通过本量利分析法来确定成本平衡点。假定该企业全年在地区内的运送量为x件。

（1）先列出两个方案的预期成本公式。

外包方案预期成本：$y_1 = a_1 + b_1x = 0 + 50x = 50x$。

自营方案预期成本：$y_2 = a_2 + b_2x = 160000 + (18 + 12 + 12)x = 160000 + 42x$。

所以，$y_1 - y_2 = 50x - (160000 + 42x) = 8x - 160000$。

（2）求成本平衡点。

令$y_1 - y_2 = 0$，即$8x - 160000 = 0$，因此$x = 20000$（件）。

（3）结论。

如果运送量$x = 20000$件，则$y_1 = y_2$，两个方案均可行；

如果运送量$x > 20000$件，则$y_1 > y_2$，自营方案可行；

如果运送量$x < 20000$件，则$y_1 < y_2$，外包方案可行。

3.2.2　物流系统的本量利分析

本量利分析包括盈亏平衡分析和盈利条件下的本量利分析，只有当物流系统实现的边际贡献大于固定成本时才能盈利，否则物流系统将会出现亏损。而当边际贡献正好等于固定成本时，物流系统不盈不亏。所谓盈亏平衡点，又称保本点。在这个点，物流系统的生产经营规模（业务量）刚好使利润等于零，即出现不盈不亏的状况。盈亏平衡分析就是根据成本、营业收入、利润等因素之间的关系，来预测企业或物流系统在怎样的情况下可以达到不盈不亏的状态。而盈利条件下的本量利分析主要考虑在特定利润要求情况下应达到的业务量，以及在一定业务量情况下企业或物流系统的利润以及安全边际情况。

本量利分析的应用十分广泛，它与物流经营分析相联系，可促使物流系统降低经营风险；与预测技术相结合，可进行物流系统保本预测，确定实现目标利润的最少业务量等；与决策融为一体，物流系统能据此进行作业决策、定价决策和投资不确定性分析；此外，它还可以应用于物流系统的全面预算和成本控制。

1. 单项物流服务项目的本量利分析

单项物流服务项目的本量利分析包括保本分析和保利分析。此外，对安全边际量、安全边际额和安全边际率做简单介绍。

（1）保本分析。

单项物流服务项目的保本点是指能使物流达到保本状态的单项业务量的总称，即在该业务量水平上，该项物流业务收入与变动成本之差刚好与固定成本持平。稍微增加一点业务量，就有盈利；反之，稍微减少一点业务量，就会导致亏损。单项物流服务项目的保本点有两种表现形式：一是保本点业务量；二是保本点营业收入。它们都是标志达到收支平衡实现保本的物流业务量的指标。确定保本点就是计算保本点业务量和保本点营业收入的过程。在多项物流作业条件下，虽然也可以按具体品种计算某业务的保本点业务量，但由于不同服务的业务量不能直接相加，因而往往只能确定总的保本点营业收入，而不能确定总保本点业务量。

以运输企业的运输业务为例来说明单项物流服务项目的本量利分析方法。运输企业的运输收入同运输成本的数量关系，不外乎有以下三种情况：运输收入大于运输成本；运输收入小于运输成本；运输收入等于运输成本。在以上三种情况中，只有运输收入同运输成本相等时运输企业才处于不盈不亏的状态，也就是盈亏平衡状态。因此，盈亏平衡点就是运输收入同运输成本相等的点。运输业务量越大，运输企业盈利越多或亏损越少。

运输企业保本点运输周转量的计算公式如下：

$$\text{保本点运输周转量}=\frac{\text{固定成本总额}}{\text{单位运价}\times(1-\text{营业税税率})-\text{单位变动成本}}$$

其中，单位变动成本可以用以下公式计算：

$$\text{单位变动成本}=\frac{\text{车公里变动成本}}{\text{载运系数}}+\text{吨公里变动成本}$$

【例题 3－5】某运输公司根据历史数据分析，确定单位变动成本为 150 元/千吨公里，固定成本总额为 20 万元，营业税税率为 3%。本月预计运输周转量为 5000 千吨公里，单位运价为 200 元/千吨公里。请对该公司进行运输业务的本量利分析。

【解析】首先计算该公司的保本点运输周转量。已知条件，固定成本总额为 200000 元，单位运价为 200 元/千吨公里，营业税税率为 3%，单位变动成本为 150 元/千吨公里，则可以计算保本点运输周转量为：

$$保本点运输周转量 = \frac{固定成本总额}{单位运价 \times (1 - 营业税税率) - 单位变动成本}$$

$$= \frac{200000}{200 \times (1 - 3\%) - 150} = 4545.45(千吨公里)$$

$$保本点营业收入 = 保本点运输周转量 \times 单位运价$$

$$= 4545.45 \times 200 = 909090(元) = 90.909(万元)$$

在本例中，若单位变动成本为未知，但其车公里变动成本为 0.2 元/车公里，吨公里变动成本为 0.05 元/吨公里，载运系数为 2 吨/车，则其单位变动成本可以计算为：

$$单位变动成本 = \frac{0.2}{2} + 0.05 = 0.15(元/吨公里) = 150(元/千吨公里)$$

（2）安全边际量、安全边际额和安全边际率。

安全边际量、安全边际额和安全边际率用以分析企业所面临的经营风险。其计算公式为：

安全边际量 = 实际或预计业务量 - 保本点业务量

安全边际额 = 实际或预计营业收入额 - 保本点营业收入额

安全边际率 = 安全边际量 / 实际或预计业务量

= 安全边际额 / 实际或预计营业收入额

欧美国家的企业一般用安全边际率来评价物流经营的安全程度，表 3 - 2 所示为物流系统经营安全性检验标准。安全边际量与安全边际率都应为正值，且越大越好。

表 3 - 2　物流系统经营安全性检验标准

安全边际率	10% 以下	10% ~ <20%	20% ~ <30%	30% ~ <40%	40%（含）以上
安全程度	危险	值得注意	较安全	安全	很安全

物流系统可以通过降低单位变动成本、降低固定成本、扩大业务量或提高价格等方式来提高安全边际率，降低经营风险。

以上述的运输公司为例，除了计算其保本点运输周转量及保本点营业收入，也可以计算该运输公司的安全边际量、安全边际额和安全边际率。

该运输公司的安全边际量为：5000 - 4545.45 = 454.55（千吨公里）。

安全边际额为：100 - 90.909 = 9.091（万元）。

安全边际率为：9.091 / 100 = 9.09%。

其安全边际率在 10% 以下，因此认为该公司经营存在风险。

（3）保利分析。

盈亏平衡分析是比较特殊的本量利分析，它以利润为零、物流系统不盈不亏为前提条件。从现实的角度看，物流系统不但要保本，还要盈利。因此，只有在考虑盈利存在的条件下才能充分揭示成本、业务量和利润之间的关系。除了进行盈亏平衡分析之外，还可以进行盈利条件下的本量利分析。

在既定单价和成本水平条件下，物流系统为了实现一定目标的利润，就需要达到一定的业务量或营业收入。这可以称为实现目标利润的业务量或营业收入，也可以称为保利点业务量或保利点营业收入。保利点业务量和保利点营业收入的计算公式列举如下：

$$保利点业务量=\frac{固定成本总额+目标利润}{单位价格-单位变动成本}=\frac{固定成本总额+目标利润}{单位边际贡献}$$

$$保利点营业收入=\frac{固定成本总额+目标利润}{边际贡献率}$$

如果考虑所得税因素，需要确定实现目标净利润条件下的业务量和营业收入，则上述公式演变为：

$$保利点业务量=\frac{固定成本总额+目标利润/(1-所得税税率)}{单位价格-单位变动成本}$$

$$=\frac{固定成本总额+目标利润/(1-所得税税率)}{单位边际贡献}$$

$$保利点营业收入=\frac{固定成本总额+目标利润/(1-所得税税率)}{边际贡献率}$$

2. 多项物流服务项目的本量利分析

一般来说，物流系统提供的物流服务项目往往不止一项，并且每项物流服务业务量的计量单位都不同，这样就给本量利分析带来了一定的困难。例如，仓储服务业务量的计量单位可以是托盘数、吨等，而运输服务业务量的计量单位为吨公里。在这种情况下，本量利分析可以从以下角度进行考虑。

首先，如果在物流成本的核算中可以按照不同的物流服务项目分别进行固定成本和变动成本的核算，那么就可以分别按照单项物流服务项目的本量利分析原理进行分析。

其次，如果物流系统提供的多项物流服务项目中，有一项是主要项目，且它所提供的边际贡献占整个物流系统边际贡献的比例很大，而其他物流服务项目所提供的边际贡献占比很小或者发展余地不大时，也可以按照主要物流服务项目的有关资料进行本量利分析。

如果各项物流服务项目在物流系统中都占有相当大的比重，且没有分项目进行物流成本的核算，根据前面的分析，可以知道无法进行保本点业务量和保利点业务量的计算，而只能计算保本点营业收入和保利点营业收入。其计算公式分别为：

$$保本点营业收入=\frac{固定成本总额}{综合边际贡献率}$$

$$保利点营业收入 = \frac{固定成本总额 + 目标利润}{综合边际贡献率}$$

应当指出的是，在本量利分析的实际应用中，应该结合企业实际需求以及物流成本核算基础工作的完成情况来综合考虑。物流成本核算是进行本量利分析的前提，离开了物流成本核算，本量利分析就成了一句空话。结合实际需要进行本量利分析可以使该项工作发挥更大的效用。例如，如果某物流企业针对大客户提供多项物流服务，则可以按照不同的客户进行本量利分析，这可以为物流企业的客户关系管理提供非常有用的信息。

3. 有关因素变动对本量利指标的影响

上述本量利分析中，诸因素均是已知和固定的，但实际上这是较为特殊的静态平衡，当有关因素发生变动时，各项相关指标也会发生变化。

（1）相关因素的变动对保本点和保利点的影响。

以图3－3为例，如果其他因素保持不变，而单价单独变动时，会引起单位边际贡献或边际贡献率向相同方向变动，从而会改变保本点和保利点。当单价上涨时，会使单位边际贡献和边际贡献率上升，相应会降低保本点和保利点，使物流经营状况向好的方向发展；当单价下降时，情况刚好相反。因此，产品销售单价越高，总收入线的斜率越大，导致保本点降低，即保本点的业务量和销售额均减小，反之，保本点的业务量和销售额均增大。

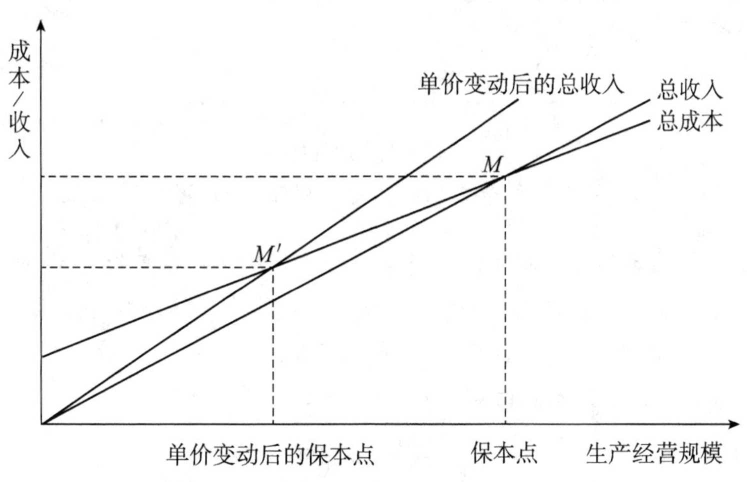

图3－3　单价单独变动对保本点的影响

【例题3－6】某运输企业提供运输服务，预计该服务产品单价为50元/件，单位变动成本为30元/件，固定成本为6000元。若出于某种原因将该服务产品的单价提高20%，其他因素不变，试分析保本点的变化。

【解析】计算变化前保本点的业务量和营业收入：

$$x = \frac{6000}{50 - 30} = 300（件）$$

$$S = 300 \times 50 = 15000 \text{（元）}$$

计算变化后保本点的业务量和营业收入：

$$x' = \frac{6000}{50 \times (1 + 20\%) - 30} = 200 \text{（件）}$$

$$S' = 200 \times 60 = 12000 \text{（元）}$$

可见，保本点的业务量和营业收入都减少，与销售单价成反方向变化。

如果单位变动成本单独变动，会引起单位边际贡献或边际贡献率向相反方向变动，因而影响到保本点和保利点。以图3-4为例，当单位变动成本上升时，会提高保本点和保利点，使物流经营状况向不利的方向发展；反之，使物流经营状况向有利的方向发展。换而言之，单位变动成本增加将导致保本点提高，即保本点的业务量和营业收入都相应增加，反之，保本点的业务量和营业收入都相应减少。

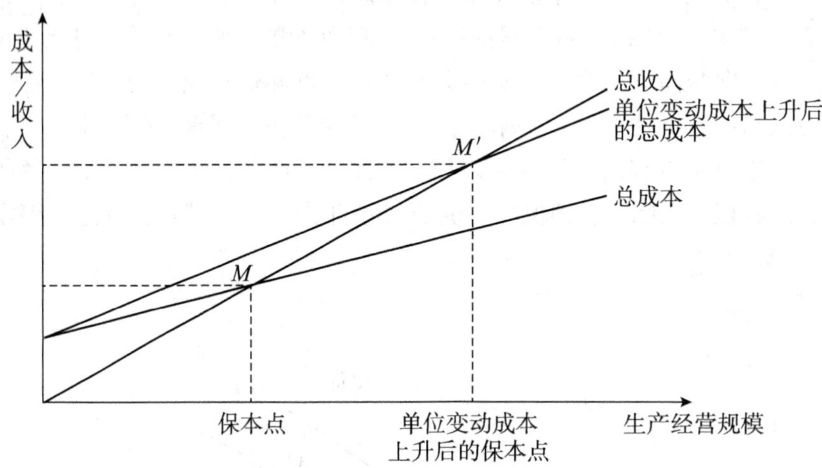

图3-4 单位变动成本上升对保本点的影响

【例题3-7】某运输企业提供运输服务，预计该服务产品单价为63元/件，单位变动成本为30元/件，固定成本为6600元。若出于某种原因将该服务产品的单位变动成本提高10%，其他因素不变，试分析保本点的变化。

【解析】计算变化前保本点的业务量和营业收入：

$$x = \frac{6600}{63 - 30} = 200 \text{（件）}$$

$$S = 200 \times 63 = 12600 \text{（元）}$$

计算变化后保本点的业务量和营业收入：

$$x' = \frac{6600}{63 - 30 \times (1 + 10\%)} = 220 \text{（件）}$$

$$S' = 220 \times 63 = 13860 \text{（元）}$$

可见，保本点的业务量和营业收入都增加，与单位变动成本成同方向变化。

以图3-5为例，如果固定成本增加，会使保本点和保利点提高，使物流经营状况向不利的方向发展；反之，使物流经营状况向有利的方向发展。其他因素不变的情况下，产品固定成本增加，则总成本线平行上移，会导致保本点提高。

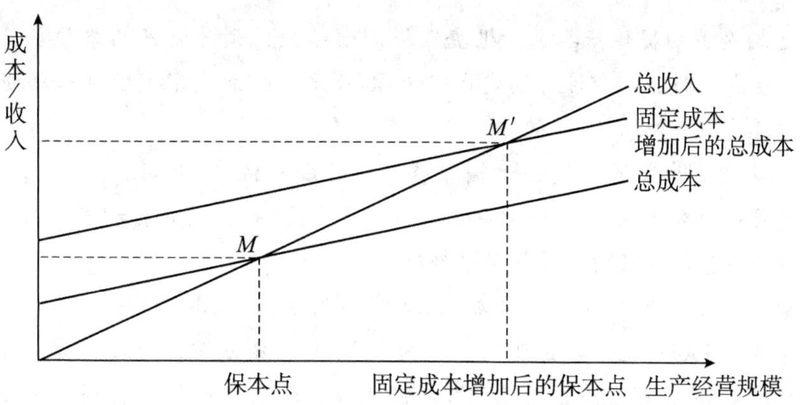

图3－5 固定成本增加对保本点的影响

【例题3－8】某运输企业提供运输服务，预计该服务产品单价为60元/件，单位变动成本为30元/件，固定成本为6000元。若出于某种原因将该服务产品的固定成本提高10%，其他因素不变，试分析保本点的变化。

【解析】计算变化前保本点的业务量和营业收入：

$$x = \frac{6000}{60 - 30} = 200\text{（件）}$$

$$S = 200 \times 60 = 12000\text{（元）}$$

计算变化后保本点的业务量和营业收入：

$$x' = \frac{6000 \times (1 + 10\%)}{60 - 30} = 220\text{（件）}$$

$$S' = 220 \times 60 = 13200\text{（元）}$$

由此可见，保本点的业务量和营业收入都增加，与固定成本成同方向变化。

如果目标利润单独变动时，不会改变保本点只会影响到保利点。如果业务量单独变动时，既不会影响保本点，也不会影响保利点。

（2）相关因素的变动对安全边际的影响。

单价单独变动时，由于单价变动会引起保本点向相反方向变动，因而在业务量既定的条件下，会使安全边际向相同方向变动。单位变动成本单独变动时，会导致保本点向相同方向变动，从而在业务量既定的条件下，会使安全边际向相反方向变动。固定成本单独变动对安全边际的影响与之类似。当预计业务量单独变动时，会使安全边际向相同方向变动。

（3）相关因素的变动对利润的影响。

单价的变动可通过改变营业收入而从正方向影响利润；单位变动成本的变动可通过改变变动成本总额而从反方向影响利润；固定成本的变动直接会从反方向改变利润；

业务量的变动可通过改变边际贡献总额而从正方向影响利润。

课后习题

1. 某运输企业拟提供产品 A，根据市场调研结果，预计该产品单位售价为 50 元/件，单位变动成本为 20 元/件，固定成本为 6000 元。分别采用图解法和解析法计算产品 A 的盈亏界点。

2. 某运输企业为某商品提供运输服务，经过成本估算，已知变动成本为 1.5 元/件，总固定成本为 480000 元，预计年业务量为 800000 件，将目标利润定为 200000 元，该商品的运输服务的销售价格应定为多少？

3. 某企业提供两种运输服务方案：A 方案，业务量为 20000 件，单位售价为 6 元/件，固定成本为 40000 元，单位变动成本为 2 元/件；B 方案，业务量为 25000 件，单位售价为 6.5 元/件，固定成本为 30000 元，单位变动成本为 4.5 元/件。假设两个方案的目标销售量都能达到，请分析哪种方案更安全。

4. 某企业提供运输服务产品 A，根据市场调研分析，预计该产品销售单价为 48 元/件，单位变动成本为 30 元/件，固定成本为 7200 元。运输工具性能的提高导致固定成本提高为 9000 元，其他因素不变。请分析保本点的变化。

本篇参考文献

[1] 刘徐方. 物流经济学 [M]. 2 版. 北京：清华大学出版社，2016.

[2] 高自友，孙会君. 现代物流与交通运输系统 [M]. 北京：人民交通出版社，2003.

第2篇　无人机技术基础

【内容摘要】本篇较为全面且详尽地介绍无人机的结构与系统、无人机的飞行原理、多旋翼无人机的能耗估计、多旋翼无人机的组装和无人机飞手培训与资质获取的基础知识。第4章对固定翼无人机、多旋翼无人机和无人直升机的结构进行讲解；在无人机动力系统方面，主要讲述油动系统、电动系统和新型动力系统三种动力系统；在无人机飞行控制系统方面，以多旋翼无人机为例，对多旋翼无人机的几个概念、飞行控制的基本原理、飞行姿态的测量与解算方法、PID控制算法及无人机的编队控制等进行讲解；在无人机导航和发射回收方面，对无人机导航的定义及其系统功能和分类，以及无人机的发射方式和回收方式进行简要介绍；在无人机地面控制方面，对无人机地面控制站的定义、功能、组成和分类进行介绍；在无人机任务规划方面，简要讲解了无人机任务规划的流程和系统。第5章介绍无人机的飞行原理。简要介绍无人机的飞行环境；对空气动力学基础进行较为详细的讲解，如牛顿运动定律、伯努利定理、无人机飞行的升力和阻力；对多旋翼无人机的空气动力学进行介绍，主要包括旋翼的几何参数、旋翼的工作原理、动量理论、叶素理论和现代涡流理论；对旋翼无人机飞行控制的特点、飞行姿态与升力、多旋翼无人机的飞行控制方式进行介绍。第6章从宏观层面介绍多旋翼无人机的能耗估计，对多旋翼无人机能耗的影响因素进行分析，将基本能耗模型分为简化模型、基于悬停阶段推力的能耗估计模型、基于平飞阶段推力的能耗估计模型、基于静态平衡的能耗估计模型和基于动态平衡的能耗估计模型，介绍了各类模型的运用。其中，对无人机动态平衡状态下的受力分析进行讲解，通过推导得出不同阶段以及完整航段的能耗模型，并对模型进行了实例计算演示。第7章介绍多旋翼无人机的组装，包括多旋翼无人机的总体参数分析与选择、四旋翼无人机的零部件选择、四旋翼无人机的组装和四旋翼无人机的基本操作练习。第8章参考中国民用航空局以及美国联邦航空管理局（Federal Aviation Administration，FAA）相关规则和政策，对无人机飞手的训练规范和要求进行了介绍。

第 4 章　无人机的结构与系统

无人机是一种自带动力的、无线电遥控或自主飞行的、能执行多种任务并能够多次使用的无人驾驶飞行器。本章所介绍的无人机结构，主要是指无人机的硬件结构。按飞行平台构造形式的不同，无人机可分为固定翼无人机、多旋翼无人机、无人直升机、无人伞翼机、无人扑翼机和无人飞艇等。本章着重介绍固定翼无人机、多旋翼无人机和无人直升机的硬件结构。无人机系统主要包括无人机动力系统、飞行控制系统、通信导航系统、发射回收系统、地面控制系统和任务规划系统。无人机系统简介如表 4 – 1 所示。

表 4 – 1　　无人机系统简介

无人机系统	系统简介
动力系统	提供无人机所需要的动力，使无人机能够进行飞行活动
飞行控制系统	无人机系统的“大脑”，对无人机的姿态稳定和控制、无人机的任务设备管理和应急控制等都有重要影响，对无人机飞行性能起决定性的作用
通信导航系统	保证遥控指令能够准确传输，以及无人机能够及时、准确、可靠地接收、发送信息
发射回收系统	保证无人机顺利升空以达到安全的高度和速度飞行，并在执行完任务后安全着陆
地面控制系统	地面操作人员直接与无人机交互的渠道，具有任务执行、任务回放、实时监测、数字地图、通信数据链在内的集控制、通信、数据处理于一体的综合能力，是整个无人机系统的指挥控制中心
任务规划系统	实现无人机飞行要完成的特定任务

4.1　无人机的基本结构

4.1.1　固定翼无人机

大多数固定翼无人机由机翼、机身、尾翼、起落装置和动力装置等部分组成。

1. 机翼

机翼的主要功能是产生无人机飞行所需要的升力。固定翼无人机的机翼一般都安装有襟翼和副翼，其位置在机翼后缘活动面上。靠近机身一侧的为襟翼，放下襟翼时机翼产生的升力增大，常用于无人机起飞和着陆阶段。靠近翼尖一侧的为副翼，操纵副翼可控制无人机旋转运动。机翼上可安装油箱、武器、起落架等附加设备。机翼的基本组成结构包括翼梁、纵墙、桁条、翼肋和蒙皮等。

纵向骨架是指沿着翼展方向布置的构件，包括翼梁、纵墙、桁条。翼梁作为机翼的主要构件，其主要功能是承受力的作用，由缘条和腹板等组成。纵墙与翼梁构造相似，但缘条要细得多，它多布置在靠近机翼前后缘处，与蒙皮形成封闭的盒段承受扭矩，与机身以铰接方式连接。桁条是用铝合金挤压或板材弯制而成，与翼肋相连并且铆接在蒙皮内表面，支持蒙皮以提高其承载能力，使之能更好地承受机翼的扭矩和弯矩；并与蒙皮共同将空气动力分布载荷传给翼肋。

横向骨架是指垂直于翼展方向的构件，主要是指翼肋，而翼肋又包括普通翼肋和加强翼肋。普通翼肋的作用是将纵向骨架和蒙皮连成一体，把由蒙皮和桁条传来的空气动力分布载荷传递给翼梁，并保持翼剖面的形状。加强翼肋除了拥有普通翼肋的功能外，还要承受和传递较大的集中载荷。

蒙皮的主要作用是承受局部空气动力和形成机翼的气动外形。现代无人机的蒙皮多是用硬铝板材制成的金属蒙皮，通过铆接的形式与骨架连接成一个整体，承受空气动力分布载荷。

2. 机身

机身的主要功能是装载燃料、设备等，同时作为无人机安装基础构件，将机翼、尾翼、起落装置等连成一个整体。机身由外部的蒙皮、纵向骨架（桁条、桁梁），以及横向骨架（普通隔框、加强隔框）组成。

机身蒙皮和机翼蒙皮作用相同，不同方式组合蒙皮和横纵骨架可以形成不同构造形式的机身，如横梁式机身、桁条式机身、硬壳式机身、整体式机身和夹层式机身等。纵向骨架中机身的桁条和桁梁与机翼的桁条和桁梁作用相似。横向骨架的隔框有两种：一种是普通隔框，隔框是一个环形结构，剖面尺寸较小，用以维持机身外形并起到加强蒙皮的作用；另一种是加强隔框，外形种类较多，还需要承受其他部件（如机翼、发动机等）通过接头传递过来的集中力。

3. 尾翼

固定翼无人机尾翼由水平尾翼和垂直尾翼组成，水平尾翼水平安装在机身尾部，由固定的水平安定面和可转动升降舵组成。垂直尾翼垂直安装在机身尾部，由固定的垂直安定面和可转动方向舵组成。尾翼的主要功能是稳定和控制无人机俯仰及偏转运动。

4. 起落装置

起落装置的主要功能是支撑无人机在地面上的活动，包括起飞和着陆滑跑、滑行、停放。起落装置一般由支柱、减震器、机轮、收放机构等组成。

支柱主要起支撑作用，是机轮安装的基础构件。为了减轻重量，也常将减震器与机轮合为一体称为减震支柱。减震器的主要作用是吸收着陆和滑跑产生的冲击能量，无人机在着陆瞬间或在不平的跑道上高速滑跑时，与地面会发生剧烈的撞击，除充气轮胎可起到部分缓冲作用外，大部分撞击能量要靠减震器吸收。机轮与地面接触支持无人机的重量，减少无人机地面运动的阻力，可以吸收一部分撞击动能，有一定的减震作用。机轮上装有刹车装置，使无人机在地面上具有良好的机动性。收放机构用于收放起落架以及固定支柱，以减少无人机飞行时的阻力。

5. 动力装置

动力装置的主要功能是产生拉力（螺旋桨式）或推力（喷气式），使无人机产生相对空气的运动。

4.1.2　多旋翼无人机

多旋翼（电动）无人机的基本结构包括机架、动力装置和飞控等，图4－1所示为多旋翼（电动）无人机的基本结构示例。

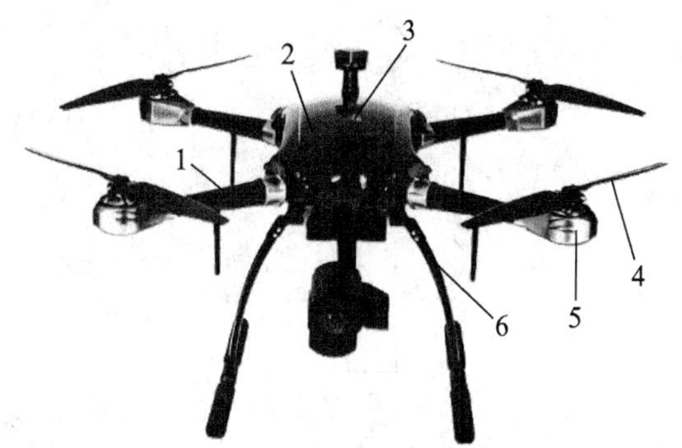

注：1—电调；2—电池；3—飞控；4—螺旋桨；5—电动机；6—机架。

图4－1　多旋翼（电动）无人机的基本结构示例

1. 机架

机架是多旋翼无人机的机身主体，和固定翼无人机的机身一样，是多旋翼无人机其他结构的安装基础，起承载作用。根据旋翼轴数的不同，可分为三轴、四轴、六轴、八轴甚至十八轴等，而根据电动机个数可分为三旋翼、四旋翼、六旋翼、八旋翼甚至十八旋翼等。轴数和旋翼数一般情况下是相等的，但也有特殊情况。比如三轴六旋翼，是在每个轴上下各安装一个电动机构成六旋翼。

（1）机架材质。

机架材质可以为塑料、玻璃纤维、碳纤维、铝合金/钢等。机架材质对比如表4－2所示。

表 4－2 机架材质对比

机架材质	简介
塑料	价格比较低廉，比较适合初学者
玻璃纤维	相比塑料机架，强度高、重量轻、价格贵，中心板多用玻璃纤维板
碳纤维	相比玻璃纤维机架，强度更高、价格更贵
铝合金/钢	适合自己制作

（2）机架布局。

常见的机架布局有 X 形、I 形、V 形、Y 形和 IY 形（见图 4－2）。轴距是机架最重要的技术指标，是指对角线两个电动机或者桨叶中心的距离，单位为毫米（mm），“四轴 250” 中的“250” 表示对角线两个电动机中心的距离为 250mm。

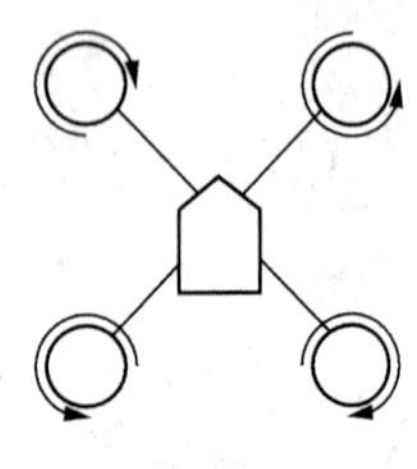

（a）X形四旋翼

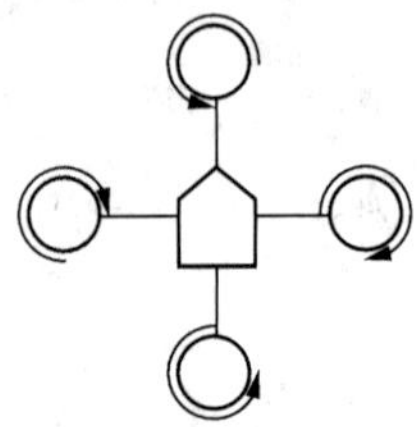

（b）I形四旋翼

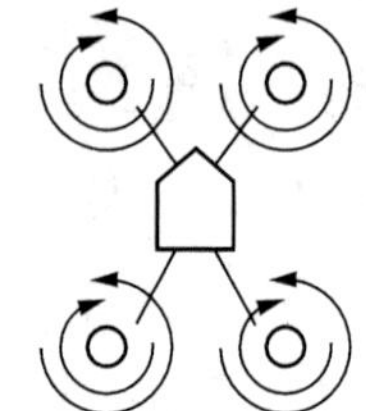

（c）V形共轴双桨四轴八旋翼

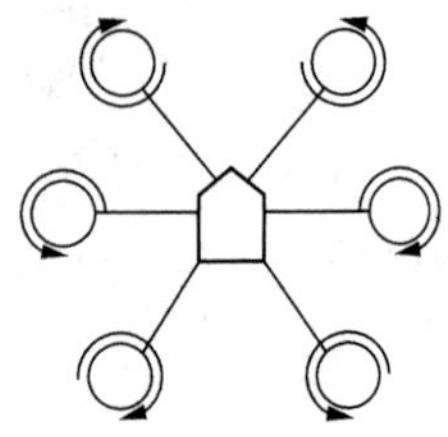

（d）V形六旋翼

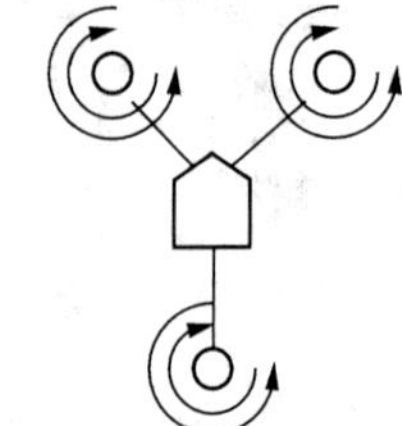

（e）Y形共轴双桨三轴六旋翼

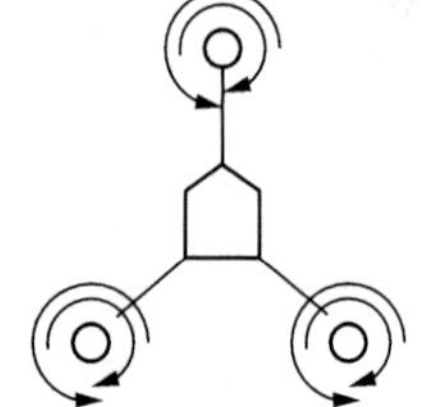

（f）IY形共轴双桨三轴六旋翼

图 4－2 常见的机架布局

2. 动力装置

多旋翼无人机的动力装置通常由电池、电调、电动机和螺旋桨等部分组成。

（1）电池。

电池为无人机提供能量，有镍镉电池、镍氢电池、锂离子电池、锂聚合物电池，考虑到电池的重量和效率问题，多旋翼无人机多采用锂聚合物电池。

（2）电调。

电调全称为电子调速器。它的主要功能：将飞控板的控制信号进行功率放大，并向各开关管送去能使其饱和导通和可靠关断的驱动信号，以控制电动机的转速；将电源电压转换为 5V，为飞控板、遥控接收机供电；将直流电源转换为三相电源，为无刷电动机供电。

（3）电动机。

电动机工作带动桨叶旋转使多旋翼无人机产生升力，通过对各电动机转速的控制，可使多旋翼无人机完成飞行活动。有刷电动机中的电刷在电动机工作时产生电火花，会对遥控无线电设备产生干扰，且电刷会产生摩擦力，噪声大，目前在无人机领域已较少使用，更多采用的是无刷电动机。

（4）螺旋桨。

电动机工作带动螺旋桨的桨叶旋转产生拉力或推力，使无人机完成飞行活动。多旋翼无人机采用的是定距螺旋桨，桨距固定。

3. 飞控

飞控是无人机的“大脑”，集成了高精度的感应器元件，包括陀螺仪、加速度计、角速度计、气压计，搭载了全球定位系统（Global Positioning System，GPS），安装了指南针和控制电路等。通过飞控能够稳定无人机飞行姿态，并能控制无人机自主或半自主飞行。

4.1.3　无人直升机

无人直升机由旋翼提供升力和推进力进行飞行，一般由主旋翼、机身、尾桨、起落装置、操纵系统、传动系统、电动机或发动机等组成。以下对各组成部分予以介绍，其中电动机或发动机在第 4.2 节予以介绍。

1. 主旋翼

（1）主旋翼的组成。

无人直升机的主旋翼由桨叶和桨毂组成，是无人直升机最关键的部位，既产生升力，又是无人直升机水平运动的拉力来源，旋翼旋转的平面是升力面也是操纵面。

桨叶。桨叶一般有 2 ~ 8 片，按材料构成可分为混合式桨叶、金属桨叶和复合材料桨叶。金属桨叶比混合式桨叶气动效率高，刚度好，加工简单。近年来复合材料桨叶更受欢迎，制作更方便。目前大部分无人直升机使用两叶桨。

桨毂。桨毂是各个桨叶安装结合的部位，旋翼轴通过它与桨叶相连。

（2）旋翼的结构形式。

桨叶与桨毂的连接方式就是旋翼的结构形式，它随着材料、工艺和旋翼理论的发展而发展，如全铰式旋翼、无铰式旋翼、半铰式旋翼和无轴承式旋翼。

全铰式旋翼的铰链结构主要有变距铰、摆振铰和挥舞铰（见表 4 - 3）。其他旋翼的结构形式中虽然没有这三类铰链，但是一般能通过其桨叶根部的柔性元件来实现铰链的功能。

表 4-3　全铰式旋翼的铰链结构

铰链结构	作用
变距铰	当操纵旋翼桨叶绕变距铰转动时，旋翼的桨距发生变化，从而改变旋翼的拉力
摆振铰	消除桨叶在旋转面内的摆动（摆振）引起的旋翼桨叶根部弯曲，摆振铰又称垂直铰。为了防止旋翼桨叶摆振，一般在摆振铰处设置减摆器来起阻尼作用
挥舞铰	让旋翼桨叶上下挥舞，消除或减小飞行中在旋翼上出现的左右倾覆力矩，挥舞铰也称水平铰

2. 机身

无人直升机机身与固定翼无人机机身结构和功能类似，主要功能是装载燃料、货物和设备等，同时作为安装基础将各部分连成一个整体。机身具有承载和传力的作用，承受各种装载的载荷，还承受各类动载荷。

3. 尾桨

无人直升机的旋翼旋转产生升力时，会对机身产生反扭矩，反扭矩迫使无人直升机向旋翼旋转的反方向偏转。因此，一般无人直升机上都需要安装尾桨。尾桨的主要作用是产生一个侧向的拉力/推力，通过力臂形成偏转力矩，以平衡主旋翼的反扭矩并且控制航向。尾桨相当于无人直升机的垂直安定面，可以改善无人直升机的航向稳定性并且提供一部分升力。

4. 起落装置

无人直升机起落装置是用于地面停放时支撑重量和着陆时吸收撞击能量的部件。无人直升机起落装置的结构形式有轮式、滑橇式和浮筒式。轮式与固定翼无人机起落装置的结构形式相似，轮式起落装置由机轮和减震器组成，可进行收放且方便地面滑行，但结构较复杂，重量大。滑橇式起落装置结构简单，重量轻，但无法收放，飞行阻力较大且不方便地面滑行，对起降地点要求高。浮筒式起落装置主要用于水上降落。

5. 操纵系统

操纵系统是用来控制无人直升机飞行的系统，通过操纵系统可以改变或者保持飞行状态。无人直升机有 4 种运动形式，垂直、俯仰、滚转和偏航，分别对应操纵系统的 4 种操纵模式，总距操纵、纵向操纵、横向操纵和航向操纵。操纵系统由自动倾斜器、座舱操纵机构和操纵线系等组成。

6. 传动系统

在无人直升机中，电动机或发动机提供的动力要经过传动系统才能到达主旋翼和尾桨，从而使主旋翼旋转产生升力，尾桨旋转平衡扭矩。

4.2　无人机动力系统

无人机动力系统为无人机提供了动力，使无人机能够进行飞行活动。无人机动力系统有 3 种类型，即由燃油类发动机提供动力的油动系统、由电池提供动力的电动系统、由新能源等提供动力的新型动力系统。

4.2.1　油动系统

燃油类发动机的工作过程是将化学能转化为机械能的过程，常用的燃油类发动机有活塞式发动机和燃气涡轮发动机。

1. 活塞式发动机

活塞式发动机也称往复式发动机，是一种利用气缸内燃料燃烧膨胀所产生的压力来推动活塞运动做功的机器，将化学能转化为热能，再转化成机械能。活塞式发动机是内燃机的一种，靠汽油、柴油等燃料燃烧提供动力。活塞式发动机主要由气缸、活塞、连杆、曲轴、气门机构、螺旋桨减速器和机匣等组成。

根据燃料点火方式的不同，活塞式发动机可以分为电火花点燃燃料的点燃式发动机和压缩空气使空气温度升高点燃燃料的压燃式发动机。大部分汽油机是点燃式，大部分柴油机是压燃式。

根据发动机工作原理不同，还可以分为二冲程发动机和四冲程发动机。活塞式发动机大多是四冲程发动机，活塞在气缸内要经过 4 个冲程，依次是进气冲程、压缩冲程、做功冲程和排气冲程。

除主要部件外，活塞式发动机还需要其他相关系统与之相互配合才能工作，主要有进气系统、燃油系统、点火系统、冷却系统、启动系统、散热系统等。

2. 燃气涡轮发动机

燃气涡轮发动机主要由进气道、压气机、燃烧室、涡轮和尾喷管等部分组成，其中压气机、燃烧室、涡轮是燃气涡轮发动机的核心组成部分，被称为“核心机”。

当新鲜空气进入燃气涡轮发动机的进气道，流经压气机时，压气机工作叶片对气体做功，气体温度升高，压力增大，变成高温高压气体；接着，高温高压气体进入燃烧室，与燃油喷嘴喷出的燃油混合后，燃烧成为高温高压燃气；从燃烧室流出的高温高压燃气具有很高的能量，流过同压气机安装在同一条轴上的涡轮时驱动涡轮旋转，从而带动压气机工作；最后，从涡轮中流出的温度和压力都下降但速度增大的燃气，在尾喷管中继续膨胀，沿发动机轴向从喷口向后高速排出，这时燃气涡轮发动机排气速度更大，使燃气涡轮发动机获得了反作用的推力。

4.2.2　电动系统

电动系统将化学能转化为电能，再转化为机械能，为无人机飞行提供动力。

1. 电动系统的组成

电动系统由电池、电调、电动机和螺旋桨等部分组成。

（1）电池。

电池电压分为额定电压、开路电压、工作电压和充电电压等。额定电压是指电池工作时公认的标准电压，例如，锂聚合物电池的额定电压为3.7V；开路电压是指无负载使用情况下的电池电压；工作电压是指电池在负载工作情况下的放电电压，它通常是一个电压范围，例如，锂聚合物电池的工作电压为3.7～4.2V；充电电压是指外电路电压对电池进行充电时的电压，一般充电电压要大于电池开路电压。

电池容量是指电池储存电量的大小，电池容量分为实际容量、额定容量、理论容量，单位为毫安时（mA·h）。实际容量是指在一定放电条件下，在终止电压（电池放电时电压下降到电池不宜再继续放电的最低工作电压值）前电池能够放出的电量；额定容量是指电池在生产和设计时，规定的在一定放电条件下电池能够放出的最低电量；理论容量是指根据电池中参加化学反应的物质计算出的电量。

充放电电流的大小常用充放电倍率（电池倍率）来表示，单位符号为C，即充放电倍率=充放电电流/额定容量。例如，额定容量为10A·h的电池用5A放电时，其放电倍率为0.5C；2000mA·h、20C的电池，最大放电电流=2000×20=40000（mA）=40（A）。

（2）电调。

电调全称为电子调速器（见图4-3），其主要功能是将飞控板的控制信号进行功率放大，并向各开关管送去能使其饱和导通和可靠关断的驱动信号。飞控没有驱动无刷电动机的功能，需要电调将直流电源转换为三相电源，为无刷电动机供电。电调在多旋翼无人机中也充当了电压变化器的作用，将11.1V的电源电压转换为5V电压给飞控板、遥控接收机供电。一般流过电动机的电流较大（正常工作时通常为3～20A），如果没有电调，飞控板将无法正常工作。

图4-3　电调示例

电调两端都有接线，输入线与电池相连，输入电流，输出线与电动机相连，用以调整电动机转速。无刷电调有3根输出线，信号线与飞控连接，接收飞控信号并给飞控供电。

（3）电动机。

电动机旋转带动桨叶使无人机产生升力和推力等，通过控制电动机的转速，可使无人机完成各种飞行状态。目前在无人机领域更多采用的是无刷直流电动机。

无刷直流电动机的工作原理是改变输入定子线圈上的电流波交变频率和波形，在绕组线圈周围形成一个绕电动机几何轴心旋转的磁场，这个磁场驱动转子上的永磁磁钢转动，电动机就转起来了。无刷直流电动机的性能与磁钢数量、磁钢磁通强度、电动机输入电压等因素有关，更与无刷直流电动机的控制有很大关系。由于输入的是直流电，需要电调将其变成三相交流电，控制电动机的转速。无刷直流电动机的结构比较简单，真正决定其使用性能的是无刷电调。

由于无刷直流电动机是以自控式运行的，所以不会像变频调速下重载启动的同步电动机那样在转子上另加启动绕组，也不会在负载突变时产生振荡和失步。中小容量的无刷直流电动机的永磁体，多采用高磁能级的稀土钕铁硼材料。稀土永磁无刷电动机的体积比同容量三相异步电动机缩小了一个机座号（机座号即电动机的转子中心线距底座底面的尺寸代号）。

电动机的型号通常用形如"××××"的数字来表示。例如，2315 外转子无刷动力电动机，即表示电动机定子直径为23mm，电动机定子高度为15mm。电动机 kV 值用来表示电动机空载转速，是指电压每增加 1V，电动机每分钟增加的转速，即电动机空载转速 = 电动机 kV 值 × 电池电压。例如，820kV 的电动机，电池电压为 12.1V，那么电动机空载转速 = 820 × 12.1 = 9922（r/min）。

（4）螺旋桨。

螺旋桨安装在电动机上，通过电动机旋转带动螺旋桨旋转。多旋翼无人机多采用定距螺旋桨，即桨距固定。螺旋桨从桨毂到桨尖安装角逐渐减小，这是因为半径越大的地方线速度越大，半径越大的地方所受到的空气反作用力就越大，容易导致螺旋桨因各处受力不均匀而折断。螺旋桨安装角随着半径增加而逐渐减小，使螺旋桨从桨毂到桨尖产生一致的升力。

螺旋桨的尺寸通常用形如"××××"的数字来表示，前两位数字表示螺旋桨的直径，后两位数字表示螺旋桨的螺距，单位均为英寸（in），1in 等于 2.54cm，螺距即桨叶旋转一圈旋转平面移动的距离。螺旋桨有正反桨之分，顺时针方向旋转的是正桨，逆时针方向旋转的是反桨。

电动机与螺旋桨的配型原则是：高 kV 电动机配小桨，低 kV 电动机配大桨。因为电动机 kV 值越小转动惯量越大，电动机 kV 值越大转动惯量越小。螺旋桨尺寸越大，无人机产生的升力就越大，需要更大的力量来驱动螺旋桨旋转，采用低 kV 电动机；反之，螺旋桨尺寸越小，需要转速更快才能达到足够升力，采用高 kV 电动机。

2. 接线方式

电动系统中电池、电调、电动机之间的接线方式如图 4－4 所示。多旋翼无人机的多个旋翼轴上的电调，其输入端的红线、黑线需并联接到电池的正负极上；其输出端的 3 根黑线与电动机连接；其去电池电路（Battery Eliminator Circuit，BEC，一种用来取代电池提供电力的电路）信号输出线用于输出电压给飞控供电和接收飞控的控制信号；遥控接收机连接在飞控上，输出遥控信号，并同时从飞控上获得电力。

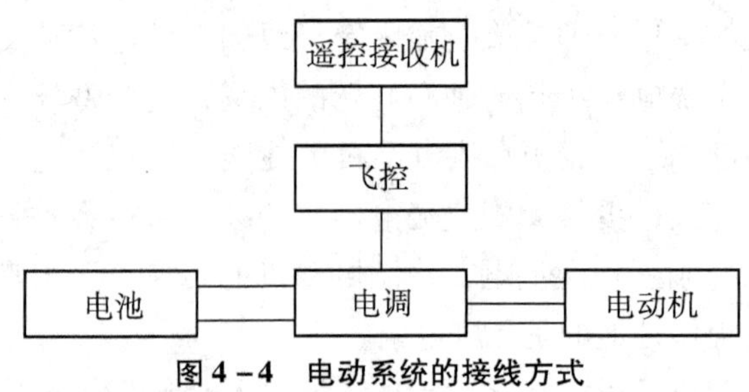

图 4-4 电动系统的接线方式

4.2.3 新型动力系统

新型动力系统一般采用太阳能电池和燃料电池等提供动力。

1. 太阳能电池

太阳能无人机是利用太阳辐射能作为动力的无人驾驶飞行器，它携带的太阳能电池可以将太阳能转化为电能，利用电动机来驱动螺旋桨旋转，从而产生飞行动力。与传统动力的无人机相比，太阳能无人机具有很多优势，如巡航时间更长、飞行高度更高、覆盖区域更广、多任务多载荷合成。

在国外，特别是一些经济发达国家，在军方应用背景下，对太阳能无人机投入了大量的资金和研发力量，再加上不断地试验、优化改进，在太阳能发电板、永磁无刷电动机、复合材料等方面有着相当大的优势。美、英等国处于太阳能无人机发展的第一梯队，其太阳能无人机产品呈系列化、体系化、集成化发展。当前，我国在太阳能无人机市场上占有一席之地，且太阳能无人机的研发制造不再拘泥于国家投资，民营企业与高校也参与进来，我国太阳能无人机产品在世界上开始处于前列。国内外现行太阳能无人机性能指标如表 4-4 所示。

表 4-4 国内外现行太阳能无人机性能指标

型号	翼展 (m)	质量 (kg)	试验时间 (年)	持续飞行时间	升限 (m)
Helios	75.3	720	2003	24h	29500
SoLong	4.75	12.8	2005	48h	
Atlantik Solar	5.65	6.8	2015	81.5h	
Solara 50	50	159	2015	4min16s	158
Owl	9.5	11.8	2016	50h	9000
EAV-3	20+	53	2016	90min	18500
Aquila	43	453	2016	96min	650
彩虹	45		2017	15h	20000+
ApusDuo	14	23	2018		20
Zephyr-S	25	75	2018	26天	22500

2. 燃料电池

燃料电池无人机并不是一个新概念，表 4 – 5 列出了采用燃料电池供电的一些无人机。在 2012 年，由数家单位共同研制的我国第一架纯燃料电池无人机“飞跃一号”首次试飞成功，其起飞重量 20kg，有效载荷 1kg，可连续飞行 2h；2016 年，科比特多旋翼无人机实现连续飞行 273min；2019 年，数家单位联合研发的六旋翼氢燃料电池无人机实现了不间断飞行 331min。2020 年 6 月，我国发布了国家标准《无人机用氢燃料电池发电系统》（GB/T 38954—2020），规定了无人机用氢燃料电池发电系统的通用要求、技术要求、试验方法以及标志、包装和运输要求，这也是全球首个国家级无人机用氢燃料电池标准。

氢能被认为是人类未来社会可以广泛应用的动力能源，氢燃料动力技术的能量转化效率超过 50%，氢燃料电池比锂电池的能量密度高出数倍，同时具备零污染零排放、续航时间长、震动噪声小、能源补充速度快、稳定性高等特点，是当下工业级无人机最理想的动力方案。第 24 届冬季奥林匹克运动会（2022 年北京冬季奥运会）开幕前夕，由中国商飞北京民用飞机技术研究中心研发的复合翼、固定翼、多旋翼 3 款氢能无人机，对风机、光伏板、500kV 高压线路等关键输电设施设备进行巡检，很好承担了保障任务。这 3 款无人机搭载的是由国家电投集团自主研发的“氢腾”千瓦级空冷燃料电池系统，其系统功率密度、使用循环寿命等指标处于国际先进水平，还可根据实际应用场景进行功率定制。氢能无人机突破了低温、续航等方面瓶颈，可以在寒冷的天气状况下长时间执行任务。

表 4 – 5　　采用燃料电池供电的无人机

组织机构（提出时间）	燃料电池类型	反应物储存形式	估计航时（h）
航宇环境公司（2003）	质子交换膜	氢气、硼氢化钠	0.2
航宇环境公司（2005）	质子交换膜	氢气低温	24
威斯巴登高等专业学院（2005）	质子交换膜	氢气气体	0.025
美国海军研究实验室（2006）	质子交换膜	氢气气体	3.3
自适应材料公司（2006）	固态氧化物	丙烷	4
佐治亚理工学院（2006）	质子交换膜	氢气气体	0.75
加利福尼亚州立大学洛杉矶分校（2006）	质子交换膜	氢气气体	0.75
德国航天研究中心（2006）	质子交换膜	氢气气体	0.25
加利福尼亚大学洛杉矶分校，俄克拉荷马州立大学（2007）	质子交换膜	氢气气体	12
韩国科学技术院（2007）	质子交换膜	氢气、硼氢化钠	10
航宇环境公司（2007）	质子交换膜	氢气、硼氢化钠	9

4.3　飞行控制系统：以多旋翼无人机为例

飞行控制系统（飞控系统）是多旋翼无人机的核心技术部分，多旋翼无人机各项性能在很大程度上都取决于其自动飞行控制系统的设计。自动飞行控制系统的基本任务包括保持多旋翼无人机姿态与航迹的稳定，自主导航飞行与航迹控制，起飞着陆控制，以及按照操控指令的要求改变姿态与航迹等。

4.3.1　多旋翼无人机的几个概念

1. 多旋翼无人机的飞行状态与飞行姿态

控制多旋翼无人机发生运动的改变，需要改变所有旋翼所受到的气动力和气动力矩，即通过协调改变各旋翼升力的大小来实现飞行姿态控制，需要对旋翼旋转转速或总距进行精准的同步调制。采用俯仰、滚转和偏航三种运动方式中的一种或多种组合时，首先改变其飞行姿态，然后实现其不同的飞行状态。多旋翼无人机飞行状态与其飞行姿态的关系如下。

（1）垂直飞行状态：当多旋翼无人机悬停、垂直上升或下降时，机体保持与地面平行。

（2）前后飞行状态：通过向前或向后倾斜机体来实现向前飞或向后飞。

（3）侧向飞行状态：通过向左或向右倾斜机体来实现左、右侧飞。

2. 多旋翼无人机的平衡、稳定性和操纵性

（1）平衡。

多旋翼无人机的平衡是指作用于机体上的各力之和为零，各力重心所构成的各力矩之和也为零。多旋翼无人机处于平衡状态时，其飞行速度的大小和方向都保持不变，也不绕重心转动。它包括俯仰平衡、航向平衡和滚转平衡。

俯仰平衡：作用于多旋翼无人机的各俯仰力矩之和为零，机体不绕横轴转动。

航向平衡：作用于多旋翼无人机的各偏转力矩之和为零，机体不绕立轴转动。

滚转平衡：作用于多旋翼无人机的各滚转力矩之和为零，机体不绕纵轴滚转，横滚角不变。

（2）稳定性。

多旋翼无人机的稳定性是指其在飞行中，受微小扰动（如阵风、发动机工作不均衡、机体重心的偶尔偏转等）而偏离原来的平衡状态，并在扰动消失后，不需要通过飞控系统操纵就能自动恢复原来平衡状态的特性。多旋翼无人机的稳定性包括：俯仰稳定性、方向稳定性和滚转稳定性。其稳定性的强弱，一般由摆动衰减时间、摆动幅度、摆动次数来衡量。当多旋翼无人机受到扰动后，恢复到原来平衡状态的时间越短，摆动幅度越小，摆动次数越少，稳定性就越强。

（3）操纵性。

多旋翼无人机的操纵性是指在飞控系统协调操纵各个旋翼升力大小时，改变其飞行状态的特性。多旋翼无人机除应有必要的稳定性外，还应有良好的操纵性，这样才能保证其有意识地飞行。多旋翼无人机飞控系统操纵动作协调、简单、省力，多旋翼无人机反应快，操纵性就好，反之则不好。多旋翼无人机的操纵性包括俯仰操纵性、方向操纵性和滚转操纵性。影响多旋翼无人机操纵性的因素有总体布局、机体结构、重心位置、飞行速度、飞行高度、迎角等。

3. 多旋翼无人机的操控方式

根据多旋翼无人机的空地闭环控制结构，多旋翼无人机的操控方式通常有如下几种。

（1）自主飞行方式。

自主飞行方式也称程序控制方式，是指由机载自动控制系统控制多旋翼无人机按照预先设定的航路自动完成飞行，不需要人参与的一种操控方式。多旋翼无人机工作在程序控制方式下时，机载自动控制系统解算出待飞距、偏航距，并判断当前航段是否结束，给出制导信息，选择自动驾驶模态。

（2）指令控制方式。

指令控制方式是指由多旋翼无人机驾驶员通过地面指令输入设备发送遥控或遥调指令，控制多旋翼无人机飞行的方式。这是一种非连续的操控方式，多旋翼无人机通过飞控系统来响应这些指令，实现对多旋翼无人机飞行的控制。

多旋翼无人机的遥控指令通常可分为飞行模态控制指令、任务设备控制指令、发动机控制指令以及航路操作指令等。飞行模态控制指令包括纵向遥控指令和横向遥控指令，其中纵向遥控指令包括悬停、平飞、爬升、下滑等指令，横向遥控指令包括直飞、左转弯、右转弯以及盘旋等指令；任务设备控制指令包括与有效载荷和任务设备控制器等有关的指令；发动机控制指令用于控制发动机的工作状态；航路操作指令主要是指从当前航路点切入某个航路点的航路点切换指令。遥调指令用于对飞行高度、水平位置、俯仰角、横滚角、偏航角等飞行参数进行调节。

4.3.2　多旋翼无人机飞行控制的基本原理

多旋翼无人机在空间的运动包括姿态运动和轨迹运动，其运动过程主要体现在姿态的变化和轨迹的变化。根据其运动性质，可以分为平动运动和转动运动。平动运动包括前后平移、上下升降和左右侧移，转动运动则包括俯仰、偏航和滚转运动。多旋翼无人机飞行控制的本质问题就是实现对多旋翼无人机 6 个自由度的平动运动和转动运动的自动控制。

图 4 –5 所示为自动飞行控制系统的反馈控制原理。首先由传感器测量多旋翼无人机的飞行状态数据，包括飞行姿态、航向、高度和速度等方面的数据；然后，以预期

飞行状态输入数值为基准，由控制器按照控制律解算出控制信号，并交给执行机构来驱动改变、操纵旋翼转速（或总距），从而改变旋翼空气动力和力矩来控制多旋翼无人机的飞行状态。例如：当多旋翼无人机水平飞行受到阵风干扰时，它会偏离原有状态，传感器感受到偏离方向和大小，输出相应信号给控制器，控制器按照反馈控制原理计算出需要的控制量，经放大处理后通过执行机构控制旋翼转速（或总距）的大小。由于整个系统是按反馈控制原理工作的，其结果是使多旋翼无人机趋向原始状态。当多旋翼无人机回到原始状态时，传感器输出信号为零，旋翼转速（或总距）也就回到原位，多旋翼无人机重新调整到原始飞行状态。

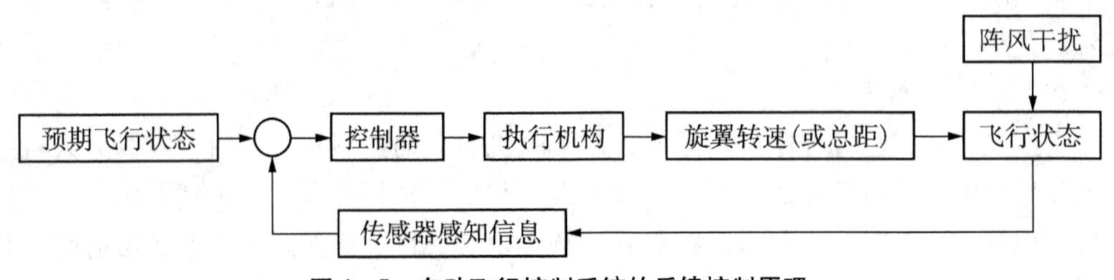

图 4-5　自动飞行控制系统的反馈控制原理

自动飞行控制系统是一个能够直接控制多旋翼无人机飞行姿态运动和轨迹运动，并能改善飞行质量的控制系统，即在无人直接参与条件下，自动地控制多旋翼无人机飞行的一套自主控制系统。它对多旋翼无人机飞行实施全权限控制与管理，对多旋翼无人机的功能与性能起决定性作用。

1. 自动飞行控制系统的基本功能

（1）自动驾驶功能，保持姿态、航向、高度和航迹的稳定。

（2）改善多旋翼无人机操纵性、稳定性的功能。

（3）自主导航飞行、航迹控制，起飞着陆控制，以及垂直升降、悬停、过渡飞行控制等功能。

2. 自动飞行控制系统的设计要求

（1）系统方案设计要求：结合通用规范的选择与剪裁，得出自动飞行控制系统设计的纲领性文件。

（2）功能要求：自动飞行控制功能、地面遥控功能、状态检测与故障处理功能、飞行管理功能、任务设备管理功能。

（3）性能指标要求：姿态航向稳定要求、控制精度和响应时间要求、高度保持精度要求、空速保持精度要求、模态切换要求、抗风能力要求、稳定余度要求等。

（4）机载计算机、传感器选择与安装设计要求。

（5）自动飞行控制软件设计要求。

（6）接口交联关系要求：自动飞控系统与管理系统的机械、电气接口特性，通信帧结构等方面。

（7）地面监测与控制要求：遥测数据种类和数量、显示布局、处理方法、指令设置、功能、按键等方面。

（8）设备安装和设备供电要求。

4.3.3 飞行姿态的测量

飞行姿态表明了一个真实飞行物体与参考坐标系之间的角度关系。常用姿态测量传感器有加速度传感器、角速度传感器、磁力计传感器、气压传感器、超声波传感器等。若需要获取精确的姿态定位数据，则需要融合计算上述多种传感器的测量数据。对于嵌入式平台应用，多种传感器数据融合计算对微处理器的运算能力要求较高。选择与实际开发平台相符合的姿态传感器尤为重要。采用加速度传感器与角速度传感器测量飞行器姿态，两者测量数据互补融合计算姿态角，可以满足飞行姿态稳定性要求。

1. 加速度传感器工作原理及角度测量

加速度传感器可测量由物体重力加速度引起的加速度量。物体静止或运动过程中，受重力作用，会产生物体相对于三个坐标轴方向上的重力分量，通过对重力分量进行量化，运用三角函数可计算出物体相对于三个坐标轴的倾角。

图 4－6 所示为加速度测量原理，加速度传感器测量时重力惯性矢量的三轴分量为 R_x、R_y、R_z。利用三角函数即可求出重力加速度与三个坐标轴夹角 α、β、γ。

$$\begin{cases} \alpha = \arccos \dfrac{R_y}{G} \\ \beta = \arccos \dfrac{R_x}{G} \\ \gamma = \arccos \dfrac{R_z}{G} \\ G = \sqrt{R_x^{\ 2} + R_y^{\ 2} + R_z^{\ 2}} \end{cases} \tag{4-1}$$

式中：α——重力与 y 轴的夹角；

β——重力与 x 轴的夹角；

γ——重力与 z 轴的夹角；

R_x——加速度计测量重力加速度 x 轴的分量；

R_y——加速度计测量重力加速度 y 轴的分量；

R_z——加速度计测量重力加速度 z 轴的分量；

G——重力。

2. 角速度传感器（陀螺仪）工作原理及角度测量

角速度传感器（陀螺仪）用来测量一段时间内的角度变化速率。对两次测量时间差值进行积分可得到角度增量值。增量值可正可负，正值表示向原角度增大方向旋转，负值表示向原角度减小方向旋转，积分后与测量前初始角度求和就可以计算出当前角度。

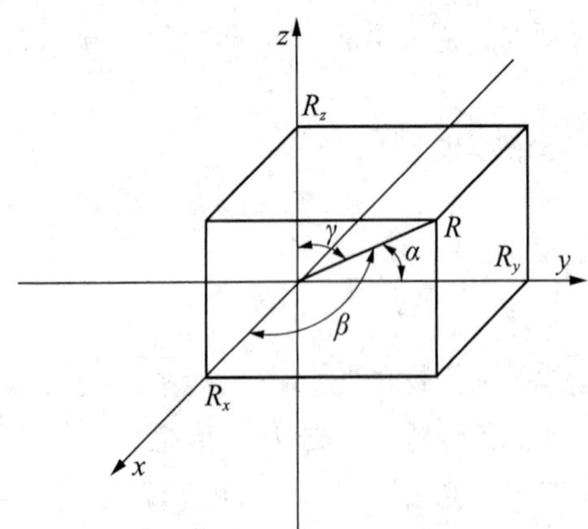

图 4-6　加速度测量原理

$$\delta = \delta_0 + \int_0^t \omega \mathrm{d}t \tag{4-2}$$

式中：δ——旋转角度值；

δ_0——上一次旋转角度值；

ω——角速度测量值；

t——测量间隔时间。

实际使用中，需要得到更加精确的角速度值，可以使 ω 取前一次测量值，然后与后一次测量值进行平均，且两次测量时间应尽量短。但是角速度测量值在多次积分之后会引入很大的误差：一部分为积分时间间隔误差，另一部分为陀螺仪本身存在的误差（漂移）。为尽量减小误差，可采取两种措施，即缩短测量时间间隔和一段时间间隔内重新校准陀螺仪。

3. 磁力计传感器工作原理及测量方法

地球的磁场就像一个偶极子，地球的南北极为这个偶极子的两极。在地球极地处，地球磁场的磁场强度约为0.6Gs，赤道处的磁场强度约为0.3Gs。但是，偶极子只是对地球磁场的简单比喻。对于地球磁场来说，国际参考磁场是一个更加准确的模型。此模型中包含一系列球谐条款，根据球谐条款对应一个系数，利用这个系数可以计算出当地的磁场强度，由于地球磁场随着时间发生漂移，所以这些系数每五年被国际地磁学与高空物理学协会（International Association of Geomagnetism and Aeronomy，IAGA）更新一次。

一些情况下地球磁场会发生变化，日常由于太阳辐射产生的电离层会导致地球磁场发生0.0001~0.001Gs的变化。每个月发生的几次太阳耀斑磁暴可引起高达0.01Gs的磁场变化。这些因素在一定程度上使地球磁场的强度和方向发生变化。

目前用来测量地球磁场的磁力计主要有三种。

磁通门式磁力计基于磁饱和法，利用被测磁场中磁芯在交变磁场的饱和激励下，其磁感应强度与磁场强度的非线性关系来测量弱磁场。这类设备往往是笨重的，而且不耐用，响应时间慢。

霍尔效应磁力计是通过感测附近的交变磁场而产生输出电压的传感器。这种磁力计设计简单，价格低廉，适用于对强磁的测量，但由于灵敏度低、噪声大而不适用于测量地磁场。

磁阻式磁力计是利用磁阻效应的传感器，旨在利用电阻组成惠斯登电桥来测量磁场。这种磁力计的灵敏度高、体积小、响应时间快。

在导航领域中，磁力计用于求取载体姿态中偏航角的估计值，偏航角由磁力计用测量信息在水平方向上的分量求得。三轴磁力计在地球磁场坐标系下的测量值为：

$$\boldsymbol{h}^{b} = [\boldsymbol{h}_{x}^{b}, \boldsymbol{h}_{y}^{b}, \boldsymbol{h}_{z}^{b}]^{\mathrm{T}} \tag{4-3}$$

其中，上标 b 表示了 $\boldsymbol{h}$ 为地球磁场坐标系下的向量，下标 x,y,z 表示三轴磁力计各轴的分量。当磁力计放置在水平面上时，可以利用向量 $\boldsymbol{h}$ 在水平方向上的两个分量航向 $\boldsymbol{h}_{x}^{b}$ 和 $\boldsymbol{h}_{y}^{b}$，求出磁力计坐标系 x 轴与地球磁场北极的夹角，即偏航角推导公式为：

$$\psi = \arctan\left(\frac{\boldsymbol{h}_{y}^{b}}{\boldsymbol{h}_{x}^{b}}\right) \tag{4-4}$$

单独使用磁力计测量偏航角时，由于磁力计非水平放置，导致磁力计产生倾斜角误差，因此磁力计常与加速度计一起组成电子罗盘。当磁力计与惯性传感器组合使用进行姿态测试时，磁力计用来估算运动目标的偏航角，用以校正陀螺仪漂移误差。当外界磁场发生突变时，磁力计对载体的偏航角估算值失真。

4.3.4　飞行姿态解算方法

姿态解算是指飞行控制系统控制器读取自身传感器数据，实时计算多旋翼无人机的姿态角，收集横滚（Roll）角、俯仰（Pitch）角、偏航（Yaw）角等的信息，并根据这些信息计算各个旋翼升力的输出量，使多旋翼无人机保持平衡稳定或者保持一定倾斜角朝着设定方向飞行。姿态解算是多旋翼无人机稳定飞行的关键技术之一，解算速度和精度直接关系到飞行稳定性和可靠性。

飞行姿态自动控制的流程：首先，自动飞行控制系统通过陀螺仪、磁力计和加速度计等传感器获取多旋翼无人机飞行姿态（俯仰、横滚和偏航）相对于基准姿态（角度）变化的信息；其次，滤波（卡尔曼滤波等）处理获得方向余弦矩阵和四元数得到欧拉角；最后，使用PID控制或者PI、PD控制（P为比例，I为积分，D为微分）将自动飞行控制系统反馈值和期望值进行比较，并根据偏差不断修复，直至达到期望的预定值。通过PID自动控制算法处理、输出期望的脉宽调制（PWM）波给执行机构，控制旋翼的转速（或总距）大小，从而得到一个期望的力来控制多旋翼无人机的前后左右上下飞行。

分步骤看，飞行姿态解算方法主要包括数据滤波算法、姿态检测算法和姿态控制算法。①数据滤波算法：采用滤波技术进行姿态数据处理，如卡尔曼滤波技术等，将获取到的陀螺仪、磁力计和加速度计等传感器的数据进行去噪声及融合，得出正确的飞行姿态（角度）数据。②姿态检测算法：将获得滤波后的传感器数据进行计算，得出飞行器自身坐标系与地面坐标系的飞行数据偏差。飞行姿态的三个自由度可以用欧拉角表示，也可以用四元数表示。姿态检测算法的作用就是将加速度计、陀螺仪等传感器的测量值解算成姿态，进而作为系统的反馈量。常用的姿态检测算法有互补滤波算法、卡尔曼滤波算法等。③姿态控制算法：控制多旋翼无人机飞行姿态的三个自由度，以给定姿态与姿态检测算法得出的姿态偏差作为输入，被控对象的输入量作为输出（如姿态增量），从而起到控制多旋翼无人机飞行姿态的作用。最常用的就是 PID 控制及其各种 PID 扩展（分段、模糊等）、自适应控制等。多旋翼无人机自动飞行控制系统结构一般采用双闭环的形式，以分姿态变换和位置变换等方式实现控制。

1. 互补滤波算法

作为一种频率特性滤波器，互补滤波器常用于融合来自不同传感器测量得到的数据。一般地，互补滤波器包含至少两种频率特性互补的输入信号。例如，对于陀螺仪和加速度计解算姿态这一双输入系统，两个输入量都能分别对姿态角进行解算。其中加速度计输入量包含高频噪声，应通过低通滤波器来滤除；陀螺仪输入量则包含低频噪声（积分漂移），应采用高通滤波器滤除。两者的频率特性互补，可用互补滤波思想进行姿态解算，最终输出较准确信号，互补滤波姿态融合原理如图 4 -7 所示。

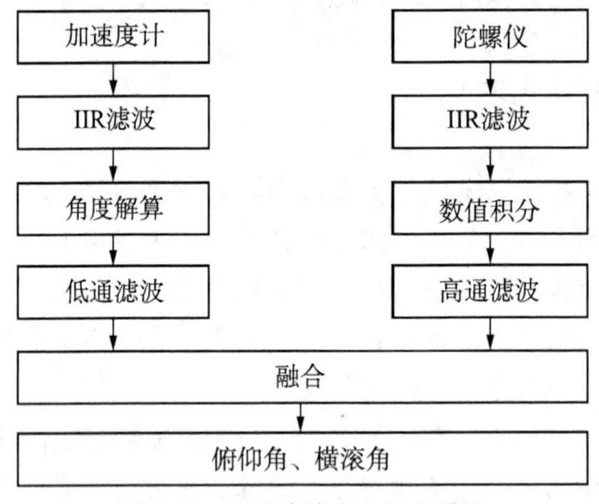

图 4 -7　互补滤波姿态融合原理

设运用加速度计和陀螺仪分别解算出的飞行器姿态角 x 的值为：

$$\begin{cases} x_1 = x + u_1 \\ x_2 = x + u_2 \end{cases} \tag{4-5}$$

式中：u_1 ——加速度计高频噪声；

u_2 ——陀螺仪低频噪声。

互补滤波器由低通滤波器 $F_L(s) = \dfrac{1}{f_s + 1}$ 和高通滤波器 $F_H(s) = \dfrac{f_s}{f_s + 1}$ 两部分构成，

f_s 为滤波器常数，有 $F_L(s) + F_H(s) = 1$ 。

姿态角 x 的估计值 $\hat{X}$ 可表示为：

$$\hat{X}(s) = F_L(s)X_1(s) + F_H(s)X_2(s) = X(s) + F_LU_1(s) + F_HU_2(s) \tag{4-6}$$

式（4-6）对应的差分方程表达式为：

$$\hat{X}(k) = (1 - f_s)[\hat{X}(k-1) + X_2(k) - X_2(k-1)] + fX_1(k) \tag{4-7}$$

式中：$X_2(k)$ —— k 时刻陀螺仪角速度积分值；

$X_1(k)$ —— k 时刻加速度计解算的角度值。

相对于单传感器方案，互补滤波器可以避免加速度计精度和动态性能不足的问题，也能避免陀螺仪的漂移误差。互补滤波器的结构简单、计算量小，其编程思想可以描述为：

$$angle = (1 - A) \times (angle\_last + gyro \times \mathrm{d}t) + A \times acc \tag{4-8}$$

式中：*angle* ——当前融合而成的姿态角；

angle_last ——上一次姿态角融合结果值；

gyro ——当前陀螺仪测量的角速度；

d*t* ——积分时间；

A—— 滤波器系数；

acc ——加速度计解算出的姿态角。

一般取 $A < 0.1$ ，表示每次解算结果中陀螺仪积分角度所占比例较大，加速度计解算角度所占比例较小，这也就相当于对陀螺仪信号高通滤波而对加速度计信号低通滤波。由此可以看出，虽然加速度计信号在每次姿态解算中所占权值较小，但随着运行时间的增加，加速度计信号实际上是在不断对陀螺仪积分进行缓慢矫正，从而减小因陀螺仪积分时间增加而引起的漂移误差。

互补滤波姿态融合虽然计算简单，运算量小，也能够取得较理想的融合效果，但对于参数 A 的选取却没有比较好的解决办法，一般通过不断调试和反复修改进行确定。若 A 过大，则角度收敛较慢，动态性能降低；若 A 过小，则角度波动较大，滤波效果降低。因此，还需要运用模糊算法或其他自适应算法对参数值进行实时调整，以满足系统对静态和动态时的性能要求。

2. 卡尔曼滤波算法

卡尔曼滤波算法是一种递归更新滤波算法。该算法为了描述整个计算更新的过程，提供了一组有效的递归推算方程组来估计过程的状态量，其间使估计均方误差最小化。卡尔曼滤波器的概率原型解释及推导过程等相对烦琐，不是本书介绍的重点，下面简单介绍离散卡尔曼滤波算法。

设离散时间控制系统状态变量 $X \in R^n$ ，可由以下离散随机差分方程描述：

$$X(k) = AX(k-1) + BU(k) + W(k) \tag{4-9}$$

观测反馈量，系统输出方程可描述为：

$$Z(k) = HX(k) + V(k) \tag{4-10}$$

其中，$W(k)$ 和 $V(k)$ 均为随机信号，分别表示过程白噪声和观测白噪声且相互独立，服从正态分布：

$$\begin{cases} p(w) \sim N(0,Q) \\ p(v) \sim N(0,R) \end{cases} \tag{4-11}$$

其中，噪声协方差系数 R 与 Q 的取值，关系着最终滤波的效果和响应速度，但两者相互制约。R 取值越小，滤波响应和收敛越迅速；Q 取值越小，抑制、滤除噪声的能力越强。卡尔曼滤波的基本公式如下。

（1）状态预测方程：根据系统状态变量 $k-1$ 时刻的最优值 $\boldsymbol{X}(k-1|k-1)$ 和系统输入值 $U(k)$ 可以求出 k 时刻系统预测值，$\boldsymbol{X}(k|k-1)=\boldsymbol{AX}(k-1|k-1)+\boldsymbol{BU}(k)$。

（2）协方差预测方程：根据 $k-1$ 时刻系统协方差矩阵 $\boldsymbol{P}(k-1|k-1)$ 预测 k 时刻系统协方差矩阵，$\boldsymbol{P}(k|k-1)=\boldsymbol{AP}(k-1|k-1)\boldsymbol{A}^{\mathrm{T}}+\boldsymbol{Q}$。

（3）卡尔曼增益计算方程：根据状态变量预测值和协方差矩阵预测值可求得卡尔曼增益，$\boldsymbol{K}_g(k)=\boldsymbol{P}(k|k-1)\boldsymbol{H}^{\mathrm{T}}/(\boldsymbol{HP}(k|k-1)\boldsymbol{H}^{\mathrm{T}}+\boldsymbol{R})$。

（4）最优值更新方程：由状态变量预测值和系统测量值计算得 k 时刻状态变量最优值，$\boldsymbol{X}(k|k)=\boldsymbol{X}(k|k-1)+\boldsymbol{K}_g(k)(\boldsymbol{Z}(k)-\boldsymbol{HX}(k|k-1))$。

（5）协方差更新方程：更新 k 时刻协方差矩阵，$\boldsymbol{P}(k|k)=(1-\boldsymbol{K}_g(k)\boldsymbol{H})\boldsymbol{P}(k|k-1)$。

最优值更新方程和协方差更新方程都计算结束后，整个滤波过程进入下一轮循环。递推算法的本质体现在估计过程，每次只需根据以前的测量值递归计算，就能得到当前时刻的状态估计值。卡尔曼滤波器工作流程如图 4-8 所示。

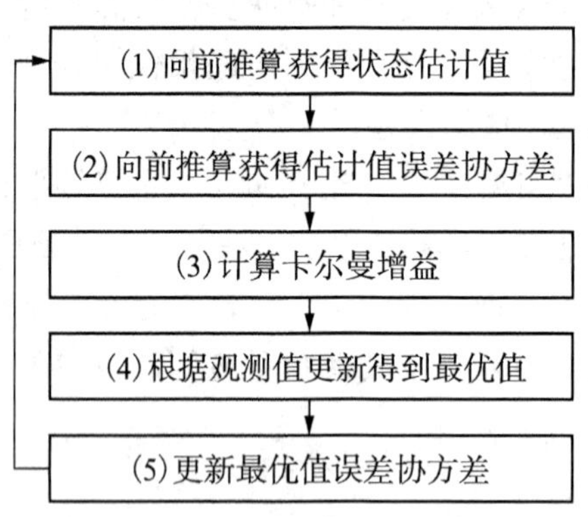

图 4-8　卡尔曼滤波器工作流程

以四旋翼无人机俯仰角状态变量为例，进行卡尔曼融合姿态解算。令状态变量 X 为俯仰角度 θ，系统状态方程和测量方程分别为：

$$\begin{cases} X(k)=\theta(k)=1\times X(k-1)+T_s\times W_{gyro}+T_s\times\omega_g(k) \\ Z(k)=1\times X_{acc}(k)+\omega_a(k) \end{cases} \tag{4-12}$$

式中：T_s ——系统采样周期；

W_{gyro} ——陀螺仪测量角速度；

$X_{acc}(k)$ ——加速度计计算的 k 时刻的俯仰角度；

$\omega_g(k)$ 、$\omega_a(k)$ ——陀螺仪和加速度计测量的 k 时刻的噪声。

系统采样周期 $T_s = 0.005(\mathrm{s})$，系统噪声协方差矩阵 $\boldsymbol{Q} = [0.001]$，测量误差协方差矩阵 $\boldsymbol{R} = [0.5]$，滤波器初始条件 $X(0) = 0$、$P(0) = 1$，根据卡尔曼滤波的基本公式设计俯仰角姿态融合算法，可得到姿态解算结果。

采用卡尔曼滤波算法进行姿态融合可以得到较好的融合效果，其波形平滑度和静态漂移误差比采用互补滤波算法稍好。在滤波融合算法设计过程中，主要对 $\boldsymbol{Q}$ 和 $\boldsymbol{R}$ 的取值进行设计。$\boldsymbol{R}$ 取值越小，滤波响应和收敛越迅速；$\boldsymbol{Q}$ 取值越小，抑制、滤除噪声的能力越强。因此，其具体取值也需要反复实际调试进行权衡确定。

3. DMP（Digital Motion Processor，数字运动处理器）姿态数据获取

运用互补滤波与卡尔曼滤波思想进行姿态融合的过程归根结底都是利用加速度计解算出的姿态角去修正陀螺仪积分的漂移误差。这两种方法在姿态融合过程中，姿态角均用欧拉角表示。用欧拉角进行姿态解算在大角度计算时会出现万向节锁（角度为 90°时加速度计进行姿态解算的反三角函数无解），为了避免该问题，可采用四元数法来解算姿态。

四元数法姿态解算流程如图 4－9 所示。

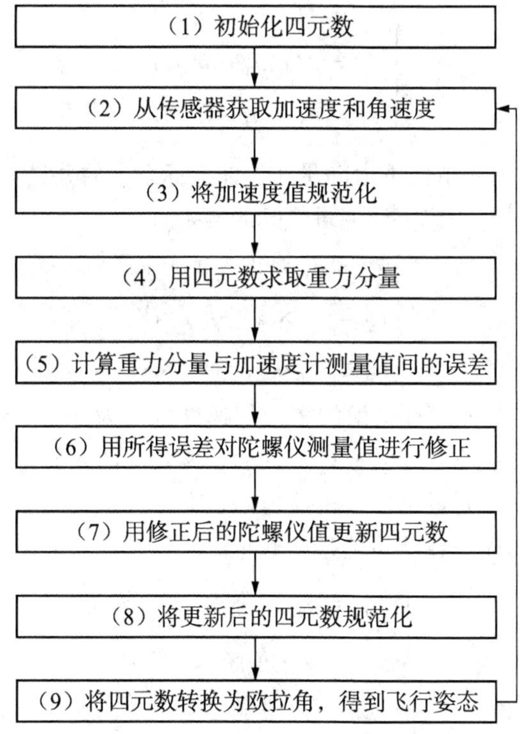

图 4－9　四元数法姿态解算流程

（1）初始化四元数。

设当前的坐标系为机体坐标系，则四元数列向量：$\boldsymbol{q} = [q_0, q_1, q_2, q_3]^{\mathrm{T}} =$

$[1,0,0,0]^{T}$ 。

（2）从传感器获取加速度和角速度。

读取 MPU6050（一种姿态传感器模块）三轴（x, y, z）加速度计和三轴陀螺仪的信号并经过 IIR（Infinite Impulse Response，无限脉冲响应）低通滤波器滤波滤除振动噪声，得到重力加速度分量 acc_x 、acc_y 、acc_z 和角速度分量 ω_x 、ω_y 、ω_z 。

（3）将加速度值规范化。

将加速度计测量值 acc_x 、acc_y 、acc_z 转化为三维的单位向量（归一化）：

$$\begin{cases} a_x = \dfrac{acc_x}{\sqrt{acc_x^2 + acc_y^2 + acc_z^2}} \\ a_y = \dfrac{acc_y}{\sqrt{acc_x^2 + acc_y^2 + acc_z^2}} \\ a_z = \dfrac{acc_z}{\sqrt{acc_x^2 + acc_y^2 + acc_z^2}} \end{cases} \tag{4-13}$$

（4）用四元数求取重力分量。

用四元数表示三轴的重力分量 V_x 、V_y 、V_z ：

$$\begin{cases} V_x = 2(q_1 q_3 - q_0 q_2) \\ V_y = 2(q_1 q_0 - q_3 q_2) \\ V_z = q_0^2 - q_1^2 - q_2^2 + q_3^2 \end{cases} \tag{4-14}$$

式中：V_x 、V_y 、V_z ——单位重力向量在机体坐标系中的分量。

（5）计算重力分量与加速度计测量值间的误差。

$$\begin{cases} e_x = a_y \times V_z - a_z \times V_y \\ e_y = a_z \times V_x - a_x \times V_z \\ e_z = a_x \times V_y - a_y \times V_x \end{cases} \tag{4-15}$$

在机体坐标系中，加速度计测量的重力加速度分量为 acc_x 、acc_y 、acc_z ；陀螺仪积分后推算得到的重力分量是 V_x 、V_y 、V_z 。此处，两者间的误差 e_x 、e_y 、e_z 用向量积（外积、叉乘）表示，该误差向量仍位于机体坐标系中。

（6）用所得误差对陀螺仪测量值进行修正。

$$\begin{cases} e_{x\text{int}} = \hat{e}_{x\text{int}} + k_i \times e_x \\ \dot{\omega}_x = \omega_x + k_p \times e_x + e_{x\text{int}} \end{cases}$$
$$\begin{cases} e_{y\text{int}} = \hat{e}_{y\text{int}} + k_i \times e_y \\ \dot{\omega}_y = \omega_y + k_p \times e_y + e_{y\text{int}} \end{cases} \tag{4-16}$$
$$\begin{cases} e_{z\text{int}} = \hat{e}_{z\text{int}} + k_i \times e_z \\ \dot{\omega}_z = \omega_z + k_p \times e_z + e_{z\text{int}} \end{cases}$$

式中：k_i 、k_p ——用以控制加速度计修正陀螺仪误差的速度的参数；

$\hat{e}_{xint}$ 、$\hat{e}_{yint}$ 、$\hat{e}_{zint}$ ——更新后的值。

（7）用修正后的陀螺仪值（ $\dot{\omega}_x$ 、$\dot{\omega}_y$ 、$\dot{\omega}_z$ ）更新四元数。

$$\begin{cases} q_0 = \hat{q}_0 + \dfrac{\mathrm{d}t}{2}(-q_1\dot{\omega}_x - q_2\dot{\omega}_y - q_3\dot{\omega}_z) \\ q_1 = \hat{q}_1 + \dfrac{\mathrm{d}t}{2}(q_0\dot{\omega}_x + q_2\dot{\omega}_z - q_3\dot{\omega}_y) \\ q_2 = \hat{q}_2 + \dfrac{\mathrm{d}t}{2}(q_0\dot{\omega}_y - q_1\dot{\omega}_z + q_3\dot{\omega}_x) \\ q_3 = \hat{q}_3 + \dfrac{\mathrm{d}t}{2}(q_0\dot{\omega}_z + q_1\dot{\omega}_y - q_2\dot{\omega}_x) \end{cases} \tag{4-17}$$

（8）将更新后的四元数规范化。

$$\begin{cases} q_0 = \dfrac{\hat{q}_0}{\sqrt{q_0^2 + q_1^2 + q_2^2 + q_3^2}} \\ q_1 = \dfrac{\hat{q}_1}{\sqrt{q_0^2 + q_1^2 + q_2^2 + q_3^2}} \\ q_2 = \dfrac{\hat{q}_2}{\sqrt{q_0^2 + q_1^2 + q_2^2 + q_3^2}} \\ q_3 = \dfrac{\hat{q}_3}{\sqrt{q_0^2 + q_1^2 + q_2^2 + q_3^2}} \end{cases} \tag{4-18}$$

式中：$\hat{q}_0$ ~ $\hat{q}_3$ ——更新后的值。

（9）将四元数转换为欧拉角，得到飞行姿态。

得到新四元数后即完成了一次四元数法姿态融合的运算。将新四元数作为下一次四元数运算的初始四元数，再开始下一次的四元数运算。为了直观表示飞行器的姿态，可将新四元数转化成为三个欧拉角：

$$\begin{cases} \phi = \arctan\left(\dfrac{2(q_2q_3 + q_0q_1)}{q_0^2 - q_1^2 - q_2^2 + q_3^2}\right) \\ \theta = \arcsin(-2(q_1q_3 - q_0q_2)) \\ \psi = \arctan\left(\dfrac{2(q_2q_1 + q_0q_3)}{q_0^2 + q_1^2 + q_2^2 + q_3^2}\right) \end{cases} \tag{4-19}$$

通过四元数姿态解算的流程可以看出，其主要思想是利用加速度计对陀螺仪进行修正，其修正的快慢程度由参数 k_i 和 k_p 进行控制。使用该方法步骤较为烦琐，涉及的中间变量转换较多，且计算量较大，占用内存也较大，使用起来很不方便。为解决该问题，运动控制传感器 MPU6050 提供了 DMP 内部四元数解算功能，可以直接输出四元数数据，从而省略了烦琐的计算步骤。运动处理传感器 MPU6050 除了提供三轴陀螺仪和三轴加速度计传感器的 16 位 ADC（Analog－to－Digital Converter，模数转换器）信号采集功能之外，还集成了数字低通滤波器和数字运动处理器 DMP，可以直接输出经低通滤波处理和四元数姿态解算后的四元数数据。将该四元数转换为欧拉角，可以得到准确的俯仰角和横滚角。MPU6050 内部 DMP 功能配置流程如图 4－10 所示。

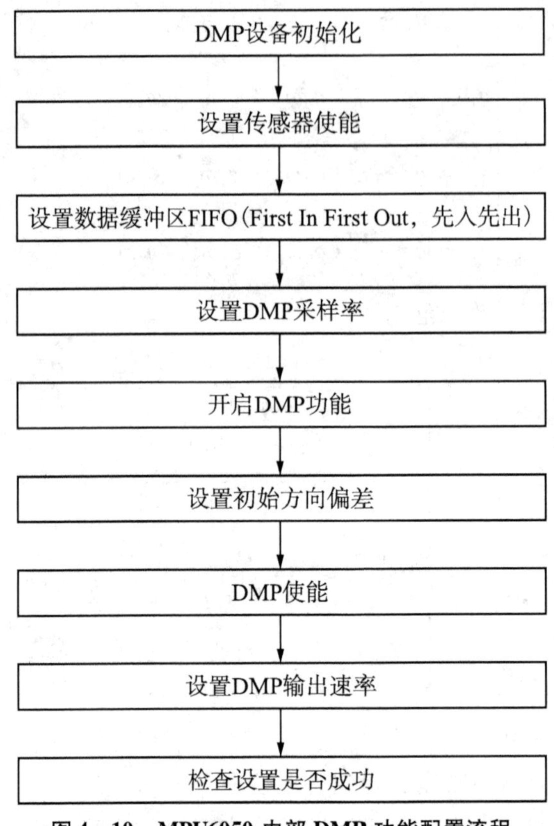

图 4－10　MPU6050 内部 DMP 功能配置流程

按图 4－10 所示的流程对 DMP 功能进行配置后，即可调用库函数直接读取四元数姿态角数据。由于没有融合磁力计数据，因此偏航角的计算仍然是由陀螺仪积分得到。对偏航角数据的融合，也可采用之前介绍的互补滤波算法、卡尔曼滤波算法及四元数法，其具体实现过程与用加速度计修正陀螺仪误差类似，在此不再赘述。

三种姿态解算方法都能取得较好的解算效果，其中 DMP 内部解算在飞行器静止时稳态噪声最小，在姿态角动态改变时，互补滤波和卡尔曼滤波姿态解算受加速度计影响更大，而 DMP 解算则收敛相对较慢。总的来说，DMP 解算姿态数据更平稳，动态性能也比较理想。从设计难度上来说，互补滤波和卡尔曼滤波姿态解算都需要根据实际调试反复修改滤波器参数才能达到较好的解算效果，而 DMP 解算直接输出四元数数据，只需要将其转换为欧拉角即可用于姿态控制。

4.3.5　PID 控制算法

1. PID 概述

PID 控制器即比例、积分、微分控制器，是现在应用最为广泛的工业控制器，其基本结构如图 4－11 所示。

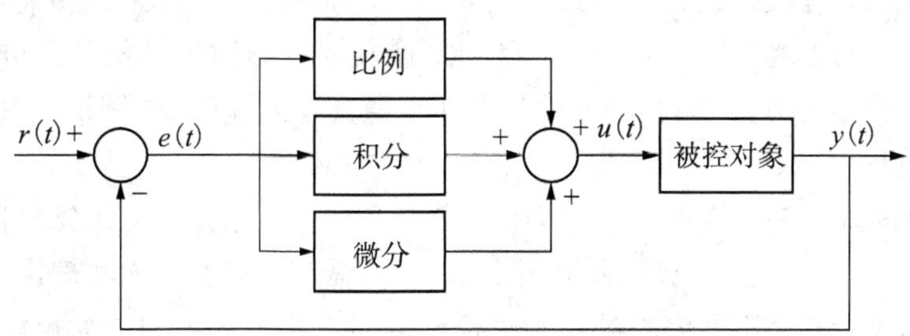

图 4－11　PID 控制器的基本结构

PID 控制器的输入是期望值 $r(t)$，与输出的测量值 $y(t)$ 之间的误差为 $e(t)$。早期的 PID 控制器通过硬件实现，称为模拟 PID，其基本公式为：

$$u(t) = K_P\left[e(t) + \frac{1}{T_i}\int_0^t e(t)\mathrm{d}t + T_d\frac{e(t)}{\mathrm{d}t}\right] \quad (4-20)$$

式中：K_P ——控制器比例系数；

T_i ——积分系数；

T_d ——微分系数。

对应传递函数为：

$$G(s) = \frac{U(s)}{E(s)} = K_p[1 + \frac{1}{T_i \times s} + T_d \times s] \quad (4-21)$$

随着计算机在控制领域的发展，出现了数字 PID 控制器。数字 PID 比模拟 PID 更加灵活，可以根据工程经验或者实验数据在线调整其控制参数。数字 PID 控制器需要对积分和微分进行离散化处理，以 T 为采样周期，T_i 为积分周期，T_d 为微分周期，n 为采样序号，则数字 PID 算法可表示为：

$$u(n) = K_p \times e_n + K_i \times \sum_{j=0}^{n} e_j + K_d \times (e_n - e_{n-1}) \quad (4-22)$$

式中：K_p ——比例系数；

K_i ——积分系数，$K_i = K_p \times \frac{T}{T_i}$；

K_d ——微分系数，$K_d = K_p \times \frac{T_d}{T}$。

PID 控制中比例调节的作用可理解为：通过采集信号的负反馈，求得系统输出值与期望值的偏差，经过比例换算得出系统输出控制量，从而消除系统输出偏差。比例系

数 K_p 决定了减少偏差的速度。K_p 越大，偏差减少得越快，但容易引起系统超调，使系统产生振荡；而若减小 K_p 值，调节的速度也相应变慢。积分控制是对累积的偏差进行调节，其目的是使累积偏差为零。积分控制效果与偏差的大小和偏差持续的时间相关。微分控制即控制误差的变化率，控制误差的变化趋势，起到提前修正误差的作用，同时提高输出响应的快速性，减小系统超调量。

2. 四旋翼无人机 PID 控制器设计

四旋翼无人机在飞行过程中，其飞行姿态将动态变化，即使保持电动机转速不变也不一定会使飞行器稳定在固定姿态。因此，需要不断地对电动机转速进行调整，使飞行姿态逼近期望姿态。PID 控制器就是将期望姿态与实际姿态之间误差量解算为电动机控制量的过程。

四旋翼无人机的三个姿态角（俯仰角、横滚角、偏航角）即绕机体坐标系 x、y、z 轴旋转的角度。坐标系三轴相互垂直，因此，飞行器三个姿态角之间理论上没有耦合，相互独立。这使得对飞行器姿态的控制可简化为对三个姿态角的独立控制。以俯仰角为例，结合“X”飞行模式（四旋翼的结构组装为 X 模式，即四旋翼的四个电动机在对角线）下建立的机体坐标系对该姿态角进行 PID 控制，四旋翼无人机俯仰角 PID 控制基本结构如图 4－12 所示。

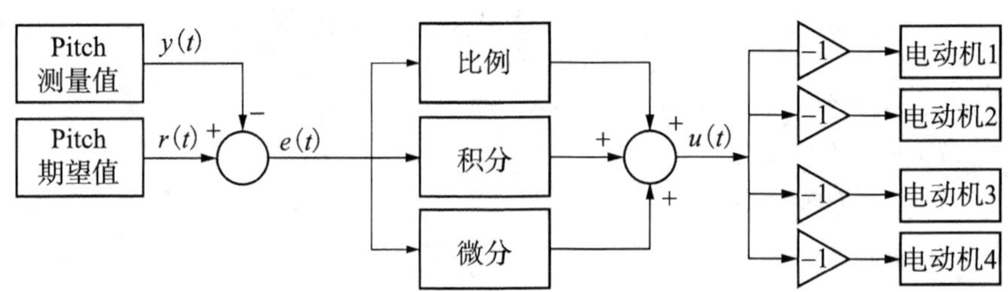

图 4－12　四旋翼无人机俯仰角 PID 控制基本结构

测量值即传感器模块发送的姿态解算后的俯仰角角度，期望值为遥控器遥控旋钮输入的俯仰角角度，将两值作差，得到误差信号 $e(t)$ 。经过 PID 解算后得到控制量输出 $u(t)$ ，在“X”飞行模式下，需要同时控制电动机 1 ~ 电动机 4，其中电动机 1 和电动机 2 转速增加 $u(t)$ ，电动机 3 和电动机 4 转速减小 $u(t)$ 。电动机带动旋翼转动所产生的升力对飞行器机体产生扭矩，进而促使俯仰角向误差减小的方向改变。若直接使用图 4－12 所示 PID 控制器结构将不能取得良好的控制效果，由自动控制原理可知，采用角速度反馈闭环控制可有效增加系统稳定性，因此，在进行姿态角控制之前需设计姿态角速度增稳内环控制。同时，系统最终控制量为空间位置，因此还需要增加外环位置控制。四旋翼无人机俯仰角方向的整体控制结构如图 4－13 所示。

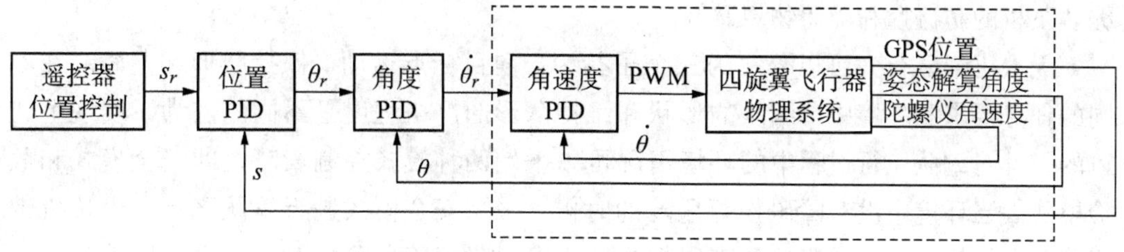

图4-13　四旋翼无人机俯仰角方向的整体控制结构

图4-13中，s、θ、$\dot{\theta}$分别为俯仰角方向的位移、俯仰角度、俯仰角角速度，s_r、θ_r、$\dot{\theta}_r$分别为各个控制环的控制输入量。虚线框内即是系统辨识的稳定系统，其控制器积分和微分控制量可设为0。

对于横滚角和偏航角的控制结构与俯仰角类似，在进行整体姿态控制时，先分别求解各个姿态角的控制量输出，然后结合遥控器油门信号量求解出4个电动机的最终控制量，最后将求解出的数据发送到电子调速器即可完成整体姿态的控制。根据“X”模式飞行器飞行原理，可得各个姿态角控制量与电动机最终控制量之间的耦合关系，各个姿态方向控制量与电动机速度控制解算关系如图4-14所示。

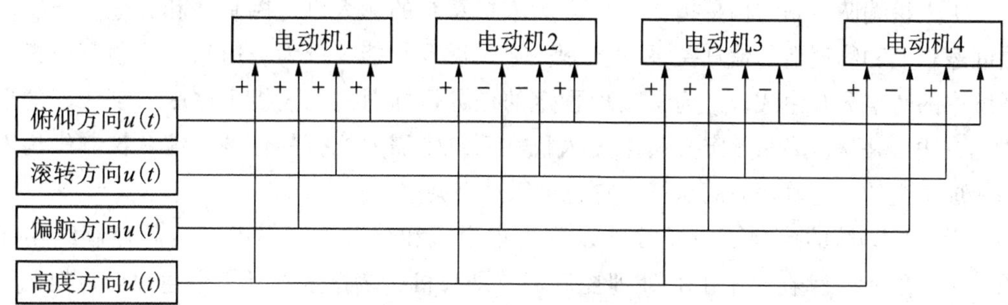

图4-14　各个姿态方向控制量与电动机速度控制解算关系

4.3.6　无人机的编队控制

所谓无人机编队飞行，就是将多架无人机按照一定的规则进行排列，并使其在整个飞行过程中保持队形稳定，避免相互碰撞。与单架无人机飞行相比，编队飞行具有很多优点。例如：无人机采用编队飞行，可以扩大侦察和搜索的范围；通过调整编队中各无人机上相机的拍摄角度，编队飞行可以实现对目标的全方位立体拍照；对多架无人机采用一定的编队飞行，在执行任务时的成功率和抗突发事件的能力都比单架无人机高；从气动效率和结构强度方面考虑，编队飞行可以减小整体上的飞行阻力。

一个合理的编队在飞行过程中既能使每个无人机个体都保留在编队中，又能使无人机之间保持一定的距离和队形。对于每一个无人机个体来说，既要有一定的自主性，如完成任务、避障等，同时又要体现出无人机之间的相互协作。对于编队这个整体来说，既要能在飞行中保持稳定，并能根据任务需要实现编队队形的调整，又能够实现编队飞机的防碰撞和障碍物规避等。

无人机编队行为可以分解为三个子行为：向目标点运动、保持队形和避障。在不同的任务要求和环境中，编队的形状和维持队形的严格程度是不同的。为了实现上述目的，针对编队飞行过程中的环境情况可以采用两种模式控制策略，即安全模式和危险模式。当环境中没有障碍物等危险的时候，采用安全模式进行编队飞行，由长机带领编队向目标点运动；当遇到障碍物或即将发生碰撞等危险的时候，立刻启动危险模式，此刻队形的保持已不再重要，规避危险成为首要任务，此时编队队形被打乱以实现无人机的障碍物规避或防碰撞，等环境情况允许后再重新进行编队。

无人机控制结构是层次性和开放性的。从效能的角度看，未来无人机的工作方式不仅包括单机控制模式，还应包括多机协同的模式。因此，飞行控制应当提供编队飞行、多机协同执行任务的能力，控制结构应该包括个体控制结构和编队控制结构。在设计系统结构时应该对诸多要素进行综合考虑，其中包括将整个机群的使命分为每架无人机的具体目标、在线任务规划、在线优化编队的任务航线、轨迹的规划和跟踪、编队中不同的无人机之间的相互协调等。因此，无人机控制必须具有开放的平台结构，并面向任务、面向效能。当前被广泛接受的解决方案是选择层阶分解的控制机构和控制技术。

无人机编队控制结构是指构成该多无人机系统的无人机、控制站和其他智能实体之间逻辑上和物理上的信息关系和控制关系，以及智能、行为、信息、控制等要素在系统中的时空分布模式，是为了实现预定的任务目标而把无人机个体联系到一起的形式和方法，并从全局角度定义每架无人机在系统中需要执行的任务。编队控制结构不是一成不变的，随着任务的执行，它也可以动态调整。

无人机编队的控制结构通常可以分为集中式和分散式。集中式编队控制结构如图 4 – 15 所示，存在一个中心处理控制器，即长机，掌握全部环境信息以及每架无人机的信息，经过信息处理后对每架无人机发布命令。集中式编队系统需要选择一架无人机兼任长机，这使得长机的工作量与其他成员相比多很多。相对于集中式来说，分散式编队控制结构没有长机，各无人机之间的关系是平等的，分散式编队控制结构如图 4 – 16 所示。集中式编队和分散式编队的优缺点如表 4 – 6 所示。

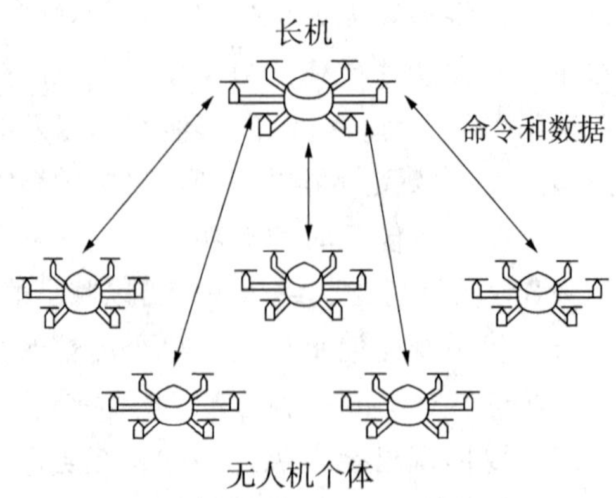

图 4 – 15　集中式编队控制结构

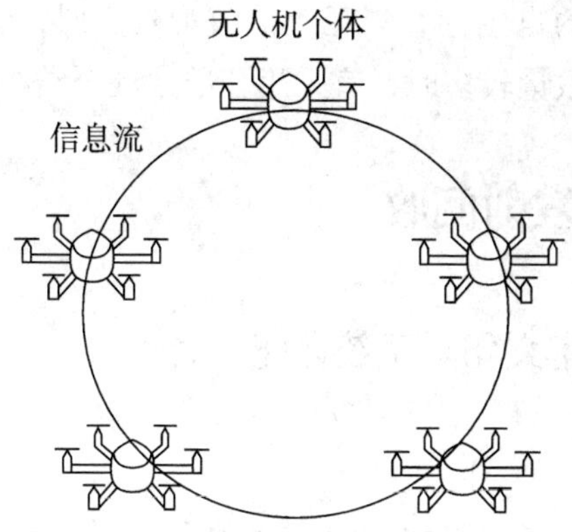

图 4－16　分散式编队控制结构

表 4－6　集中式编队和分散式编队的优缺点

编队方式	优点	缺点
集中式	理论背景清晰，协调效率比较高，实现起来比较直观	灵活性、容错性和适应性差，大规模的全局寻优问题难以解决，容易只达到局部最优而导致全局意外，受通信带宽的瓶颈限制等
分散式	有较好的鲁棒性、故障冗余以及可靠性	无人机个体无法了解编队系统的整体情况，如果存在一个全局目标则无法保证一定得到最优解。多边协商的效率很低，个体容易强调自我任务的重要性，从而导致编队完成任务效率低下，特别是在不确定的环境中遇到突发事件时，无人机个体间很难建立较好的协调合作的关系

基于上述两种编队方式的优缺点，出现了一种新的分层式混合结构（见图 4－17）。在平等的无人机个体进行水平交互的同时，加上垂直控制，从而有效地解决冲突、完成协调。监控层即地面控制站，用以发布命令给长机，长机处理编队无法完成的规划、

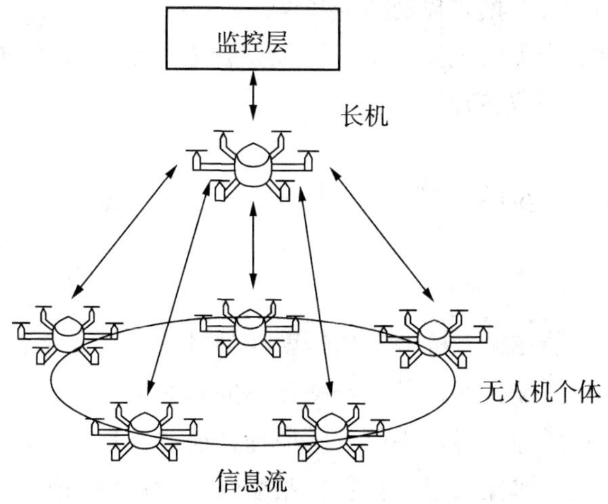

图 4－17　分层式混合结构

决策；各无人机具有一定的自主性。当无人机数量较少时，宜采用集中式或分散式的编队控制结构，当无人机数量较多时，宜采用分层式混合结构。

4.4 无人机导航和发射回收

4.4.1 无人机导航的定义和其系统功能

1. 无人机导航的定义

导航是引导某一设备从指定航线的一点运动到另一点的方法。无人机导航是指利用机载导航系统引导无人机沿一定航线向一定目的地飞行的方法或技术。无人机导航一般分为两类。

（1）自主式导航。无人机上的机载设备进行导航，主要包括惯性导航、多普勒导航和天文导航等。

（2）非自主式导航。无人机上的机载设备与地面或空中的有关设备相互配合进行导航，主要包括无线电导航、卫星导航等。

2. 无人机导航系统的功能

无人机导航系统旨在向无人机提供相对于选定的参考坐标系的位置、飞行速度和姿态等方面的导航参数，引导无人机沿预定航线安全、准时、准确地飞行。完善的无人机导航系统具有以下功能。

（1）获得必要的导航要素，包括高度、速度、姿态、航向。

（2）给出满足精度要求的定位信息，包括经度、纬度。

（3）引导飞机按规定计划飞行。

（4）接收预定任务航线计划，并对预定任务航线计划的执行进行动态管理。

（5）接收控制站的导航模式控制指令并执行。

（6）具有接收并融合无人机其他设备的辅助导航定位信息的能力。

（7）配合其他系统完成各种任务。

4.4.2 无人机导航系统的分类

1. 惯性导航

惯性导航是依靠安装在无人机上的加速度计测量载体在 3 个轴向的运动加速度和陀螺仪传感器测量的角速度，通过积分获得载体的瞬时速度、位置及姿态的一种导航方式。惯性导航的工作原理：运用牛顿力学原理，通过构建一个与机体固联的惯性平台，根据加速度计测量的惯性加速度计算在某惯性参考系中的速度和位置，根据陀螺仪测量所得的角速度计算机体相对于惯性平台的姿态角，从而只需要加速度计和陀螺仪满足一定的精度要求，就可以在不需要外部信息的情况下获得机体相对于惯性参考系的速度、位置和姿态角。之所以将与机体固联的移动参照系称为惯性平台，是因为早期的平台式惯性导航设备中确实存在一个物理上的框架，该框架基于陀螺进动原理始终与惯性系（或当地铅锤坐标系）保持平行。惯性导航按惯性测量装置在载体上的安装方式划分为以下两大类。

（1）平台式惯性导航系统。这种系统是将惯性测量装置安装在惯性平台的台体上，这样使得惯性平台能隔离载体的角振动，惯性测量元件工作条件较好，平台能直接建立导航坐标系，具有精度高、计算量小、容易补偿等优点，但是这种系统结构复杂，尺寸大，价格昂贵。高精度的平台式惯性导航系统可以长期不需要外部信息进行导航。

（2）捷联式惯性导航系统。这种系统是没有实体平台的惯性导航系统，通常由陀螺仪、加速度计和导航计算机等组成，把加速度计和陀螺仪直接安装在无人机机体上。加速度计测量加速度在机体 3 个轴上的分量。陀螺仪的敏感轴与机体固连。位置陀螺仪利用陀螺的定轴性测量机体的姿态角；速率陀螺仪利用陀螺的进动性测量机体的瞬时角速度。导航计算机则把加速度计、陀螺仪输出的在机体坐标系中的视在加速度、机体姿态角或瞬时角速度通过坐标变换转换到惯性坐标系，并进行重力加速度的补偿，算出机体相对于惯性坐标系的运动参数。在捷联式惯性导航系统中，导航计算机实际上替代了复杂的陀螺稳定平台的功能。由于省去了机械结构的平台，捷联式惯性导航系统结构简单，体积小，重量轻，成本大大降低，可靠性高，维护方便。随着高性能机载计算机技术的发展，捷联式惯性导航系统的性能已经非常稳定，在无人机上广泛使用。

惯性导航系统完全依靠机载设备自主完成导航任务，工作时不依赖外界信息，也不向外界辐射能量，不易受到干扰，不受气象条件限制，是一种自主式的导航系统，具有完全自主、抗干扰、隐蔽性好、全天候工作、输出导航信息多、数据更新率高等优点。其最大的问题在于导航精度，惯性导航系统的定位误差是随时间积累的累积误差，影响导航精度的主要原因是惯性传感器本身的精度，而单纯提高惯性传感器的精度毕竟是有限的。所以通常以惯性导航系统作为主导航系统，再使用其他导航系统对其误差进行补偿，以组合导航的方式来解决惯性导航的局限性问题。

2. 天文导航

天文导航又称为星光导航，是利用对星体的观测和星体在天空的固有运动规律提供的信息来确定飞行器的空间运动参数的一种导航技术。由于星体位置是已知的，测量星体相对于导航用户参考基准面的高度角和方位角就可计算出用户的位置和航向，不需要其他地面设备的支持，所以天文导航系统是自主式导航系统。天文导航系统不受人工或自然形成的电磁场的干扰，不向外辐射电磁波，隐蔽性好，定位、定向的精度比较高，定位误差与定位时刻无关。由于天文导航系统的精度主要依赖于对指定星体的观测精度，受气象条件影响较大，通常与其他自主导航系统组合使用。天文导航系统由测量装置、导航计算机和飞行控制系统等组成，测量装置包括星光跟踪器、空间六分仪等。空间六分仪的天文望远镜安装在双轴陀螺稳定平台上，实现对星体的自动跟踪。

根据跟踪的星体数，天文导航分为单星导航、双星导航和三星导航。单星导航由于航向基准误差大而定位精度低；双星导航定位精度高，在选择星对时，两颗星体的方位角差越接近90°，定位精度越高；三星导航常利用第三颗星的测量来检查前两次测量的可靠性。

3. 多普勒导航

多普勒导航是飞行器常用的一种自主式导航技术，其系统由脉冲多普勒雷达、航向姿态系统、导航计算机和控制显示器等组成。其工作原理是基于多普勒效应，多普勒雷达不断地沿着某方向向地面发出无线电波，利用无人机和地面有相对运动而产生的多普勒效应，测出雷达发射的电磁波和接收到的回波的频率变化，从而计算出无人机相对于地面的飞行速度（即地速）以及偏航角（即地速与无人机纵轴之间的夹角），得出无人机当时的位置。利用这个位置信号进行航线等计算，实现对飞机的引导。

多普勒导航系统的工作方式是主动的，优点是无须地面设备配合工作，不受地区和气象条件的限制，抗干扰能力较强，无人机速度和偏航角的测量精度高。其缺点是工作时必须发射电波，因此其隐蔽性不好；无人机姿态超过限度时，多普勒雷达因收不到回波而不能工作；定位误差随时间推移而增加；多普勒雷达的工作性能与反射面形状及状况有关，如在水平面或沙漠上空工作时，由于反射性不好就会降低性能。

4. 卫星导航

卫星导航依靠卫星进行导航。卫星导航的工作原理是通过测量无人机与已知精确位置的参考点之间的距离，从而解算出无人机的位置。卫星导航系统接收多颗卫星发射的位置信息，从中得出时间差并根据光速计算出距离，从而解算出无人机的位置，包括经纬度和高度信息。

目前，世界上能够使用的卫星导航技术有美国的GPS导航、俄罗斯的格洛纳斯导航、中国的北斗卫星导航以及欧洲的伽利略导航。卫星导航具有全球性、全天候、实时性和高精度的优点；但它也有明显的弱点，例如，在机动性高的场合会产生“周跳”现象，导航精度急剧下降，完全依赖卫星和地面控制中心的可靠性，易受干扰。

以我国的北斗卫星导航为例说明卫星导航特点。北斗卫星导航系统在无人机领域中应用主要依托北斗卫星星座、地面监控部分及北斗定位器三大部分。地面站和卫星间的信息传输具有双向性，而多数情况下卫星和定位器之间的信息传输是单向的，即只有卫星将信息传送给定位器而定位器不用将信息发送给卫星。由于北斗卫星导航系统具有广播、卫星之间信息传输的能力，因此，卫星和定位器之间的信息传输是双向的，但由于两种方式资源有限，对定位器有着较高的特殊需求，所以定位器发送信息到卫星应用较少。

北斗+无人机系统包括两大系统，即远程终端控制系统和移动定位接收系统。依托实时动态差分定位技术对无人机进行高精度定位，并与CORS（连续运行卫星定位服务系统）连接获得更高的定位精度。依托北斗卫星导航系统能够为无人机编制飞行计划、规划航线、提升其自动操作能力及提高其工作效率。此外，随着北斗卫星导航系统的不断优化与升级，依托北斗卫星导航系统的无人机实现了高度自主性及交互性，可在电力巡线、油气管道巡线、边防巡逻和通信中继等方面广泛应用。无人机最大的问题就是被山地地形干扰，无法进行实时测控，而采用北斗卫星导航系统的双向通信功能，如将北斗定位系统安装在无人机上，可实现在复杂地势环境下以极低的成本完成无人机测控，或使用北斗终端进行紧急搜索，如在森林火灾中可依托北斗卫星导航系统利用无人机与火情探测系统相结合，将火场坐标、态势等信息通过北斗终端发往前线灭火部队及后台指挥部。因此，北斗卫星导航系统在无人机中具有较强的应用优势，通过北斗短消息通信可扩大无人机在紧急情况下的通信能力。

5. 差分 GPS 导航

差分实际上是一个观测站对两个目标的观测量、两个观测站对一个目标的观测量或一个观测站对一个目标的两次观测量之间的差，目的在于消除公共误差和公共参数。

利用 GPS 导航时，在 GPS 定位过程中，存在着三部分误差。第一部分是所有用户接收机共有的误差，例如卫星原子钟误差、星历误差、电离层误差、对流层误差等。第二部分是不能由用户测量或由校正模型来计算的传播延迟误差。第三部分为各用户接收机固有的误差，例如内部噪声、通道延迟、多径效应等。利用差分技术，第一部分误差完全可以消除，第二部分误差可以消除大部分，第三部分误差则无法消除。差分 GPS 定位的做法是：在地面已知位置设置一个地面站，地面站由一个差分接收机和一个差分发射机组成。差分接收机接收卫星信号，监控差分 GPS 导航系统的误差，并按规定的时间间隔把修正信息发送给用户，用户用修正信息校正自己的测量结果或位置解。

6. 无线电导航

无线电导航是根据无线电波的传播特性，测量设置在地面的导航台发射的无线电波参数，如频率、振幅、传播时间或相位，求得无人机相对于导航台的几何参数，如角度、距离、距离差等，实现无人机的空间精确定位。由于导航和定位密切相关，连续定位实质上就是导航。无线电导航按作用距离分近程导航、远程导航和洲际导航，也可根据原理的差别分成测距导航、测角导航和多普勒导航。

无线电导航系统的优点是不受时间、天气限制，精度高，作用距离远，定位时间短，设备简单可靠。缺点是必须发射和接收无线电波，易被发现和干扰，需要载体外的导航台支持，一旦导航台失效，与之对应的导航设备就无法使用。

7. 组合导航

组合导航是把两种或两种以上的导航以适当的方式组合在一起，利用其性能上的互补特性，以获得比单独使用任一导航时更好的导航性能。目前飞行器上实际应用的导航系统基本上都是组合导航系统，如卫星/惯性导航组合导航系统、多普勒/惯性导航组合导航系统以及应用很广泛的 GPS/惯性导航组合导航系统。

4.4.3 无人机发射方式

垂直起飞是旋翼无人机广为采用的起飞方式，旋翼无人机起飞与降落不需要地面辅助设施。

以下主要介绍固定机翼无人机的发射方式。

1. 手抛发射

手抛发射的方式最简单，由 1 人或 2 人操作，靠无人机自身动力起飞。采用手抛发射的无人机通常最大尺寸小于 3m，发射重量多数小于 7kg。

2. 零长发射

无人机安装在零长发射装置上，在一台或多台助飞火箭发动机推力作用下飞离发射装置。无人机起飞后，抛掉助飞火箭，由机上主发动机完成飞行任务。

3. 弹射式发射

无人机安装在轨道式发射装置上，在压缩空气、橡皮筋或液压等弹射装置作用下起飞。无人机飞离发射装置后，在主发动机作用下完成飞行任务。

4. 起落架滑跑起飞

这种起飞方式与有人机相似，所不同的是：有些无人机采用可弃式起落架，在无人机滑跑起飞后，起落架便被扔下，回收无人机时，采用别的方式；大多数无人机，尤其是轻、微型无人机，采用固定起落架，航程较远和飞行时间较长的大、小型无人机采用可收放起落架；起飞滑跑跑道短，对跑道的要求也不如有人机那样苛刻。

5. 母机携带、空中发射

无人机由有人机（固定翼飞机或旋翼式直升机）携带到空中，当飞行到某飞行高度和速度时，空中发射无人机。固定翼母机携带无人机，一般采用翼下悬挂或机腹半隐蔽式携带的方式，直升机一般采用机身两侧携带无人机的方式。

6. 容器式发射装置发射

容器式发射装置是一种封闭式发射装置，兼备发射与贮存无人机的功能，有单室式和多室式等类型。

7. 垂直起飞

垂直起飞方式有两种类型。旋翼垂直起飞：这种起飞方式的特点是以旋翼作为无人机的升力工具，旋转旋翼使无人机垂直起飞。由于这种起飞方式不受场地面积与地理条件的限制，所以适用范围广。固定翼垂直起飞：固定翼无人机垂直起飞有两种情况。一种是飞机在起飞时，以垂直姿态安置在发生场上，由飞机尾支座支撑飞机，在机上发动机作用下起飞；另一种是在机上配备垂直起飞用发动机，在该发动机推力作用下，飞机垂直起飞。

4.4.4　无人机回收方式

垂直降落方式是旋翼无人机广为采用的回收方式。固定机翼无人机很难在狭窄的地面上降落，这种无人机最终需要采取一定的角度滑翔降落。固定翼无人机飞行续航能力强的优点反而会对降落造成不利影响，一般通过如下方案予以解决。

（1）传统飞机外形的无人机：着陆襟翼。襟翼能够提高阻力，使无人机可以用更大的角度降落。

（2）飞翼无人机：调转引擎转动方向，“天宝 UX5”无人机［天宝，导航（GPS）设备生产商；UX5 是一种用于航测的无人驾驶飞机（UAV）］采用了这一技术。引擎产生反向升力，增大了无人机的降落角度。

（3）着陆降落伞：无人机到达预定高度时引擎停止，降落伞张开；降落伞还可以在出现飞行故障时保证无人机安全降落。但是，风会影响这种降落方式。

（4）用网回收固定机翼无人机：这种方法要求高精度导航，需要用差分全球卫星定位系统或视频导航。

（5）通过预先设定的程序解体降落：如“渡鸦”等无人机［“渡鸦”无人机是英国研发的“渡鸦”（Corax）无人隐形侦察机］到达着陆点后，无人机尾翼完全直立上扬，无人机坠落。无人机的部件按预先设定的程序解体，化解了坠地产生的动能，解体后的各部分很容易重新组装。

4.5　无人机地面控制

4.5.1　无人机地面控制站的定义和功能

1. 无人机地面控制站的定义

地面控制站既是无人机系统的飞行操控中心，负责实现人机交互，也是无人机任务规划中心，所以其全称应为无人机任务规划和控制站（简写为 MPCS），起到指挥与调度无人机系统的作用。

从功能结构上看，无人机任务规划和控制站可分为两部分：一部分是任务规划，另一部分是控制站。由于无人机规划功能可以与控制站功能分开在不同的地点执行，因此无人机任务规划和控制站有时也被称作地面控制站（简写为 GCS）。不过，在无人机执行任务期间实时更改任务规划的能力是必不可少的，以此来适应不断变化的实际情况，所以地面控制站应能提供一定的规划能力。

无人机控制站通常是地面的或舰载的，也可能是机载的（无人机控制站位于母机上）。控制站工作于遥控遥测系统之上，负责全面监视、控制和指挥无人机系统的工作，使地面操作人员（驾驶员）了解无人机的状态、态势，监控、指挥无人机完成任务，并在发生意外或无人机出现故障时为地面操作人员（驾驶员）提供干预手段。

2. 无人机地面控制站的功能

在无人机飞行过程中，地面控制站内的操作人员需要随时了解无人机的飞行状态，必要时还需要操控、调整无人机的飞行姿态和航线，及时处理飞行中遇到的特殊情况，以及通过数据链路操控无人机上的任务载荷等。为此，无人机地面控制站应具有以下功能。

（1）无人机飞行状态的显示和控制。在机载传感器获得无人机飞行状态信息后，通过数据链路将这些数据以预定义的格式传输到地面控制站。在地面控制站由计算机处理这些信息，并显示无人机的即时飞行状态，根据控制律解算出控制要求，形成控制指令和控制参数，再通过数据链路将控制指令和控制参数传输到无人机上的飞行控制系统，通过后者实现对无人机的操控。

（2）任务载荷状态的显示和控制。任务载荷是无人机飞行任务的执行单元。地面控制站根据任务要求实现对任务载荷的控制，并通过对任务载荷状态的显示来实现对任务执行情况的监管，对无人机获取的图像数据进行分发和存储。必要时地面操作人员也可以操作无人机进行起飞和降落。

（3）任务规划及航迹地图显示。任务规划主要包括处理战术信息、研究任务区域地图、标定飞行路线及向地面操作人员提供规划数据等。无人机位置监控及航线的地图显示部分主要便于操作人员实时地监控无人机及航迹的状态。

（4）导航和目标定位。无人机在执行任务过程中通过无线数据链路与地面控制站保持联系。在遇到特殊情况时，需要地面控制站对其实现导航控制，使无人机按照安全的路线飞行。目标定位是指无人机发送给地面控制站的方位角、高度及距离数据需要附加时间标注，以便这些量可与正确的无人机瞬时位置数据相结合，以实现目标位置的精确计算。

（5）有与其他子系统的通信链路。地面控制站的通信链路用于指挥、控制和分发无人机收集的信息，实现数据共享。在无人机执行任务期间，所有分布在不同地方的操作人员可以实时进行交流和协调。相关专业人员对共享数据进行多层次的分析，及时地提出反馈意见，再由现场指挥人员根据这些意见，对预先规划的任务立即做出修改。

（6）具有兼容性和扩展性。地面控制站不仅能控制同一型号的无人机群，还能控制不同型号无人机的联合机群。不必进行现有系统的重新设计和更换就可以在地面控制站中通过增加新的功能模块实现功能扩展。

（7）具有通用性和互换性。地面控制站硬件和软件模块要求标准化设计，具有通用性和互换性，相同的硬件和软件模块可适用于不同的地面控制站，以确保地面控制站具有良好的维护性。

4.5.2　无人机地面控制站的组成

1. 无人机地面控制站的硬件

典型的无人机地面控制站的硬件部分由一个或多个控制座席和辅助设备组成。控制座席主要包括飞行控制席、任务控制席、信息处理席、链路监控席，辅助设备主要包括方舱及底盘、地面供电设备、飞行监控设备等。无人机地面控制站的硬件组成及功能如表 4－7 所示。

表 4－7　　无人机地面控制站的硬件组成及功能

地面控制站	硬件	功能
控制座席	飞行控制席	主要完成对飞行器的控制、飞行器状态的显示、飞行中三维视景的显示等
	任务控制席	主要显示任务设备的图像数据和任务平台的状态数据，并完成对各种载荷的控制
	信息处理席	负责情报信息的接收和转发，以及图像和遥测数据的分发
	链路监控席	主要完成无线数据通信链路的监控、遥控数据的发送以及遥测数据和图像信息的接收等
辅助设备	方舱及底盘	为地面控制站提供机动运输平台，安装在运输车辆上
	地面供电设备	通过发电机组为地面控制站提供电力
	飞行监控设备	主要对操作人员的操作进行音频和视频记录

2. 无人机地面控制站的软件

无人机地面控制站的软件主要包括七个部分，各部分的功能如下。

（1）下行数据管理软件。主要功能包括下行数据（含图像信息、遥测数据）的接收、存储、分发和回放，数据源码的显示，图像和遥测数据的分离等。

（2）飞行监控软件。主要功能是：通过软件界面、硬件面板/按钮采集数据，形成上行飞行控制指令，并接收来自链路监控软件、任务载荷监控软件、任务规划及航迹显示软件的上行链路、载荷、航线控制指令，形成上行控制命令，发送给链路地面设备，通过数据链路完成无人机的控制；接收来自下行数据管理软件的遥测参数，并进行解码，显示无人机飞行平台机载设备的状态参数；遥控、遥测源码显示、存储与回放。

（3）任务载荷监控软件。主要功能是：通过软件界面、硬件面板/按钮采集数据形成上行载荷指令，发送给飞行监控软件，由飞行监控软件进行指令复接，形成上行遥控指令，再发送给链路地面设备，通过数据链路完成无人机载荷的控制；接收来自下行数据管理软件的遥测参数，并进行解码，显示无人机飞行平台任务载荷的状态参数。

（4）链路监控软件。主要功能是：通过软件界面、硬件面板/按钮采集数据形成上行链路指令（主要包括频道切换、功率切换、码速度切换等），发送给飞行监控软件，由飞行监控软件进行指令复接，形成上行遥控指令，发送给链路地面设备，通过数据链完成机载链路的控制；接收来自下行数据管理软件的遥测参数，并进行解码，显示无人机飞行平台机载链路的状态参数；对链路地面设备进行控制和状态监控。

（5）任务规划及航迹显示软件。主要功能是：数字地图背景显示（移动、漫游、缩放等功能）；接收来自下行数据管理软件的无人机位置数据，在数字地图上显示；完成起飞、着陆、航线和一般飞行航线、航点修改及地图上的航点生成；可以根据飞行任务要求，在地图上手动或者自动完成航线规划。

（6）图像解压显示软件。主要负责实现对接收的光电图像、红外图像、合成孔径雷达图像进行解压显示，通过目标框可以对感兴趣的目标实施跟踪。

（7）三维视景显示软件。主要功能是：对无人机的飞行区域进行场景建模，通过无人机的位置和姿态数据，驱动三维场景，完成无人机在三维场景下的显示；利用不同视角对无人机的三维姿态进行虚拟、逼真展示。

4.5.3 无人机地面控制站的分类

按使用功能和部署情况，无人机地面控制站可以分为基地级（固定式）地面控制站、移动方舱式（机动式）地面控制站及小型（便携式）地面控制站等类型。

1. 基地级地面控制站

基地级地面控制站是一种大型固定式地面控制站，一般设置在基地指挥中心，指挥控制和链路设备放置在固定的建筑物内。该类地面控制站功能强大，通过使用不同的指挥控制平台或者调用不同的软件系统，可以完成对多类、多架无人机的同时指挥控制和信息处理功能。由于该类地面控制站与无人机距离往往比较远，一般通过卫星数据链路与无人机进行通信。基地级地面控制站一般用于无人机巡航和任务区的指挥控制。

2. 移动方舱式地面控制站

移动方舱式地面控制站也称为机动式控制站，通常包括车载控制站、舰载控制站和机载控制站等，其作用是临时性地完成对无人机的指挥控制。机动式控制站一般采用标准方舱结构，可以加载于汽车底盘进行公路运输，也可以采用铁路或者飞机进行快速机动。机动式控制站采用视距数据链路或者视距和卫星数据链路与无人机通信，一般用于无人机起飞和降落阶段的指挥控制。

（1）车载控制站。

车载控制站就是将地面指挥与控制站的设备安装于车辆或拖车上，由车辆的运动来实现控制站的机动性。若需要操控人员工作较长的时间，控制站需要提供更大的活动空间和更高级的系统操作界面。另外，对于较复杂的机载任务载荷，有可能需要额外的操作人员，还需要一个专业的图像编辑员和一个系统指挥员，其中指挥员负责全面指挥，发挥综合作用。因此，根据需要应该配备足够的控制台座席，并能保持信息的高效交互。

（2）舰载控制站。

无人机容易在舰船上起飞与降落，所以很适合小型舰船使用。舰载无人机可以由舰载控制站操纵起飞、任务飞行与返航降落，也可以由陆地起飞，然后由舰载控制站接管控制无人机完成任务。在两种情况中，无人机系统将完全或部分地由舰载控制站控制，并由舰船提供电力。舰船上配备的控制站通常会利用与地面控制站相同的硬件与软件功能模块，而保障设备则可能存在差异。

（3）机载控制站。

机载控制站支持从有人驾驶的空中平台对无人机实施控制，是提高无人机自主性的一大发展趋势。无人机可以由人完全控制，也可以先从地面或舰船上起飞，然后交由有人驾驶的固定翼飞机或旋翼飞行器接管对它的控制。

3. 小型地面控制站

小型地面控制站一般采用背负式结构，配备小型的加固计算机或触摸屏便携机，通常集成图形化用户界面，使操控人员能方便地输入以地图为基础的航路点，并能设置常用的按键。通过连接无线数据通信链路的地面端，并安装地面控制站软件，可以实现对小型无人机的指挥控制。由于它体积小，结构简单，一般采用视距数据链路实现与无人机的通信。此外，小型地面控制站的一种可选设备是远程视频终端，它可与其他地面控制站并行工作，也采用背负式结构。

4.6 无人机任务规划

无人机的飞行和使用是作为一个过程来进行的，其中无人机地面控制站是整个无人机系统的“神经中枢”，无人机在空中飞行时离不开地面控制站的支持。现代无人机虽然已经具有很强的智能自主控制能力，但在执行飞行任务过程中，地面操作人员仍然拥有操纵控制它的最终决定权。地面控制站控制着无人机的飞行过程、飞行轨迹、有效载荷、通信数据链路以及无人机的发射与回收等。

因为“机上无人”的特点，无人机对任务规划的依赖更加强烈。无人机任务规划是指根据无人机需要完成的任务、无人机的数量等，为无人机制定飞行路线，并进行任务分配与统筹管理。其主要目标是依据环境信息，综合考虑无人机性能、到达时间、油耗、避障/威胁及空域管制等条件，为无人机规划出一条或多条从起始点到目标点的最优或次优航线，并确定载荷使用及测控数据链路的工作计划。无人机任务规划可分为预先规划和实时规划。预先规划是在无人机执行任务前制定的，主要是综合任务要求、气象环境和已有的情报等因素，制定中长期任务规划。由于飞行环境瞬息万变，难以保证获得的环境信息不发生变化，同时由于任务的不确定性，无人机常常需要临时改变其担负的飞行任务，此时就需要实时规划。实时规划是无人机在飞行过程中，根据实际的飞行情况和环境的变化制定出一条可飞航线，包括对预先规划的修改，以及应急方案的选择等。

无人机任务规划的特点包括以下内容。

（1）无人机任务规划输出信息的准确性、完整性、一致性要求高。无人机起飞、飞往任务区域、执行任务、返航等环节虽然可实现“完全自主”，但都是按照任务规划信息的指引完成的，对任务规划数据具有绝对的依赖性，因此任务规划信息的准确性、完整性和一致性对无人机的任务执行效果及飞行安全将产生直接影响。

（2）无人机任务规划系统应具备快速的重规划能力。无人机执行任务过程中，飞行环境复杂多变，很多情况下飞行前预先规划的航路和任务模式不得不进行修正。因此，要求无人机任务规划系统具有快速的重规划能力，这种重规划能力是体现无人机系统性能的一项重要指标。重规划对无人机态势感知和决策等方面的要求非常高。在无人机发展的初级阶段，重规划系统可以设置在无人机地面控制站；随着无人机智能水平的不断提升，这种重规划功能将逐步植入无人机平台，并且重规划的时间有望越来越短。

4.6.1 无人机任务规划的流程

无人机任务规划的基本流程如图 4－18 所示。首先通过任务接收与输入组件接收任务信息；然后，进行相关数据准备，分析任务目标的相关信息，并根据实时情报或存储在数据库中的障碍物/威胁、气象、地理信息系统（GIS）、空中交通管制等信息，形成约束条件，并实现可视化；在此基础上，选择合适的方法得到初步的目标和角色分配；在上述条件的基础上，进行航路规划、载荷规划和通信规划。

（1）航路规划，包含任务区域内和巡航阶段在内的多机协同航路规划、应急返航/备降航路规划等，并对规划好的航路进行航路冲突检测。

（2）载荷规划，指对任务执行过程中各种任务载荷的工作状态和使用方式进行规划。

（3）通信规划，包含对视距和超视距链路的使用规划，以及链路的频谱管理等。

至此，初步的预先任务规划完成，通过任务预演实现对任务的安全性、完成度和效能等方面的综合评估，以确认此任务规划效果的优劣，对不满足要求的部分做出调整，调整后满足要求的，按照标准文件格式直接输出任务规划结果并加载到无人机平台。

4.6.2 无人机任务规划系统

无人机任务规划系统是指利用先进的计算机技术，根据任务需求，从多渠道采集无人机飞行过程需要的各种信息，分析飞行环境，为任务规划人员制作并提供数字地形、障碍物/威胁分布、路径评估、机载能耗计算、气象等决策依据，为地面指挥员和

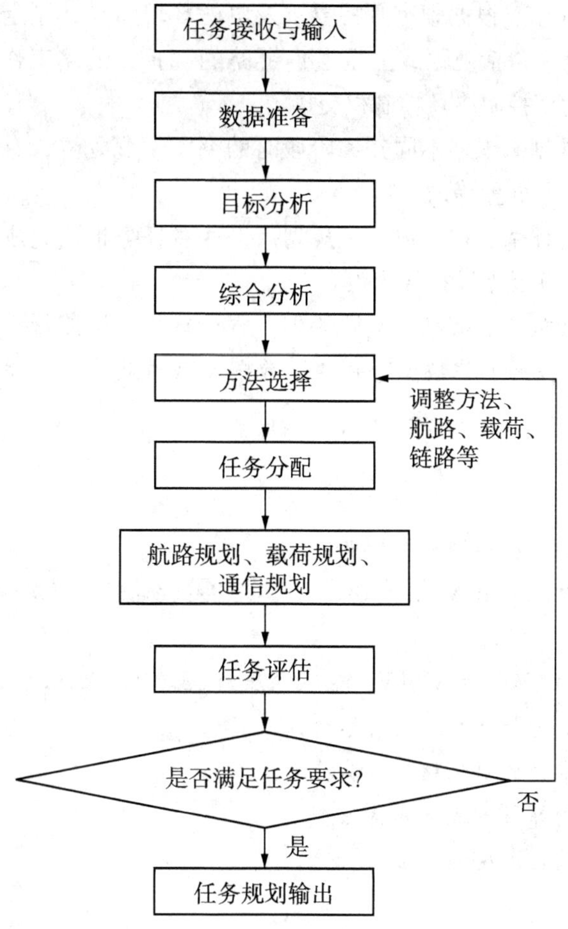

图 4－18　无人机任务规划的基本流程

操控人员制定无人机出航航线和返航航线，制定机群协同飞行计划和时间控制节点，评估飞行效能，以实现最佳效果。无人机任务规划系统是一种综合运用所获取的信息资源，以一种理想或近似理想的方法来规划一个任务，从而达到某种目标的系统，主要由软件系统和硬件系统两大部分组成。软件系统又可分为系统软件和应用软件，主要由输入输出、数据库、人机交互界面、辅助决策、任务预演和回放等模块组成，软件部分是任务规划系统的核心。硬件系统主要由工作站、计算机、数传装置、高分辨率显示器、打印机、投影设备等组成。

地面控制站通常配备专门的任务规划系统，其主要功能如下。

（1）航线规划。在避开限制风险区域及耗能最小的原则上指定无人机的起飞、飞行过程、返航、着陆及应急飞行等任务过程中的飞行航线。规划无人机从起始点到目标点的航路，并对规划出的航路进行检验，确保规划航路的可实现性和安全性。

（2）任务分配规划。根据任务和情报信息，合理配置无人机载荷资源。充分考虑无人机的自身性能和所携带的载荷，协调无人机及其载荷资源之间的配合。

（3）数据链路规划。根据频率管控要求及电磁环境特点，制定不同飞行阶段测控链路的使用策略规划，包括视距或卫星通信链路的选择、链路工作频段、频点、使用区域、使用时段、功率控制以及控制权交接等。

（4）应急处置规划。规划不同任务阶段时的突发情况处置，有针对性地规划应急航路、返航航路及应急处置等内容。

（5）任务推演与评估。在完成任务规划后，通过任务推演完成对无人机飞行任务效果的预估和判断，并反馈以指导决策。

（6）数据生成加载。能够利用航路规划、载荷规划、链路规划、应急处置规划等内容和结果自动生成任务加载数据，并通过数据加载卡或无线链路加载到无人机相关的功能系统中。

课后习题

1. 简述常见的无人机类型及其特点。

2. 某无人机的电池为20A·h、20C，当其用8A放电时，求其放电倍率和最大放电电流。

3. 已知电动机的kV值为880kV，电池电压为13.3V，求此时电动机的空载转速。

4. 简述无人机飞行控制系统的总体结构。

5. 简述无人机常见的编队结构及其特点。

6. 简述无人机的导航方式及其特点。

7. 简述无人机的任务规划方法。

第5章 无人机的飞行原理

5.1 无人机的飞行环境

大气是无人机运行的空间环境，研究大气特性对了解无人机至关重要。

1. 大气垂直分层

大气在垂直空间呈现层状结构，由于地球引力的作用，越往高的地方空气密度越低，具体分为对流层、平流层、中间层、热层和外逸层。一般的无人机只能在对流层飞行，民航客机和战斗机可以在平流层飞行。

对流层因为空气有强烈的对流运动而得名。它的底界为地面，上界高度随纬度、季节、天气等因素而变化，一般低纬度地区上界高度为17~18km，中纬度地区上界高度为10~12km，高纬度地区上界高度为8~9km。同一地区，对流层的上界高度夏季大于冬季。

对流层的主要特征如下。

（1）气温随高度升高而降低，平均气温垂直递减率为0.65℃/100m。

（2）气温、湿度的水平分布很不均匀，主要受地表性质影响。

（3）空气具有强烈的垂直混合趋势。底层暖空气有上升趋势，上层冷空气有下降趋势。

按气流和天气现象分布的特点，对流层可分为下、中、上3个层次。

（1）对流层下层（离地1500m以下），空气运动受地形扰动和地表摩擦作用最大，气流混乱，又称为摩擦层。

（2）对流层中层（1500~6000m），气流相对平稳，云和降水大多生成于这一层。

（3）对流层上层（6000m到对流层顶），受地表影响更小，水汽含量很少。

2. 国际标准大气

为了准确描述飞行器的飞行性能，就必须建立一个统一的标准，即标准大气。国际标准大气规定如下。

（1）大气被看成完全气体，服从气体状态方程。

（2）以海平面的高度为零，且在海平面上，大气标准状态如下。

①气温 $t=15$℃。

②压强 p 为1个标准大气压（101325Pa）。

③密度 $\rho=1.2250\text{kg/m}^3$。

④音速 $a_y = 341\text{m/s}$。

研究大气中的气象现象时，可将大气看作一种混合物，它由三部分组成，即干洁空气、水汽和大气杂质。干洁空气主要由78%的氮气、21%的氧气以及1%的其他气体组成，在构成干洁空气的成分中，对大气影响较大的是二氧化碳和臭氧。

3. 大气状态参数和状态方程

大气状态参数和状态方程是研究气体随环境变化所发生变化趋势的依据，当环境中某一因素发生变化时，大气状态肯定会随之发生改变。

大气状态方程为：

$$p = \rho R_P T \tag{5-1}$$

式中：p ——压强（Pa）；

ρ ——大气密度（kg/m^3）；

R_P ——大气气体常数，$R_P = 287.05\ \text{J/(kg·K)}$；

T ——大气的绝对温度（K），和摄氏温度 t 之间的关系为 $T = t + 273.15$ 。

4. 大气特性

大气的特性主要表现为大气的连续性、可压缩性和黏性。

（1）连续性。当航空器在空气介质中运动时，由于其外形尺寸远远大于气体分子的自由行程，故在研究航空器和大气之间的相对运动时，气体分子之间的距离完全可以忽略不计，即把气体看成连续的介质。

（2）可压缩性。当气体的压强改变时，其密度和体积随之改变的性质叫作气体的可压缩性。当气体流速很小时，压强和密度变化很小，可以不考虑大气压缩性的影响。但当流速较高时，气体压强和密度变化很明显，必须考虑气体压缩性。

在飞行器飞行过程中，常常把马赫数作为衡量空气受到压缩程度的指标。马赫数方程为：

$$Ma = \frac{v}{a_y} \tag{5-2}$$

式中：v ——飞机飞行的速度；

a_y ——飞机飞行高度处的音速。

它们之间的关系为：飞行器飞行速度越大，马赫数就越大，飞行器前面的空气就压缩得越厉害。根据马赫数，可以将飞行器的飞行速度分为以下几种。

① $Ma \leqslant 0.4$ ：低速飞行，不考虑空气压缩性，将密度看作常数。

② $0.4 < Ma \leqslant 0.85$ ：亚音速飞行，空气压缩程度大，考虑空气密度变化。

③ $0.85 < Ma \leqslant 1.3$ ：跨音速飞行，出现激波，气体物理性质在激波前后突变。

④ $1.3 < Ma \leqslant 5.0$ ：超音速飞行。

⑤ $Ma > 5.0$ ：超高音速飞行。

（3）黏性。大气的黏性是空气在流动过程中表现出的一种物理性质。大气的黏性力是相邻大气层之间相互运动时产生的牵扯作用力，也叫大气内摩擦力。它和相邻流动层的速度差和接触面积成正比，与相邻层的距离成反比。不考虑黏性的流体称为理想流体或无黏流体。

5.2 空气动力学基础

空气动力学主要研究物体和空气之间有相对运动时，即物体在空气中运动时，空气的运动规律及作用力所服从的规律，具体包括气体做相对运动情况下的受力特性、气体流动规律和伴随发生的物理、化学变化。传统意义上的空气动力学指的是飞行器的空气动力学。

空气动力学的研究分理论和实验两个方面。理论研究和实验研究密切结合，相辅相成。理论研究所依据的一般原理有：运动学方面，遵循质量守恒定律；动力学方面，遵循牛顿第二定律；能量转换和传递方面，遵循能量守恒定律；热力学方面，遵循热力学第一定律和第二定律；介质属性方面，遵循相应的气体状态方程和黏性、导热性的变化规律等。在空气动力学研究中，一般有如下基本的空气流动问题：①旋涡与分离流；②激波与边界层；③非定常气动力与动态失速；④湍流现象与描述。

5.2.1 牛顿运动定律

1. 牛顿第一定律

牛顿第一定律也叫作惯性定律。通俗来说，一个物体处于平衡状态，那么它就有保持这种平衡状态的趋势。如果所有施加在平衡物体上的外力都是平衡的，那么物体就不会有任何改变其状态或往任何方向加速或减速的趋势存在。

牛顿第一定律所指的状态平衡包含两种：静态平衡，即物体静止不动；动态平衡，即物体水平匀速直线运动。

2. 牛顿第二定律

牛顿第二定律的公式是 $F = ma$ ，其中 F 指合外力，m 指物体质量，a 指物体的加速度。物体的加速度跟物体所受的合外力成正比，跟物体的质量成反比，加速度的方向与合外力的方向相同。

牛顿第二定律表明，要获得给定加速度，所应施加的力的大小取决于物体的质量，一个具有很大质量的物体需要用更大的力去打破它的平衡才能达到给定的加速度，而小质量的物体所需的力则小。

3. 牛顿第三定律

牛顿第三定律指出，相互作用的两个物体之间的作用力和反作用力总是大小相等，方向相反，作用在同一条直线上。牛顿第三定律表明，无人机旋翼拍击空气推向下方，空气加给旋翼的反作用力就是旋翼产生的拉力。

在水平飞行中，垂直向下的重力由一个垂直向上的反作用力平衡着。在一般的飞行器中，这个反作用力来自机翼和可能的其他表面，但是也有可能以其他形式的力来提供。直升机靠它的旋翼支撑，悬停的“鹞”式飞机靠推力来支持。如果向上的反作用力比重力小，飞行器就会向下加速。要停止这个加速运动，就必须重新产生反作用力来平衡重力。这可以带来平衡但是不会阻止下降，要做到不再下降就必须施加更大的力使其减速。

5.2.2 伯努利定理

伯努利定理是空气动力学最重要的理论基础。当旋翼无人机的桨叶在空气中旋转时，只要设法使桨叶上方空气流速较快（静压力较小），桨叶下方空气流速较慢（静压力较大），就可以利用旋翼桨叶上下两边的静压差，产生向上的升力。当旋翼所有桨叶产生的总升力大于等于旋翼无人机的总重量时，旋翼无人机就可以升空。

1. 空气的相对定理

空气不动、飞机飞行时作用在飞机上的空气动力，与飞机不动、空气吹过时作用在飞机上的空气动力是等效的。这种飞机和空气的相对运动速度就是飞机飞行的空速。研究飞行原理时应用到的速度都是空速。空速相对应的速度是地速，地速是飞机在地面投影的速度，也就是通常意义上的“真实速度”，全球定位系统 GPS 测得的速度都是地速。

2. 流体的连续性定理及质量守恒定律

流体的连续性定理及质量守恒定律，指的是当流体连续流动时，单位时间内流过不同剖面的流体质量相同，故流动速度与剖面面积成反比，如图 5－1 所示。

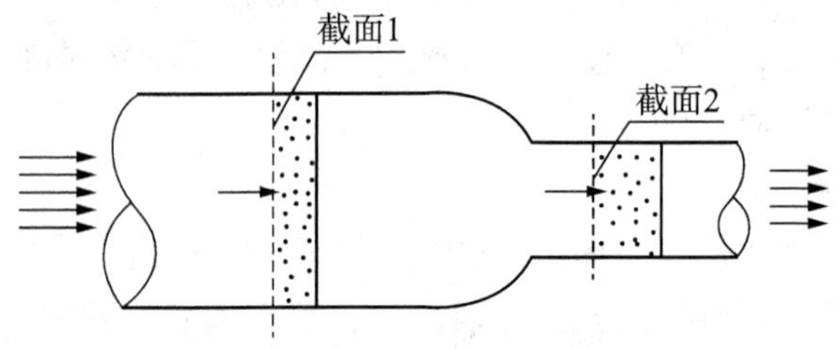

图 5－1 流动速度与剖面面积成反比

在同一流管内，对于不同的剖面形状，有：

$$S_1 v_1 = S_2 v_2 = 常数 \tag{5-3}$$

3. 伯努利方程

伯努利方程的使用条件必须是理想的、不可压缩的、与外界无能量交换的流体。流体的伯努利方程适用于液体流体和气体流体。

伯努利方程为：

$$p_{静} + \frac{1}{2}\rho v_r^2 = p_{总} \tag{5-4}$$

式中：$p_{静}$——流体的静压，静压作用在所有的方向；

ρ——流体的密度；

v_r——流体的相对速度；

$\frac{1}{2}\rho v_r^2$——流体的动压，动压作用在流体流动的方向上；

$p_{总}$——流体的总压。

伯努利方程表明：空气的压力是由两部分相加而来的。一部分是静压，为空气静止时对外界的压力；另一部分是动压，是空气流动时对外界的压力。如果空气不流动，那么空气此时的静压值就是常数值，当空气流动起来就产生了动压，空气流动越快，动压就越大，静压就越小。

4. 伯努利定理

伯努利定理的实质是流体的机械能守恒，即：动能 + 重力势能 + 压力势能 = 常数。其最为重要的推论为：等高流动时，流速大，压力就小。空气的密度是很容易随压强（压力）而改变的，但是当空气流速不大时，由流速引起的压强变化还不足以使空气的密度有显著的变化，这样的流动称为不可压缩流动。

伯努利定理由伯努利方程得出，即：对于低速流体，流速越大，压强越小；流速越小，压强越大。这里的压强指的是静压，要求必须是低速流体，是因为如果流体为气体流体，高速状态下会发生比较明显的压缩，而伯努利方程适用的理想流体是不可压缩的。

5.2.3　无人机飞行的升力

现代多旋翼无人机的飞行原理与竹蜻蜓非常相似。竹蜻蜓由一根竹棒和一个竹片构成，当人用双手夹住竹棒使劲一搓时，竹蜻蜓就会旋转起来。竹片被削成了向同一方向的倾斜面，竹片前面圆钝，后面尖锐。当气流流过竹片圆拱的上表面时，其流速快而压力小；当气流经过平直的下表面时，其流速慢而压力大。根据伯努利定理，竹片上下表面之间形成一个压力差，便产生向上的升力。当升力大于竹蜻蜓自身重量时，竹蜻蜓就会腾空而起，旋转着飞向空中。这其中，竹片的斜面起了关键作用。当转动竹棒使得竹片旋转起来的时候，旋转的竹片将空气向下推，形成一股强风，而空气也给竹蜻蜓一股向上的反作用力，这股升力随着竹片的倾斜角而改变。

多旋翼无人机的旋翼就好像竹蜻蜓的竹片，旋翼轴就像竹蜻蜓的竹棒，带动旋翼的发动机就好像用力搓竹棒的双手。多旋翼无人机采用固定桨距或可变桨距（只变总距，无周期变距）的旋翼作为升力系统装置，因此其飞行原理也与竹蜻蜓基本相同。多旋翼无人机靠旋翼旋转来产生空气动力，包括使机体悬停和上升的升力，旋翼的桨叶平面形状细长，相当于固定翼飞机大展弦比的梯形机翼，当它以一定迎角和速度相对于空气运动时，就产生了空气动力，旋翼桨叶如图 5 - 2 所示。

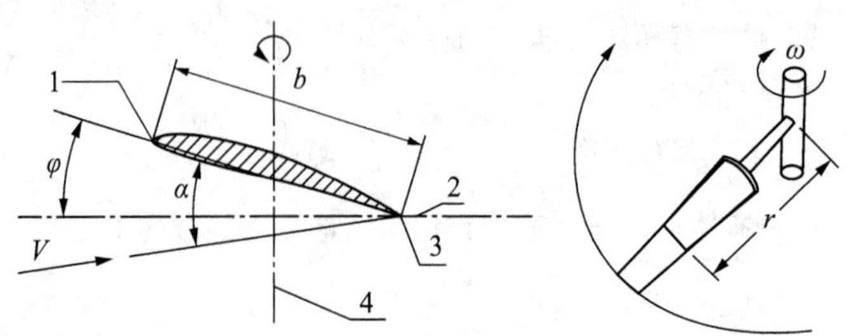

注：1—前缘；2—桨毂旋转面；3—后缘；4—桨毂旋转轴线。

图 5－2 旋翼桨叶

旋翼绕轴旋转时，桨叶与发动机（或变速器）轴相连接的部件称为桨毂。旋翼桨叶的截面形状称为翼型，翼型弦线与垂直于桨毂旋转轴平面之间的夹角称为桨叶的安装角，也称为桨距（总距）。地面操作人员通过遥控操纵系统来改变旋翼的转速或总距，从而改变旋翼向上的升力的大小。根据不同的飞行状态，总距的变化范围为2°～14°。沿半径方向每段桨叶上产生的空气动力在桨轴方向上的分量为旋翼总升力，在旋转平面上的分量产生的阻力将由发动机所提供的功率来克服。

旋翼系统是多旋翼无人机最重要的部件或分系统，因为旋翼无人机飞行所需的升力是靠旋翼旋转产生的。同时，处于机体不同位置上的多个旋翼相互协调可改变各自升力的大小，使所有升力合成的总升力倾斜，产生一个水平面上的分力（拉力），可实现整个机体前进、后退和侧飞。

5.2.4 无人机飞行的阻力

1. 阻力的产生及影响因素

只要物体同空气有相对运动，必然有空气阻力作用在物体上。低速飞行时，按其产生的原因不同，阻力可分为摩擦阻力、压差阻力、诱导阻力和干扰阻力。

（1）摩擦阻力。

摩擦阻力是由大气与无人机表面发生的摩擦产生的。当气流以一定速度 v 流过无人机表面时，由于空气的黏性作用，空气微团与无人机表面发生摩擦，阻滞了气流的流动，因此产生了摩擦阻力。

摩擦阻力的大小取决于空气的黏性、无人机表面的状况、附面层气流的流动情况和同气流接触的无人机表面积的大小。空气的黏性越大，无人机表面越粗糙，无人机的表面积越大，则摩擦阻力越大。为了减小摩擦阻力，可以减少无人机同空气的接触面积，可以把表面做光滑些，也可选择升阻比大的翼型，以及降低相对气流速度。

（2）压差阻力。

压差阻力是由运动着的物体前后所形成的压强差产生的。在气流中垂直竖立平板，气流流到平板的前面受到阻拦，速度降低，压强增加，形成高压区（用“＋”表示）；气流流过平板后，压强降低，形成低压区（用“－”表示）并形成许多旋涡，这就是气流分离。由于平板的前面压强大大增加，后面压强减小，前后形成了明显的压强差，因此产生阻力，这种阻力称为压差阻力，如图5－3所示。压差阻力的大小同物体的迎风面积、形状以及在气流中的速度有关。

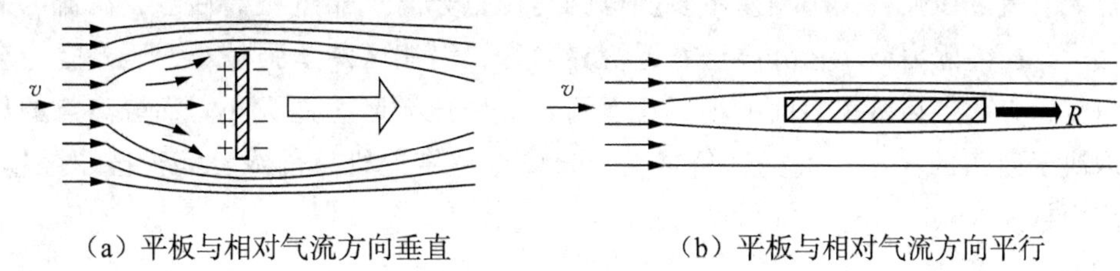

（a）平板与相对气流方向垂直　（b）平板与相对气流方向平行

图5－3　压差阻力

迎风面积是指物体垂直于迎面气流的剖面积，物体的迎风面积越大，压差阻力也就越大。因此，在保证装载载荷所需容积的情况下，为了减小机身的迎风面积，机身横截面的形状应采用圆形或近似圆形，因为相同体积下圆形的面积较小。

物体形状对压差阻力也有很大的影响，如图5－4所示。把一块圆形平板垂直放在气流中，平板前面的气流被阻滞，压强升高，平板后面会产生大量的涡流，造成气流分离而形成低压区，这样它的前后会形成很大的压差阻力。如果在圆形平板的前面加上一个类圆锥体（见图5－4），它的迎风面积并没有改变，但形状却变了，这时平板前面的高压区被圆锥体填满了，气流可以平滑地流过，压强不会急剧升高，显然这时平板后面仍有气流分离低压区存在，但是前后的压强差大为减小，因而压差阻力降低到原来平板压差阻力的1/5左右。如果在圆形平板后面再加上一个细长的圆锥体，把充满旋涡的低压区也填满，使得物体后面只出现很少的旋涡，压差阻力将会进一步降低

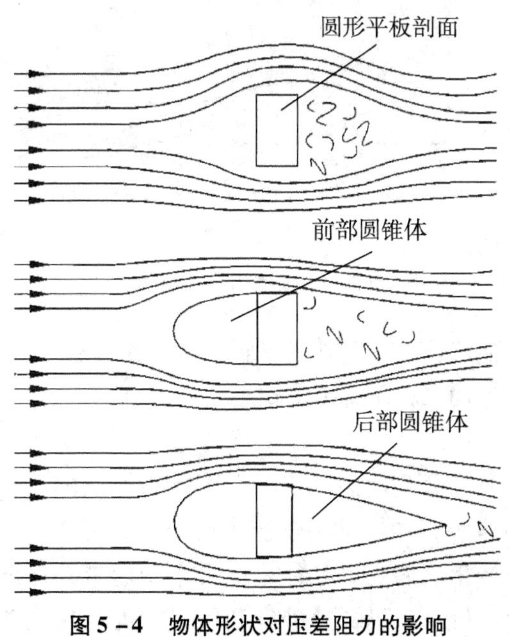

图5－4　物体形状对压差阻力的影响

到原来的 1/25 ~ 1/20。像这样前端圆钝、后端尖细的物体，叫作流线型物体，简称“流线体”。在迎风面积相同的条件下，将物体做成流线体可以大大减小压差阻力。

除了物体的迎风面积和形状外，迎角也会影响压差阻力的大小。涡流区的压强与分离点处气流的压强，大小相差不多。也就是说，分离点靠近机翼后缘，涡流区的压强比较大，压差阻力减小；分离点靠近机翼前缘，涡流区的压强较小，压差阻力会增大。可见，分离点在机翼表面的前后位置可以表明压差阻力的大小。而分离点的位置主要取决于迎角的大小，机翼迎角越大，分离点越靠近机翼前缘，涡流区压强越低，压差阻力越大。

（3）诱导阻力。

诱导阻力是伴随着升力而产生的，如果没有升力，诱导阻力为零。因此，这种由升力诱导而产生的阻力叫作诱导阻力。诱导阻力主要来自翼面，当固定翼无人机飞行时，下表面压强大，上表面压强小，由于机翼翼展的长度有限，因此下表面的气流就力图绕过翼尖流向上表面。这样在翼尖处就不断形成旋涡，随着无人机向前飞行，旋涡就从翼尖向后流去形成翼尖涡流。

翼尖涡流在机翼附近会产生诱导速度场，在整个机翼翼展长度范围内其方向都是向下的，称为下洗流 ω 。在下洗流的作用下，原来的气流速度由 v 变为 v' ，由 v' 所产生的升力 $F_{Y'}$ 垂直于 v' 。而 $F_{Y'}$ 又可分解为垂直于 v 的分量 F_Y 和平行于 v 的分量 F_D ，其中 F_Y 起着升力的作用，而 F_D 则起着阻碍无人机飞行的作用。因此，由下洗流影响产生的这个附加的阻力 F_D 就是诱导阻力，如图 5 – 5 所示。

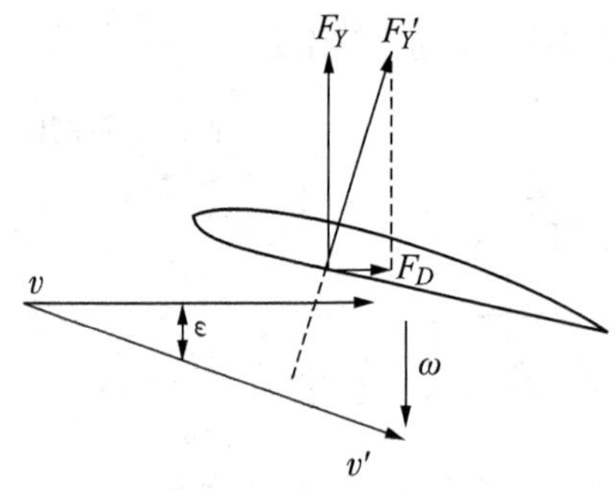

图 5 – 5 诱导阻力的产生

诱导阻力与机翼平面形状、机翼剖面形状、展弦比等有关，可以通过增大展弦比，选择适当的平面形状，增加翼梢小翼等来减小诱导阻力。

（4）干扰阻力。

干扰阻力是无人机各部分之间因气流相互干扰而产生的一种额外阻力。无人机的各个部件（如机翼、机身等）单独放在气流中所产生的阻力总和并不等于把它们组成一架无人机放在气流所产生的阻力，往往是前者小于后者，多出来的部分就是干扰阻力。干扰阻力主要产生在机身和机翼、机身和尾翼、机翼和发动机短舱、机翼和副油箱之间。

气流流过机翼和机身的连接处，在机翼和机身结合的中部，由于机翼表面和机身表面都向外凸出，流管收缩。而在后部由于机翼表面和机身表面都向内弯曲，流管扩张，在这里形成了一个截面面积先收缩后扩张的气流通道。根据连续性定理和伯努利方程，气流在流动过程中压强先变小后变大，导致后边的气流有往前回流的趋势，形成一股逆流。逆流与迎面气流相遇，相互干扰，因此称为干扰阻力。为了减少干扰阻力，应妥善考虑和安排各部件的相对位置，同时加装整流片，连接过渡应圆滑，减小旋涡的产生。

2. 总阻力

低速无人机上主要有摩擦阻力、压差阻力、诱导阻力和干扰阻力等。其中，诱导阻力与升力有关，是产生升力时产生的；而摩擦阻力、压差阻力和干扰阻力与升力无关，因此统称为零升阻力或废阻力。总阻力是诱导阻力和废阻力之和。这四种阻力对飞行总阻力的影响随着飞行速度和迎角的不同而变化。一般采用的阻力（这里的阻力即总阻力）公式如下：

$$X = \frac{1}{2} C_x \rho v^2 S \tag{5-5}$$

式中：X——阻力（N）；

C_x——型阻系数；

ρ——空气密度（kg/m^3）；

v——相对气流速度（m/s）；

S——机翼面积（m^2）。

由阻力公式可知，阻力的大小与机翼面积、相对气流速度、空气密度及阻力系数有关，而阻力系数又与迎角和翼型有关。

5.3　多旋翼无人机的空气动力学

多旋翼无人机空气动力学属于旋翼飞行器空气动力学范畴。旋翼飞行器最主要的部件是旋翼，它是旋翼飞行器上产生升力的主要部件，同时也可为旋翼飞行器提供推进力和操纵力。旋翼飞行器空气动力学是研究旋翼飞行器（主要是它的旋翼）与周围空气有相对运动时所产生的空气动力的一门科学，它将空气动力学的普遍原理应用到旋翼飞行器这一特定研究对象上。

旋翼飞行器空气动力学研究的内容主要有以下几个方面。

（1）基本理论方面：阐明旋翼与周围空气相互作用的空气动力现象、流动现象、流场分布等，分析空气流动时旋翼桨叶的受力情况，以便对桨叶的几何外形进行改造，改善旋翼的气动特性。

（2）性能计算方面：在理论和实验的基础上，分析主要构造参数对旋翼性能乃至飞行性能的影响，寻找旋翼飞行器的空气动力计算方法。

（3）飞行力学方面：主要包括性能计算，如速度、高度、航程和燃油消耗量的定量计算，飞行动力学正解技术以及飞行动力学逆解技术（即由给定的飞行轨迹求解所需的操纵规律等）。

（4）飞行品质方面：研究旋翼飞行器的平衡问题及其对操纵动作及推力与功率变化的反应；分析旋翼飞行器在各种飞行状态下的稳定性及操纵性。

旋翼飞行器空气动力学的研究工具主要有三大类。①解析工具，即应用数学方法，在一组规定的具体边界条件或初始条件下，求解气体流动所遵循的微分方程。②计算工具，采用现代计算机对旋翼飞行器空气动力环境进行数值模拟。③实验工具，一般是专用的，包括适应于大气飞行中大多数情况的风洞和激波管，以及探测设备和仪表。

5.3.1 旋翼的几何参数

旋翼是旋翼飞行器的关键部件，旋翼转动产生升力，而旋翼空气动力现象非常复杂。每个旋翼由数片桨叶及一个桨毂组成，旋翼的桨叶一面绕轴旋转，一面做直线运动。旋翼几何参数与旋翼飞行器的空气动力学特性有关，直接影响旋翼飞行器的飞行性能。

旋翼的功用有：①产生向上的力（习惯上称为拉力）以克服全机重量；②产生向前的水平分力使旋翼飞行器前进；③产生其他分力及力矩使旋翼飞行器保持平衡或进行机动飞行。

1. 旋翼直径 D 和半径 R

（1）旋翼直径（D）：旋翼旋转时，桨尖所画圆圈的直径就是旋翼直径 D。

旋翼直径是影响旋翼性能的重要参数之一。一般情况下，旋翼直径增大，拉力随之增大，效率随之提高。所以，在结构允许的情况下应尽量选直径较大的旋翼。此外还要考虑桨尖气流速度不应过大，否则会出现激波导致效率降低。

（2）旋翼半径（R）：旋翼的直径和半径如图 5－6 所示，桨尖离桨毂中心的距离称为旋翼半径，$R=D/2$。任一桨叶特征剖面距离桨毂中心的半径表示为 r，在桨叶上 $r=0.7R$ 处的剖面的空气动力特性很有代表性，桨叶 $0.7R$ 处的剖面叫作特征剖面，$0.7R$ 为特征剖面半径。此外，旋翼旋转起来桨叶所掠过的面积为桨盘面积 πR^2（m^2），也叫扫掠面积。

2. 桨叶宽度 b 和桨叶尖削比 η_{ye}

桨叶剖面的弦长就是该半径处的桨叶宽度，用 b 表示。图 5－7 所示为 4 种不同形状的旋翼桨叶平面图。对于矩形桨叶，宽度沿径向不变；对于梯形桨叶或其他桨叶，b 沿径向改变。为了表征桨叶宽度的变化，常用桨叶尖削比 η_{ye} 这个概念，其定义为桨叶叶根宽度与叶尖宽度之比，一般为 1～3。

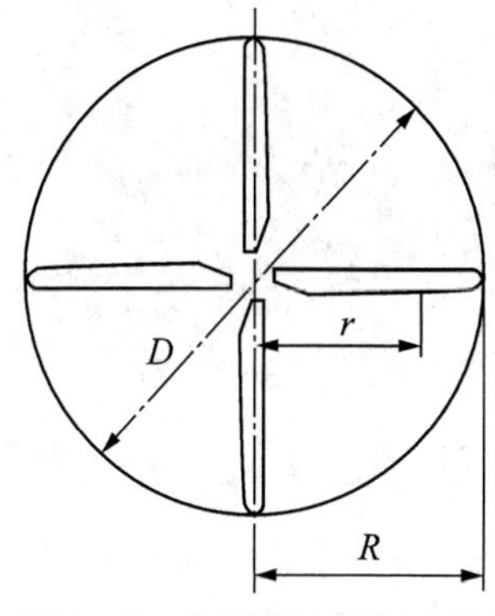

图 5-6　旋翼的直径和半径

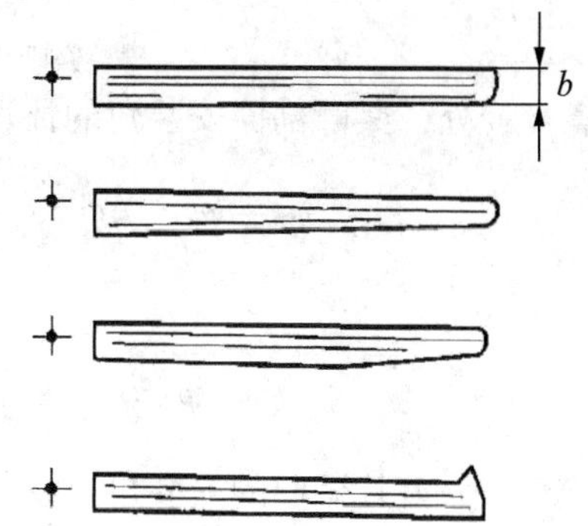

图 5-7　4 种不同形状的旋翼桨叶平面图

3. 桨叶数目 k

桨叶数目（k）是指一个旋翼具有的桨叶的数量。桨叶数目在旋翼设计中是一个非常重要的指标，它直接影响旋翼的气动特性和效率。一般地，旋翼的拉力系数和功率系数与它的桨叶数目成正比。随着旋翼吸收功率的增大，桨叶数目也在增加，由早期的 2 叶桨，增加到 4 叶桨、6 叶桨和 8 叶桨等。微型及轻小型旋翼飞行器的旋翼大多采用结构简单的 2 叶桨，只是在旋翼直径受到限制时才采用增加桨叶数目的方法，使旋翼与发动机获得良好的配合。增大桨叶数目，必须考虑以下问题：①增加桨叶数目会降低旋翼的效率，这是因为当旋翼旋转时，对于包围桨叶的扰流，数目多的桨叶要比数目少的桨叶大；②增加桨叶数目时，旋翼的质量也增加，一般每增加一片桨叶，旋翼的相对质量增大 23% ~25% 。

4. 旋翼实度 σ

各片桨叶实占面积与整个桨盘面积之比，叫作旋翼实度，以字母 σ 表示。如 k 为桨叶数目，则：

$$\sigma = \frac{k\int b\mathrm{d}r}{\pi R^2} \approx \frac{kb_7}{\pi R} \tag{5-6}$$

b_7 为桨叶半径 70%（美国取 75%）处的宽度，这是因为根据旋翼空气动力计算，在此处的桨叶宽度具有代表性。

对于矩形桨叶，有：

$$\sigma = \frac{kb}{\pi R} \tag{5-7}$$

旋翼实度 σ 的数值一般为 0.04 ~0.11。

5. 桨叶剖面安装角 φ 和桨叶扭度 $\Delta\varphi$

桨叶剖面的形状就是翼型。任意半径处桨叶剖面的安装角 φ 的定义是：翼型弦线相对于构造旋转平面的倾角。一般来说，φ 是沿径向而变化的。由于常用旋翼的桨叶剖面安装角多呈线性变化，因而引入桨叶“扭度”的概念，即叶尖安装角与叶根安装角之差，通常 $\Delta\varphi$ 为 -10° ~ -5°。

$$\Delta\varphi = \varphi_1 - \varphi_0 \tag{5-8}$$

在任意半径处，桨叶剖面安装角的计算公式如下：

$$\varphi = \varphi_0 + \Delta\varphi \frac{r}{R} = \varphi_1 + \Delta\varphi\left(\frac{r}{R} - 1\right) \tag{5-9}$$

或

$$\varphi = \varphi_7 + \Delta\varphi\left(\frac{r}{R} - 0.7\right) \tag{5-10}$$

式中：φ_7 ——整片桨叶的安装角，或桨叶的桨距。

虽然在构造上安装角沿径向的分布规律是固定的，但是整片桨叶仍可绕其轴在一定范围内转动，也就是说，各个面的安装角可以同时增加或减小某个角度。这时，无须分别说明不同面的安装角为多少，只要指出其中之一，其他面的安装角立即可以推得，因为它们之间的相对变化是固定的。通常取 $r = 0.7R$ 处特征剖面的安装角 φ_7 为基准。为了区别桨叶剖面安装角，将 φ_7 称为整片桨叶的安装角，或称为桨叶的桨距。每片桨叶的桨距在桨叶旋转一圈时也可能是周期性变化的，对于整个旋翼来说，各片桨叶在不同方位处的桨距可能彼此不同。鉴于此种情况，又有“总距”一词，用来说明旋翼各片桨叶的平均桨距。

6. 旋翼转速 n 和角速度 Ω

旋翼转速一般以每分钟所转的圈数为单位，而角速度以每秒钟所转的弧长为单位。两者的关系为：

$$\Omega = \frac{\pi n}{30} \tag{5-11}$$

提高旋翼转速要受桨尖速度的限制，以避免桨尖出现过大的空气压缩效应。一般情况下，旋翼的桨尖速度 ΩR 等于 180 ~ 220m/s。

7. 旋翼参数的无因次化

无因次化是为了便于把几何尺寸不同及工作条件不同的旋翼特性进行比较，或把旋翼模型的实验结果应用到实物上。以 R 作为长度的基准尺度，以 πR^2 作为面积的基准尺度，以 ΩR 作为速度的基准尺度。

（1）桨叶剖面所在的相对半径为：

$$\bar{r} = r/R \tag{5-12}$$

（2）桨叶的相对宽度为：

$$\bar{b} = b/R \tag{5-13}$$

（3）旋翼运动的无因次化速度为：

$$\bar{V}_0 = V_0/\Omega R \tag{5-14}$$

（4）旋翼拉力系数 C_T、扭矩系数 m_k、功率系数 C_P 的无因次化分别为：

$$C_T = F_T / \frac{\rho}{2}\Omega^2 R^2 \cdot \pi R^2 \tag{5-15}$$

式中：ρ——空气密度；

F_T——拉力。

$$C_P = m_k = M_k / \frac{\rho}{2}\Omega^2 R^2 \cdot \pi R^2 \cdot R = P / \frac{\rho}{2}\Omega^2 R^2 \cdot \pi R^2 \cdot \Omega R \quad (5-16)$$

式中：M_k——旋翼反扭矩；

P——旋翼功率。

5.3.2　旋翼的工作原理

1. 旋翼的工作环境和桨叶运动

为了说明旋翼的工作原理，需要考察旋翼的轴向直线运动，即旋翼飞行器垂直飞行时旋翼的情况。设一旋翼，桨叶数目为 k，以恒定角速度 Ω 绕轴旋转，并以速度 V_0 沿旋转轴做直线运动。想象用一中心轴线与旋翼轴重合，而半径为 r 的圆柱面把桨叶截开，并将这圆面展开成平面，就得到桨叶剖面。既然这时桨叶包括旋转运动和直线运动，对于桨叶剖面来说，应有周向速度（等于 Ωr）和垂直于旋转平面的速度（等于 V_0），而合速度是两者的矢量和。用不同半径的圆柱面所截出来的各个桨叶剖面，它们的合速度是不同的：大小不同，方向也不相同。如果再考虑到由于桨叶运动所激起的附加气流速度（诱导速度），那么桨叶各个面与空气之间的相对速度情况更加不同。

从能量观点来看，旋翼相当于一台“能量转换器”，转换方式分为以下两种：①把发动机的能量转换成有效功，例如旋翼飞行器的上升状态；②把发动机的能量转换成气流的动能，例如旋翼飞行器的悬停状态。假定旋翼的轴向速度为 V_0，其拉力为 T，而所消耗的功率为 P，那么，在转换方式①中，效率定义为 $\eta = TV_0/P$，一般地，$0 < \eta < 1$。

值得注意的是，每个旋翼的工作效率是不一样的，需要逐个做出分析计算。

2. 旋翼和桨叶的相对气流

在旋翼飞行器前飞时，旋翼的远处来流方向与旋翼轴不平行，而是斜向的。现设定坐标系是旋翼构造轴系，坐标原点 O 在旋翼中心。竖轴 Y_s 沿旋翼的构造旋转轴，向上为正。纵轴 X_s 指向前方，与速度 V_0 在构造旋转平面（S—S 平面）的投影重合。右旋旋翼的横轴 Z_s 按右手规则确定横轴 Z_s 的方向，左旋旋翼的横轴 Z_s 按左手规则确定横轴 Z_s 的方向，因而横轴 Z_s 总是位于桨叶向前方旋转的半圆内。

设旋翼飞行器的飞行速度为 V_0，或者相对来说，速度为 V_0 的来流（未扰动气流）从一定方向吹向旋翼。把来流与旋翼的构造旋转平面（S—S 平面）之间的夹角 α_S 定义为旋翼构造迎角（以下简称“迎角”）。把来流速度 V_0 分解为沿 X_s 轴与沿 Y_s 轴两个方向的分量，并将它们除以桨尖旋转速度 ΩR，便得到表征旋翼工作状态的两个重要的速度系数。

（1）平行于构造旋转平面（S—S 平面）的速度系数 μ，称为前进比 μ。

$$\mu = \frac{V_0 \cos\alpha_S}{\Omega R} \quad (5-17)$$

（2）垂直于构造旋转平面的速度系数 λ_0，称为轴向来流系数 λ_0 或流入比 λ_0。

$$\lambda_0 = \frac{V_0 \sin\alpha_s}{\Omega R} \tag{5-18}$$

在悬停飞行时，由于 $V_0 = 0$，前进比 μ 及桨叶挥舞角 β 皆为0，此时 α_S 没有意义；在垂直下降状态，V_0 自下而上流向旋翼，α_S 及 λ_0 为正值；而垂直上升时，α_S 及 λ_0 为负值。在前飞状态，飞行速度越大，μ 值越大。迎角 α_S 随飞行状态也有变化。一般来说，只是在下降过程中 α_S 及 λ_0 才可能为正值。在爬升及平飞状态，旋翼处于负迎角的状态，即来流从斜上方吹向旋翼，λ_0 为负值。通常，平飞时旋翼构造迎角 $\alpha_S = -10° \sim -5°$。由于前飞速度造成旋翼旋转平面上左右两边的相对气流速度不对称，在前行桨叶区域桨叶逆风旋转，相对气流速度比顺风旋转的后行桨叶要大些，相对方向也有不同。旋翼飞行器的前飞速度越大，旋翼旋转平面上相对气流的不对称程度也就越大。

3. 桨叶的挥舞运动

一方面，旋翼的桨叶如果是固接在旋转轴上，前飞时由于旋转平面上气流不对称，必然引起左右两边的拉力不对称，前行桨叶拉力大，后行桨叶拉力小，因而形成侧倾力矩使旋翼飞行器倾转。前飞速度越大，侧倾力矩也越大，如无有效措施，旋翼飞行器将难以前飞。另一方面，由于桨叶像一根很长的悬臂梁，分布的空气动力载荷会引起很大的根部弯矩，而且这种弯矩随着周向气流速度的周期变化而相应地改变（这种具有周期变化形式的弯矩也称为交变弯矩）。桨叶在大的交变弯矩作用下容易发生疲劳损坏。铰接式旋翼消除了上述障碍，桨叶根部通过挥舞铰与旋转轴相连，桨叶可以绕挥舞铰做上下挥舞运动。桨叶在挥舞运动中偏离 S—S 平面向上抬起的角度称为桨叶挥舞角 β。桨叶挥舞运动所在的平面称为挥舞平面，挥舞平面与 S—S 平面相垂直。

旋翼飞行器在稳定悬停状态时，桨叶的周向相对气流速度不随方位角变化。在旋转时各片桨叶应抬起相同的角度，该角度的大小取决于挥舞平面内桨叶拉力、重力和离心力三者对挥舞铰力矩的平衡程度。拉力使桨叶上扬，重力使桨叶下垂，而不论桨叶是处在上翘（$\beta > 0$）或下垂（$\beta < 0$）位置，离心力总是企图把它拉回到 S—S 平面上（$\beta = 0$）。由于重力小于升力，它对挥舞角的影响通常忽略不计。

在垂直飞行状态，虽然桨叶因上翘脱离了 S—S 平面，桨尖面平行于 S—S 平面，这种均匀挥舞并不影响桨叶空气动力的对称性。旋翼飞行器前飞时旋翼处于斜流状态，桨叶的相对气流及空气动力沿方位角周期变化，致使桨叶在旋转中有周期挥舞运动，可观察到此时旋翼锥体（或桨尖平面）向侧后方倾倒。无论如何，桨叶挥舞角可以写为傅氏级数的形式：

$$\beta = a_0 - a_1 \cos\psi - b_1 \sin\psi - a_2 \cos 2\psi - b_2 \sin 2\psi \tag{5-19}$$

式中：a_0 ——桨叶挥舞角 β 中不随方位角改变的常数部分，在悬停状态，$\beta = a_0$。

由于桨叶做周期挥舞运动，在挥舞平面内除拉力、重力、离心力之外，还有挥舞惯性力。这些力对挥舞铰的力矩之和应为0，经过简化处理，可推导得到桨叶挥舞运动的近似微分方程：

$$\frac{d^2\beta}{d\psi^2}+\beta=\frac{1}{\Omega^2 I_{ye}}M_T \tag{5-20}$$

式中：I_{ye}——桨叶绕旋翼轴线的转动惯量；

M_T——气动力引起的挥舞力矩。

4. 桨叶的摆振运动

旋翼桨叶做挥舞运动时，桨叶重心和旋转轴的距离不断变化，它对旋转轴的相对速度（沿径向）为：

$$V_r=\frac{d}{dt}(r_G\cos\beta)=-r_G\frac{d\beta}{dt}\sin\beta \tag{5-21}$$

旋转着的质量对旋转轴有相对运动时会受到哥氏力的作用。设桨叶所受重力为 G_{ye}，旋转角速度为 Ω，经简化推导得到一片桨叶所受的哥氏力，表达式为：

$$F_{gs}=2\frac{G_{ye}}{g}r_G\Omega^2\left(a_0a_1\sin\psi-a_0b_1\cos\psi-\frac{a_1{}^2-b_1{}^2}{2}\sin2\psi+a_1b_1\cos2\psi\right) \tag{5-22}$$

可见，挥舞运动引起的哥氏力是周期交变力，而且一阶挥舞运动会引起二阶的哥氏力。

5.3.3　动量理论

1. 垂直飞行

动量理论基于气流通过桨盘的动量和能量变化，将总的气流速度与总的旋翼拉力和功率联系起来，是流体力学中的基本守恒定律（质量守恒、动量守恒和能量守恒）在旋翼上的应用。动量理论将旋翼看成一个前进的桨叶数目无限多的桨盘，空气流连续通过桨盘，在桨盘上产生的拉力分布是均匀的，即桨盘各点的气流速度为常数。桨盘的前后存在压差，但桨盘前后的轴向速度是相等的（不考虑桨盘的厚度）。在桨盘上无扭矩，通过桨盘的气流无旋转。此外，进一步假定气体为理想不可压缩流体。气流连续通过桨盘的流动示意如图5-8所示。

依据动量守恒定律，可以建立旋翼拉力与流过桨盘的质量流量和远处尾迹中的诱导速度的关系。把旋翼简单地看为作用盘，它拍击空气并将空气推向下方，而空气加给旋翼的反作用力就是旋翼产生的拉力。根据牛顿第二定律，该力正比于通过旋翼的空气质量流量和空气加速度的乘积。为了计算空气的流量和速度变化，要用到关于流体运动的质量守恒定律、动量守恒定理和能量守恒定律。能量守恒定律把远处尾迹中的诱导速度与桨盘处的诱导速度联系起来，质量守恒定律给出流过桨盘的质量流量，三者相结合便能得出桨盘处的诱导速度与旋翼拉力和功率的关系。

（1）垂直上升状态。

旋翼飞行器的垂直飞行含有相对于旋翼的轴流状态，这就意味着旋翼具有轴对称性，它表明流过旋翼的气流速度和桨叶上的载荷都与旋翼桨叶的方位角无关。考虑旋

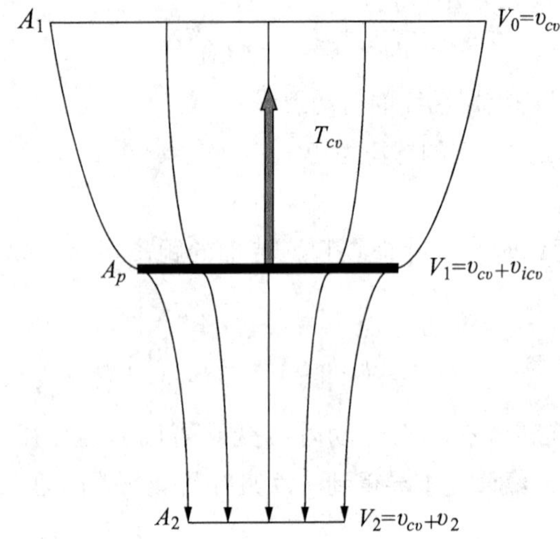

图 5 -8　气流连续通过桨盘的流动示意（垂直上升状态下的均匀载荷旋翼作用盘模型）

翼飞行器垂直上升状态下的均匀载荷旋翼作用盘模型（见图5 -8），旋翼作用盘位于中间截面，模型的边界截面位于上下两端。在上游远处截面（ A_1 ），气流速度 v_{cv}（ V_0 ）就是旋翼飞行器垂直上升的速度；在桨盘处的中间截面（ A_p ）和下游远处截面（ A_2 ），气流速度分别增加至 $v_{cv}+v_{icv}$（ V_1 ）和 $v_{cv}+v_2$（ V_2 ），其中 v_{icv} 和 v_2 是当地气流诱导速度。这里所谓的诱导速度，是指由某种作用在均匀流场内或静止空气中所引起的速度增量（包括大小和方向的改变）。由于旋翼的轴对称性，旋翼作用盘模型整个侧面上压强的水平横向分量自相平衡，而轴向分量构成的总压力与边界截面所承受的总压力互相平衡。此外，由于假设气流无黏性，因而边界截面上无切向力，仅受法向力。

①旋翼拉力系数 C_T 和功率系数 C_P 的计算。

根据动量理论，旋翼作用盘模型内流体动量的变化率在大小和方向上等于旋翼作用在该流体上的外力。根据旋翼气流应用定常条件下的能量守恒定律，因为气流上顶面（ A_1 ）与下底面（ A_2 ）压力所做的功率互相抵消，而侧壁压强与流速垂直，功率为零。所以，气流的动能变化所需的能量完全来自旋翼。旋翼所消耗的功率 P 可由气流的动能变化率确定。

$$P=\dot{m}\left(\frac{1}{2}V_2^2-\frac{1}{2}V_0^2\right) \tag{5-23}$$

式中：$\dot{m}$ ——单位时间内流过任一截面的空气质量，称为空气质量流量。

旋翼的功率为：

$$P=F_TV_1=F_TV_0+F_Tv_{icv} \tag{5-24}$$

旋翼功率等于旋翼拉力与桨盘处的气流速度 V_1 的乘积。在动量理论中，这个功率还可以分成两部分：第一部分是拉力与运动速度 V_0 的乘积，称为“有效功率”；第二部分是拉力与桨盘处诱导速度 v_{icv} 的乘积，称为“诱导功率”，纯为损失。以 $\rho\pi R^2(\Omega R)^2$ 对 T 、P 无量纲化，进一步得到旋翼拉力系数 C_T 和功率系数 C_P。

$$C_T = 2(\overline{V}_0 + \overline{v}_{icv})\overline{v}_{icv} \tag{5-25}$$

$$C_P = 2(\overline{V}_0 + \overline{v}_{icv})^2\overline{v}_{icv} \tag{5-26}$$

②旋翼效率 η 的计算。

效率是有效功率与全部消耗功率之比。如果把效率都写成无因次公式的形式，有：

$$\eta = \frac{C_T\overline{V}_0}{C_P} = \frac{\overline{V}_0}{\overline{V}_1} \tag{5-27}$$

（2）垂直下降状态。

动量理论分析的关键是采用合适的旋翼作用盘模型。当旋翼飞行器垂直下降飞行时，由于来流速度朝上，气流速度递减。这是气流向下动量的一个有效增量，也使气流向上运动时产生向上拉力的原因。远处下游尾迹在旋翼上方，旋翼诱导速度与相对气流方向相反，两股反向气流相遇形成紊乱的旋涡。此时如图5－8所示的旋翼作用盘模型不再适用。

①涡环状态。

涡环状态的旋翼气流如图5－9所示，当旋翼飞行器以较低的下降率下降时，靠近桨盘的逆行环流与它上方的非定常紊流开始出现。此时，由于空气流动状态的改变是平缓的，旋翼附近的空气并没有急剧的流动变化，故动量理论在进入涡环状态的某个范围内仍然适用。但是，下降速度超过大约 $V_0 = v_{ih}/2$ 时，靠近桨盘处的气流也变得极不稳定和湍动。向上的自由流使桨尖涡螺旋线堆积在桨盘的下方，形成涡环。旋翼旋转一周，涡环累计着强度，直到这种流动突然崩溃而涡环破裂并离开桨盘平面为止。整个流场是非定常的，涡环周期性地逸散并且升入旋翼上方的气流中。这种状态下的旋翼承受着高水平的振动并且容易失去控制，且此时的需用功率对垂直速度非常不敏感。在此状态下动量理论失效。

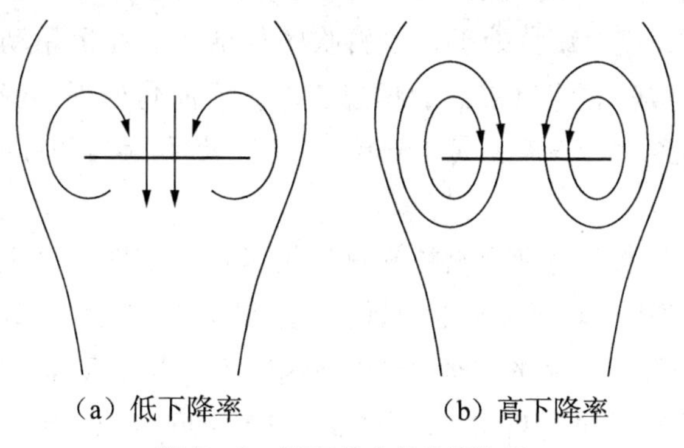

（a）低下降率　　（b）高下降率

图5－9　涡环状态的旋翼气流

②紊流状态。

旋翼处于垂直下降状态，当功率为负时，出现紊流状态，紊流状态的旋翼气流如图5－10（a）所示。在这种状态下，气流仍然会有高水平的紊流，但是，因为桨盘处的速度向上，所以穿过旋翼的环流少了很多。旋翼承受着由于紊流造成的某些颠簸，

但不会像涡环状态那样剧烈振动。平衡的自转通常出现于紊流状态，旋翼飞行器发动机停车时的下降会处于这种状态。此时，旋翼功率为0，虽然理论上不存在穿过桨盘的气流，$|V_0|-v_1=0$，如图5-10（b）所示的理想自转，但实际上有大量环流和紊流。这种气流情况类似于桨盘的气流情况（没有穿过该桨盘的气流，在它上方有紊流尾迹）。据此可估算旋翼飞行器的垂直下降速度。

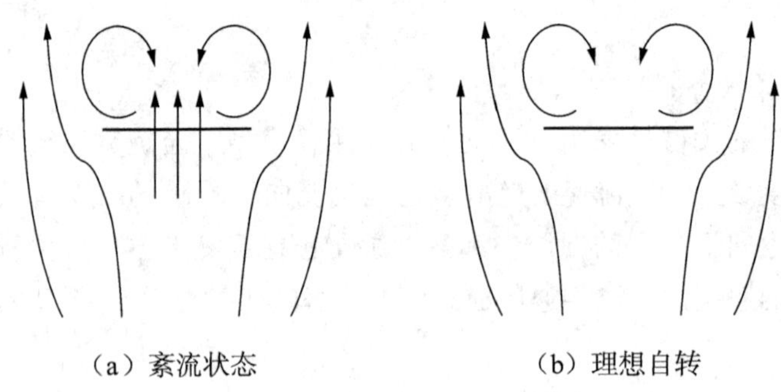

（a）紊流状态　　（b）理想自转

图5-10　紊流状态的旋翼气流

把该平衡自转时的旋翼假设为一个不透风的圆形平板，其拉力就是它的迎风阻力，因此拉力系数可写为：

$$C_T = \frac{1}{2} C_D |\bar{V}_0|^2 \tag{5-28}$$

式中：C_D——阻力系数。

对于理想情况下平衡的自转，$C_T = 2\bar{v}_{ih}{}^2$。

2. 前飞

当旋翼飞行器以一定水平分速向前飞行时，旋翼桨盘为了给旋翼飞行器提供推进力而向前倾斜，此时，整个旋翼处于一段斜吹的气流中。在运用动量理论分析时，可以把该段气流看作一股斜向流过桨盘的理想流体。为简化处理，宏观上认为流过旋翼的这段流体具有轴对称性，气流速度和桨叶上的载荷均与旋翼的方位角无关。

（1）平飞状态。

旋翼飞行器平飞状态下动量理论的旋翼作用盘模型如图5-11所示。旋翼作用盘位于A_p截面，模型的边界截面位于上游远处A_1截面和下游远处A_2截面。在A_1截面，气流速度v_s在大小上等于旋翼飞行器水平直飞的速度，与平飞速度方向相反；在A_p和A_2截面，气流速度分别增加至V_1和V_2，图5-11中的v_{is}和v_2为当地气流诱导速度；γ_s为来流速度v_s在截面A_p和A_2的夹角。由于流过旋翼的气流的轴对称性，旋翼作用盘模型整个侧面上压强的法向分量自相平衡，而轴向分量构成的总压力与边界截面所承受的总压力互相平衡。此外，边界截面无切向力，仅受法向力。

根据动量定理，旋翼拉力为：

$$\vec{T}_s = -\dot{m}(\vec{V}_2 - \vec{v}_s) = -\dot{m}\vec{v}_2 \tag{5-29}$$

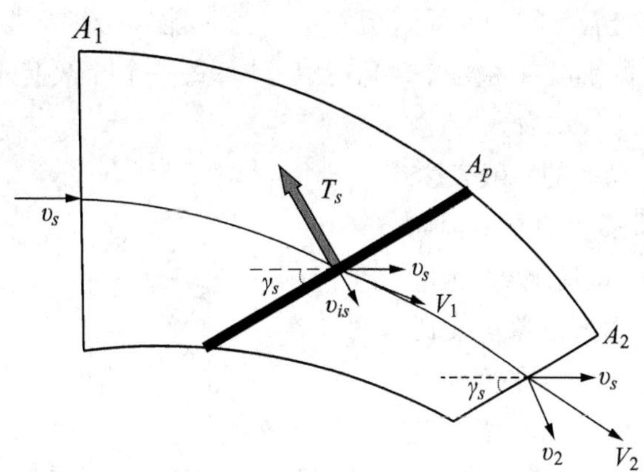

图5-11　平飞状态下动量理论的旋翼作用盘模型

质量守恒定律可以确定流过任意截面的流体质量 $\dot{m}$ 为常数。气流穿过旋翼作用盘模型时，总是垂直穿过以旋翼直径为直径的一个圆。这样，流过模型的空气质量流量可以写为：

$$\dot{m} = \rho\pi R^2 V_1 \tag{5-30}$$

式中：ρ——空气密度。

根据能量守恒定律，旋翼拉力系数和功率系数分别为：

$$C_T = 2\vec{V}_1\vec{v}_{is} \tag{5-31}$$

$$C_P = 2(\vec{v}_s\sin\gamma_s + \vec{v}_{is})\vec{V}_1\vec{v}_{is} \tag{5-32}$$

（2）爬升和下滑状态。

旋翼飞行器爬升状态下的均匀载荷旋翼作用盘模型与上升状态的模型基本一致，只不过此时旋翼桨盘的来流速度与惯性水平面构成一个夹角。实际上这个夹角就是旋翼飞行器的爬升角。此种状态下的动量理论分析方法与平飞状态无异，平飞状态下推导的一系列结论对于爬升状态而言都是适用的。值得注意的是，平飞状态的爬升率与诱导功率无关，仅仅取决于旋翼飞行器的剩余功率。

旋翼飞行器沿向下倾斜的轨迹所做的飞行，叫作下滑。基于垂直下降状态的分析，旋翼飞行器的下滑状态随下滑率的增大而可能由正常工作状态转至涡环状态、紊流状态。与垂直飞行状态不同的是，在下滑状态中，旋翼飞行器带有一定的前飞速度。从理论上来说，用动量理论分析下滑状态时，其分析方法与垂直状态基本一致。

5.3.4　叶素理论

1. 垂直飞行

由动量理论确定的理想效率，仅考虑了旋翼的轴向效应，而未考虑旋翼的旋转效应。因此，并不完全符合旋翼的实际气流特征。为了能够合理模拟桨叶绕流，叶素理论将桨叶分为有限个微小段（称为叶素），然后计算每一个叶素上的气动力，最后沿径向求和得到桨叶上的总气动力。

（1）旋翼拉力和功率的一般表达式。

垂直飞行时旋翼桨叶剖面坐标如图 5－12 所示。选取坐标系 $Oxyz$ 为叶素坐标系，叶素平面垂直于桨叶变距轴线，坐标原点 O 位于叶素平面与桨叶变距轴线的交点处。z 轴与桨叶变距轴线重合，指向桨尖；x 轴平行于构造旋转平面，指向叶素的旋转方向；y 轴指向上方。α^* 为桨叶剖面的气动迎角，β^* 为桨叶剖面的来流角，φ 为桨叶剖面的安装角，W 为桨叶剖面的相对气流合速度。

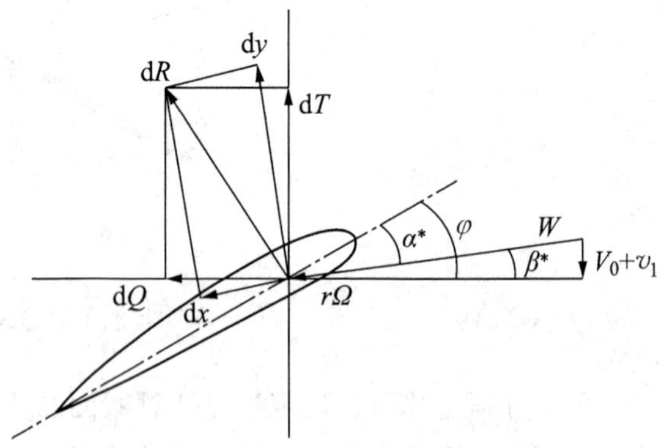

图 5－12　垂直飞行时旋翼桨叶剖面坐标

从图 5－12 可知，流向桨叶翼型的相对气流合速度为 W，因此作用在翼型上的空气动力，包括升力和阻力为：

$$\mathrm{d}y = \frac{1}{2}C_y\rho W^2 b\mathrm{d}r \tag{5-33}$$

$$\mathrm{d}x = \frac{1}{2}C_x\rho W^2 b\mathrm{d}r \tag{5-34}$$

式中：C_y ——翼型升力系数；

C_x ——型阻系数。

翼型升力 dy 与 W 相垂直，指向上。型阻 dx 沿 W 方向，指向后。如图 5－12 所示，dy 和 dx 的合力用 dR 表示。

气动合力 dR 沿旋翼旋转轴的分力称为翼型拉力；dR 在构造旋转平面的分力 dQ 为翼型旋转阻力，逆于旋转方向为正。翼型升力 dy 和拉力 dT 之间的夹角为来流角 β^*，翼型旋转阻力 dQ 乘半径 r 即为翼型扭矩 dM，乘 $r\Omega$ 即为翼型所消耗的功率 dP。各个翼型的拉力和功率之和，就是整片桨叶的拉力和功率。旋翼的 k 片桨叶加起来便得到整个旋翼的拉力和功率。写成无因次形式为：

$$C_T = \kappa\frac{k}{\pi}\int_0^1 C_y\bar{r}^2\bar{b}\mathrm{d}\bar{r} \tag{5-35}$$

式中：κ——旋翼桨叶叶端损失系数。

$$m_K = \frac{k}{\pi}\int_0^1 C_x\bar{r}^3\bar{b}\mathrm{d}\bar{r} + \frac{k}{\pi}\int_{\bar{r}_0}^{\bar{r}_1} C_y\bar{r}^3\beta^*\bar{b}\mathrm{d}\bar{r} \tag{5-36}$$

对于升力来说，要考虑桨叶的叶端损失。一般来说，β^* 小于 10°，推导计算公式时可近似认为 $\cos\beta^* = 1$，$\sin\beta^* = \beta^*$，从而得到拉力系数和功率系数为：

$$C_T = \frac{T}{\frac{1}{2}\rho\pi R^2 (\Omega R)^2} \tag{5-37}$$

$$m_K = \frac{75N}{\frac{1}{2}\rho\pi R^2 (\Omega R)^3} \tag{5-38}$$

式中：N——功率（马力）。

（2）矩形桨叶旋翼的拉力和功率。

①拉力和功率。

对于矩形桨叶，b 为常数；K_T 是拉力修正系数，表示拉力沿桨叶分布的不均匀程度，对于线性扭转常用矩形桨叶，$K_T \approx 0.96$ 。单位桨叶剖面积的拉力系数公式为：

$$\frac{C_T}{\sigma} = \frac{k}{3}K_T C_{y7} \tag{5-39}$$

式中：C_{y7}——桨叶特征剖面的升力系数；

k——桨叶数目；

$\frac{C_T}{\sigma}$——单位桨叶剖面积的拉力系数。一般来说，旋翼拉力系数值为0.01 ~ 0.02 。

②型阻功率系数。

以桨叶特征剖面的型阻系数 C_{x7} 表征各个桨叶的剖面型阻系数，同时用一修正系数 K_P 来考虑型阻分布不均对旋翼型阻功率带来的影响，因此：

$$m_{K_x} = \sigma\int_0^1 C_x \bar{r}^3 \mathrm{d}\bar{r} = \sigma\int_0^1 K_P C_{x7} \bar{r}^3 \mathrm{d}\bar{r} = \frac{1}{4}\sigma K_P C_{x7} \tag{5-40}$$

式中：K_P——型阻功率修正系数，其值与桨叶几何形状有关。对于常用的矩形桨叶，$K_P \approx 1$ 。

梯形桨叶的 K_P 值比矩形桨叶的 K_P 值小。表5-1列出了 K_P 与桨叶根梢比 η_{ye} 的近似关系。

表5-1　K_P 与桨叶根梢比 η_{ye} 的近似关系

η_{ye}	1	2	3	4
K_P	1.0	0.94	0.91	0.88

③有效功率系数。

$$m_{K_{yx}} = \int_{\bar{r}_0}^{\bar{r}_1} C_y \bar{r}^2 \bar{V}_0 \mathrm{d}\bar{r} = C_T \bar{V}_0 \tag{5-41}$$

④诱导功率系数。

假设诱导速度沿桨盘均匀分布，为常数，C_y 用特征剖面的 C_{y7} 代替。考虑到实际上的诱导速度是非均匀分布的，因此引入了一个功率修正系数 J 。

$$m_{K_i} = \sigma \int_{\bar{r}_0}^{\bar{r}_1} C_y \bar{r}^2 \bar{v} \mathrm{d}\bar{r} = JC_T \bar{v}_1 \tag{5-42}$$

矩形桨叶的旋翼需用功率为：

$$m_K = \frac{1}{4} K_P \sigma C_{x7} + C_T \bar{V}_0 + JC_T \bar{v}_1 \tag{5-43}$$

对于悬停状态，此时没有有效功率，因而：

$$m_K = \frac{1}{4} K_P \sigma C_{x7} + JC_T \bar{v}_{ih} \tag{5-44}$$

比较式（5-43）和式（5-44），似乎垂直爬升状态的需用功率总是大于悬停状态，差值即有效功率。但实际并非如此，一方面，爬升时通过旋翼的空气流量比悬停时大，因而诱导速度减小，即 $v_1 < v_{ih}$ ；另一方面，由于 V_0 增大了滑流速度，使各片桨叶的尾迹和尾桨的尾迹较快地远离桨盘平面，从而减小了桨叶之间的干扰，缓和了桨盘平面上速度分布不均匀性，上述原因导致诱导功率减小。

（3）儒氏旋翼。

儒柯夫斯基证明，当诱导速度沿桨盘均匀分布时，诱导功率最小。若要保持诱导速度沿桨叶半径不变（称为儒氏条件），需使桨叶速度环量沿半径不变，即：

$$C_y \bar{b} \bar{r} = C_{y7} \bar{b}_7 (0.7) = 常数 \tag{5-45}$$

实际上，此数为两倍翼型环量。由此，拉力系数可以积分计算出来。

$$C_T = k \sigma C_{y7} \frac{0.7}{2} \tag{5-46}$$

式中 σ 是以相对半径为 0.7 处桨叶特征剖面的相对宽度代入的。在矩形桨叶条件下，则：

$$\varphi = \alpha^* + \beta^* = \frac{0.7 C_{y7}}{a_\infty \bar{r}} + \frac{\bar{V}_0 + \bar{v}_1}{\bar{r}} \tag{5-47}$$

式中：φ、α^*、β^*——矩形桨叶儒氏旋翼的安装角、气动迎角、来流角。

在矩形桨叶的情况下，儒氏旋翼的桨叶安装角 φ 与半径 r 成反比。φ 在叶根处大，桨尖处小，负扭转是很急剧的。飞行状态不同，儒氏旋翼桨叶的扭转规律也不相同。虽然从气动上说，对某一设计状态而言，儒氏旋翼是性能最好的旋翼，即拉力一定时，所需功率最小，或功率一定时拉力最大。不过，由于儒氏桨叶的几何扭转过于急剧，会造成工艺制造上的不方便，以及桨叶的刚度降低，容易发生弯曲和扭转变形。所以，通常并不采用桨叶最佳扭转，而采用简单线性规律扭转。

2. 前飞

（1）前飞时叶素的工作环境。

旋翼飞行器在前飞时，旋翼一方面要提供升力以平衡全机的重量，另一方面要提供向前的推进力以平衡旋翼和机身的气动阻力。前飞时旋翼桨叶的叶素理论旨在建立桨叶几何参数同它的空气动力之间的关系。与垂直飞行状态所不同的是，前飞时的叶素理论是采用由涡流理论给出的傅氏级数形式，它比均匀分布假定更真实地反映了诱导速度沿半径及方位角的变化。对于旋翼气动性能分析，诱导速度取到一阶谐波已够精确，即：

$$v_1 = v_0(r) + v_{1c}(r)\cos\psi + v_{1s}(r)\sin\psi \tag{5-48}$$

前飞时旋翼桨叶的叶素理论如同垂直飞行时的叶素理论一样，首先分析桨叶剖面的相对流动，进而确定叶素上的基元力，然后通过积分得出桨叶及旋翼的空气动力。为了分析桨叶剖面的相对气流、气动迎角变化和它的工作特性，假定桨叶为中心铰式，而且不考虑摆振运动。取径向位置为 r 的一个剖面，各速度皆是已化为无因次的相对量（除以 ΩR），由图 5－12 可写出速度沿剖面坐标系各轴的分量。

$$\overline{W}_x = \overline{r} + \mu\sin\psi \tag{5-49}$$

式中：μ ——旋翼前进比。

$$\overline{W}_z = \mu\cos\psi - (\overline{v}_1 - \lambda_0)\beta \tag{5-50}$$

式中：λ_0 ——旋翼流入比；

β ——桨叶挥舞角。

$$\overline{W}_y = \left(\overline{v}_0 - \lambda_0 - \frac{1}{2}\mu a_1\right)\cos2\psi + \left(-\frac{1}{2}\mu b_1\right)\sin2\psi \tag{5-51}$$

式中：ψ ——桨叶方位角。

考虑到桨叶几何扭转带来的安装角 φ 变化和诱导速度 v_1 的不均匀分布，桨叶在旋转一周过程中剖面气动迎角的变化是很复杂的。即使同一剖面，在不同方位角处的气动迎角也不同，亦即在旋转中剖面气动迎角发生周期变化，变化幅度在 10°以上。

桨盘平面上的剖面气动迎角分布很不均匀，后行桨叶一侧气动迎角大，容易发生气流分离。桨叶挥舞是造成气动迎角变化大的主要原因。气动迎角与速度相匹配，消除了倾翻力矩。除了气动迎角，剖面的相对气流速度也是周期性变化的。用速度对音速的比值马赫数表示，前行桨叶马赫数大，后行桨叶马赫数小。随着 μ 值的增加，剖面气动迎角和马赫数的变化幅度都会增大。

（2）前飞时叶素的空气动力。

取桨叶上径向位置为 r，宽度为 $\mathrm{d}r$ 的叶素，叶素的空气动力在旋翼的构造轴系中的投影，构成了旋翼的基元力。旋翼空气动力在桨毂中心分解为：基元拉力 $\mathrm{d}T_s$ 沿旋翼轴，向上；基元后向力 $\mathrm{d}H_s$ 垂直于旋翼轴，顺风向后；基元侧向力 $\mathrm{d}S_s$ 指向方位角 90°方向；基元反扭矩 $\mathrm{d}M_K$ 与旋转方向相反。

$$\mathrm{d}T_s = \mathrm{d}T\cos\beta \tag{5-52}$$

$$\mathrm{d}H_s = \mathrm{d}Q\sin\psi - \mathrm{d}T\sin\beta\cos\psi \tag{5-53}$$

$$\mathrm{d}S_s = -\mathrm{d}Q\cos\psi - \mathrm{d}T\sin\beta\sin\psi \tag{5-54}$$

$$\mathrm{d}M_K = \mathrm{d}Qr\cos\beta \tag{5-55}$$

将基元拉力沿桨叶积分，并取其对方位角的平均值，再乘桨叶数目即得到整个旋翼产生的拉力。考虑旋翼桨叶叶端损失系数 $\kappa = 0.91 \sim 0.94$，桨盘载荷较大者取较小值。求解无因次的拉力系数时，利用定积分公式对 ψ 积分后得到：

$$C_T = \kappa \frac{k}{\pi} a_\infty \int_0^1 \left\{ [\varphi_7] \left(\overline{r}^2 + \frac{1}{2}\mu^2 \right) - (\overline{v}_0 - \lambda_0)\overline{r} - \frac{1}{2}\overline{v}_{1s}\mu + \theta_2 \mu \overline{r} \right\} \overline{b} \mathrm{d}\overline{r} \quad (5-56)$$

式中：θ_2——桨距角。

可见，挥舞运动对拉力系数没有影响。旋翼无周期变距，对于矩形桨叶，桨叶宽度为常数，对于有尖削的桨叶，近似地取 $\overline{b} = \overline{b}_7$，又假定诱导速度直线分布，即自前向后直线增大，线性扭转 $\Delta\varphi$ 对拉力系数影响很小，则拉力系数公式简化为：

$$C_T = \frac{1}{3}\kappa\sigma a_\infty \left[(\varphi_7 - K_T a_0)\left(1 + \frac{3}{2}\mu^2\right) + \frac{3}{2}\lambda_1 \right] \quad (5-57)$$

通常 C_T 已预先确定，需要计算 φ_7，由式（5－57）可得：

$$\varphi_7 = \left[\left(\frac{3C_T}{\kappa\sigma a_\infty} - \frac{3}{2}\lambda_1 \right) \Big/ \left(1 + \frac{3}{2}\mu^2 \right) \right] + K_T a_0 \quad (5-58)$$

用同样的方法，可得到基元后向力 C_H，基元侧向力 C_S，在此不再赘述。

旋翼的扭矩公式，在有了拉力、纵向力和侧向力的表达式之后，能够用比较简洁的推导过程得到。基元功率系数为：

$$\mathrm{d}m_K = \overline{W}\mathrm{d}\overline{X} + \overline{v}_1 \mathrm{d}C_T + (-\lambda_0)\mathrm{d}C_T + \overline{V}_0 \mathrm{d}C_T - \mu \mathrm{d}C_H \quad (5-59)$$

经推导和简化，旋翼的功率系数（扭矩系数）为：

$$m_K = \frac{1}{4}\sigma C_{x7} K_{p0}(1 + 5\mu^2) + C_T \overline{v}_{dx} J_0 (1 + 3\mu^2) + C_T(-\lambda_0) - C_H \mu \quad (5-60)$$

5.3.5 现代涡流理论

1. 悬停时旋翼自由尾迹分析

动量理论只是根据整个气流的运动特性描述旋翼桨盘的作用，无法涉及旋翼的几何形状。叶素理论虽然根据桨叶剖面的受力情况分析问题，建立了旋翼几何特性、运动特性与空气动力的关系，可用于旋翼设计，但不能确定各叶素处的诱导速度。经典涡流理论可以确定旋翼周围任一点处的诱导速度，从而能够确定在叶素上的诸力，最后算出旋翼的拉力和功率。经典涡流理论以固定涡系模型为基础，不能分析诱导速度随时间的变化情况，也不能计入桨叶之间的气动干扰和涡系形状的畸变，计算得出的诱导速度不够精确。针对这一缺点，现代涡流理论以自由涡系随时间变化的模型为基础，计入尾流速度的不均匀性，大大提高了旋翼空气动力计算的精度。

自由尾迹分析法认为旋翼的尾涡系按照当地速度延伸，允许涡线自由地移动，并计入桨叶数目的影响，包括随时间的桨叶间干扰和旋转中桨叶位置的变化，最后得到形状畸变的涡系。按照流场速度分布确定涡系的几何形状，能够给出较为真实的诱导速度分布及瞬时值。由自由涡面不承力条件，通过逐次迭代，确定所有站点的位置和速度，从而得到自由尾迹的形状和流场诱导速度的分布。由于描述涡元运动的微分方程是非线性的，需要采用数值方法进行求解。

（1）圆弧曲涡元模型。

尾迹分析中基本而重要的一步就是求解涡线对指定点的诱导速度。在数值计算中，涡线由一组离散涡点给出，每相邻两点规定为一个涡元（涡段），一般为曲涡元。采用曲涡元可计入涡线实际的弯曲，允许在涡线附近点进行较准确的诱导速度计算。

曲涡元及其在自由尾迹中的应用，目前仍处于发展阶段。迄今有两种曲涡元模型：一是以抛物拱弧作为尾迹分析的基本涡元；二是圆弧曲涡元。前者利用抛物线方程求得诱导速度的近似解析公式，但缺点是在涡元生成方面较为复杂，且当在涡元近点进行计算时需将区间分成三个子区间。后者是将涡元的诱导速度设法表达为标准的不完全椭圆积分，并找出椭圆积分的近似公式，从而使圆弧曲涡元既具有解析公式又具有生成较为灵活的优点。

圆弧曲涡元的诱导速度计算如图5－13所示。考虑一有限长度的圆弧线涡元，点$A(x_A, y_A, z_A)$是该涡元的起点，点$B(x_B, y_B, z_B)$是终点。该涡元具有常值环量Γ_e，圆弧半径为r，图5－13中涡元位于坐标系的xy平面，$M(x_m, y_m, z_m)$是要计算诱导速度的点。

圆弧曲涡元的诱导速度由毕奥－萨伐尔定律确定。

$$\vec{v}_{ih} = \int_0^1 \frac{\Gamma_e}{4\pi} \frac{\mathrm{d}\vec{s} \times \vec{l}}{l^3} \tag{5-61}$$

式中：l——涡线微段$\mathrm{d}\vec{s}$到M点的距离。

（2）自由尾迹分析方法。

悬停时的桨叶旋转涡系如图5－14所示，坐标系与参考桨叶固连，x轴沿桨叶变距轴线，指向外。z轴与x轴相垂直，位于旋转平面内。y轴与x轴和z轴垂直，指向上。

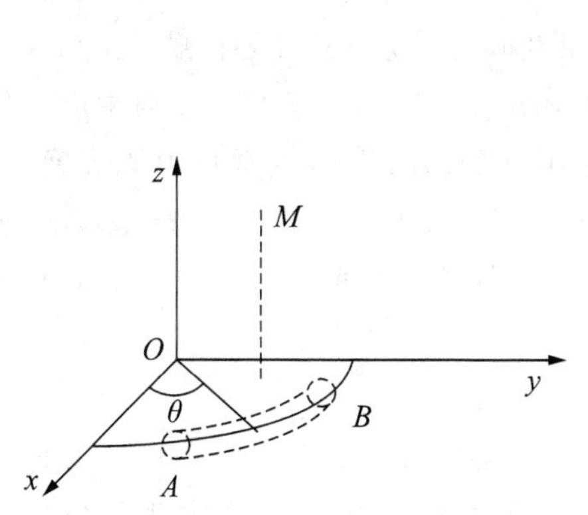

图5－13　圆弧曲涡元的诱导速度计算

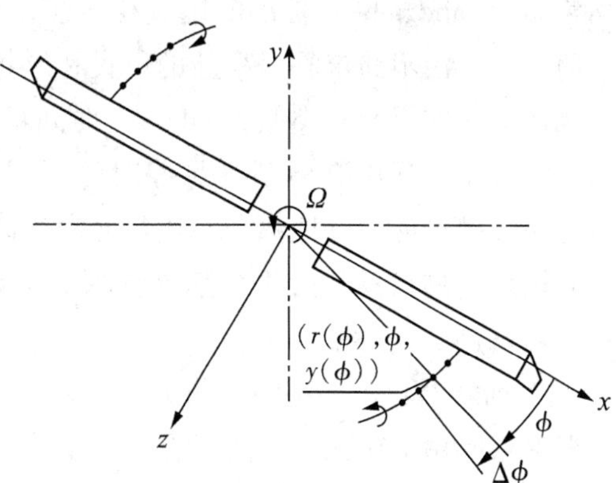

图5－14　悬停时的桨叶旋转涡系

悬停尾迹具有轴对称的特点，若引入柱坐标$(r(\phi), \phi, y(\phi))$来表示尾迹点的位置则更为方便，如图5－14所示。那么，以直角坐标系表示的尾迹点可表达为：

$$\begin{cases} x = r(\phi)\cos\phi \\ y = y(\phi) \\ z = r(\phi)\sin\phi \end{cases} \tag{5-62}$$

式中：ϕ——尾迹角。

对于畸变的尾迹，不同的 ϕ 角对应不同的 r 值和 y 值，若保持 r 为常数，$y = k\phi$（k = 常数），则式（5－62）给出非畸变的尾迹形状。

在悬停旋翼尾迹分析中，桨叶的气动模型采用二阶升力线模型，即各片桨叶用 1/4 弦线位置的附着涡来代替，控制点取在 3/4 弦线点处。桨叶由展向附着涡和弦向附着涡组成的附着涡面（线）表示。由于桨叶附着环量的展向变化，在桨叶的后缘有许多尾随涡线拖出，以当地速度向下游延伸。因此，将自由尾迹的涡线沿桨叶展向顺序放置，即采用所谓的全展自由尾迹分析方法。

自由尾迹计算的时间依赖涡元长度的选取和自由尾迹的周数。为减少计算时间，依据尾迹对桨盘处诱导速度贡献的大小，将整个尾迹区分为近尾迹区和远尾迹区。近尾迹靠近桨盘，既是最易畸变的部分，也是对旋翼性能影响较为敏感的区域，所以需认真地划分和细致地处理。在近尾迹区，尾迹完全自由，即在每次迭代中尾迹点的诱导速度都重新确定。而对于远尾迹区，尾迹采用等螺距和等半径的预定形状，并与近尾迹光滑连接。

2. 前飞时旋翼自由尾迹分析

（1）自由尾迹计算步骤。

与悬停相比，前飞时的自由尾迹计算更复杂。前飞时自由尾迹的求解大多数采用时间步进方式进行，与桨叶旋转时的方位步进相协调。该方式最具代表意义的例子是兰格雷布（Landgrebe）提出的尾迹相容法，假设初始尾迹和环量分布，在桨叶旋转的每一时间步长内不断求解涡系新的位置和形状，直到取得尾迹环量相容的解。

采用圆弧曲涡元和类似 Landgrebe 时间步进方式建立一个前飞旋翼全展自由尾迹分析模型。采用的远尾迹模型与悬停时的不同，远尾迹的涡线形状依据自由尾迹确定，这种远尾迹模型能较好地保证尾迹的光滑过渡和形状的相似性。

自由尾迹的计算包括两个基本步骤：①计算涡元的诱导速度；②在给定的时间步长内更新尾迹。

（2）前飞时自由尾迹的分析方法。

各片桨叶由 1/4 弦线位置的附着涡代替，尾涡从桨叶拖出，以当地速度向下游移动。依据尾迹对桨盘入流贡献大小，将整个尾迹区分为近尾迹和远尾迹两部分，近尾迹上连桨叶，下接远尾迹，在尾迹求解中是完全自由的；远尾迹与近尾迹相连，向下游延伸，其形状依据近尾迹形状确定。设前飞速度为 $\overrightarrow{V_0}$，桨盘平面迎角为 $-\alpha_s$，则：

$$\overrightarrow{V_0} = -V_0\cos(-\alpha_s)\overrightarrow{i_s} - V_0\sin(-\alpha_s)\overrightarrow{j_s} \tag{5-63}$$

计算诱导速度时，将尾迹涡线离散为若干有限长度的圆弧曲涡元。首先求出每一涡元对节点的诱导速度，然后确定各条涡线的全部涡元对该点的诱导速度，最后将所有桨叶的全部涡线的贡献相加就得到该节点的总的诱导速度。对于桨叶的附着环量，其计算在旋翼桨盘不同径向和方位角位置的各离散点上进行，由于前飞尾迹解是周期的，所以各离散方位点要覆盖桨叶完整的一周，即：

$$\psi_l = l \cdot \Delta\psi (l = 1,2,\cdots,N_A) \tag{5-64}$$

式中：N_A ——桨叶的方位角步长数，且有 $\Delta\psi = 2\pi/N_A$ 。

设在 t 时刻桨叶当前方位位置为 ψ ，考虑一尾迹角为 ϕ_k 的涡元。当桨叶以 Ω 旋转角速度转过 $\Delta\psi$ 角后，对应的时间变化为 $\Delta t = \Delta\psi/\Omega$ 。尾迹的更新按下面公式进行计算。

$$\begin{cases} \Delta x = [v_{xi} - V_0 \cos(-\alpha_s)] \dfrac{\Delta\psi}{\Omega} \\ \Delta y = [v_{yi} - V_0 \cos(-\alpha_s)] \dfrac{\Delta\psi}{\Omega} \\ \Delta z = v_{zi} \dfrac{\Delta\psi}{\Omega} \end{cases} \tag{5-65}$$

在给定初始尾迹后，便可对整个尾迹进行迭代计算了。在每个时间步长（保持常数）内，重复地计算涡元的诱导速度，并更新尾迹，直到所有方位的尾迹均达到收敛，则得出所需的自由尾迹。就整个尾迹而言，当桨叶旋转一个增量，相应地在尾迹开始处会增加一个节点和一段涡元，为保持尾涡元的总数不增加，需相应地舍弃最后一个涡元和最后一个尾迹点。尾迹的长度包括近尾迹和远尾迹的长度。显然，尾迹所取长度越长，计算精度越高，但同时涡元的数量亦随尾迹周数的增加而迅速增大，从而计算时间也大量增加。通常截取 2 倍旋翼直径的尾迹长度即可满足尾迹计算的要求。

（3）尾迹涡系的等环量线数值描述。

尾迹分析涉及两个方面：尾迹结构的描述以及尾迹形状的求解。在使用等环量线描述随桨叶载荷变化的尾迹涡系时，涡线被放置在等强度线上，每条涡线的环量为常数，任两条等强度线间包含的环量相同。这样的一组涡线在尾涡面上布置的疏密程度与走向提供了尾涡面涡量场分布的直观图像。典型的等环量线尾迹如图 5－15 所示，用等环量线描述尾迹结构，尾迹被离散化，由于等环量线自动计入脱体与尾随涡量，涡元的数目可减少一半。

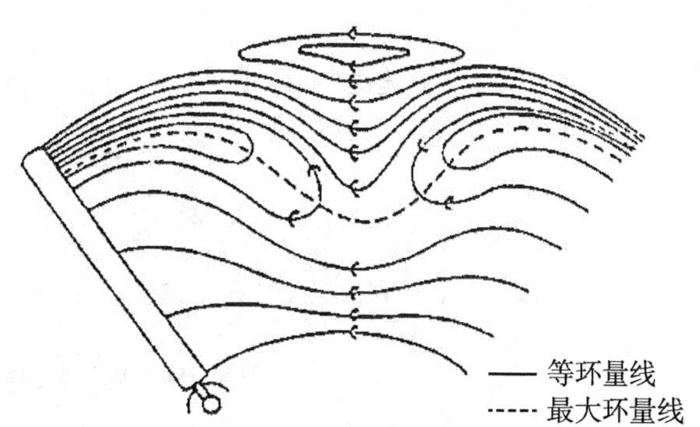

图 5－15　典型的等环量线尾迹

等环量线是指放置在尾涡面涡量场上的、代表其周围一支涡管的涡线。其特点如下。

①每一条等环量线上不同的点，虽然是在不同的时刻生成（从

桨叶上拖出）的，但却有相同的附着环量。若把桨叶取为升力线，则升力线强度就等于贯入升力线的尾迹涡量总和。假如从桨叶根部到桨叶展向某点为止，共有 N 条等环量线进入升力线，等环量线强度为 $\Delta\Gamma$ ，则该点的桨叶附着环量为 $\Delta\Gamma \cdot N$ 。反之，给定环量分布与 $\Delta\Gamma$ ，可逐个分割得到 $\Delta\Gamma$ 的倍分点（环量应为 $\Delta\Gamma$ 的整数倍），进而可得出等环量线与附着涡线的连接点，也就是等环量线生成点。

②由于环量分布随方位角变化，相应的等环量线生成点的展向位置也随方位角变化。在很多情况下环量分布并不是已知的，所以等环量线的生成点也不是可以预先确定的。等环量线生成点与环量分布间的协调往往需要一个迭代过程。

③当桨叶最大附着环量增加或减少时，新添的涡段只能跨过最大环量线（最大环量点在不同方位时的连线），形成一端封闭的等环量线（回线）。

（4）桨叶升力面涡格法。

在桨叶升力面涡格法中，桨叶用涡面代表，并在整个翼面满足边界条件，能较为充分地考虑附着涡面各元素及其与尾迹之间的相互作用，因此升力面理论可改进发生在桨尖或桨叶与尾涡靠近相遇情况下的大变化诱速和载荷的计算。由于桨叶的旋转和尾迹自身的诱导以及桨叶尾迹的相互干扰，尾迹具有螺旋、畸变、卷绕的特征，为了与升力面理论匹配，尾迹也必须相应地采用较为精确的模型，旋翼自由涡系模型如图 5－16 所示。

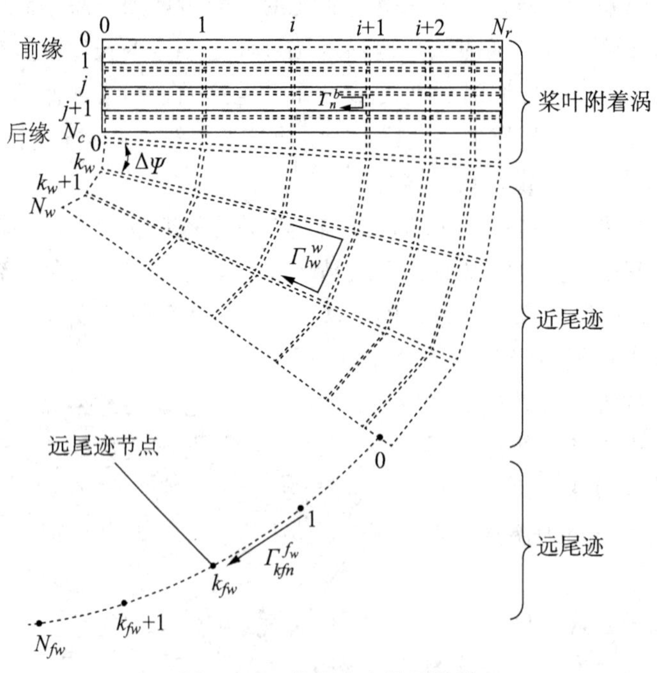

图 5－16　旋翼自由涡系模型

采用离散涡元来表示尾迹，其核心问题是尾迹涡元的空间位置（即尾迹几何形状）和涡强的确定以及尾迹诱导速度的计算，主要包括以下方面。

①桨叶涡系模型。

采用升力面理论来建立桨叶涡系模型，用一阶升力面（也即二阶升力线）来模拟桨叶，在计算精度上已明显高于升力线代替桨叶建立的模型。将升力面布置为与桨叶中弧面重合，将环量沿展向的连续变化近似为阶梯的环量分布，在弦向也用离散的附着涡代替弦向连续分布的涡线，在每条附着涡的两端拖出自由涡，沿着来流方向伸向无穷远。其具体做法是：首先将桨叶中弧面沿展向分成 N_r 个桨叶微段，桨叶微段间的分界线相互平行。然后，将桨叶微段沿弦向的分界线等分为 N_c 段，并沿展向连接相应的等分点，这样桨叶中弧面就被划分成了 $N_r \times N_c$ 个网格，每个网格的 4 个节点构成了四边形面元。这样，整个桨叶基本平面变成有限个微小面元，即用离散马蹄涡系代替，这种方法被称为涡格法。

②旋翼尾迹模型。

前飞时从桨叶不同半径处逸出许多不同的尾随涡，即纵向自由涡。与此同时，由于桨叶环量随时间变化，从桨叶不同方位处还会逸出射线状的脱体涡，即横向自由涡。纵向自由涡与横向自由涡构成的网格状的斜向螺旋涡面从桨叶后缘拖入尾迹中。就整个尾迹而言，当桨叶旋转一个增量，相应地在尾迹开始处会增加一个节点和一段涡元，为保持尾涡元的总数不增加，需相应地舍弃最后一个涡元和最后一个尾迹点。所以尾迹是有时间步长（ Δt ）的，将尾迹生成时刻到当前时刻这段时间内桨叶扫过的方位角度定义为尾迹步长角。

旋翼尾迹模型的特点主要有以下几个。a. 在旋翼桨尖处，尾迹涡环量大，涡量集中度高，在整个旋翼流场中起着主导作用。b. 升力面后缘处的涡强为零。c. 离桨叶后缘较近的尾迹称为近尾迹，其尾迹步长角在30°以内。在该区域内，桨尖涡处于卷起过程中，尾迹仍保持涡片的形式，采用涡格的形式来表示。d. 旋翼远尾迹是指尾迹步长角大于30°的尾迹，桨尖涡采用单根涡丝来表示，是完全自由的尾迹。

尾迹的长度包括近尾迹和远尾迹的长度。显然，尾迹所取长度越长，计算精度越高，但同时涡元的数量亦随尾迹周数的增加而迅速增大，从而计算的工作量和时间也大大增加。实际上，就尾迹对桨叶入流作用而言，尾迹在离桨盘稍远的地方，其作用已越来越小，影响可忽略不计。特别是对于前飞状态，由于自由流作用，尾迹向后移动较悬停快得多，因此，多数自由尾迹分析都采用有限长度的尾迹模型。

③桨尖涡模型。

在旋翼自由涡系模型中，远尾迹涡丝是由近尾迹涡片卷起形成的，其卷起过程相当复杂。为便于分析，主要利用在自由尾流分析中被广泛采用的 Vatistas 涡来模拟桨尖涡，其主要是基于理想流体涡量运动的三个不变量（涡量、涡心和涡矩）守恒定理，确定初始桨尖涡的环量、展向位置和涡核大小。经过复杂的推导与分析，发现卷起后涡管的环量应等于附着涡环量的峰值。

5.4 旋翼无人机的飞行控制

5.4.1 旋翼无人机飞行控制的特点

以四旋翼无人机为例，由于在控制四旋翼无人机飞行时，只能通过控制4个旋翼的升力来改变它6个飞行姿态，所以四旋翼无人机是一个4输入6输出的欠驱动系统。欠驱动系统是指系统的独立控制变量个数小于系统自由度个数的一类非线性系统，欠驱动系统在节约能量、降低造价、减轻重量、增强系统灵活度等方面都比完整驱动系统更具优势。欠驱动系统结构简单，便于进行整体的动力学分析和试验，同时由于系统的高度非线性、参数摄动、多目标控制要求及控制量受限等原因，欠驱动系统又很复杂。当驱动器故障时，完整驱动系统可能变成欠驱动系统，欠驱动控制算法可以起到容错控制的作用。表5-2通过对四旋翼无人机与固定机翼飞机、单旋翼直升机的比较，展示了不同机型的飞行控制特点。

表5-2 不同机型的飞行控制特点

机型	飞行控制特点
固定机翼飞机	通过改变机翼空气动力学结构来实现姿态控制，是自稳定系统。在飞行过程中，发动机稳定工作后，不需要怎么控制，就能自己抵抗气流的干扰以保持稳定。姿态控制是通过完整驱动系统来实现的，在任何姿态下（除了失速状态）都可以调整到另外一个姿态，并且保持住这个姿态
单旋翼直升机	通过改变旋翼的空气动力学结构来实现姿态控制，是不稳定系统，但它是完整驱动系统，旋翼桨叶既能产生向上的升力，也能产生向下的推力。飞行中，机体可以自由调整姿态，而且没有失速的问题
四旋翼无人机	通过协调改变各旋翼升力的大小来实现姿态控制，需要对旋翼旋转转速或总距进行精准的同步调制，是不稳定系统，是欠驱动系统。旋翼桨叶只能产生向上的升力，不能产生向下的推力，很难控制好。经验证明：四旋翼无人机的非线性、欠驱动系统结构使得人工控制难度非常高，只能用自动控制器来控制飞行姿态

5.4.2 飞行姿态与升力

为便于分析四旋翼无人机运动，建立刚体三轴坐标系，将四旋翼无人机置于刚体坐标系中（见图5-17），无人机运动过程中飞行姿态与各旋翼所产生的升力之间的关系借助此坐标轴进行分析。

1. 无人机与 y 轴夹角 α 与升力之间的关系

如图5-18所示，无人机与 y 轴之间的夹角 α，主要通过左右旋翼产生的升力差值进行控制，其控制关系为：

$$\sum M = I_x \ddot{\alpha} \tag{5-66}$$

式中：M——力矩；

I_x——转动惯量；

$\ddot{\alpha}$——无人机与 y 轴夹角二阶导数，即角加速度。

$$l_x(F_{右} - F_{左}) = I_x \ddot{\alpha} \tag{5-67}$$

式中：l_x——旋翼与无人机中心轴距；

$F_{右}$——右侧旋翼旋转产生的升力；

$F_{左}$——左侧旋翼旋转产生的升力。

$$\ddot{\alpha} = \frac{l_x(F_{右} - F_{左})}{I_x} \tag{5-68}$$

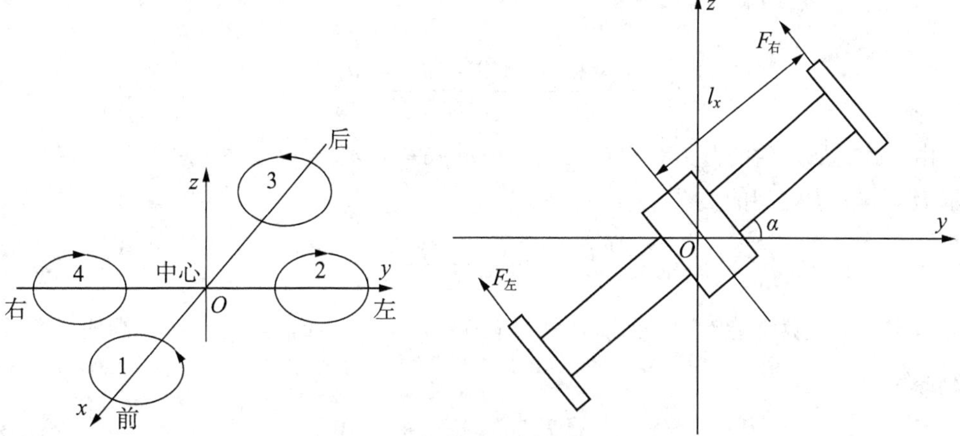

图5-17　四旋翼无人机坐标系建立　　图5-18　无人机与 y 轴夹角 α 与 $F_{左}$、$F_{右}$之间的关系

2. 无人机与 x 轴夹角 β 与升力之间的关系

如图5-19所示，无人机与 x 轴夹角 β 主要通过前后两个旋翼产生的升力差值进行控制，其控制关系为：

$$\sum M = I_y \ddot{\beta} \tag{5-69}$$

$$l_y(F_{前} - F_{后}) = I_y \ddot{\beta} \tag{5-70}$$

$$\ddot{\beta} = \frac{l_y(F_{前} - F_{后})}{I_y} \tag{5-71}$$

3. 无人机绕 z 轴旋转的角度 γ 与升力之间的关系

如图5-20所示，无人机绕 z 轴旋转 γ 角度，使旋翼产生扭矩，升力与旋转角度之间的关系为：

$$\sum M = I_z \ddot{\gamma} \tag{5-72}$$

$$M_{右} + M_{左} - M_{前} - M_{后} = I_z \ddot{\gamma} \tag{5-73}$$

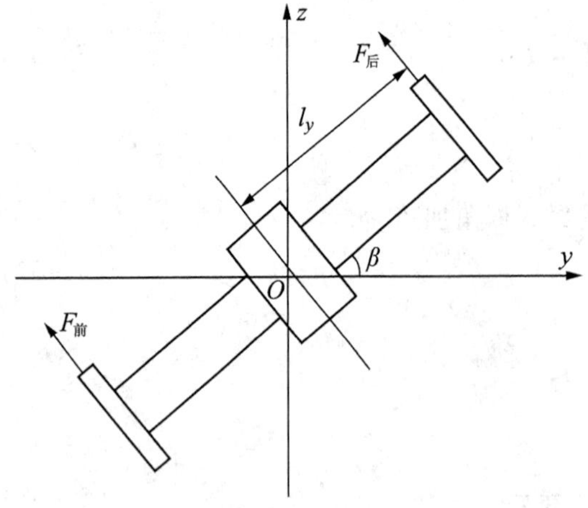

图 5-19 无人机与 x 轴夹角 $\boldsymbol{\beta}$ 与 $F_{前}$、$F_{后}$的关系

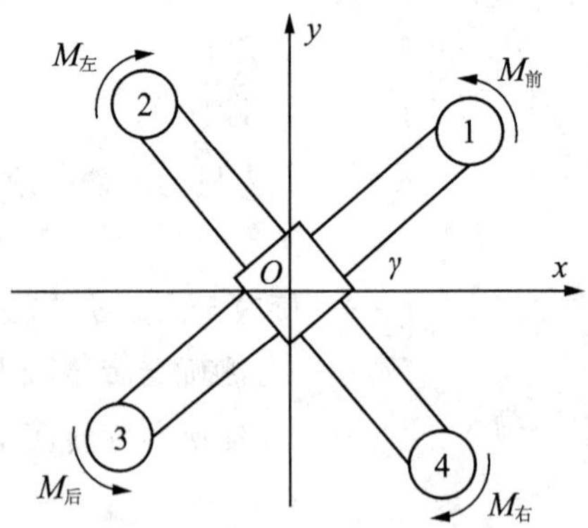

图 5-20 无人机绕 z 轴旋转的角度 γ 与 $M_{前}$、$M_{后}$、$M_{左}$、$M_{右}$之间的关系

$$\ddot{\gamma} = \frac{M_{右} + M_{左} - M_{前} - M_{后}}{I_z} \tag{5-74}$$

由于旋翼所产生的升力和力矩之间存在的关系为 $M = cF$，所以式（5-74）可以表示为 γ 与升力之间的关系，即：

$$\ddot{\gamma} = \frac{c_{右} F_{右} + c_{左} F_{左} - c_{前} F_{前} - c_{后} F_{后}}{I_z} \tag{5-75}$$

假定各个旋翼性能参数一致，则可以认为 $c_{右} = c_{左} = c_{前} = c_{后} = c$，则式（5-75）可以简化为：

$$\ddot{\gamma} = \frac{c(F_{右} + F_{左} - F_{前} - F_{后})}{I_z} \tag{5-76}$$

4. 无人机飞行速度与旋翼升力之间的关系

根据牛顿第二定律，有：

$$\sum F = \ddot{z} m_d \tag{5-77}$$

$$F_{前} + F_{后} + F_{左} + F_{右} - m_d g = \ddot{z} m_d \tag{5-78}$$

$$\ddot{z} = \frac{F_{前} + F_{后} + F_{左} + F_{右} - m_d g}{m_d} \tag{5-79}$$

5.4.3 多旋翼无人机的飞行控制方式

多旋翼无人机的旋翼旋转产生升力的同时，空气对旋翼的反作用也形成一个与旋翼旋转方向相反的作用力矩，驱使机体反向旋转。为了克服旋翼旋转产生的反作用力矩问题，多旋翼无人机运用多个旋翼向不同方向转动来克服彼此的反扭矩，使总扭矩为零。下面以四旋翼无人机为例，说明多旋翼无人机的飞行控制方式，四旋翼无人机飞行控制方式如图 5－21 所示。

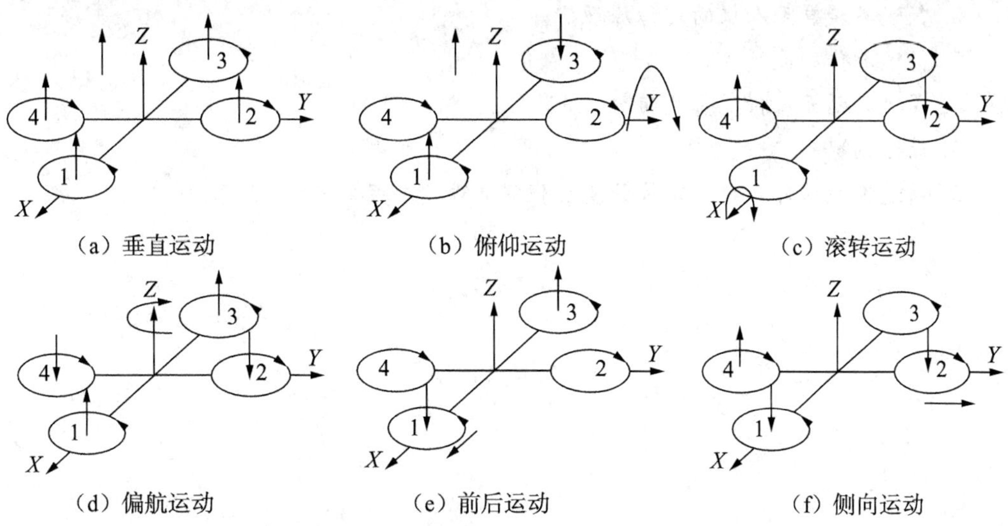

图 5－21　四旋翼无人机飞行控制方式

四旋翼无人机有 4 个在同一高度平面旋转的旋翼，前后旋翼（1 和 3）逆时针方向旋转，左右旋翼（2 和 4）顺时针方向旋转。利用位于两个轴向的旋翼反方向旋转方式，抵消彼此扭矩，从而使四旋翼无人机能在空中保持预定方向飞行或悬停不动。四旋翼无人机在空中飞行时有 6 个自由度，它们分别沿三个坐标轴做平移和旋转动作。在图 5－21 中，规定沿 X 轴正方向运动为向前运动，垂直于旋翼运动平面的箭头向上表示此旋翼升力增大，向下表示此旋翼升力下降，没有箭头表示升力不变。表 5－3 给出了四旋翼无人机的飞行控制方式。

表 5－3　　四旋翼无人机的飞行控制方式

飞行姿态	飞行控制方式
垂直运动	当同时增加或减小 4 个旋翼的升力时，四旋翼无人机便会垂直上升或下降；当 4 个旋翼产生的升力等于机体（及载荷）的重量时，无人机便保持悬停状态［见图 5－21（a）］
俯仰运动（前后运动）	改变旋翼 1 和旋翼 3 的升力，保持旋翼 2 和旋翼 4 的升力不变，产生的不平衡力矩使机身绕 Y 轴旋转，实现四旋翼无人机的俯仰运动［见图 5－21（b）］和前后运动［见图 5－21（e）］
滚转运动	改变旋翼 2 和旋翼 4 的升力，保持旋翼 1 和旋翼 3 的升力不变，产生的不平衡力矩使机身绕 X 轴旋转，实现四旋翼无人机的滚转运动［见图 5－21（c）］
偏航运动	当旋翼 1 和旋翼 3 的升力增大，旋翼 2 和旋翼 4 的升力下降时，旋翼 1 和旋翼 3 对机身的反扭矩大于旋翼 2 和旋翼 4 对机身的反扭矩，机身便在富余反扭矩的作用下绕 Z 轴转动，实现四旋翼无人机的偏航运动［见图 5－21（d）］
侧向运动	由于结构对称，所以侧向飞行的工作原理与前后运动完全一样［见图 5－21（f）］

课后习题

1. 气体容积为 $0.25m^3$，在 303K 时，气体压强为 $6\times10^6 N/m^2$，求气体的重量。
2. 简述多旋翼无人机的飞行原理。
3. 简述流体的连续性。
4. 简要说明无人机所受的阻力。
5. 简述伯努利定理。
6. 通过查找课外资料，比较旋翼现代涡流理论和经典涡流理论的区别。

第 6 章　多旋翼无人机的能耗估计

6.1　多旋翼无人机能耗的影响因素

影响多旋翼无人机能耗的因素有很多，本章将这些因素分为三类：与设计相关的，与飞行相关的，与环境相关的。与设计相关的因素包括质量（电池、机身和载荷）、宽度（无人机机身宽度和桨叶弦宽）、半径（如螺旋桨半径、旋翼半径、整个旋翼桨叶半径）、面积（如桨叶实占面积、迎风面积、桨盘面积）、电池（如电池损耗）、效率（如总功率转换效率、旋翼推进系统效率）等。与飞行相关的因素包括速度（如水平空速、桨叶旋转角速度、旋翼桨尖速度）和迎角。与环境相关的因素包括空气密度、风向、风速、温度等。无人机能耗与各因素之间存在复杂关系，如图 6 – 1 所示。①增加载荷、机身或者电池的重量，会增加能耗。②能耗受到从电池到旋翼的总功率转换效率的影响。③较大的旋翼效率更高。然而，因为它们具有更大的惯性，不太灵活，会增加潜在危险。④迎角与能耗之间的关系难以确定。升力与升力系数成正比，阻力与阻力系数成正比。升力系数和阻力系数都是迎角的函数。在一定范围内，迎角越大，升力系数和阻力系数越大。然而，当迎角超过某个值（称为临界迎角）时，升力系数反而开始减小。⑤旋翼个数影响桨盘面积。如果其他条件不变，旋翼越多，面积越大。然而，桨盘面积与能耗之间并不是成正比或成反比的关系。⑥旋翼的坚固度越大，翼型功率越大，能耗也就越大。⑦旋翼桨尖速度等于叶片旋转角速度乘叶片半径，与诱导功率成正比。⑧诱导速度越大，诱导功率越大，能耗也就越大。

6.2　简化模型

（1）对于多旋翼无人机能耗，一类简单的计算方法是根据单位距离能耗来进行估算。假设垂直距离 d_v 越高，能耗值越大，则将多旋翼无人机能耗估计为 $E = m_d g d_v$，m_d 为空机重。假设多旋翼无人机在一定时间内发生水平移动，在这种情况下，其每单位水平距离能耗为 E_s^d，在垂直移动时，垂直上升或下降单位距离分别耗能 E_c^d 和 E_d^d。根据相应的单位距离能耗以及水平飞行距离 d_s 和垂直飞行距离 d_v，总能耗为 $E = E_s^d d_s + (E_c^d + E_d^d) d_v + E_h^t t_h$。其中，忽略悬停阶段能耗（假设 $E_h^t t_h = 0\ \text{J/m}$），$E_s^d = 13.19\text{J/m}$，$E_c^d = 15.62\text{J/m}$，$E_d^d = 12.75\text{J/m}$。另一类方法是把能耗计算设置为无人机载重 m_p 的函数，计算公式为 $E(m_p) = E_v + E_s = (k_1 m_p + k_2) + (k_3 m_p + k_4) d_s$，其中 k_1 为单位包裹

迎角
旋翼个数
螺旋桨半径
整个旋翼桨叶半径
单个螺旋桨叶片数
旋翼坚固度
风向风速
桨叶旋转角速度
电池损耗
温度
俯仰角
航迹角
水平空速
垂直空速
空气密度
载荷重量
机身重量
无人机能耗
加速度
旋翼桨尖速度
电池重量
诱导速度
叶片阻力系数
电子元件功耗
迎风面积
螺旋桨桨盘面积
无人机机身宽度
桨叶弦宽
总功率转换效率
翼型阻力系数
机身阻力系数
升力系数
桨叶横截面积
桨叶圆盘面积
旋翼半径
旋翼推进效率

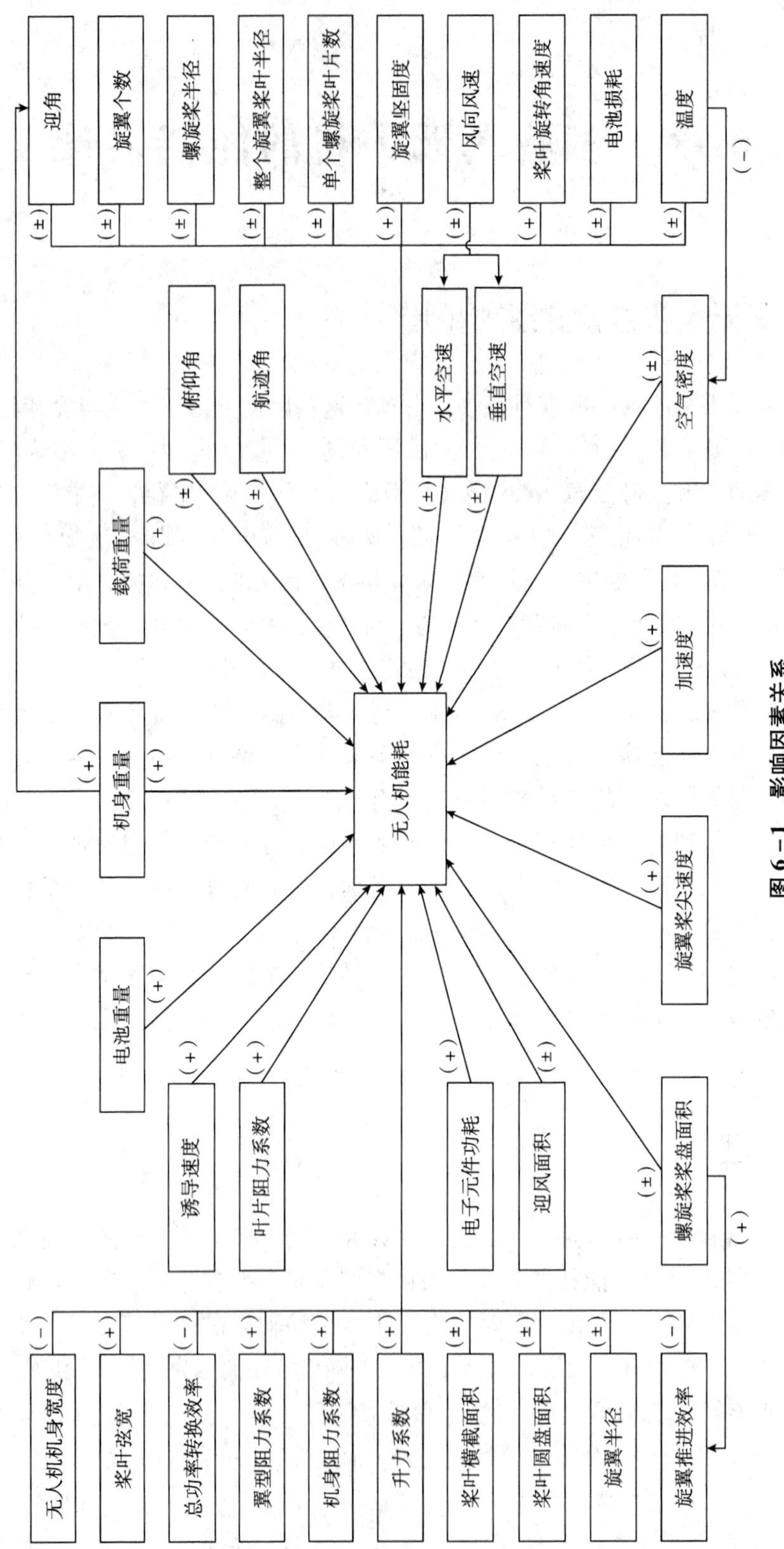

图 6-1 影响因素关系

质量在起飞和降落过程中消耗的能量，k_2 为空载多旋翼无人机起飞和降落所需的能量，k_3 为空载多旋翼无人机携带一个包裹飞行单位距离所需的额外能量，k_4 为空载多旋翼无人机飞行单位距离所需的能量。

（2）根据升力和阻力的比值估算多旋翼无人机能耗。保持稳定的水平飞行要求作用在多旋翼无人机上的所有力平衡。有四种相关的力：重力（G）、推力（T）、升力（L）、阻力（D）。升力和推力共同作用于旋翼上，升阻比 r_{ld}（$r_{ld} = L/D$）是影响飞行效率和飞行能耗的关键指标。飞行一定距离所需的能量等于飞行时间乘功率，同时能耗也受到从电池到旋翼的总功率转换效率 e_t 的影响。水平飞行所需能量的计算公式为式（6－1），其中总重 $m = m_b + m_p + m_d$，m_b 为电池质量，m_p 为无人机的有效载荷质量。

$$E_s = T_s v_s t_s = mgd_s/(r_{ld}e_t) \tag{6-1}$$

能耗与多旋翼无人机质量和飞行距离成正比。式（6－1）不包括电子元件所需的能耗，对于远程飞行的多旋翼无人机来说，这些电子设备消耗的能量可忽略不计。式（6－1）中不含空速，但升阻比通常是空速的函数。

6.3　基于悬停阶段推力的能耗估计模型

该类能耗估计模型通常假设水平飞行时的能耗由于过渡升力（当旋翼机从悬停状态变为水平前飞状态时所获得的升力）而减少。因此，悬停期间的平均功率是水平飞行期间平均功率的上限。在起飞和降落过程中平均消耗的能量，约等于在悬停阶段消耗的能量。由于推力是通过诱导气流流过旋翼获得的，因此推力为 $T_h = 2\rho A_p v_{ih}{}^2$，其中 ρ 为空气密度，A_p 为桨盘面积，v_{ih} 为悬停阶段的诱导速度。对应的功率为：

$$P = T_h \cdot v_{ih} = \sqrt{T_h{}^3/(2\rho A_p)} \tag{6-2}$$

能耗 $E = P \cdot t$。若式（6－2）中考虑旋翼个数 N_r，即桨盘面积 $A_p = N_r A_b$，A_b 为单片桨叶圆盘面积。若式（6－2）中考虑电机效率 e_m，则 $P = \sqrt{T_h{}^3/(2\rho A_p)}/e_m$。如果同时考虑旋翼个数和旋翼效率 e_r，则 $P = \sqrt{T_h{}^3/(2\rho N_r A_b)}/e_r$。

另一种计算悬停阶段能耗的方式是假设推力 $T = mg$。在某些六轴直升机的配置下，多旋翼直升机的功率可线性近似为 $P = k_5 m_p + k_6$，其中 k_5 表示每千克电池和有效载荷质量消耗的功率，k_6 是保持在空中飞行所需的功率。除此之外，还可以假设在爬升、水平飞行、下降或悬停过程中消耗的能量是相同的，即 $P = k_7 m_p + k_8$，其中 k_7 是单位包裹质量消耗的能量，k_8 是保持空载无人机移动所消耗的能量，$k_7 = 210.8\text{W/kg}$，$k_8 = 181.2\text{W}$。

6.4　基于平飞阶段推力的能耗估计模型

该类能耗估计模型假设能耗等于推力在水平飞行过程中所做的功，推力由受力分析推导而来。功率的计算公式为式（6－3），其中诱导速度 v_{is} 可通过求解隐式方程（6－4）得到。

$$P = T_s(v_{is} + v \cdot \sin\alpha) \tag{6-3}$$

$$v_{is} = T_s / \left[2\rho A_p \sqrt{(v \cdot \cos\alpha)^2 + (v \cdot \sin\alpha + v_{is})^2}\right] \tag{6-4}$$

在正向水平飞行时，无人机略有倾斜，α 为桨盘倾斜角，计算公式为 $\alpha = \tan^{-1}(D_s/G)$，$D_s$ 为平飞阶段的阻力，$D_s = \rho C_d A_f v_s^2/2$ 。

假设每个旋翼的推力大致相等，加在一起恰好平衡重力和阻力，以式（6－5）估计推力，其中 A_f 为迎风面积。倾斜角计算公式为 $\alpha = \tan^{-1}(\rho C_d A_f v_s{}^2/2)/(mg)$ ，式（6－3）用电机效率 e_m 予以修正，即 $P = T_s(v_{is} + v \cdot \sin\alpha)/e_m$ 。

$$T_s = G + D_s = mg + \rho C_d A_f v_s{}^2/2 \tag{6-5}$$

6.5 基于静态平衡的能耗估计模型

假设无人机处于稳态，外力处于静态平衡状态，因此不会产生净加速度。无人机在水平飞行、起飞和降落过程中消耗能量。功率分为诱导功率（ P_{in} ）、翼型功率（ P_{pr} ）和寄生功率（ P_{pa} ）。当无人机与风之间存在相对平动时，诱导功率通过向下推动空气产生推力，翼型功率克服旋转桨叶遇到的旋转阻力，寄生功率克服机身阻力。此外，还考虑电子元件的功耗。

（1）假设无人机匀速水平直线飞行时所有的力相互平衡，所以合力为零，向上的升力等于向下的重力，而旋翼向前的推力被向后的阻力所平衡。无人机的诱导功率为 $P_{in} = (mg)^2/(\rho v_s w_d{}^2)$ ，与总质量 m 、空气密度 ρ 、无人机机身宽度 w_d 和水平空速 v_s 有关。寄生功率为 $P_{pa} = \rho C_d A_f v_s{}^3/2$ 。水平飞行总功率为 $P = P_{in} + P_{pa}$（忽略翼型功率）。

（2）考虑到无人机处于稳定水平飞行时，所有力都需要平衡，因此推力的计算公式为 $T_s = \sqrt{G^2 + D_s{}^2} = \sqrt{(mg)^2 + (\rho C_d A_f v_s{}^2/2)^2}$ 。无人机向前飞行所需功率为诱导功率与寄生功率之和，$P_{in} = T_s v_{is}$ ，$P_{pa} = D_s v_s$ ，v_{is} 由式（6－4）可得。

（3）假设忽略无人机加/减速，随着水平空速 v_s 的增加，叶片翼型功率和寄生功率分别呈二次和三次指数增长。对于以水平空速 v_s 向前飞行的无人机，诱导功率随 v_s 的增加而减小，其功率估计为：

$$P(v_s) = \frac{(1 + k_9) m_d g \left(\sqrt{\dfrac{1 + v_s{}^4}{4v_{ih}{}^4}} - \dfrac{v_s{}^2}{2v_{ih}{}^2}\right)^{1/2}}{\sqrt{2\rho A_p}} + \frac{\rho C_{pr} s_r A_p \omega_b{}^3 R_r{}^3 \left(\dfrac{1 + 3v_s{}^2}{v_r{}^2}\right)}{8} + \frac{\rho r_d s_r A_p v_s{}^3}{2} \tag{6-6}$$

式中：k_9 ——增量修正因子；

s_r ——旋翼实度；

ω_b ——桨叶旋转角速度；

R_r ——单个旋翼半径；

v_r ——桨尖速度；

r_d ——机身阻力比。

假设 $v_s = 0\text{m/s}$ ，则悬停时的功率为 $(1 + k_9)m_d g/(2\rho A_p)^{1/2} + \rho C_{pr} s_r A_p \omega_b{}^3 R_r{}^3/8$ 。随着 v_s 的增加，$P(v_s)$ 先减小后增大。当 $v_s \gg v_{ih}$ 时，根据一阶泰勒近似，前飞诱导功率变化为 $P_{in} = (1 + k_9)m_d g v_{ih}/[v_s(2\rho A_p)^{1/2}]$ 。

如果初始空速为 v_0 ，并考虑加/减速，则诱导功率和翼型功率的计算方法基本相同，只是空速由 v_s 变为 $v_0 + at$ 。寄生功率可被估计为 $P_{pa} = \rho C_d A_f v_s{}^3/2 + 2(m_d g)^2/(\pi\rho e_o r_w A_f v_s) + m_d a_s v_s$ 。

（4）由 P_{in} 、P_{pr} 和 P_{pa} 组成功率模型，其中 $P_{in} = k_{10}T[v_v/2 + \sqrt{(v_v/2)^2 + T/(2\rho A_p)}]$，$P_{pr} = k_{11}\rho C_b N_b w_b R_r{}^4 T^{3/2}/8$（$k_{10}$ 为比例因子，$0 < k_{10} < 1$；k_{11} 也是一个比例因子）。稳态时的推力为 $T = \sqrt{[m_d g - \rho C_l N_b w_b R_r(v_s\cos\alpha)^2]^2/4 + (\rho C_d A_f v_s{}^2)^2/4}$ 。垂直飞行时，$T = m_d g$ ，总功率为 $P = P_{in} + P_{pr}$ 。水平飞行时，垂直飞行速度 $v_v = 0\text{m/s}$ ，总功率为 $P = P_{in} + P_{pr} + P_{pa}$。悬停时，$T = m_d g$ 且 $v_v = 0\text{m/s}$ ，总功率为 $P = P_{in} + P_{pr}$ 。考虑无人机飞行的四个阶段：起飞、水平飞行、悬停和降落。克服无人机机身和旋翼的空气阻力所需的功率 P_{pa} 和 P_{pr} ，以及升力功率（P_{lift}）、爬升功率（P_c）和内部电子功率（P_e）的计算如下：$P_{pa} = \rho C_d A_f v^3/2$ ，$P_{pr} = \rho C_b r_s A_p v_r{}^3(1 + 2v^2/v_r^2)/8$ ，$P_{lift} = \kappa C_w T$ ，$P_c = mgv\sin\theta_c$ ，$P_e = 0.1\text{kW}$ 。其中 $T = \sqrt{(mg)^2 + (\rho C_d A_f v^2/2)^2 + mg\rho C_d A_f v^3\sin\theta_c}$ ，κ 为上升因子，C_w 为下洗流系数，θ_c 为爬升航迹角。垂直起降过程中的功率（即 $\theta_c = 90^\circ$）为 $\rho C_d A_f v_c{}^3/2 + \rho C_b r_s A_p v_r{}^3(1 + 2v_c^2/v_r^2)/8 + \kappa C_w\sqrt{(mg)^2 + (\rho C_d A_f v_c{}^2/2)^2 + mg\rho C_d A_f v_c{}^3} + 0.1/e_c$ ；悬停时（即爬升速度 $v_c = 0\text{m/s}$）的功率为 $\rho C_b r_s A_p v_r{}^3/8 + \kappa C_w mg + 0.1/e_c$ ，其中 e_c 为充电效率；水平飞行时的功率（即爬升角 $\theta_c = 0^\circ$）可估计为：

$$P = \frac{\rho C_d A_f v_s{}^3}{2} + \frac{\rho C_b r_s A_p v_r{}^3(1 + 2v_s^2/v_r^2)}{8} + \kappa C_w\sqrt{(mg)^2 + \left(\frac{\rho C_d A_f v_s{}^2}{2}\right)^2} + \frac{0.1}{e_c} \tag{6-7}$$

6.6 基于动态平衡的能耗估计模型

6.6.1 力的动态平衡

根据作用盘理论，升力是通过动量的变化来实现的。所要求的条件包括：①存在流管（即轴对称表面）；②气体不可压缩且气流恒定；③气流保持在同一方向。

考虑无人机飞行条件，利用作用盘理论描述无人机飞行阶段的动态过程。图 6 - 2 所示为不同飞行阶段的作用盘。图 6 - 3 所示为无人机在不同飞行阶段的受力分析。功率可以根据质量守恒、动量守恒和能量守恒来进行估计。

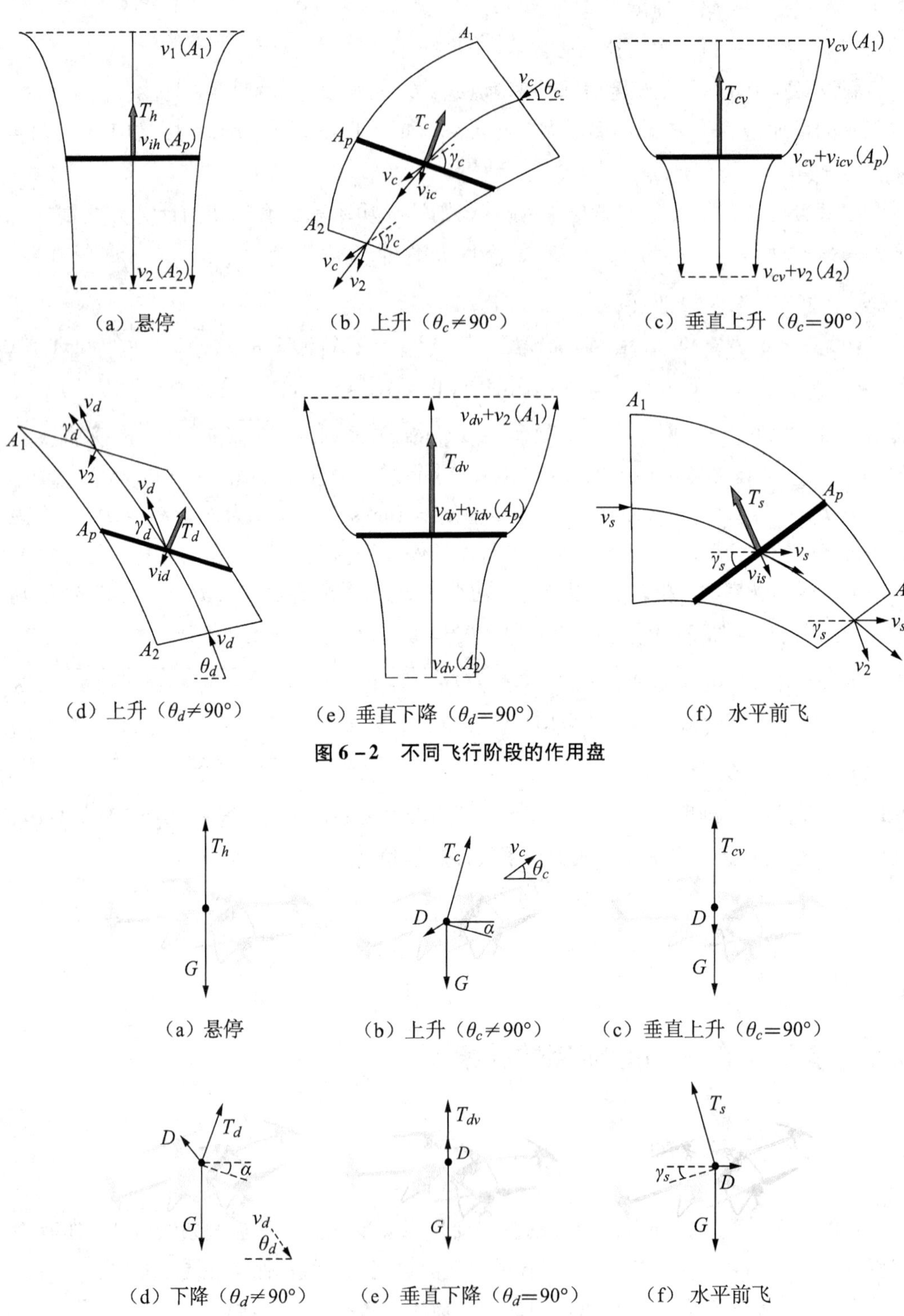

图 6-2　不同飞行阶段的作用盘

图 6-3　无人机在不同飞行阶段的受力分析

6.6.2 不同飞行阶段的能耗估计

（1）在无人机的悬停阶段［见图6－2（a）］，气体经过流管与桨盘时加速，从流管底部排出。在远离桨盘的上游，垂直流速 v_1 趋于0m/s，流经旋翼的附加速度 v_{ih} 即是诱导速度，最终以速度增量 v_2 形成旋翼尾迹。

根据动量定理，旋翼作用盘模型内流体动量的变化率在大小和方向上等于旋翼作用在该流体上的外力，因此，推力 T_h 可通过动量增量来定义，如式（6－8），其中 $\dot{m} = \rho A_p v_{ih}$ ，表示单位时间内的空气质量流量。

$$T_h = \dot{m}(v_2 - v_1) = \dot{m}v_2 = \rho A_p v_{ih} \cdot v_2 \tag{6-8}$$

用旋翼桨盘上下气压差来表示旋翼拉力 T_h ，随着气流向下远离旋翼形成尾迹时，诱导速度会加倍。由伯努利方程，可确定 v_2 与 v_{ih} 的关系，如式（6－9）所示。

$$v_2 = 2v_{ih} \tag{6-9}$$

将式（6－9）代入式（6－8），消除 v_2 ，得到 T_h 与 v_{ih} 的关系，如式（6－10）所示。

$$T_h = 2\rho A_p v_{ih}{}^2 \tag{6-10}$$

对式（6－10）进行变形，得到诱导速度 v_{ih} 的表达式，如式（6－11）所示。

$$v_{ih} = \sqrt{T_h/2\rho A_p} \tag{6-11}$$

将式（6－11）代入诱导功率表达式，得到式（6－12）。

$$P_{in} = T_h v_{ih} = T_h \cdot \sqrt{T_h/2\rho A_p} \tag{6-12}$$

翼型功率表达式与桨叶阻力系数、空气密度、桨盘面积和旋翼桨尖速度相关，如式（6－13）所示。

$$P_{pr} = C_b \rho A_p v_r{}^3/8 \tag{6-13}$$

悬停阶段总功率为诱导功率、翼型功率和电子元件功率之和，如式（6－14）所示。

$$P = P_{in} + P_{pr} + P_e = T_h \cdot \sqrt{T_h/2\rho A_p} + C_b \rho A_p v_r{}^3/8 + P_e \tag{6-14}$$

在悬停时［见图6－3（a）］，旋翼推力在纵向平面是垂直的，大小等于机身重量，悬停阶段推力计算公式如式（6－15）所示。

$$T_h = G = mg \tag{6-15}$$

将式（6－15）代入式（6－14），可得到悬停阶段功率表达式，如式（6－16）所示。

$$P_h = mg \cdot \sqrt{mg/(2\rho A_p)} + C_b \rho A_p v_r{}^3/8 + P_e \tag{6-16}$$

（2）无人机爬升需要动量变化并确保旋翼产生一个垂直向上的拉力［见图6－2（b）］。气流从上方靠近旋翼时将向着旋翼桨盘方向加速，在向下形成尾迹时加速更为明显。气流从远离旋翼的上游以速度 v_c 进入流管，在流经旋翼桨盘时获得一个增速 v_{ic} ，最后

在 v_c 的基础上获得增速 v_2 流出旋翼形成尾迹。此时，旋翼桨盘的来流速度 v_c 与惯性水平面构成一个夹角 θ_c，即无人机的爬升航迹角。

根据质量守恒定律，流过作用盘模型任意截面的流体质量不变，如式（6－17）所示。

$$\dot{m} = \rho A_1(\vec{v}_c + \vec{a}_c t_c) = \rho A_p[(\vec{v}_c + \vec{a}_c t_c) + \vec{v}_{ic}] = \rho A_2[(\vec{v}_c + \vec{a}_c t_c) + \vec{v}_2] \tag{6-17}$$

推力 T_c 基于动量增量计算如式（6－18）所示，其中 $\gamma_c = \theta_c + \alpha$。

$$T_c = \dot{m}\vec{v}_2 = \rho A_p \sqrt{[(v_c + a_c t_c)\cos\gamma_c]^2 + [(v_c + a_c t_c)\sin\gamma_c + v_{ic}]^2} \cdot v_2 \tag{6-18}$$

根据伯努利方程，确定 v_2 与 v_{ic} 的关系，如式（6－19）所示。

$$v_2 = 2v_{ic} \tag{6-19}$$

根据诱导功率、翼型功率和寄生功率模型，分别得到式（6－20）、式（6－21）和式（6－22）。

$$P_{in} = T_c \cdot [(v_c + a_c t_c)\sin\gamma_c + v_{ic}] \tag{6-20}$$

$$P_{pr} = \rho C_b A_p v_r{}^3[1 + 3(v_c + a_c t_c)^2/v_r^2]/8 \tag{6-21}$$

$$P_{pa} = \rho A_f(v_c + a_c t_c)^3/2 \tag{6-22}$$

总功率是四部分之和，如式（6－23）所示。

$$P = P_{in} + P_{pr} + P_{pa} + P_e \tag{6-23}$$

由上升状态下的受力平衡［见图 6－3（b）］，可得推力计算公式。

$$T_c = \begin{cases} \sqrt{(mg \cdot \sin\theta_c + \rho A_f v_c{}^2/2)^2 + (mg \cdot \cos\theta_c)^2}, a_c = 0 \\ \sqrt{[ma_c + mg \cdot \sin\theta_c + \rho A_f(v_c + a_c t_c)^2/2]^2 + (mg \cdot \cos\theta_c)^2}, a_c \neq 0 \end{cases} \tag{6-24}$$

（3）当无人机处于下降状态时［见图 6－2（d）］，由于来流速度朝上，远处下游尾迹在旋翼的上方，旋翼诱导速度与相对气流方向相反，两股反向气流相遇形成紊乱的旋涡，旋翼作用盘模型不再适用。当下降速率较低时，由于远处尾迹内侧的气流和外侧的气流呈相反的方向，气流紊乱，且含有大量逆行环流和剧烈的涡流，会出现涡环状态和紊流状态；当下降速率较高时，整个流场的空气又趋于平稳流畅且不再紊乱，出现风车状态，此时，可建立均匀载荷旋翼作用盘模型。

在无人机下降阶段，旋翼下方的气流以 v_d 的速度进入流管，在流经旋翼桨盘时获得一个减量 v_{id}，最后在 v_d 的基础上获得减速 v_2 流出旋翼形成尾迹。

根据质量守恒定律，流过作用盘模型任意截面的流体质量不变，如式（6－25）所示。

$$\dot{m} = \rho A_2(\vec{v}_d + \vec{a}_d t_d) = \rho A_p[(\vec{v}_d + \vec{a}_d t_d) + \vec{v}_{id}] = \rho A_1[(\vec{v}_d + \vec{a}_d t_d) + \vec{v}_2] \tag{6-25}$$

推力 T_d 通过动量增量计算，如式（6－26）所示。

$$T_d = -\dot{m}\vec{v}_2 = -\rho A_p \sqrt{(v_d\cos\gamma_d)^2 + (v_d\sin\gamma_d - v_{id})^2} \cdot v_2 \tag{6-26}$$

基于伯努利方程，确定 v_2 与 v_{id} 的关系，如式（6－27）所示。

$$v_2 = 2v_{id} \tag{6-27}$$

根据诱导功率、翼型功率和寄生功率模型，分别得到式（6－28）、式（6－29）和式（6－30）。

$$P_{in} = T_d \cdot [(v_d + a_d t_d)\sin\gamma_d + v_{id}] \tag{6-28}$$

$$P_{pr} = \rho C_b A_p v_r{}^3 [1 + 3(v_d + a_d t_d)^2 / v_r^2]/8 \tag{6-29}$$

$$P_{pa} = \rho A_f (v_d + a_d t_d)^3/2 \tag{6-30}$$

总功率是四部分之和，与式（6－23）一致。

由下降状态下的受力平衡［见图6－3（d）］，可得推力计算公式。

$$T_d = \begin{cases} \sqrt{(mg \cdot \sin\theta_d - \rho A_f v_d{}^2/2)^2 + (mg \cdot \cos\theta_d)^2}, a_d = 0 \\ \sqrt{[mg \cdot \sin\theta_d - \rho A_f (v_d + a_d t_d)^2/2 + ma_d]^2 + (mg \cdot \cos\theta_d)^2}, a_d \neq 0 \end{cases} \tag{6-31}$$

（4）当无人机以一定水平速度向前飞行时［见图6－2（f）］，旋翼桨盘为了给旋翼无人机提供推进力而向前倾斜，整个旋翼处于一段斜吹的气流中。在上游远处截面，气流速度 v_s 大小上等于旋翼无人机定直平飞（稳定直线水平飞行）速度，与平飞速度方向相反，在螺旋桨盘处，气流获得增量 v_{is} ，在下游远处，气流获得增量 v_2 ，γ_s 为来流速度 v_s 在桨盘处和下游远处的水平夹角。

根据质量守恒定律，流过作用盘模型任意截面的流体质量不变，如式（6－32）所示。

$$\dot{m} = \rho A_1(\vec{v}_s + \vec{a}_s t_s) = \rho A_p[(\vec{v}_s + \vec{a}_s t_s) + \vec{v}_{is}] = \rho A_2[(\vec{v}_s + \vec{a}_s t_s) + \vec{v}_2] \tag{6-32}$$

通过动量增量定义 T_s ，得到式（6－33）。

$$T_s = \dot{m}\vec{v}_2 = \rho A_p \sqrt{[(v_s + a_s t_s)\cos\gamma_s]^2 + [(v_s + a_s t_s)\sin\gamma_s + v_{is}]^2} \cdot v_2 \tag{6-33}$$

诱导速度方向垂直于桨盘平面，在尾迹远处，诱导速度是旋翼桨盘处的2倍，如式（6－34）所示。

$$v_2 = 2v_{is} \tag{6-34}$$

由于 γ_s 一般较小，$(v_s + a_s t_s)\sin\gamma_s$ 与 v_{is} 相比可以忽略，$(v_s + a_s t_s)\cos\gamma_s \approx v_s + a_s t_s$ ，得到简化后 v_{is} 的形式如式（6－35）所示。

$$v_{is} = -v_s{}^2/2 + \sqrt{(v_s{}^2/2)^2 + (T_s/2\rho A_p)^2} \tag{6-35}$$

根据诱导功率、翼型功率和寄生功率模型，分别得到式（6－36）、式（6－37）和式（6－38）。

$$P_{in} = T_s \cdot [(v_s + a_s t_s)\sin\gamma_s + v_{is}] \tag{6-36}$$

$$P_{pr} = \rho C_b A_p v_r{}^3 [1 + 3(v_s + a_s t_s)^2 / v_r^2]/8 \tag{6-37}$$

$$P_{pa} = \rho A_f (v_s + a_s t_s)^3/2 \tag{6-38}$$

总功率是四部分之和，与式（6－23）一致。

由水平前飞状态下的受力平衡［见图6－3（f）］，可得推力计算公式。

$$T_s = \begin{cases} \sqrt{(mg)^2 + (\rho A_f v_s{}^2/2)^2}, a_s = 0 \\ \sqrt{(mg)^2 + [\rho A_f (v_s + a_s t_s)^2/2 + m a_s]^2}, a_s \neq 0 \end{cases} \tag{6-39}$$

6.6.3 完整航段的能耗估计模型

表 6－1 列出了多旋翼无人机在各种飞行阶段的功率估计公式，其中翼型阻力系数 $C_{pr} = \rho C_b A_p v_r{}^3/8$ ，寄生阻力系数 $C_{pa} = \rho A_f/2$ 。实际的诱导功率要比基于动量理论的估计结果高出 5% 到 20%，即实际功率稍大于上述推导模型计算出的功率值，因此要在诱导功率中添加经验修正系数 κ（$\kappa = 1.15$）。

表 6－1　多旋翼无人机在各种飞行阶段的功率估计公式

阶段	P_{in}	P_{pr}	P_{pa}
爬升	$T_c \cdot [(v_c + a_c t_c)\sin\gamma_c + \kappa v_{ic}]$	$C_{pr} \cdot [1 + 3(v_c + a_c t_c)^2/v_r^2]$	$C_{pa} \cdot (v_c + a_c t_c)^3$
下降	$T_d \cdot [(v_d + a_d t_d)\sin\gamma_d + \kappa v_{id}]$	$C_{pr} \cdot [1 + 3(v_d + a_d t_d)^2/v_r^2]$	$C_{pa} \cdot (v_d + a_d t_d)^3$
水平前飞	$T_s \cdot [(v_s + a_s t_s)\sin\gamma_s + \kappa v_{is}]$	$C_{pr} \cdot [1 + 3(v_s + a_s t_s)^2/v_r^2]$	$C_{pa} \cdot (v_s + a_s t_s)^3$
悬停	$\kappa\sqrt{T_h{}^3/2\rho A_p}$	C_{pr}	0

一个完整航段包含无人机从地面起飞，经过水平飞行过程后着陆的全过程。可将航段划分为上升、悬停、水平飞行和下降等阶段。图 6－4 展示了在一个完整航段中无人机高度随时间变化的情况。

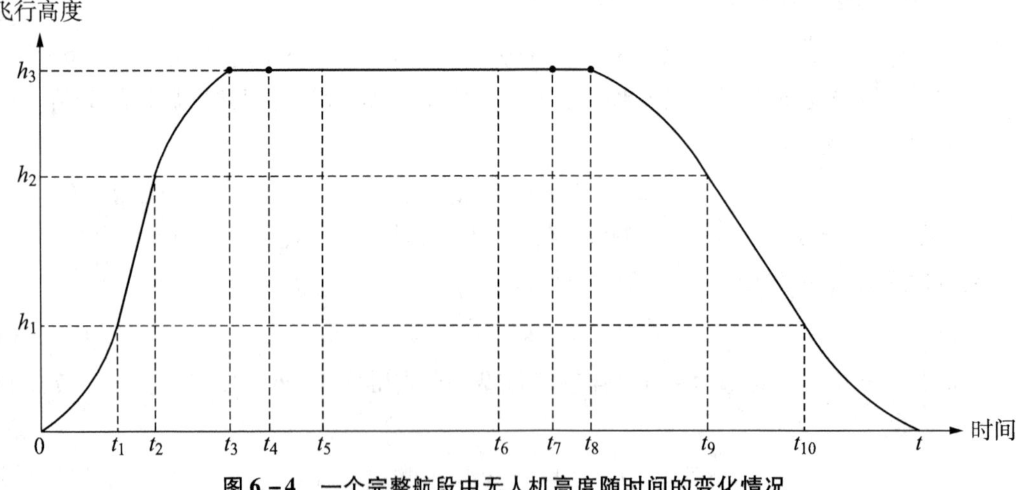

图 6－4　一个完整航段中无人机高度随时间的变化情况

考虑无人机飞行过程中存在加减速环节。在上升过程中，从时间 0s 到 t_1，无人机以飞行航迹角 θ_c 加速上升至高度 h_1，此时空速为 v_c。然后，无人机从时间 t_1 到 t_2 以空速 v_c 匀速上升，到达高度 h_2。在时间 t_2 和 t_3 之间，无人机减速上升，到达高度 h_3 时，上升空速为 0m/s。上升阶段后，即在时间 t_3 和 t_4 之间，无人机悬停。

在水平飞行过程中，飞行高度一直保持在 h_3。从时间 t_4 到 t_5，无人机加速向前飞行后，此时空速为 v_s。然后，从时间 t_5 到 t_6，无人机以空速 v_s 匀速向前飞行。在时间 t_6 和 t_7 之间，无人机减速向前飞行，最终空速为 0m/s。水平飞行阶段后，即在时间 t_7 和 t_8 之间，无人机悬停。

在下降过程中，无人机在悬停点的空速为 0m/s。从时间 t_8 到 t_9，以飞行航迹角 θ_d 加速下降至高度 h_2，此时空速为 v_d。然后，从时间 t_9 到 t_{10}，无人机以空速 v_d 匀速下降，下降至高度 h_1。从时间 t_{10} 到 t，无人机减速下降至地面，最终空速为 0m/s。

计算无人机上升、悬停、水平飞行和下降过程中的能耗，对应于一个完整航段的能耗计算方式如下：

$$\begin{aligned}E &= E_c + E_s + E_h + E_d \\ &= \int P_c \mathrm{d}t_c + \int P_s \mathrm{d}t_s + \int P_h \mathrm{d}t_h + \int P_d \mathrm{d}t_d \\ &= \sum_{j=c,d,s} \int [T_j \cdot (v_j + a_j t_j)\sin\gamma_j + \kappa T_j \cdot v_{ij}]\mathrm{d}t_j + \kappa \sqrt{{T_h}^3/2\rho A_p} \cdot t_h + \\ &\quad C_{pr} \cdot \{t + [3 \cdot \sum_{j=c,d,s} \int (v_j + a_j t_j)^2 \mathrm{d}t_j]/{v_r}^2\} + C_{pa} \cdot \sum_{j=c,d,s} \int (v_j + a_j t_j)^3 \mathrm{d}t_j + P_e \cdot t\end{aligned} \tag{6-40}$$

6.6.4　隐式方程的解法

悬停、爬升和下降阶段的诱导速度都可由显式方程直接带入参数求解，而水平前飞阶段的诱导速度 $v_{is} = \dfrac{T_s}{2\rho A_p \sqrt{(v_s \cos\gamma_s)^2 + (v_s \sin\gamma_s + v_{is})^2}}$，需要通过求解隐式方程得到。这里给出求解该类隐式方程的一种方式，具体步骤如下。

步骤 1　简化处理。

因为无人机在水平阶段的飞行航迹角为 0°，所以无人机飞行过程中的俯仰角等于迎角，即 $\gamma_s = \alpha$。考虑到在动态平衡的能耗估计模型中假设的桨盘倾角 α 非常小，所以 $v_s \sin\gamma_s$ 与 v_{is} 相比可以忽略不计，而 $v_s \cos\gamma_s$ 可以近似等于 v_s，所以水平前飞阶段的诱导速度可以简化为：

$$v_{is} = \frac{T_s}{2\rho A_p} \cdot \frac{1}{\sqrt{{v_s}^2 + {v_{is}}^2}}$$

步骤 2　将上述方程转化为一元二次方程的标准形式。

原式：$v_{is} = \dfrac{T_s}{2\rho A_p} \cdot \dfrac{1}{\sqrt{{v_s}^2 + {v_{is}}^2}}$。

等式左右两边分别平方：${v_{is}}^2 = \left(\dfrac{T_s}{2\rho A_p}\right)^2 \cdot \dfrac{1}{{v_s}^2 + {v_{is}}^2}$。

将 $v_{is}{}^2$ 整体看作未知数，设为 X，将上述方程化为一元二次方程的标准形式，即：

$$v_{is}{}^2 = \left(\frac{T_s}{2\rho A_p}\right)^2 \cdot \frac{1}{v_s{}^2 + v_{is}{}^2}$$

$$X(v_s{}^2 + X) = \left(\frac{T_s}{2\rho A_p}\right)^2$$

$$X^2 + v_s{}^2 X = \left(\frac{T_s}{2\rho A_p}\right)^2$$

设 $\left(\frac{T_s}{2\rho A_p}\right)^2$ 为 K，则上式可以写成：

$$X^2 + v_s{}^2 X = K$$

$$\frac{1}{K}X^2 + \frac{v_s{}^2}{K}X = 1$$

$$\frac{1}{K}X^2 + \frac{v_s{}^2}{K}X - 1 = 0$$

步骤 3 利用公式法求得诱导速度。

先判断 $b^2 - 4ac$ 的正负情况。$b^2 - 4ac = \left(\frac{v_s{}^2}{K}\right)^2 - 4 \times \frac{1}{K} \times (-1) = \left(\frac{v_s{}^2}{K}\right)^2 + \frac{4}{K} > 0$，所以原方程有两个不同的解，$X = \frac{-b \pm \sqrt{b^2 - 4ac}}{2a}$，即：

$$X = \frac{-b \pm \sqrt{b^2 - 4ac}}{2a} = \frac{-\frac{v_s{}^2}{K} \pm \sqrt{\left(\frac{v_s{}^2}{K}\right)^2 + \frac{4}{K}}}{2\frac{1}{K}}$$

$$= -\frac{v_s{}^2}{2} \pm \sqrt{\left(\frac{v_s{}^2}{2}\right)^2 + K}$$

因为水平前飞速度为正，所以排除上述方程的负根，代入 $K = \left(\frac{T_s}{2\rho A_p}\right)^2$，诱导速度的显式方程为：

$$v_{is} = \sqrt{-\frac{v_s{}^2}{2} + \sqrt{\left(\frac{v_s{}^2}{2}\right)^2 + \left(\frac{T_s}{2\rho A_p}\right)^2}}$$

6.6.5 多旋翼无人机能耗估计实例

1. 水平飞行阶段的能耗计算

以 3DR H520－G 无人机为例，详细说明如何通过给定数据计算得出水平飞行阶段的能耗值。通过查找无人机生产厂家的官网数据，得到该型无人机的参数值（见表 6－2）。

根据官方声明，无人机的参数值是在实验室环境中测量的，即无人机以恒定空速（v_s）飞行，直到电池能量（$E_{battery}$）耗尽，并记录最长飞行时间 t_{max}。

表 6－2　　　　3DR H520－G 无人机的参数值

参数	含义	取值
m（kg）	总质量	1.645
A_p（m^2）	桨盘面积	0.1443
v_r（m/s）	桨尖速度	120
P_e（W）	电子元件功耗	0.4
v_c（m/s）	爬升速度	4
v_d（m/s）	下降速度	2
v_s（m/s）	平飞速度	8.5
t_{max}（s）	最长飞行时间	1680
ρ（kg/m^3）	空气密度	1.225
g（m/s^2）	重力加速度	9.807
C_b	叶片阻力系数	0.0008
e_t	能量转换效率	0.7
$E_{battery}$（J）	电池能量	287280

根据动态平衡的能耗估计模型，带入表 6－2 的参数，能耗具体计算步骤如下。

步骤 1　计算迎风面积。

$$A_f = 0.1443 \times 0.008 \approx 0.0012(m^2)$$

步骤 2　计算俯仰角。

$$\gamma_s = \arctan\left(\frac{\frac{1}{2}\rho A_f v_s{}^2}{mg}\right) = \arctan\left(\frac{0.5 \times 1.225 \times 0.0012 \times 8.5^2}{1.645 \times 9.807}\right) \approx 0.1886°$$

步骤 3　计算推力。

$$T_s = \sqrt{\left(\frac{1}{2}\rho A_f v_s{}^2\right)^2 + (mg)^2} = \sqrt{(0.5 \times 1.225 \times 0.0012 \times 8.5^2)^2 + (1.645 \times 9.807)^2} \approx 16.1326(N)$$

步骤 4　计算诱导速度。

$$v_{is} = \frac{T_s}{2\rho A_p \sqrt{(v_s\cos\gamma_s)^2 + (v_s\sin\gamma_s + v_{is})^2}}, v_{is} = 4.6927(m/s)$$

步骤 5 计算功率。

$$P_s = T_s(v_s\sin\gamma_s + \kappa v_{is}) + \frac{1}{8}C_b\rho A_p v_r{}^3\left[1 + 3\left(\frac{v_s}{v_r}\right)^2\right] + \frac{1}{2}\rho A_f v_s{}^2 + P_e$$

$$= 16.1326 \times [8.5 \times \sin(0.1886) + 1.15 \times 4.6927] + \frac{1}{8} \times 0.0008 \times 1.225 \times 0.1443 \times 120^3 \times \left[1 + 3 \times \left(\frac{8.5}{120}\right)^2\right] + \frac{1}{2} \times 1.225 \times 0.0012 \times 8.5^2 + 0.4$$

$$= 118.9709(\mathrm{W})$$

步骤 6 计算水平飞行阶段能耗。

$$E_s = \frac{P_s \cdot t_{\max}}{e_t} = \frac{118.9709 \times 1680}{0.7} = 285530.1600(\mathrm{J})$$

值得指出的是，这里基于动态平衡的能耗估计模型计算的能耗值与该型无人机企业官网给出的电池容量之间的误差值为：$GAP = \frac{E_{\text{battery}} - E_s}{E_{\text{battery}}} = \frac{287280 - 285530.1600}{287280} \times 100\% \approx 0.6091\%$。

2. 完整航段的能耗计算

同样以 3DR H520 - G 无人机为例，详细说明如何通过给定数据计算得出完整航段的能耗。具体计算步骤如下。

（1）爬升阶段。

步骤 1 计算加速度。

在速度由 0m/s 到 4m/s 的过程，初速度 $v_{0c_1} = 0\mathrm{m/s}$，末速度 $v_{c1} = 4\mathrm{m/s}$，该阶段上升距离 $d_{v1} = 30\mathrm{m}$。

联立 $v_{c1} = v_{0c_1} + a_{c1}t_{c1}$ 和 $d_{v1} = v_{0c_1}t_{c1} + \frac{1}{2}a_{c1}t_{c1}{}^2$，得到 $t_{c1} = \frac{2d_{v1}}{v_{c1}} = \frac{2 \times 30}{4} = 15(\mathrm{s})$，

所以 $a_{c1} = \frac{v_{c1} - v_{0c_1}}{t_{c1}} = \frac{4}{15} \approx 0.2667(\mathrm{m/s^2})$。

步骤 2 计算推力。

$$T_{c1} = mg + \frac{1}{2}\rho A_f v_{c1}{}^2 + ma_{c1}$$

$$= 1.645 \times 9.807 + \frac{1}{2} \times 1.225 \times 0.0012 \times 4^2 + 1.645 \times 0.2667$$

$$= 16.5830(\mathrm{N})$$

步骤 3 计算诱导速度。

$$v_{ic1} = -\frac{v_{c1}}{2} + \sqrt{\left(\frac{v_{c1}}{2}\right)^2 + \frac{T_{c1}}{2\rho A_p}}$$

$$= -\frac{4}{2} + \sqrt{\left(\frac{4}{2}\right)^2 + \frac{16.5830}{2 \times 1.225 \times 0.1443}}$$

$$\approx 5.1349(\mathrm{m/s})$$

步骤 4　计算功率。

$$P_{c1}(t) = T_{c1} \cdot (a_{c1}t + \kappa v_{ic1}) + \frac{1}{8}C_b\rho A_p v_r{}^3 + \frac{1}{2}\rho A_f(a_{c1}t)^3 + P_e$$

$$= 16.5830 \times (0.2667 \times t + 1.15 \times 5.1349) + \frac{1}{8} \times 0.0008 \times 1.225 \times 0.1443 \times 120^3 + \frac{1}{2} \times 1.225 \times 0.0012 \times (0.2667 \times t)^3 + 0.4$$

$$\approx 1.3943 \times 10^{-5}t^3 + 4.4227t + 128.8703$$

步骤 5　计算能耗。

$$E_{c1} = \int_0^{t_{c1}} P_{c1}\mathrm{d}t$$

$$= \int_0^{15}(1.3943 \times 10^{-5}t^3 + 4.4227t + 128.8703)\mathrm{d}t$$

$$= 2430.7847(\mathrm{J})$$

在速度保持在 4m/s 的过程，初速度 $v_{0c2} = 4\mathrm{m/s}$，末速度 $v_{c2} = 4\mathrm{m/s}$，该阶段上升距离 $d_{v2} = 60\mathrm{m}$，则 $t_{c2} = \frac{d_{v2}}{v_{c2}} = \frac{60}{4} = 15(\mathrm{s})$，$a_{c2} = 0\mathrm{m/s^2}$。

$$T_{c2} = mg + \frac{1}{2}\rho A_f v_{c2}{}^2$$

$$= 1.645 \times 9.807 + \frac{1}{2} \times 1.225 \times 0.0012 \times 4^2$$

$$\approx 16.1443(\mathrm{N})$$

$$v_{ic2} = -\frac{v_{c2}}{2} + \sqrt{\left(\frac{v_{c2}}{2}\right)^2 + \frac{T_{c2}}{2\rho A_p}}$$

$$= -\frac{4}{2} + \sqrt{\left(\frac{4}{2}\right)^2 + \frac{16.1443}{2 \times 1.225 \times 0.1443}}$$

$$\approx 5.0474(\mathrm{m/s})$$

能耗为：

$$P_{c2} = T_{c2} \cdot (v_{c2} + \kappa v_{ic2}) + \frac{1}{8}C_b\rho A_p v_r{}^3 + \frac{1}{2}\rho A_f(v_{c2})^3 + P_e$$

$$= 16.1443 \times (4 + 1.15 \times 5.0474) + \frac{1}{8} \times 0.0008 \times 1.225 \times 0.1443 \times 120^3 + \frac{1}{2} \times 1.225 \times 0.0012 \times 4^3 + 0.4$$

$$\approx 189.2794(\mathrm{W})$$

$$E_{c2} = P_{c2} \cdot t_{c2}$$

$$= 189.2794 \times 15$$

$$= 2839.1910(\mathrm{J})$$

在速度由4m/s到0m/s的过程，初速度 $v_{0c3}=4\text{m/s}$，末速度 $v_{c3}=0\text{m/s}$，该阶段上升距离 $d_{v3}=30\text{m}$。联立 $v_{c3}=v_{0c3}+a_{c3}t_{c3}$ 和 $d_{v3}=v_{0c3}t_{c3}+\frac{1}{2}a_{c3}t_{c3}{}^2$，得到 $t_{c3}=\frac{2d_{v3}}{v_{0c3}}=\frac{2\times30}{4}=15(\text{s})$，$a_{c3}=\frac{v_{c3}-v_{0c3}}{t_{c3}}=-\frac{4}{15}=-0.2667(\text{m/s}^2)$。

$$\begin{aligned}T_{c3}&=mg+\frac{1}{2}\rho A_f v_{c3}{}^2+ma_{c3}\\&=1.645\times9.807+1.645\times(-0.2667)\\&\approx15.6938(\text{N})\end{aligned}$$

$$\begin{aligned}v_{ic3}&=-\frac{v_{c3}}{2}+\sqrt{\left(\frac{v_{c3}}{2}\right)^2+\frac{T_{c3}}{2\rho A_p}}\\&=\sqrt{\frac{15.6938}{2\times1.225\times0.1443}}\\&\approx6.6627(\text{m/s})\end{aligned}$$

能耗为：

$$\begin{aligned}P_{c3}(t)&=T_{c3}\cdot(v_{0c3}+a_{c3}t+\kappa v_{ic3})+\frac{1}{8}C_b\rho A_p v_r{}^3+\frac{1}{2}\rho A_f(v_{0c3}+a_{c3}t)^3+P_e\\&=15.6938\times(4-0.2667\times t+1.15\times6.6627)+\frac{1}{8}\times0.0008\times1.225\times\\&\quad 0.1443\times120^3+\frac{1}{2}\times1.225\times0.0012\times(4-0.2667\times t)^3+0.4\\&=-7.3500\times10^4\times(0.2667t-4)^3-4.1855t+213.9682\end{aligned}$$

$$\begin{aligned}E_{c3}&=\int_0^{t_{c3}}P_{c3}\text{d}t\\&=\int_0^{15}[-7.3500\times10^4\times(0.2667t-4)^3-4.1855t+213.9682]\text{d}t\\&=2738.8306(\text{J})\end{aligned}$$

上升阶段总能耗为：

$$E_c=\frac{E_{c1}+E_{c2}+E_{c3}}{e_t}=\frac{2430.7847+2839.1910+2738.8306}{0.7}\approx11441.1519(\text{J})$$

参考爬升阶段的能耗计算步骤，可以得到其余飞行阶段的能耗值，从而得到一个完整航段的能耗。

（2）水平飞行阶段。

在速度由0m/s到8.5m/s的过程，初速度 $v_{0s1}=0\text{m/s}$，末速度 $v_{s1}=8.5\text{m/s}$，前飞加速度 $a_{s1}=0.2667\text{m/s}^2$（令其值和爬升加速度相同）。

由 $v_{s1}=v_{0s1}+a_{s1}t_{s1}$ 得到 $t_{s1}=\frac{v_{s1}}{a_{s1}}=\frac{8.5}{0.2667}\approx31.8710(\text{s})$。

$$T_{s1}=\sqrt{(mg)^2+\left(\frac{1}{2}\rho A_f v_{s1}{}^2+ma_{s1}\right)^2}$$

$$= \sqrt{(1.645 \times 9.807)^2 + [\frac{1}{2} \times 1.225 \times 0.0012 \times (8.5)^2 + 1.645 \times 0.2667]^2}$$

$$\approx 16.1400(\mathrm{N})$$

$$v_{is1} = \frac{T_{s1}}{2\rho A_p \sqrt{(v_{s1}\cos\gamma_s)^2 + (v_{s1}\sin\gamma_s + v_{is1})^2}}$$

$$= \frac{16.1400}{2 \times 1.225 \times 0.1443 \times \sqrt{[8.5 \times \cos(0.1886)]^2 + [8.5 \times \sin(0.1886) + v_{is1}]^2}}$$

解得：$v_{is1} \approx 4.6945(\mathrm{m/s})$

$$P_{s1}(t) = T_{s1} \cdot [a_{s1}t \cdot \sin\gamma_s + \kappa v_{is1}] + \frac{1}{8}C_b\rho A_p v_r^{\ 3}\left[1 + 3\left(\frac{a_{s1}t}{v_r}\right)^2\right] + \frac{1}{2}\rho A_f(a_{s1}t)^3 + P_e$$

$$= 16.1400 \times [0.2667 \times t \times \sin(0.1886) + 1.15 \times 4.6945] + \frac{1}{8} \times 0.0008 \times 1.225 \times 0.1443 \times 120^3 \times \left[1 + 3 \times \left(\frac{0.2667 \times t}{120}\right)^2\right] + \frac{1}{2} \times 1.225 \times 0.0012 \times (0.2667 \times t)^3 + 0.4 \approx 1.3943 \times 10^{-5}t^3 + 4.5264 \times 10^{-4}t^2 + 0.0142t + 118.0800$$

$$E_{s1} = \int_0^{t_{s1}} P_{s1}\mathrm{d}t$$

$$= \int_0^{31.8710} [1.3943 \times 10^{-5}t^3 + 4.5264 \times 10^{-4}t^2 + 0.0142t + 118.0800]\mathrm{d}t$$

$$= 3779.0206(\mathrm{J})$$

在速度保持在 8.5m/s 的过程，初速度 $v_{0s2} = 8.5\mathrm{m/s}$，末速度 $v_{s2} = 8.5\mathrm{m/s}$，该阶段前飞时间 $t_{s2} = 1409.34\mathrm{s}$。

$$T_{s2} = \sqrt{(mg)^2 + \left(\frac{1}{2}\rho A_f v_{s2}^{\ 2}\right)^2}$$

$$= \sqrt{(1.645 \times 9.807)^2 + \left[\frac{1}{2} \times 1.225 \times 0.0012 \times (8.5)^2\right]^2}$$

$$\approx 16.1326(\mathrm{N})$$

$$v_{is2} = \frac{T_{s2}}{2\rho A_p \sqrt{(v_{s2}\cos\gamma_s)^2 + (v_{s2}\sin\gamma_s + v_{is2})^2}}$$

$$= \frac{16.1326}{2 \times 1.225 \times 0.1443 \times \sqrt{[8.5 \times \cos(0.1886)]^2 + [8.5 \times \sin(0.1886) + v_{is2}]^2}}$$

解得：$v_{is2} \approx 4.6929(\mathrm{m/s})$

$$P_{s2} = T_{s2} \cdot (v_{s2} \cdot \sin\gamma_s + \kappa v_{is2}) + \frac{1}{8}C_b\rho A_p v_r^{\ 3}\left[1 + 3\left(\frac{v_{s2}}{v_r}\right)^2\right] + \frac{1}{2}\rho A_f v_{s2}^{\ 3} + P_e$$

$$= 16.1326 \times [8.5 \times \sin(0.1886) + 1.15 \times 4.6929] + \frac{1}{8} \times 0.0008 \times 1.225 \times 0.1443 \times 120^3 \times \left[1 + 3 \times \left(\frac{8.5}{120}\right)^2\right] + \frac{1}{2} \times 1.225 \times 0.0012 \times (8.5)^3 + 0.4$$

$$\approx 118.9420(\text{W})$$

$$\begin{aligned} E_{s2} &= P_{s2} \cdot t_{s2} \\ &= 118.9420 \times 1409.34 \\ &\approx 167629.7183(\text{J}) \end{aligned}$$

在速度由 8.5m/s 到 0m/s 的过程，初速度 $v_{0s3} = 8.5\text{m/s}$ ，末速度 $v_{s3} = 0\text{m/s}$ ，该阶段前飞加速度 $a_{s3} = -0.2667\text{m/s}^2$ 。

由 $v_{s3} = v_{0s3} + a_{s3}t_{s3}$ 得到 $t_{s3} = -\dfrac{v_{0s3}}{a_{s3}} = -\dfrac{8.5}{-0.2667} \approx 31.8710(\text{s})$。

$$\begin{aligned} T_{s3} &= \sqrt{(mg)^2 + (\frac{1}{2}\rho A_f v_{s3}{}^2 + ma_{s3})^2} \\ &= \sqrt{(1.645 \times 9.807)^2 + [1.645 \times (-0.2667)]^2} \\ &\approx 16.1385(\text{N}) \end{aligned}$$

$$\begin{aligned} v_{is3} &= \frac{T_{s3}}{2\rho A_p \sqrt{(v_{s3}\cos\gamma_s)^2 + (v_{s3}\sin\gamma_s + v_{is3})^2}} \\ &= \frac{16.1385}{2 \times 1.225 \times 0.1443 \times v_{is3}} \end{aligned}$$

解得：$v_{is3} \approx 6.7564(\text{m/s})$

$$\begin{aligned} P_{s3}(t) &= T_{s3} \cdot [(v_{0s3} + a_{s3}t) \cdot \sin\gamma_s + \kappa v_{is3}] + \frac{1}{8}C_b\rho A_p v_r{}^3[1 + 3(\frac{v_{0s3} + a_{s3}t}{v_r})^2] + \\ &\quad \frac{1}{2}\rho A_f(v_{0s3} + a_{s3}t)^3 + P_e \\ &= 16.1385 \times [(8.5 - 0.2667t) \times \sin(0.1886) + 1.15 \times 6.756] + \\ &\quad \frac{1}{8} \times 0.0008 \times 1.225 \times 0.1443 \times 120^3 \times [1 + 3 \times \left(\frac{8.5 - 0.2667t}{120}\right)^2] + \\ &\quad \frac{1}{2} \times 1.225 \times 0.0012 \times (8.5 - 0.2667t)^3 + 0.4 \\ &= -7.3500 \times 10^{-4} \times (0.2667t - 8.5)^3 + 91.6363 \times (0.0022t - 0.0708)^2 - \\ &\quad 0.0142t + 156.7909 \end{aligned}$$

$$\begin{aligned} E_{s3} &= \int_0^{t_{s3}} P_{s3}\,\mathrm{d}t \\ &= \int_0^{31.8710} [-7.3500 \times 10^{-4} \times (0.2667t - 8.5)^3 + 91.6363 \times (0.0022t - 0.0708)^2 - \\ &\quad 0.0142t + 156.7909]\,\mathrm{d}t \\ &= 4998.3948(\text{J}) \end{aligned}$$

平飞阶段总能耗为：

$$E_s = \frac{E_{s1} + E_{s2} + E_{s3}}{e_t} = \frac{3779.0206 + 167629.7183 + 4998.3948}{0.7} \approx 252010.1910(\text{J})$$

（3）下降阶段。

在速度由0m/s 到 -2m/s 的过程，初速度 $v_{0d1}=0\text{m/s}$，末速度 $v_{d1}=-2\text{m/s}$（“ - ”表示气流速度向上），该阶段下降距离 $d_{v1}=30\text{m}$。

联立 $v_{d1}=v_{0d1}+a_{d1}t_{d1}$ 和 $d_{v1}=v_{0d1}t_{d1}+\frac{1}{2}a_{d1}{t_{d1}}^2$，得到 $t_{d1}=\frac{2d_{v1}}{v_{d1}}=\frac{2\times(-30)}{-2}=30(\text{s})$，$a_{d1}=\frac{v_{d1}}{t_{d1}}=\frac{-2}{30}=-0.0667(\text{m/s}^2)$。

$$
\begin{aligned}
T_{d1} &= mg-\frac{1}{2}\rho A_f {v_{d1}}^2+ma_{d1}\\
&= 1.645\times 9.807-\frac{1}{2}\times 1.225\times 0.0012\times(-2)^2+1.645\times(-0.0667)\\
&\approx 16.0199(\text{N})
\end{aligned}
$$

$$
\begin{aligned}
v_{id1} &= -\frac{v_{d1}}{2}+\sqrt{\left(\frac{v_{d1}}{2}\right)^2+\frac{T_{d1}}{2\rho A_p}}\\
&= -\frac{-2}{2}+\sqrt{\left(\frac{-2}{2}\right)^2+\frac{16.0199}{2\times 1.225\times 0.1443}}\\
&\approx 7.8054(\text{m/s})
\end{aligned}
$$

$$
\begin{aligned}
P_{d1}(t) &= T_{d1}\cdot(a_{d1}t+\kappa v_{id1})+\frac{1}{8}C_b\rho A_p {v_r}^3+\frac{1}{2}\rho A_f(a_{d1}t)^3+P_e\\
&= 16.0199\times(-0.0667\times t+1.15\times 7.8054)+\frac{1}{8}\times 0.0008\times 1.225\times\\
&\quad 0.1443\times 120^3+\frac{1}{2}\times 1.225\times 0.0012\times(-0.0667\times t)^3+0.4\\
&= -2.1810\times 10^{-7}t^3-1.0685t+174.7434
\end{aligned}
$$

$$
\begin{aligned}
E_{d1} &= \int_0^{t_{d1}} P_{d1}\,\text{d}t\\
&= \int_0^{30}[-2.1810\times 10^{-7}t^3-1.0685t+174.7434]\,\text{d}t\\
&= 4761.4328(\text{J})
\end{aligned}
$$

在速度保持为 -2m/s 的过程，初速度 $v_{0d2}=-2\text{m/s}$，末速度 $v_{d2}=-2\text{m/s}$，该阶段下降距离 $d_{v2}=60\text{m}$。

得到 $t_{d2}=\frac{d_{v2}}{v_{d2}}=\frac{-60}{-2}=30(\text{s})$，$a_{d2}=0\text{m/s}^2$。

$$
\begin{aligned}
T_{d2} &= mg-\frac{1}{2}\rho A_f {v_{d2}}^2\\
&= 1.645\times 9.807+\frac{1}{2}\times 1.225\times 0.0012\times(-2)^2\\
&= 16.1355(\text{N})
\end{aligned}
$$

$$\begin{aligned} v_{id2} &= -\frac{v_{d2}}{2} + \sqrt{\left(\frac{v_{d2}}{2}\right)^2 + \frac{T_{d2}}{2\rho A_p}} \\ &= -\frac{-2}{2} + \sqrt{\left(\frac{-2}{2}\right)^2 + \frac{16.1355}{2 \times 1.225 \times 0.1443}} \\ &\approx 7.8294(\mathrm{m/s}) \end{aligned}$$

$$\begin{aligned} P_{d2} &= T_{d2} \cdot (v_{d2} + \kappa v_{id2}) + \frac{1}{8}C_b\rho A_p v_r{}^3 + \frac{1}{2}\rho A_f(v_{d2})^3 + P_e \\ &= 16.1355 \times (-2 + 1.15 \times 7.8294) + \frac{1}{8} \times 0.0008 \times 1.225 \times 0.1443 \times 120^3 + \\ &\quad \frac{1}{2} \times 1.225 \times 0.0012 \times (-2)^3 + 0.4 \\ &\approx 143.9495(\mathrm{W}) \end{aligned}$$

$$\begin{aligned} E_{d2} &= P_{d2} \cdot t_{d2} \\ &= 143.9495 \times 30 \\ &= 4318.4850(\mathrm{J}) \end{aligned}$$

在速度由 $-2\mathrm{m/s}$ 到 $0\mathrm{m/s}$ 过程，初速度 $v_{0d3} = -2\mathrm{m/s}$，末速度 $v_{d3} = 0\mathrm{m/s}$，该阶段下降距离 $d_{v3} = 30\mathrm{m}$。

联立 $v_{d3} = v_{0d3} + a_{d3}t_{d3}$ 和 $d_{v3} = v_{0d3}t_{d3} + \frac{1}{2}a_{d3}t_{d3}{}^2$，得到 $t_{d3} = \frac{2d_{v3}}{v_{0d3}} = \frac{2 \times (-30)}{-2} = 30(\mathrm{s})$，$a_{d3} = \frac{v_{d3} - v_{0d3}}{t_{d3}} = -\frac{2}{30} = 0.0667(\mathrm{m/s^2})$。

$$\begin{aligned} T_{d3} &= mg - \frac{1}{2}\rho A_f v_{d3}{}^2 + m a_{d3} \\ &= 1.645 \times 9.807 + 1.645 \times 0.0667 \\ &\approx 16.2422(\mathrm{N}) \end{aligned}$$

$$\begin{aligned} v_{id3} &= -\frac{v_{d3}}{2} + \sqrt{\left(\frac{v_{d3}}{2}\right)^2 + \frac{T_{d3}}{2\rho A_p}} \\ &= \sqrt{\frac{16.2422}{2 \times 1.225 \times 0.1443}} \\ &\approx 6.7781(\mathrm{m/s}) \end{aligned}$$

$$\begin{aligned} P_{d3}(t) &= T_{d3} \cdot (v_{0d3} + a_{d3}t + \kappa v_{id3}) + \frac{1}{8}C_b\rho A_p v_r{}^3 + \frac{1}{2}\rho A_f(v_{0d3} + a_{d3}t)^3 + P_e \\ &= 16.2422 \times (-2 + 0.0667 \times t + 1.15 \times 6.7781) + \frac{1}{8} \times 0.0008 \times \\ &\quad 1.225 \times 0.1443 \times 120^3 + \frac{1}{2} \times 1.225 \times 0.0012 \times (-2 + 0.0667 \times t)^3 + 0.4 \\ &= 7.3500 \times 10^{-4} \times (0.0667t - 2)^3 + 1.0834t + 125.0660 \end{aligned}$$

$$E_{d3} = \int_0^{t_{d3}} P_{d3}\,dt$$

$$= \int_0^{30} [7.3500 \times 10^{-4} \times (0.0667t - 2)^3 + 1.0834t + 125.0660]\,dt$$

$$= 4239.2859(\mathrm{J})$$

下降阶段总能耗为：

$$E_d = \frac{E_{d1} + E_{d2} + E_{d3}}{e_t} = \frac{4761.4328 + 4318.4850 + 4239.2859}{0.7} \approx 19027.4339(\mathrm{J})$$

（4）悬停阶段。

设定无人机起飞完成后，在平飞之前，先悬停10s；设定无人机平飞完成后，在降落之前，先悬停10s。

从起飞到平飞的悬停时：

$$T_{h1} = mg = 1.645 \times 9.807 = 16.1325(\mathrm{N})$$

$$v_{ih1} = \sqrt{\frac{T_{h1}}{2\rho A_p}} = \sqrt{\frac{16.1325}{2 \times 1.225 \times 0.1443}} \approx 6.7551(\mathrm{m/s})$$

$$P_{h1} = T_{h1} \cdot v_{ih1} + \frac{1}{8} C_b \rho A_p v_r^{\ 3} + P_e$$

$$= 16.1325 \times 6.7551 + \frac{1}{8} \times 0.0008 \times 1.225 \times 0.1443 \times 120^3 + 0.4$$

$$\approx 139.9221(\mathrm{W})$$

$$E_{h1} = P_{h1} \cdot t_{h1} = 139.9221 \times 10 = 1399.2210(\mathrm{J})$$

在平飞到下降的悬停时：

$$T_{h2} = mg = 1.645 \times 9.807 = 16.1325(\mathrm{N})$$

$$v_{ih2} = \sqrt{\frac{T_{h2}}{2\rho A_p}} = \sqrt{\frac{16.1325}{2 \times 1.225 \times 0.1443}} \approx 6.7551(\mathrm{m/s})$$

$$P_{h2} = T_{h2} \cdot v_{ih2} + \frac{1}{8} C_b \rho A_p v_r^{\ 3} + P_e$$

$$= 16.1325 \times 6.7551 + \frac{1}{8} \times 0.0008 \times 1.225 \times 0.1443 \times 120^3 + 0.4$$

$$\approx 139.9221(\mathrm{W})$$

$$E_{h2} = P_{h2} \cdot t_{h2} = 139.9221 \times 10 = 1399.2210(\text{J})$$

悬停阶段总能耗：$E_h = \dfrac{E_{h1} + E_{h2}}{e_t} = \dfrac{1399.2210 + 1399.2210}{0.7} \approx 3997.7743(\text{J})$。

（5）全过程飞行能耗。

$$E = E_c + E_s + E_d + E_h = 11441.1519 + 252010.1910 + 19027.4339 + 3997.7743 = 286476.5511(\text{J})$$

6.7 各类能耗估计模型的运用

6.7.1 商用无人机参数

以 3DR H520 - G、parrot ANAFI Ai、DJI Mavic Pro、DJI Mavic 2 Pro、DJI Mavic 3、DJI Mair2、DJI Phantom 3、DJI Phantom 4、Falcon B 和 GD2.0X 等商用无人机为样本，分别记为 RWD1—RWD10。各样本无人机的关键参数均从厂家官网获取（见表 6 - 3），其中，无人机的关键技术参数基于官方实验室环境测试，测试方式为无人机以恒定空速 v_s 水平飞行，当电池能量 E_{battery} 耗尽时，记录最大飞行时间 $t_{\max}$。RWD2、RWD9 和 RWD10 的 v_r 值（即 $\omega_b \times R_r$）从官网获取，其他无人机的 v_r 值设置为 120 m/s。此外，ρ 取值为 1.225kg/m^3，重力加速度 g 取值为 9.807m/s^2，C_b 和 e_t 的取值分别为 0.0008 和 0.7。

表 6 - 3　　样本无人机参数值

参数	RWD1	RWD2	RWD3	RWD4	RWD5
m（kg）	1.645	1.253	0.743	0.907	0.895
A_p（m^2）	0.1443	0.1017	0.1256	0.2123	0.0983
v_r（m/s）	120	167	120	120	120
P_e（W）	0.4	5	6	6.894	6.5
v_c（m/s）	4	4	5	5	6
v_d（m/s）	2	2	2	2	2
v_s（m/s）	8.5	14	6.94	6.94	9
$t_{\max}$（s）	1680	1607	1800	1860	2760
E_{battery}（J）	287280	282438	156960	213444	277200

续　表

参数	RWD6	RWD7	RWD8	RWD9	RWD10
m (kg)	0.570	1.216	1.380	17	1.6
A_p (m^2)	0.1050	0.2500	0.2500	0.9200	0.0900
v_r (m/s)	120	120	120	150	148
P_e (W)	4.44	5.6	8.88	8.1	7.8
v_c (m/s)	4	5	6	2	2.5
v_d (m/s)	2	2	2	2	2
v_s (m/s)	5	4	4	9	11.11
t_{max} (s)	2040	1500	1800	1020	1140
$E_{battery}$ (J)	145512	244800	321120	2462400	241200

6.7.2 水平飞行能耗计算

根据 6.6 节提出的动态平衡的能耗估计模型和每个样本无人机的参数值，估计水平飞行阶段的能耗。并将能耗估计值与电池实际容量进行比较，评价动态平衡的能耗估计模型的准确性。

首先根据 $T_s = \sqrt{(mg)^2 + [\rho A_f (v_s + a_s t_s)^2/2]^2}$ 计算推力，将推力值代入隐式函数 $v_{is} = T_s/\{2\rho A_p \sqrt{[(v_s + a_s t_s)\cos\gamma_s]^2 + [(v_s + a_s t_s)\sin\gamma_s + v_{is}]^2}\}$ 以得到诱导速度 v_{is} 的取值，然后计算诱导能耗 $E_{in} = P_{in} \cdot t$、翼型能耗 $E_{pr} = P_{pr} \cdot t$、寄生能耗 $E_{pa} = P_{pa} \cdot t$、电子元件能耗 $E_e = P_e \cdot t$，从而可确定总能耗。用 *GAP*0 表示本论文提出的无人机能耗计算模型的计算结果与无人机机载电池容量之间的相对差距，$GAP0 = (E_{battery} - E_s)/E_s \times 100\%$。表 6 -4 列出了样本无人机在水平飞行阶段的能耗估计结果，对于所有的样本无人机，无人机能耗计算模型给出的能耗值均低于无人机机载电池容量，最大、最小和平均 *GAP*0 值分别为 6.44%、0.02% 和 2.88%。

表 6 -4　样本无人机在水平飞行阶段的能耗估计结果

	RWD1	RWD2	RWD3	RWD4	RWD5	RWD6	RWD7	RWD8	RWD9	RWD10
T_s (N)	16.13	12.29	7.29	8.90	8.78	5.59	11.93	13.53	166.72	15.69
v_{is} (m/s)	4.69	3.42	3.11	2.33	3.73	3.54	3.61	3.94	6.64	5.69
E_{in} (J)	210000	113967	67523	64307	149957	66551	106267	157686	1859407	168274
E_{in}/E_s (%)	73.32	42.86	44.27	31.50	57.58	45.96	45.76	49.70	76.41	69.78

续 表

	RWD1	RWD2	RWD3	RWD4	RWD5	RWD6	RWD7	RWD8	RWD9	RWD10
E_{pr} (J)	74421	137349	69053	120610	83464	65111	113779	136534	557564	59190
E_{pr}/E_s (%)	25.98	51.65	45.27	59.08	32.05	44.97	49.00	43.04	22.91	24.54
E_{pa} (J)	1042	3139	529	924	1385	187	168	202	4766	985
E_{pa}/E_s (%)	0.36	1.18	0.35	0.45	0.53	0.13	0.07	0.06	0.20	0.41
E_e (J)	960	11479	15429	18318	25629	12939	12000	22834	11803	12703
E_e/E_s (%)	0.34	4.32	10.12	8.97	9.84	8.94	5.17	7.20	0.49	5.27
E_s (J)	286420	265934	152534	204159	260436	144789	232214	317256	2433539	241152
GAP0 (%)	0.30	6.21	2.90	4.55	6.44	0.50	5.42	1.22	1.19	0.02

6.7.3 完整航段的能耗估计

利用式（6－40）计算无人机完成一个航段（爬升、悬停、水平飞行、下降）的能耗值。除表6－3的参数外，加减速距离（d_a）和水平飞行高度（h_s）等几个参数的数值都是通过咨询相关公司获得的。在计算实验中，d_a 为 30 m，h_s 为 120 m。对于样本无人机，不同飞行阶段的能耗估计值如表6－5所示。从电池容量利用率来看，水平飞行阶段平均消耗了87.63%的电池容量，这表明将水平飞行阶段估计的能耗作为整体能耗是可行的。但实际能耗肯定会超过水平飞行阶段的能耗。因此，可以在整体能耗估算中加入经验修正因子（均值为1.14，范围为［1.07，1.31］）。

表6－5　　不同飞行阶段的能耗估计值

无人机	上升		水平飞行		下降		悬停	
	能耗（J）	占比（%）	能耗（J）	占比（%）	能耗（J）	占比（%）	能耗（J）	占比（%）
RWD1	11441	3.98	252817	88.00	19025	6.62	3998	1.39
RWD2	11524	4.08	246510	87.28	20121	7.12	4283	1.52
RWD3	4472	2.85	141573	90.20	8970	5.71	1944	1.24
RWD4	5730	2.68	193629	90.72	11553	5.41	2532	1.19
RWD5	4612	1.66	259522	93.62	10772	3.89	2294	0.83
RWD6	4159	2.86	132917	91.34	6929	4.76	1506	1.04
RWD7	11580	4.73	215486	88.03	14559	5.95	3175	1.30
RWD8	7146	2.23	293893	91.52	16498	5.14	3583	1.12
RWD9	275293	11.18	1884050	76.51	250946	10.19	52112	2.12
RWD10	21389	8.87	190675	79.05	24110	10.00	5026	2.08

课后习题

以3DR H520 - G无人机为例，通过给定数据，分别借助简化模型、基于悬停阶段推力的能耗估计模型、基于平飞阶段推力的能耗估计模型、基于静态平衡的能耗估计模型，计算无人机水平飞行阶段的能耗值。

无人机的主要参数值如表6 - 6所示。

表6 - 6　　3DR H520 - G无人机主要参数值

参数	含义	3DR H520 - G
m（kg）	总质量	1.645
A_p（m^2）	桨盘面积	0.1443
v_r（m/s）	桨尖速度	120
P_e（W）	电子元件功耗	0.4
v_c（m/s）	爬升速度	4
v_d（m/s）	下降速度	2
v_s（m/s）	平飞速度	8.5
t_{max}（s）	最长飞行时间	1680
ρ（kg/m^3）	空气密度	1.225
g（m/s^2）	重力加速度	9.807
C_b	叶片阻力系数	0.0008
e_t	能量转换效率	0.7
$E_{battery}$（J）	电池能量	287280

第 7 章　多旋翼无人机的组装

7.1　多旋翼无人机的总体参数分析与选择

多旋翼无人机的总体参数对总体方案有着决定性的影响，在总体设计的初始阶段就要慎重地进行总体参数选择，其选择的依据是设计技术要求。为了合理选择总体参数，首先必须清楚多旋翼无人机总体参数与需用功率和飞行性能之间的关系、影响规律。

7.1.1　旋翼参数的分析与选择

1. 旋翼数量

根据设计技术要求，对多旋翼无人机的安全性、稳定性、机体尺寸及使用功能等进行综合分析，之后选择旋翼数量。首先要确定机体形状与旋翼位置没有约束，旋翼可以在三维空间内互不干涉的前提下随意组合。但在实际应用中，精简的机体结构可以提高系统的可维护性，因此一般将各个旋翼放置在同一平面的同一圆周上，并将旋翼按顺时针方向定义为第 1,2,3,⋯,N 号旋翼。如果没有什么特殊的要求，在大多数情况下会选择四旋翼，四旋翼无人机的旋翼位置如图 7－1 所示。

2. 旋翼桨叶旋转方向

假定多旋翼无人机所有旋翼在同一平面的同一圆周上，旋翼的旋转方向可以分为两种布局，如图 7－2 所示。图 7－2（a）中对角线上的旋翼旋转方向相同，而图 7－2（b）中对角线上的旋翼旋转方向相反。

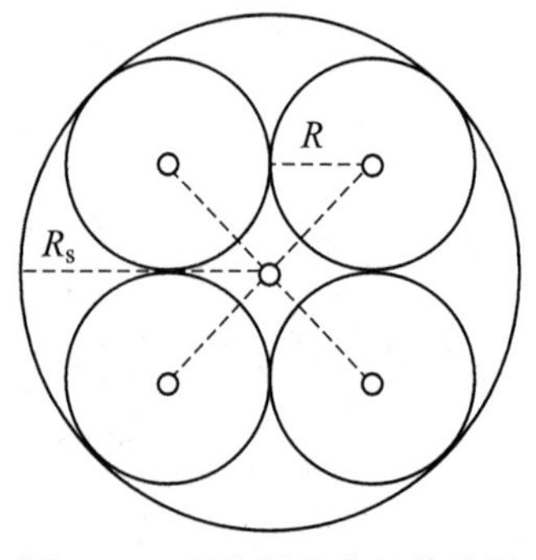

图 7－1　四旋翼无人机的旋翼位置

针对以上两种情况，现假设飞行中旋翼的转速为 ω，机体俯仰运动产生的转速变化量用 $\Delta\omega$ 表示，则对角线上旋翼的实际转速分别为 $\omega-\Delta\omega$ 和 $\omega+\Delta\omega$。如果这对旋翼的旋转方向相同，如图 7－2（a）所示，旋转平面的旋转力矩被相互抵消，只有垂直于旋转平面方向的力矩有作用。然而，如果两个旋翼的旋转方向相反，如图 7－2（b）所示，旋转平面的旋转力矩不能相互抵消，会产生转速为 $2\Delta\omega$ 旋转力矩。因此，对于旋翼数 $N_{max}=4n+2(n=1,2,\cdots)$ 的多旋翼无人机，采用相邻旋翼旋转方向交替布置的方法［见图 7－2（b）］。但在俯仰运动时会产生耦合的偏航运动，使

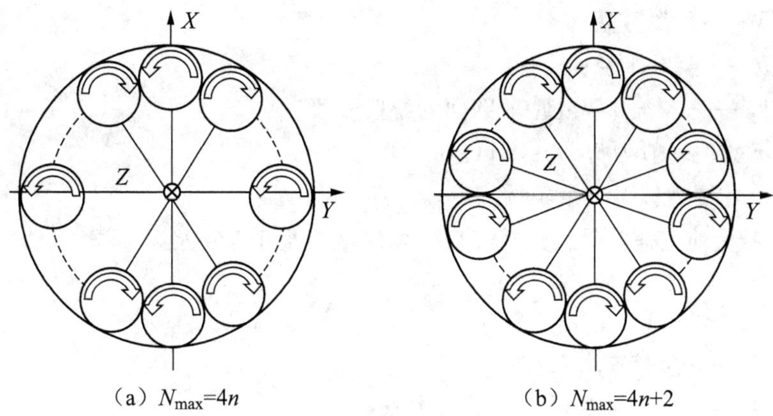

（a）$N_{max}=4n$　　（b）$N_{max}=4n+2$

图 7－2　旋翼的旋转方向

控制方法变得复杂。

为避免出现旋转平面旋转力矩不能相互抵消的现象，针对旋翼数量 $N_{max}=4n+2$ 的情况，采用如图 7－3（a）所示的旋翼旋转方向。在俯仰运动时控制 X 轴上旋翼升力不变，其他旋翼进行相应的加减升力，俯仰原理如图 7－3（b）所示。这种结构控制简单，可以减少俯仰运动时可能出现的耦合，可更好地实现其性能。此外，对于旋翼个数不多的情况也可以将俯仰运动产生的转速变化 $\Delta\omega$ 按一定比例分解到各个旋翼，以消除所产生的偏航运动。

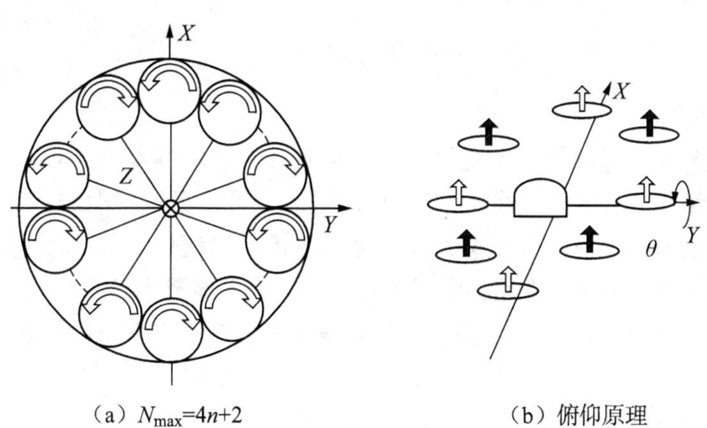

（a）$N_{max}=4n+2$　　（b）俯仰原理

注：在图 7－3（b）中，黑色箭头表示旋翼顺时针旋转，白色箭头表示旋翼逆时针旋转。

图 7－3　优化后的旋翼旋转方向及俯仰原理

3. 旋翼实度

旋翼旋转起来桨叶所掠过的面积称为桨盘面积，其大小为 πR^2，旋翼所有桨叶实占面积与桨盘面积之比，叫作旋翼实度（以 σ 表示）。设 k 为桨叶数目，则：

$$\sigma = \frac{Nk\int b\mathrm{d}r}{\pi R^2} \approx \frac{Nkb_7}{\pi R} \tag{7-1}$$

式中：N——旋翼数量；

R——桨叶半径；

b_7——$\bar{r}=0.7$处特征剖面的桨叶宽度。

σ数值一般为0.04～0.11。

旋翼实度主要由以下三个条件确定。

（1）在最大前飞速度时，桨叶气流分离区域应小于1/4桨盘面积。

$$\frac{C_T}{\sigma}=\frac{1}{3}C_{y7}\kappa K_T\leqslant\frac{1}{3}\kappa K_T\frac{C_{y\max}}{1+3\mu}\tag{7-2}$$

式中：C_T——旋翼拉力系数；

C_T/σ——单位桨叶面积的拉力系数；

C_{y7}——桨叶特征剖面的升力系数；

κ——叶端损失系数；

K_T——拉力修正系数（约等于0.96）；

$C_{y\max}$——最大旋翼平均升力系数；

μ——旋翼前进比。

（2）在使用升限高度时，空气密度较小，因而需要更大的迎角以提供足够的拉力。桨叶实度大小应确保后行桨叶气流分离区域小于1/4桨盘面积。

（3）最大过载要求。一般军用多旋翼无人机要求3.5的最大过载；民用多旋翼无人机要求2.5的最大过载，n为过载系数。

$$\frac{nC_T}{\sigma}\leqslant\frac{1}{3}\kappa K_T C_{y\max}\tag{7-3}$$

4. 旋翼半径

桨毂以及桨叶根部的剖面不是翼型，不会产生拉力；在桨叶尖部，拉力作用也不能充分发挥。桨尖（叶端）处的拉力之所以削弱，可以粗浅地解释为：拉力的产生，缘于桨叶上下表面有压差；但在桨尖处，由于气流可以绕过桨尖从下表面高压区到上表面低压区，因而上下压差在桨尖附近不会突然地而是逐渐地降低为0，所以该处的拉力减少，旋翼叶端损失如图7－4所示。为计算方便，实际产生拉力的桨盘面积为：

$$(\pi R^2)_{sj}=(\bar{r}_1^2-r_0^2)\pi R^2=\kappa\pi R^2\tag{7-4}$$

于是，叶端损失系数定义为：

$$\kappa=(\bar{r}_1^2-r_0^2)\approx 0.92\tag{7-5}$$

引入叶端损失系数后，在同样的滑流速度变化下，旋翼实际拉力有所减小，变为：

$$T_{sj}=\kappa T_1=2\rho(\kappa\pi R^2)V_1 v_1\tag{7-6}$$

式中：T_{sj}——实际拉力；

T_1——拉力的理论值。

也可以说，旋翼为了得到一定的拉力，实际的诱导速度v_{1sj}要比理论值大些。

$$v_{1sj}=\frac{1}{2}\left[-\bar{V}_0+\sqrt{\bar{V}_0{}^2+\frac{C_T}{\kappa}}\right]\tag{7-7}$$

多旋翼无人机在有/无地效悬停时，旋翼的需用功率主要由诱导功率构成。

$$P_i = \frac{1}{2}\rho\,(\Omega R)^3 \pi R^2 J C_T \bar{v}_i = \frac{1}{4}\rho\,(\Omega R)^3 \pi R^2 C_T{}^{3/2} \frac{1}{\sqrt{\kappa}} = \eta P \tag{7-8}$$

式中：η ——该状态下悬停效率；

P ——该状态下发动机可用功率；

J ——诱导功率修正系数；

κ ——叶端损失系数。

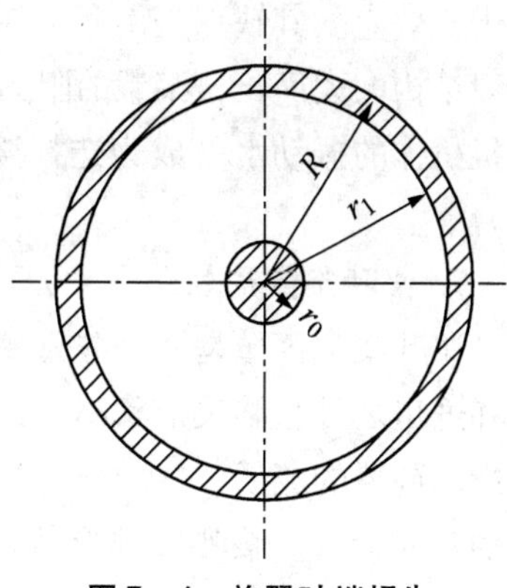

图7-4 旋翼叶端损失

$$R = \frac{T^{1.5} J}{\sqrt{2\rho\pi\kappa\eta P}} \tag{7-9}$$

5. 桨尖速度

旋翼桨叶是多旋翼无人机的关键部件之一，它既是升力面，又是多旋翼无人机的操纵面，对多旋翼无人机的性能、操纵稳定性及飞行安全都有重要影响。因此，多旋翼无人机总体设计，一方面要保证桨叶在工作过程中安全可靠，另一方面还要使桨叶具有良好的气动外形，以提高旋翼的气动效率。

当旋翼半径 R 确定后，旋翼桨尖速度就取决于旋翼轴转速。空气中的音速，在标准大气压条件下约为340m/s，桨尖速度一般控制在音速的60%～70%，为200～238m/s。

选择桨尖速度 ΩR 主要考虑：①过大或者过小的 ΩR 均会使得型阻功率增加；② ΩR 的最大值受到噪声以及前行桨叶激波限制；③ ΩR 最小值受到桨叶动能储备以及后行桨叶失速限制。

在同样的半径下，桨尖速度越大，主减速器的传动比越小，因而主减速器的质量越小。在飞行速度要求较大时，桨尖速度 ΩR 按前行桨叶激波限制来确定。

$$\Omega R \leqslant Ma_{rx} a_y - V_{\max} \tag{7-10}$$

式中：Ma_{rx} ——前行桨叶桨尖不出现激波的最大马赫数，对中等厚度的一般翼型，容许马赫数为0.8左右，而对于较小厚度的翼型，容许马赫数可以提高到0.9左右。

6. 桨叶数目

在确定了旋翼实度后，还有一个桨叶数目的确定和选择问题。旋翼实度一定时，桨叶数目越多，桨叶弦长越小。由此带来的优点有：降低机体振动水平；减小桨尖损失，提高飞行性能。但是，桨叶数目多，会使桨毂结构变复杂；进而桨毂重量和废阻增加，并因此会增加维护工作量。

桨叶数目较少的优点是桨毂简单，重量轻，成本也低；由于桨叶弦长大，桨叶扭转刚度提高，抗弹击损伤能力增强；另外，从气动特性看，桨叶数目少有利于减小桨涡干扰效应。其缺点是不利于降低机体的振动水平。近年来随着旋翼桨毂技术的发展，桨毂结构大大简化，桨毂的阻力、重量、维护性都有了很大改善。这使降低多旋翼无人机机体的振动水平成为选择桨叶数目的决定因素，一般选择较多的桨叶数目（如4片）。

7. 桨叶桨尖形状

桨叶桨尖区域是一个非常敏感的区域，它既是桨叶的高动压区，又是桨尖涡的形成和逸出之处，桨尖形状小小的改变就能导致桨尖涡的强度和轨迹有较大的变化，从而影响旋翼的流场、气动载荷和噪声。因此，采用合适的桨尖形状，能有效地改进旋翼的气动特性。桨叶尖部形状对旋翼的气动噪声和前行桨叶的激波失速有重要影响，还有可能给桨叶带来有利的动态扭转，因此，采用先进、合适的桨尖形状，能有效地改进旋翼的气动特性，可延缓气流分离（前、后行）、改善气动载荷分布及桨尖涡干扰、降低振动和噪声、提高气动效率等。

各种先进的桨尖形状如图7－5所示，包括后掠尖削、后掠桨尖、前缘后掠、短尖削、长尖削、双曲线后掠、抛物线型后掠等。后掠桨尖能够缓解压缩性影响，同时，由于桨尖翼弦长度变小，使边缘涡流密度减小，又延缓了后行桨叶的气流分离，大大改善了旋翼的气动特性。

8. 桨叶尖削形状和宽度

带有负扭转（大多数机翼的扭转都是负的，即翼尖的扭转角小于翼根的扭转角，负扭转角也被称为下洗角）的尖削桨叶与带有负扭转的矩形桨叶相比，悬停效率可以提高2%～3%。此外，尖削桨叶的静挠度小，对多旋翼无人机的总体布局有利。

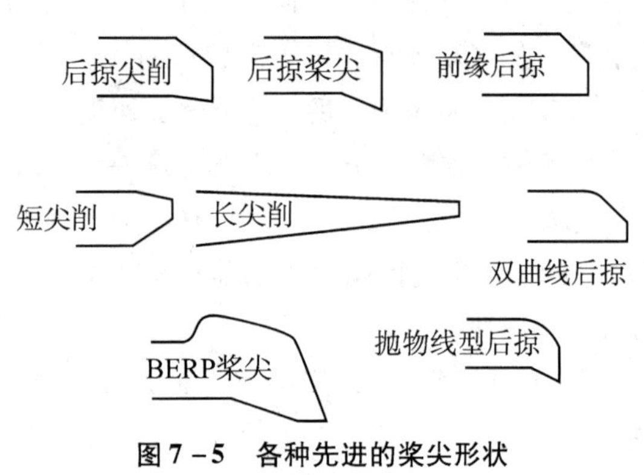

图7－5　各种先进的桨尖形状

桨叶剖面的弦长就是该半径处的桨叶宽度。对于矩形桨叶，桨叶宽度沿径向不变；对于梯形桨叶或其他桨叶，桨叶宽度沿径向改变。为了表征桨叶宽度的变化，常用桨叶尖削比 η_{ye} 这一概念，其定义为叶根宽度与叶尖宽度之比，一般 $\eta_{ye}=1\sim3$。在实际情况中，由于叶根及叶尖部分形状特殊，按延伸办法来处理。

旋翼桨叶宽度受到旋翼实度、桨叶半径和桨叶尖削比的限制，所以桨叶宽度并不是一个独立的参数，只要旋翼实度、桨叶半径和桨叶尖削比三者的数值一确定下来，实际上桨叶宽度也就确定了。

9. 桨叶翼型

桨叶翼型选择的准则是满足多旋翼无人机机动性、巡航特性和悬停特性要求，方法是选择激波临界马赫数、最大升力系数和升阻比三项指标数值都比较大的翼型。主要综合考虑以下几点。

机动性：对高载荷系数，桨盘后行一侧工作在非常剧烈的气动力条件下，低马赫数和高攻角的组合使无人机产生失速颤振现象，并且限制了飞行范围。为了使这种现象推迟产生，翼型在低马赫数下必须具有好的升力能力。在机动条件下的桨盘后行一侧，典型的马赫数为0.4，该马赫数对应的最大升力系数是描述翼型机动性能的重要参数，无人机的机动能力与马赫数为0.4左右时翼型的最大升力系数有关。

巡航特性：发生在旋翼前行桨叶上的跨音速现象限制了多旋翼无人机的飞行速度。由于波阻增加，跨音速现象使需用功率急剧增加，而且当激波出现时，气动中心后移会产生剧烈的负力矩。这限制了高速状态下的飞行包线，阻力发散马赫数是描述这两种现象和帮助设计具有高速性能旋翼的重要参数。多旋翼无人机的航程和最大速度与翼型的阻力发散马赫数有重要关系。

悬停特性：优化多旋翼无人机悬停特性的目的是在给定的飞行重量下使需用功率最小，它与翼型的最大升阻比相对应。旋翼桨尖马赫数（旋翼桨尖速度与当地声速之比）通常为0.6~0.7，旋翼升力绝大部分在此马赫数范围内产生。悬停时，如果旋翼桨尖速度为0.6马赫数，此时的升力与作用在桨叶上的平均升力情况一致，因此翼型升力系数达到0.6到0.7马赫数时的升阻比是描述悬停性能的重要参数。

综合考虑多旋翼无人机的机动性、巡航特性和悬停特性要求，桨叶通常采用先进的翼型族。其中厚的翼型（一般是12%的厚度）将确保最大的升力，而中等厚度的翼型（一般是9%的厚度）也将始终产生高的升力，但它的更大的阻力发散马赫数将允许翼型布置在更靠近桨尖的位置。简言之，在不降低高机动性的同时，为了尽可能提高最大飞行速度，可以在桨叶桨尖部分使用薄的翼型（一般是7%~9%的厚度）。这是由于更薄的翼型其阻力发散马赫数更高，这样高速飞行时可节省功率，并且在桨尖选择更薄的翼型将减小旋翼的噪声。

10. 桨叶负扭转角

桨叶增加负扭转角（负扭转角表示负扭转的程度）是提高旋翼性能的重要措施之一。

（1）桨叶负扭转可以提高旋翼的悬停效率，延缓后行桨叶上的气流分离。理想的桨叶负扭转可以使旋翼的悬停效率提高5%，这意味着多旋翼无人机的有效载荷可以增加10%~20%。在实际的桨叶设计中，一般采用−8°左右的负扭转角。

（2）多旋翼无人机前飞时，桨叶负扭转有利有弊。一方面，其有利于诱导速度在桨盘上均匀分布，从而减小诱导功率，改善桨叶展向气动力分布。另一方面，负扭转使桨叶上的交变载荷增加，给桨叶的寿命和多旋翼无人机的振动水平带来不利影响，造成前飞时桨叶存在疲劳及振动问题。

综合考虑多旋翼无人机悬停和前飞两种飞行状态的利弊来选择桨叶负扭转角的数值，一般取值为6°~8°。

7.1.2 动力参数的分析与选择

多旋翼无人机按照起飞全重分类，小于等于 25kg 的有微微型、微型和轻型三种类型，一般都采用电动机作为发动机；起飞全重为 25 ~ 150kg 的为小型多旋翼无人机，有采用电动机的，也有采用燃油发动机的；起飞全重大于 150kg 的大中型多旋翼无人机一般要采用燃油发动机。在多旋翼无人机总体设计中，首先要分析选用哪种发动机能更有效地满足多旋翼无人机的设计技术要求，寻求发动机与多旋翼无人机飞行性能的最佳匹配。

1. 总重量的初步确定

严格来说，只有在设计工作全部完成之后才能完全确定多旋翼无人机的总重量，因为只有在这时才能最后确定各部件的重量。但是，为了便于各阶段设计工作的进行，有必要先确定总重量的第一次近似值，这就只能利用统计数据及经验公式来确定了。总重量 G 可用式（7 - 11）表示。

$$G = \frac{G_u}{G - G_f} \tag{7-11}$$

式中：G_u ——有效载荷，可根据设计技术要求规定的载荷重量等加以确定；

G_f ——电池或燃油重量，可根据所要求的航程或续航时间来确定。

对于使用燃油发动机的多旋翼无人机，在给定航程 L 的条件下，G_f 可按式（7 - 12）近似得出（ $\overline{G}_f = G_f/G$ ），即：

$$\overline{G}_f = A \times 10^{-4} L \tag{7-12}$$

式中：A ——加权系数，其数值可根据经验统计数据得出。采用活塞式发动机时，A 值一般为 2.0 ~ 2.75；采用涡轮轴发动机时 A 值差异较大，其值一般为 3.0 左右，个别也有高达 4.5 以上的。

对于使用燃油发动机的多旋翼无人机，在给定续航时间 t 的条件下，G_f 可按式（7 - 13）近似得出，即：

$$\overline{G}_f = Bt\sqrt{p} \tag{7-13}$$

式中：p ——桨盘载荷；

B ——加权系数，其数值可根据经验统计数据而得出。采用活塞式发动机时，B 值一般为 0.007；采用涡轮轴发动机时 B 值一般为 0.0105。

2. 桨盘载荷

桨盘载荷（以 p 表示）是指旋翼的拉力（定常飞行时旋翼的拉力近似等于多旋翼无人机总重量 G ）与 N 个桨盘面积之比，即旋翼单位扫掠面积所承受的重力。一般情况下桨盘载荷 p = 150 ~ 450N/kW。

$$p = \frac{G}{N\pi R^2} \tag{7-14}$$

桨盘载荷 p 影响多旋翼无人机有效载荷占总重量的比例，而且其影响是多方面的。在悬停升限或使用升限、最大爬升速度等性能要求一定时，加大桨盘载荷，一方面使主减速器重量和桨叶重量减小，另一方面使多旋翼无人机单位需用功率加大，发动机和燃油重量都要加大，从而对有效载荷产生不利的影响。但是，桨盘载荷越小，旋翼直径就越大，桨叶长度也越大。桨叶越长，其挠度越大，在总体布置时就会遇到困难。

综合考虑，桨盘载荷的选择要考虑以下方面：①多旋翼无人机总重量越大，桨盘载荷也应选得越大。因为总重量较大时，选取较大的桨盘载荷能获得较高的有效载荷；②采用涡轮轴发动机时，桨盘载荷可以选得大一些，这样也可以获得较大的有效载荷；③对以运输为主，而且对静、动升限有较高要求的民用多旋翼无人机，应选择较小的桨盘载荷。而对飞行速度要求高，机动性好，功率又比较富裕的军用多旋翼无人机，则可选择较大的桨盘载荷。

3. 功率载荷

功率载荷（以 q 表示）定义为 $q = \dfrac{G}{N_e^{(0)}}$，表示海平面标准大气状态下发动机额定功率所能举起的重量（重力）。

由于多旋翼无人机在定常直线飞行时重力接近于旋翼的拉力（$T \approx G$），而发动机在海平面处的输出功率 $N_e^{(0)}$ 可以化成某高度的旋翼可用功率（$N_e = \zeta A N_e^{(0)}$），于是 p 和 q 可定义为：

$$p = \frac{1}{2N} C_T \rho \, (\Omega R)^2 \tag{7-15}$$

式中：C_T ——旋翼拉力系数；

ρ ——空气密度；

ΩR ——桨尖速度。

$$q = \frac{1000 S \zeta C_T}{N m_k (\Omega R)} \tag{7-16}$$

式中：S ——桨盘面积，$S = N\pi R^2$；

ζ ——功率利用系数；

m_k ——旋翼扭矩系数。

消去 ΩR，可得：

$$q\sqrt{p} = \frac{1000}{\sqrt{2}} S \zeta \sqrt{\rho} \, \frac{C_T^{3/2}}{m_k} \tag{7-17}$$

因为：

$$\eta_0 = \frac{C_T^{3/2}}{2 m_k} \tag{7-18}$$

$$\Delta = \rho / \rho_0 \tag{7-19}$$

$$q\sqrt{p} = 1565.25 S \zeta \eta_0 \sqrt{\Delta} \tag{7-20}$$

所以，$q\sqrt{p}$ 的最大值不超过1565.25，在海平面处此值一般为630～1050。随着技术进步，多旋翼无人机有可能选择较大的桨盘载荷 p 和较小的功率载荷 q 。

多旋翼无人机悬停飞行时，随着高度的增加，单位需用功率也会增加，但是发动机可用功率 N_e 却随着高度增加而下降。到了某一高度，可用功率等于需用功率，这就是多旋翼无人机的理论悬停升限，用 H_H 表示。这时，功率的平衡关系为：

$$\frac{1}{\zeta}\bar{N}_r = A_e\bar{N}_e^{(0)} \tag{7-21}$$

式中：ζ——功率利用系数；

$\bar{N}_e^{(0)}$——海平面发动机单位额定功率，$\bar{N}_e^{(0)} = N_e^{(0)}/G$；

A_e——发动机的高度特性系数，在海平面上为1。

采用较大的发动机以提高海平面发动机单位额定功率，可以直接提高悬停升限，但这必然会使多旋翼无人机的空机重量增加。假如在设计上可以降低单位需用功率，即使海平面发动机单位额定功率不变，悬停升限也能提高。或者，对于一定的悬停升限，采用较小的发动机就可以达到要求。要降低悬停状态下的旋翼需用功率，主要的措施是采用较小的桨盘载荷以降低诱导功率。此外，降低型阻功率也会有较明显的效果。

提高功率利用系数也可以提高多旋翼无人机的悬停升限。如能设法改善发动机的高空特性，使 A_e 值加大（如活塞式发动机采用废气增压等），悬停升限往往会得到显著的改善。当发动机出轴功率比多旋翼无人机悬停需用功率大时，就有一部分剩余功率，于是有可能用作垂直上升飞行。

7.2 四旋翼无人机的零部件选择

微轻型四旋翼无人机与大中型无人机的总体结构是一样的，典型的四旋翼无人机的基本组成部分如图7－6所示。

（1）机架：也称为机体，是四旋翼无人机的主体结构，此处的机架包括起落装置。

（2）旋翼系统：采用空气螺旋桨。

（3）动力装置：包括电动机、电调和电池。

（4）飞行自控系统：也称自动驾驶仪，包括飞行控制系统和传感器。

（5）遥控系统：包括遥控接收机和发射机。

（6）任务设备：包括增稳云台、GPS导航仪、照相机/摄像机、图像传输系统和防撞安全防护系统等。

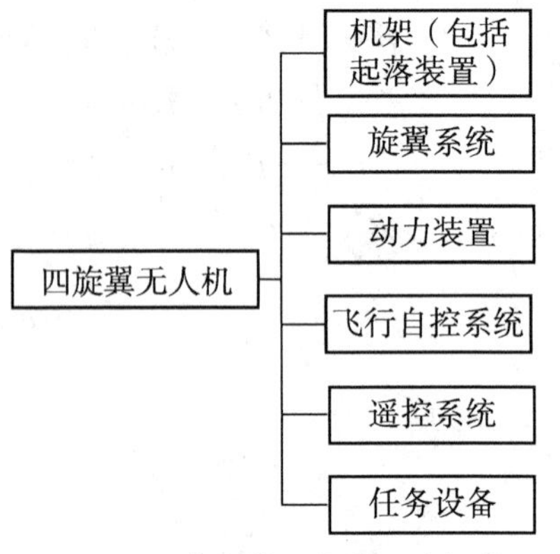

图7－6 典型的四旋翼无人机的基本组成部分

7.2.1 机架、旋翼系统与动力装置

1. 机架

机架最重要的一个参数就是其自身的重量。为了尽可能降低机架的自重，机架需要被设计得尽可能轻。机架重量越小，就意味着有效载荷越大，所以在对机架材料进行选择时需要谨慎。常见的机架材料有塑料和碳纤维。

（1）塑料机架。塑料的密度较小，重量较轻，但强度和刚度不大，多个机架部件在组装时通常采用螺丝固定，桨叶高速转动时产生的振动可能会使螺丝变得松动，从而导致机架的轴臂有脱落的危险。随着3D打印技术的成熟，使用3D打印机一次性将机架打印出来，即节省螺丝钉的重量又可避免出现轴臂松动的问题。塑料材质的机架价格低廉，更适合普通无人机和航模爱好者。

（2）碳纤维机架。碳纤维的密度低，强度和刚度都很高，非常适合作为无人机的机架材料。但碳纤维的加工比较困难，需要对整个碳纤维板做切割、打孔。但由于其强度和刚度优势，在无人机飞行过程中会有减振效果。碳纤维材质的机架更多被用于商业或工业级无人机。

图7－7为传统四旋翼无人机机架简图。设旋翼飞行器有 n_r 个机臂，机架半径 R 与旋翼最大半径 r_{max} 存在如下关系（θ表示轴间夹角）。

$$R = \frac{r_{max}}{\sin\frac{\theta}{2}} = \frac{r_{max}}{\sin\frac{180^\circ}{n_r}} \tag{7-22}$$

组装四旋翼无人机的机架来源大体有两种。

（1）选购成品机架。

市场有现成的机架出售，上面有各种螺丝孔，买回来只需要将各种设备连接上去，并拧上螺丝即可进行调试，大大简化了安装过程。

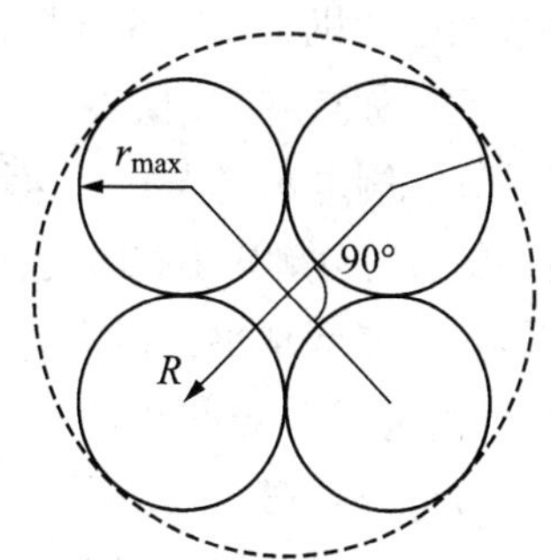

图7－7　传统四旋翼无人机机架简图

①F450、F550机架：这类机架是深圳市大疆创新科技有限公司（以下简称“大疆”）为了满足大多数航模爱好者需求而开发的机架，包括4个悬臂、1块下板和1块上板。悬臂上主要安装电动机、电调和连接上板与下板。在下板上已经设计好了相应电路，可给4个电调供电。上板可以用来安装飞控和接收器等。数字450代表机架轴距，即F450的轴距为450mm，F550的轴距为550mm。

②X450机架：X450的四个悬臂采用管式结构，重量较轻，外形美观。

（2）自制机架。

除了到市场上购买成品机架外，还可以自己动手，利用废弃的硬盘盒、玻璃钢、

铝片等材料自行加工机架。如果起飞重量大于4kg，电动机臂碳管长度应不小于16mm，机架碳板厚度应达到1.5mm以上。

2. 旋翼系统与电动机

（1）桨片。

四旋翼无人机的旋翼系统是指空气旋翼，它由电动机驱动高速旋转产生升力。其外形结构非常简单，两片桨叶由中间的桨毂固定在一起构成一个整体，称为桨片。四旋翼无人机有4个旋翼，每个旋翼有1个桨片，全机总共有4个桨片，其中有2个为正桨，另外2个为反桨。桨叶的横剖面是翼型，假设旋翼在一种不能流动的介质中旋转，那么旋翼每转一圈，就会前进一个距离，该距离称为螺距。常用桨片的尺寸规格有1145、1045、9047、8045等，其中前两位数字代表直径，后两位数字代表螺距。如1045桨片的直径为10in（约25.40cm），螺距为4.5in（约11.43cm），最大转速为10500r/min。

（2）电动机。

四旋翼无人机采用无刷电动机。无刷电动机属于外旋翼电动机，也就是说，工作的时候是电动机的外壳在转动，而不是内部的线圈。这样带来了电动机维护上的方便。同时，无刷电动机在扭力、转速方面都有比较优越的特性。无刷电动机采用半导体开关器件（电调）来实现电子换向，具有可靠性高、无换向火花、机械噪声低等优点。

①尺寸：无刷电动机在型号命名上用4位数字来表示它的尺寸，如2212电动机、2018电动机等。前两位数字是电动机旋翼的直径，后两位数字是电动机旋翼的高度。例如常用的新西达2212电动机，表示直径为22mm，旋翼的高度为12mm。一般而言，越大的电动机，其转速和扭力也就越大。

②标称空载kV值：无刷电动机kV值定义为“转速/伏特”，是指输入电压增加1伏特，无刷电动机空转转速增加的转速值。例如：1000kV电动机，外加1V电压，电动机空转时每分钟转1000转；电压为11V的时候，电动机的空转转速达到11000r/min。kV值越大，速度越快，扭力越小。单从kV值考虑是无法评价电动机好坏的，因为不同kV值适用不同尺寸的旋翼。

③电压：微型四旋翼无人机的电动机常用1S电池驱动，而较大些的四旋翼无人机的无刷电动机一般采用2～3S电池。一般的无刷电动机都可以支持2～3S电池的电压，其中最常用的配置是3S的锂电池。

3. 电调

无刷电动机应该选用无刷电调。无刷电调的输入是直流，可以接锂电池；输出是三相交流，直接与电动机的三相输入端相连。如果上电后，电动机反转，只需要把这三根线中的任意两根对换位置即可。电调还有三根信号线连出，用来与接收机连接，控制电动机的运转。

电调的第一个功能，也是最基本的功能，是将飞控的控制信号转变为电流的大小，以控制电动机的转速。电调的第二个功能是充当变压器，将高电压转变为低电压，为飞控板和遥控接收机供电。电调的第三个功能是充当换相器，因为无刷电动机没有电刷进行换相（直流电源转化为三相电源供给无刷电动机，并对无刷电动机起调速作用），所以需要靠电调进行电子换相。电调还有一些其他辅助功能，如电池保护、启动保护、刹车等。

无刷电调的种类按品牌分，常用的有好盈、银燕、新西达、中特威等，还有一些较为昂贵的电调，如蝎子和凤凰等。按照功率分为30A、40A、50A、60A、80A和120A电调等。不同功率的电调要对应不同的电动机，否则会出现电动机转速不足或烧坏电调的情况。

4. 电池

电池用于提供能量，属于易耗品，也是后期投入比较多的一个部件。可用来做多旋翼无人机动力的电池种类很多，常见的有锂电池和镍氢电池，主要源于其优良的性能和价格优势。对于多旋翼无人机而言，电池单位重量的能量载荷很大程度上限制了其飞行时间和任务拓展，续航时间不够，其关键就在于电池容量较小。

在相同电池容量的情况下，锂电池最轻，效率最高，多旋翼无人机大多选择锂电池。电池的选择除了受机架尺寸限制外，还要注意以下几个参数：电池电压、电池容量、放电倍率、充电倍率、电池内阻、平衡充电器等。四旋翼无人机常用2200mAh，3S，25C的电池。

5. 电动机与旋翼的匹配

多旋翼无人机采用的旋翼越大，升力越大，但相应需要更大的力来驱动；旋翼转速越高，升力越大；电动机的kV值越小，转动力就越大。为了用转速来弥补升力不足，大旋翼就需要采用低kV值电动机，小旋翼就需要采用高kV值电动机。不同的电动机需要使用对应的桨片，电动机与桨片的选择对应关系如表7－1所示。

表7－1　电动机与桨片的选择对应关系

电动机（kV值）	桨片
800～1000	11～10in桨
1000～1200	10～9in桨
1200～1800	9～8in桨
1800～2200	8～7in桨
2200～2600	7～6in桨（注意桨强度）
2600～2800	6～5in桨（注意桨强度）
2800以上	9050剪桨（注意桨强度）

7.2.2 自动驾驶仪

1. 自动驾驶仪的功能和结构

自动驾驶仪（也称为飞控板）是四旋翼无人机的核心部件，主要作用是处理飞行参数，控制飞行过程中的四旋翼无人机的稳定和运动方向。当四旋翼无人机飞行时，飞控板需要识别遥控器或自动控制的信号，计算当前的姿态，并且将当前的姿态与遥控器要求达到的姿态进行对比，从而计算出电动机需要做出的反应，给电调发送信号以调节电动机转速，从而实现改变飞行姿态的功能。

自动驾驶仪的功能主要有五项。①导航：发挥自动驾驶仪上各种传感器的优势，综合分析判断得到准确的位置和姿态信息，是自动驾驶仪的首要功能。②控制：自动驾驶仪基于准确的位置和姿态信息，根据任务，通过算法计算出控制量，输出给电调，进而控制电动机转速。③决策：就是解决“去哪儿”的问题。“去哪儿”可能是飞手决定的，也可能是为了安全，按照规定流程执行的紧急处理方案。④稳定：自动驾驶仪根据一些板载的测量元件提供的信息，在没有任何控制的情况下，通过控制电调的输出信号保持四旋翼无人机的稳定。⑤测量：自动驾驶仪需要测定电池的剩余电量，以便确保四旋翼无人机能安全稳定地飞行。

四旋翼无人机的自动驾驶仪分为软件部分和硬件部分，硬件部分包括五个部分。①全球定位系统（GPS）：得到无人机的位置信息。②惯性测量单元（IMU）：包括 3 轴加速度计、3 轴陀螺仪、电子罗盘（或磁力计），目的是得到姿态信息。③气压计和超声测量模块：用于获得绝对（气压计）或相对高度信息（超声波测量模块）。④计算机：微型计算机，算法计算平台。⑤接口：与各种传感器、电调和通信设备等的硬件接口。

2. 自动驾驶仪的选择原则

市面上有许多性能优异的飞控板可供选择，有开源飞控，也有闭源飞控（也称为商品飞控），比较有名的品牌有 KK 飞控板、FF 飞控板、MWC 飞控板、APM 飞控板、玉兔二代飞控板、NAZA（哪吒）飞控板、WooKong - M 飞控板和零度飞控板等。选择飞控板需要注意以下方面。

（1）经济条件：由于四旋翼无人机飞控技术发展较快，所以存在一些低端的飞控板可供资金紧缺的用户选择。目前流行的开源飞控板中，FF 飞控板相对便宜，适合初学者使用；玉兔二代飞控板适合入门级的初学者；KK、MWC 和 APM 飞控板更适合有较多经验者。对于有特殊需求的情况（如高精度的航拍效果），可以选择商品飞控，如 WooKoo - M 飞控板或者零度飞控板。

（2）操控性能需求：从操控性能来说，KK 飞控板及 GPS 导航板性能先进，使用比较简单，价格适中，可使四旋翼无人机飞行稳定，很受欢迎。FF、APM 和 MWC 飞控板也有自稳功能。Wookoo - M 飞控板或者零度飞控板的飞控操控性能更好，能保证设备安全，但价格高。

（3）特殊功能需求：初学者可以选择FF飞控板；如果要求性能更好一点，可以选择KK、APM和MWC飞控板；如果想要进行航拍，最好选择NAZA、WooKoo-M或者零度等技术成熟的品牌飞控板。

3. KK飞控板及GPS导航板

韩国KK Multicopter公司（简称“KK”）开发的KK飞控板采用微机电系统（Micro-Electro-Mechanical System，MEMS）3轴（X,Y,Z）陀螺，拥有比较高的灵敏度和响应精度，马达及舵机输出端口有12个。除支持上一代飞控板原有的布局模式外，它还支持Butterfly、Octo、X8、Y6T、TwinQuad、TwinHexa、Dodeca等新的模式，兼容性极佳。KK飞控板还提供了一个端口连接“地面站”的通道，使用Xbee或其他数传电台，即可用此通道与计算机进行实时通信。

GPS导航板与KK飞控板协同工作，并且可以兼容老款KK飞控板。KK飞控板集成了数字气压计、GPS模块接口、电子罗盘、3轴加速度传感器和3轴陀螺，此外，还有一个超声波模块接口及屏幕显示（On Screen Display，OSD）模块接口。它除了能够为四旋翼无人机带来自主悬停、定高功能，还支持双轴云台（侧飞和俯仰）增稳功能。GPS模块内置了一颗微型电池，能够记录GPS星历数据，从而大大缩短下一次启动时的搜星时间。GPS导航板重22g（含GPS模块）。

4. FF飞控板（某公司开发的飞控板）

FF飞控板是国内模友开发的一种飞控系统，使用ARM（Advanced RISC Machine）微处理器，价格便宜且易于操作，包含了陀螺仪和加速度传感器，可以实现自稳，并支持增稳云台。但是其程序不开源，而且不支持固定翼，其所采用传感器的灵敏度不够。

与FF飞控板连接的4个电调要分别进行独立的油门行程设置，方法是将4个电调和接收机的连线从FF飞控板上全拔下来，取其中一个电调，将它和接收机的第三通道连接，将油门拉到最高，听到电动机发出“嘀嘀”连续的两声后，立刻把油门拉到最低，等电动机发出“嘀嘀嘀”的确认声音，设置完成。接下来依此步骤逐个完成另外三个电调的油门行程设置。全部完成后，接回所有的连线。

接收机通道与FF飞控板的连接方式为：副翼通道1（英文AILE）接FF飞控板的CH1，升降通道2（英文ELEV）接FF飞控板的CH2，油门通道3（英文THRO）接FF飞控板的CH3，方向通道4（英文RUDD）接FF飞控板的CH4，通道5（英文GEAR）接FF飞控板的CH5。

5. MWC飞控板

MWC是Multiwii Copter的缩写，是法国人Alex设计的开源项目，基于开源的Arduino平台。目前MWC已经基本成熟，可以支持更广泛的硬件平台、外围设备及更多的飞行模式，让MWC飞控板成为国外开源飞控市场上占有率较高的产品之一。MWC飞控板通常有两种版本：Atmega328P版本，Atmega2560版本。

因为基于 Arduino 平台，Atmega328P 版本实际上就是一块 Arduino ProMini 版本加一块 GY86 传感器，包含 MPU6050、HMC5883L、MS5611。其中 MPU 60X0 是全球首例 9 轴运动处理传感器，它集成了 3 轴 MEMS 陀螺仪、3 轴 MEMS 加速度计及一个可扩展的数字运动处理器 DMP，可用 2C 接口连接一个第三方的数字传感器，如磁力计。HMC5883L 是一种表面贴装并带有数字接口的弱磁传感器芯片，应用于低成本罗盘和磁场检测领域。MS5611 是一款高分辨率气压传感器，分辨率可达到 10cm。

6. APM 飞控板

APM 飞控板是国外的一个开源飞控系统，采用的是两级 PD 控制方式。第一级是导航级，第二级是控制级，能够支持固定翼、直升机、3 轴/4 轴/6 轴旋翼飞行器。APM 的功能强大，因为其开源，用户可以根据自己的喜好录制不同的程序；而且其传感器种类很丰富并且精度高。APM 飞控板的主要结构和功能包括以下内容。

（1）飞控主芯片 Atmega1280/2560。

（2）脉冲位置调制（Pulse Position Modulation，PPM）解码芯片 Atmega168/328，负责监视模式通道的脉宽调制（Pulse Width Modulation，PWM）信号，以便在手动模式和其他模式之间进行切换。

（3）惯性测量单元包括双轴陀螺、单轴陀螺、3 轴加速度计，负责测量 3 轴角速度和 3 轴加速度，配合 3 轴磁力计或 GPS 测得方向数据并进行校正，利用方向余弦算法，计算出飞机姿态。

（4）GPS 导航模块为 Lea－5h，负责测量当前的经纬度、高度、航迹方向和地速等。

（5）3 轴磁力计模块为 HMC5843/5883 模块，负责测量当前的航向。

（6）空速计为 MPXV7002 模块，负责测量空速（误差较大，测得的数据不稳定）。

（7）气压计采用 BMP085 芯片，负责测量空气压力，用以换算成高度。

（8）AD 芯片为 ADS7844 芯片，该芯片可将 3 轴陀螺仪、3 轴加速度计、双轴陀螺仪输出的温度和空速计输出的模拟电压转换成数字量。

7. 玉兔飞控板

玉兔飞控板由国外模友研发，采用 32 位 ARM 处理器以及最新的传感器，配备自主研发的软件，设置界面简单友好，飞行稳定，简单连接好飞控板后采用默认设置就可稳定飞行。基本板已包含高精度数字 3 轴陀螺和数字 3 轴加速度计，结构紧凑，体积小，不用附加任何板就可以实现稳定和平衡功能，还可以通过外接扩超声波、气压计、3 轴地磁传感器、GPS 等实现定高、定点、自动起降等更多的功能。玉兔飞控板主持 8 通道遥控输入、8 通道马达/舵机输出，支持航拍云台自动稳定，输出通道的模式可以由用户定义。它自带 USB 接口，不用加扩展板就可以实现 PC 升级和参数调整。当然，玉兔飞控板也提供 PC 升级工具，客户可随时根据要求改进程序并能在线升级。

主要结构和功能如下。

（1）主处理器，ARM32 位，主频 50MHz。

（2）板载高精度数字3轴陀螺仪和3轴加速度计，实现自动稳定和自动平衡。

（3）8路接收通道，除了主要的4个摇杆通道外，还可以定义辅助开关通道或云台控制通道。

（4）8路16位高精度PWM输出通道，可定义50～500Hz模拟/数字舵机或非标准电调信号。

（5）输出混控支持GIMBAL、BI、TRI、QUADP、QUADX、Y4、Y6、HEX6、HEX6X、8路接收通道、8通马达/舵机、8通LED接口、报警器接口、USB接口、气压计、地磁罗盘扩展板设置状态灯、ARM主控芯片、3轴陀螺仪、3轴加速度计、GPS、超声波、电池电压、2 OCTOX8、OCTOFLATP、OCTOFLATX、FLYING_ WING、FIEXD WIND等模式，还可以根据客户要求增加其他混控模式。

（6）可选择多种输出模式：默认电调输出330Hz信号，舵机输出47Hz信号。

8. NAZA飞控板

NAZA飞控板是大疆出产的一款多旋翼飞控板，主要版本有NAZA－M、NAZA－MLite、NAZA－MV2和Naza－H。对于不想使用与APM一样具有复杂操作的飞控板用户来说，NAZA的飞控板更合适。NAZA飞控板以创新的All－in－One设计理念，将控制器、陀螺仪、加速度计和气压计等传感器集成在了一个更轻、更小巧的控制模块中，同时提供D－Bus（Desktop Bus，桌面总线）支持，支持在线升级，功能、硬件均可扩展。其基本功能特点包括以下六个。

（1）即插即用的GPS模块，提供精准定位、自动返航等功能。

（2）在GPS模式下，可以锁定经纬度和高度精确悬停，在风力较大的情况下也可以在很小范围内稳定悬停。悬停精度在垂直方向为±0.8m，水平方向为±2.5m。

（3）多选控制模式，为手动模式（可选手动、姿态、失控保护）、姿态模式、GPS模式。

（4）智能方向控制（CF功能），为航向锁定/返航点锁定。

（5）增强型失控保护功能，可实现自动降落熄火。

（6）支持2轴云台，云台舵机多频率支持（8轴时不支持云台）。云台舵机多频率支持是指云台控制系统能够适应不同频率的指令信号，实现对舵机的精确控制。

9. WooKong－M飞控板

WooKong－M飞控板是大疆出产的一款成熟的、面向商用及工业用多旋翼平台的飞控系统。它支持市面上最常见的第三方电调，无须做任何线路的修改。WooKong－M集成了高精度的感应器元件，运用了先进的温度补偿算法和工业化的精准校准算法，使系统发挥出稳定、高效、可靠的性能。基本功能特点包括以下六个。

（1）适用9种常用的多旋翼平台，支持用户自定义电动机混控。

（2）内置云台增稳功能，内置减振设计。

（3）支持平板地面站及手机调参。

（4）精准定位悬停，热点环绕，智能方向控制（智能航向锁定）。

（5）遥控器触发高度返航及遥控器开关触发自动返航。

（6）失控保护和自动返航及降落；主控失去控制信号时，系统会进入失控保护模式。

10. YS－X6 飞控板

YS－X6 飞控板是面向商用及工业用多旋翼平台的飞控系统，采用 ARM＋FPGA 经典架构，集成了高精度传感器元件，运用领先的温度补偿算法和工业级的姿态算法，使系统性能更稳定、高效、可靠。飞控设置简单快捷，配备智能化的地面站系统，只需将地面站软件安装在个人的智能手机、平板或计算机上，利用 WiFi 通信连接飞控即可作为控制飞行器的终端移动设备，重 212g（含 WiFi 模块）。基本功能包括以下 10 个。

（1）语音播报功能，飞行中实时收听高度、距离等播报。

（2）自由航向，航线飞行时，飞行器的机头将实时对准飞行方向。

（3）自动生成航线，并在地图上显示航线的总长度。

（4）自定义航点，可添加 128 个航点，灵活设置航点的高度、悬停时间、飞行速度、经纬度等。

（5）精准定位悬停，悬停精度为水平小于 1.5m，高度小于 0.3m。

（6）超强的抗振性能，能很好地适应振动性强的大型机架。

（7）内置专业减振模块，提高了飞控的可靠性、抗振性。

（8）功能拓展预留，可选择开通不同版本功能，满足不同的飞行作业要求。

（9）支持多旋翼飞行器类型，包括＋4，x4，＋6，x6，Y6，＋8，x8，V8 等各种类型。

（10）绕点锁定飞行，飞行器机头始终对着目标点进行绕圈盘旋飞行。

7.2.3 传感器

传感器是感知飞行姿态，识别物体、距离和温度等的仪器。传感器的作用主要是配合四旋翼无人机飞控工作，要精准完成控制任务离不开传感器检测反馈的信息，市场上的飞控板一般自带传感器。飞控板接收到来自遥控器的信号后，将信息与传感器感知的飞行姿态等数据进行对比判断，然后控制电调的输出，进而调整旋翼的转速以控制四旋翼无人机的飞行姿态和稳定。

四旋翼无人机采用的传感器多为惯性传感器。惯性传感器通过测量飞行器的加速度和角度获取飞行器瞬时速度、瞬时姿态和瞬时位置。使用惯性传感器时需要解决的问题是长时间的精度问题，随着时间增长，因为存在飘移，误差会累积。加速度传感器可提供额外的参数来抵消掉陀螺仪参数计算时的误差。

1. MEMS 陀螺仪

一个高速旋转的物体所指的方向在不受外力影响的情况下不改变，传统陀螺仪利用这个原理来获取转动角度。陀螺仪具有稳定性和进动性，转动时如果受到外力的作用，陀螺仪会在自转的同时沿另一个固定轴不停旋转。传统陀螺仪是一个不停转动的物体，主要利用角动量守恒原理，它的转轴指向不随承载它的支架的旋转而变化。

MEMS陀螺仪主要依据科里奥利力（旋转物体在有径向运动时所受到的切向力）原理，采用振动物体传感角速度的概念，利用振动来诱导和探测科里奥利力。通过科里奥利力原理把角速率转换成一个特定感测结构的位移。MEMS陀螺仪没有旋转部件，不需要轴承。MEMS陀螺仪是一种依据科里奥利力原理测量角速度的传感器。它由相互正交的振动和转动系统组成，当振动系统在基底上旋转时，受科里奥利力的作用，产生交变信号。通过测量这些信号，可以计算出物体的角速度。整体动力学系统是二维弹性阻尼系统，在这个系统中振动和转动诱导的科里奥利力把正比于角速度的能量转移到传感模式。通过改进设计和静电调试使得驱动和传感的共振频率一致，以实现最大可能的能量转移，从而获得最大灵敏度。

陀螺仪提供飞行时的平衡参数，即机架与水平面的关系。通过这些参数，飞控板可以控制四旋翼无人机平稳飞行。虽然3轴陀螺仪集成比较好，而且性能相对较好，但是3轴陀螺仪相对比较昂贵。几款陀螺仪参数对比如表7-2所示。

表7-2　　几款陀螺仪参数对比

型号	比例系数	响应效率	备注
ENC03	0.67mV/deg/sec	50Hz	单轴
LISY300AL	3.3mV/deg/sec	88Hz	单轴 ±300°
ADIS16350AMLZ	0.25mV/deg/sec	350Hz	3轴

2. MEMS加速度计

加速度计是一种测量加速度的传感器。加速度计由检测质量（也称敏感质量）块、支承、电位器、弹簧、阻尼器和壳体组成。检测质量块受支承的约束只能沿一条轴线移动，这个轴常称为输入轴或敏感轴。当仪表壳体随着运载体沿敏感轴方向做加速运动时，具有一定惯性的检测质量块力图保持其原来的运动状态不变。MEMS加速度计采用了微机电系统技术，具有体积小、重量轻、能耗低等优点。MEMS加速度计分为压电式、容感式、热感式等类型。

（1）压电式MEMS加速度计运用的是压电效应，在其内部有一个刚体支撑的检测质量块，有运动的情况下检测质量块会产生压力，刚体产生应变，把加速度转变成电信号输出。

（2）容感式MEMS加速度计内部有一个可移动的质量块，是标准的平板电容器。加速度的变化带动检测质量块移动，从而改变平板电容器两极的间距和正对面积，通过电容变化量来计算加速度。

（3）热感式MEMS加速度计内部没有任何质量块，它的中央有一个加热体，周围是温度传感器，里面是密闭的气腔，工作时在加热体的作用下，气体在内部形成一个热气团，热气团的比重和周围的冷气是有差异的，通过惯性热气团的移动形成的热场变化让感应器感应到加速度值。

由于压电式 MEMS 加速度计内部有刚体支撑，通常情况下，压电式 MEMS 加速度计只能感应到“动态”加速度，感应不到“静态”加速度。而容感式加速度计和热感式加速度计既能感应“动态”加速度，又能感应“静态”加速度。表 7 – 3 给出了几款加速度计的参数对比。

表 7 – 3 加速度计的参数对比

型号	量程	灵敏度	备注
MMA7260	1.5g/2g/4g/6g	800mV/g	需要用 SPI 通信
LIS3LV02DL（Q）	±2g/ ±6g	374mV/g	
ADXL330	±3g	300mV/g	

3. 磁力计

磁力计是利用通电导线在磁场中产生的洛伦兹力来检测磁场强度的传感器。洛伦兹力是指运动的带电物体（如电子）在磁场中运动时所受到磁场的作用力。MEMS 谐振式磁力计具有灵敏度与分辨力高，驱动和检测方法成熟，且能够满足弱磁场的检测等特点。其工作原理是：在悬臂梁中通过一定频率的变电流，其频率等于悬臂梁的谐振频率。当外界有磁场时，悬臂梁中的电流受到洛伦兹力的作用使悬臂产生振动，振幅和外界磁场强度的大小成正比关系，通过检测振幅的大小就可得到磁场强度的信息。由于悬臂梁工作在谐振状态下，因此振幅会被放大 Q 倍，从而使检测精度和灵敏度得到大幅提高。四旋翼无人机利用磁力计来检测三个轴向的地球磁场数据，计算出当前的飞行方向。

4. 气压计

地球上的大气压是随海拔高度的变化而变化的，与海拔高度的关系是：海拔高度增加，大气压减小。在 3000m 范围内，每升高 12m，大气压减小 1mmHg（汞柱），大约 133Pa（帕）。气压计测量高度的原理是利用大气压与海拔高度的关系，将输入信号（压力）转换为电阻变化，即通过惠斯登电桥架构的压阻式压力传感器感应施加在薄隔膜上的压力。压力传感器的一个重要参数是灵敏度，高分辨率的小型压力传感器使得气压计/高度计的应用得以在移动终端中实现，例如在导航仪上，可以通过高度计准确判断出位置高度。用电桥法测电阻，实质是把被测电阻与标准电阻相比较，以确定其值。由于电阻的制造可以达到很高的精度，所以用电桥法测电阻可以达到很高的精确度。

5. 超声波传感器

超声波传感器是利用超声波的特性研制而成的传感器。超声波发射器向某一方向发射超声波，在发射的同时开始计时，超声波在空气中传播，途中碰到障碍物就立即返回来，超声波接收器收到反射波就立即停止计时。超声波在空气中的传播速度为340m/s，根据计时器记录的时间，就可以计算出发射点距障碍物的距离。四旋翼无人机使用超声波传感器的目的是识别自身与物体的距离，以避免碰撞。

6. 全球定位系统

全球定位系统（GPS）接收器利用GPS卫星发送的信息确定卫星在太空中的位置，并根据无线电波传送的时间来计算它们之间的距离。每个GPS卫星都有4个高精度的原子钟，同时还有一个实时更新的数据库，记载着其他卫星的位置和运行轨迹。计算出至少4个卫星的相对位置后，GPS接收器就可以用三角学来算出自己的位置。

为了抵抗风的干扰，及时修正空间位置的偏移和提高悬停飞行的稳定性，四旋翼无人机在空中定位坐标是靠综合使用GPS、气压计和超声波传感器来实现的。它首先通过GPS读数来了解自己所处的空间坐标，然后采用气压计来读取高度参数，及时修正GPS高度数据可能存在的误差，最后用超声波传感器来确保空间坐标周围的净空度（空间平面物体之间的最小距离）。

7. 红外传感器

红外传感器是利用红外辐射与物质相互作用所呈现出来的物理效应，探测红外辐射的传感器。红外传感器可以探测具有一定温度的物体，使用时避免碰触动物或人体。红外传感器分光子探测器和热敏感探测器等类型。

（1）光子探测器。一种用于探测光子（即光的粒子）的设备，其工作原理基于光电效应。当光子撞击光子探测器上的光敏材料时，光敏材料中的电子被激发并从原子中脱离，形成电子空穴对。这些电子空穴对在电场作用下分离，电子流向阴极，空穴流向阳极，从而产生电流。通过测量这个电流，可以得知光子存在的数量。

（2）热敏感探测器。利用红外辐射的热效应，探测器的敏感元件吸收辐射能后温度升高，进而使某些物理参数发生变化，通过测量物理参数的变化来确定探测器所吸收的红外辐射。

8. 电子罗盘

电子罗盘也叫数字指南针，是利用地磁场来确定北极的一种设备。高精度电子罗盘可以对GPS信号进行有效补偿，保证导航定向信息100%有效，即使是在GPS信号失锁后也能正常工作，做到“丢星不丢向”。三维电子罗盘由三维磁阻传感器、双轴倾角传感器和微控制单元（Microcontroller Unit，MCU）构成。三维磁阻传感器用来测量地球磁场，双轴倾角传感器在磁力计处于非水平状态时进行补偿，MCU用于处理磁力仪和倾角传感器的信号，实现数据输出和软铁、硬铁补偿。电子罗盘具有以下特点。①三维磁阻传感器测量平面地磁场，双轴倾角传感器进行补偿。②高速、高精度A/D（模数转换器）转换。③内置温度补偿，最大限度减少倾斜角和指向角的温度漂移。④内置微处理器与传感器计算磁北夹角。

9. 激光扫描测距雷达

激光扫描测距雷达基于激光测距原理，采用一个稳定度及精度良好的旋转马达，通过旋转的光学部件发射激光形成二维的扫描面，以实现区域扫描及轮廓测量功能。激光光源为密闭式，不易受环境的影响，且容易形成光束，常采用低功率的可见光激光，如氦氖激光、半导体激光等。扫描仪为旋转多面棱规或双面镜，当光束射入扫描仪后，即快速转动使激光反射成一个扫描光束。光束扫描全程中，若有工件挡住光线，则可以测知其直径大小。激光扫描测距雷达可以实现360°一定范围内的激光测距扫描，产生所在空间的平面点云（在获取物体表面每个采样点的空间坐标后，得到的点的集合）地图信息，常用于地图测绘、机器人定位导航等。激光扫描测距雷达一般用于测高或者避障，它们产生的微小偏差不会对飞行器的性能造成很大的影响。

7.2.4 遥控系统

四旋翼无人机的遥控系统是人利用无线电与无人机联系，并对无人机进行操纵和控制的系统。无线电遥控是指利用电磁波，在远距离上实现对物体对象的无线操纵和控制的方式。四旋翼无人机遥控系统由遥控发射机（也称遥控器，以下简称“发射机”）和遥控接收机（以下简称“接收机”）两部分组成。一般地，发射机握持在地面驾驶员（飞手）的手中，而接收机安装在四旋翼无人机机架上。发射机用来发射信号，接收机用来接收信号，并对收到的信号进行解码和输出到电调。遥控系统的操纵性能很大程度上影响了无人机的飞行状态，地面驾驶员的操纵技能水平也会影响无人机的飞行状态。

地面驾驶员用遥控器发送遥控指令，该指令传送到接收机上，接收机解码后传给自动驾驶仪（飞控板），自动驾驶仪根据指令操纵四旋翼无人机做出各种飞行动作。遥控器可以进行一些飞行参数的设置，例如油门的正反、摇杆灵敏度大小、舵机的中立位置、通道的功能定义、飞机时间记录与提醒、拨杆功能设定。高级功能还有四旋翼无人机回传的电池电压、电流数据等。

1. 四旋翼无人机遥控系统的参数

（1）频率。四旋翼无人机遥控系统常用的无线电频率是72MHz与2.4GHz，目前采用最多的是2.4GHz。2.4GHz技术属于微波领域，其优点是频率高、同频概率小、功耗低、体积小、反应迅速、控制精度高。2.4GHz微波的直线性很好，控制信号避让障碍物的性能较差，所以，发射天线应与接收天线形成直线，尽量避免四旋翼无人机与遥控发射机之间有很大的障碍物。

（2）调制方式。调制方式有脉冲编码调制（PCM）和脉冲位置调制（PPM）等类型，其中PCM是信号脉冲的编码方式，PPM是高频电路的调制方式。PCM的优点不仅在于有很强的抗干扰性，而且可以很方便地利用计算机编程，实现各种智能化设计。PPM比例遥控设备（可以根据需要按比例来控制值的大小）相对简单，成本较低，但容易受干扰。

（3）通道。一个通道对应一个独立的动作，一般有 6 通道和 10 通道。四旋翼无人机在飞行控制过程中需要控制的动作路数有上下、左右、前后、旋转，所以最低需要 4 通道遥控器。通道数决定了可以控制飞行器实现的功能数量，常见的有 6 通道、7 通道、8 通道、9 通道和 12 通道，不同的通道可用于实现不同的功能。通道多可以实现更多的功能，一般选择 6 通道以上的遥控器。

（4）美国手和日本手。美国手和日本手指的是遥控器上遥控杆对应的控制通道的设置不同。美国手遥控器上左手操作杆是"升降 + 偏航"，右手操作杆为"俯仰 + 侧飞"，而日本手遥控器则相反。

（5）油门。遥控器上油门杆最低点为 0 油门，最高点为 100% 油门。常用遥控器上的油门有直接式油门和增量式油门，其中直接式油门不会自动回中，主要对应的是期望的推力的大小；增量式油门是松手油门自动回中，这种油门大小对应的是期望的速度大小，当油门回中时四旋翼无人机的期望速度为零，也就意味着四旋翼无人机在相应位置悬停。

2. 四旋翼无人机遥控系统的常用频段

四旋翼无人机遥控系统通常使用 2.4GHz 频段进行通信。2.4GHz 无线技术是一种短距离无线传输技术，供开源使用，工作在 ISM 频段。一般来说，世界各国均保留了一些无线频段，以用于工业、科学研究和微波医疗方面。应用这些频段无须许可证，只需要遵守一定的发射功率（一般低于 1W），并且不要对其他频段造成干扰即可。ISM 频段在各国的规定并不统一，其中 2.4GHz 为各国共同的 ISM 频段，WiFi、蓝牙、ZigBee 等无线网络均工作在 2.4GHz 频段上。2.4GHz 无线电遥控器具有以下优点。

（1）2.4GHz 无线信号处于国际规定的免费频段，不需要向国际相关组织缴纳任何费用。

（2）由于 2.4GHz 频段的频带宽度远宽于 72MHz、40MHz、35MHz 等频段（72MHz 频段仅含 50 个频点，2.4GHz 可含 400 个频点），因此其遥控器的重频概率远低于使用其他频段的遥控器。

（3）2.4GHz 电磁波直线性好，所需天线较短，因此 2.4GHz 遥控器体积小、重量轻、使用方便。

（4）可用频点数多，加之 2.4GHz 无线电波绕射能力较强，在有障碍物遮挡情况下不易失控。

（5）操作手感好，有效范围远。

四旋翼无人机的遥控系统除了采用常规的 2.4GHz 无线电遥控器外，也可采用蓝牙、WiFi、ZigBee 等网络通信方式作为遥控的方式。这类遥控系统通常直接使用对应的网络协议进行通信，并用自己的数据格式进行数据的数字化传输。

3. 四旋翼无人机遥控器

四旋翼无人机遥控器大多为盒式按键手持小型遥控发射机（见图 7－8）。遥控指令都是通过机壳外部的控制开关和按钮，经过内部电路的调制、编码，再通过高频信号放大电路，由天线以电磁波形式发射出去。

（1）跳频技术。

无线电遥控器采用各国共同的2.4GHz频段，该频段对所有无线电系统都开放，实际使用中经常会遇到不可预测的干扰。跳频技术把频带分成若干个跳频信道，在一次连接中，无线电收发器按一定的码序列（即一定的规律，技术上叫作“伪随机码”）不断地从一个信道“跳”到另一个信道，只有收发双方是按这个规律进行通信的，而其他的干扰不可能按同样的规律进行干扰；跳频的瞬时带宽是很窄的，但通过扩展频谱技术可使这个窄带成百倍地扩展成宽频带，使干扰可能造成的影响变得很小。

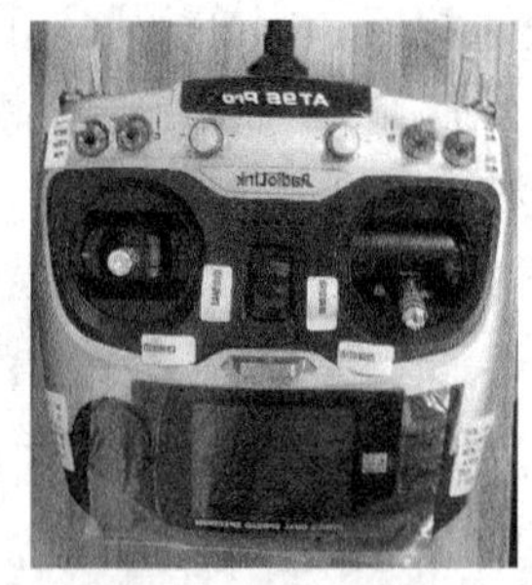

图7-8　四旋翼无人机遥控器实物示例

（2）对码。

对码是遥控器和接收机在使用前进行的对频操作，是接通接收机和发射机电源之后进行的一系列操作，以便使接收机和发射机之间存在信号的验证。在开机后使用同一组频道，接收机就可以马上收到遥控器的信号。然后，遥控器把自己将要使用的频道值发送给接收机，可以固定发一段时间或者接收机收到就不发了，然后遥控器就切换到自己的频道上。接收机收到频道数据后也切换到相应的频道上，并可以把频道数据记录下来，这样下一次开机就不用对频了。

（3）油门摇杆位置。

所谓遥控器油门是指四旋翼无人机控制供电电流大小的操纵控制按键，电流大，电动机旋转得快。遥控器控制4个飞行动作的4个通道在发射机的摇杆上面，而其他的通道往往以旋钮或者拨动开关的形式放在遥控器面板的上方。根据摇杆与通道的配置关系，遥控器可以分为“右手油门（日本手）”与“左手油门（美国手）”两种，四旋翼无人机遥控器面板如图7-9所示。日本手由于两手分开控制两个最重要的姿态量，比较适合航拍和新手使用；美国手更适合固定翼航模。

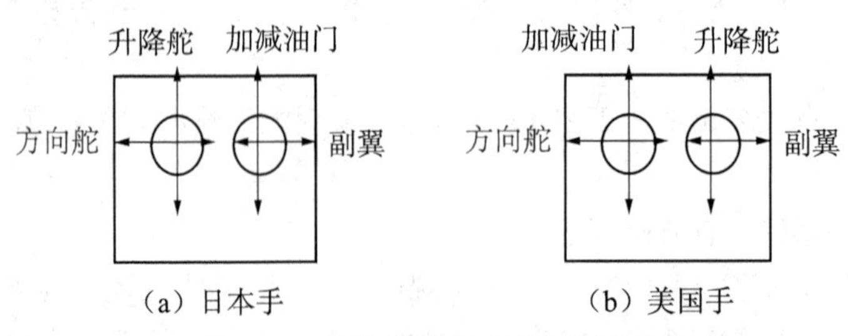

（a）日本手　（b）美国手

图7-9　四旋翼无人机遥控器面板

（4）微调滑块。

为了使摇杆的调节更加精确，在各个摇杆的旁边设有微调滑块。微调滑块可以细微地调节输出的上下限。例如，油门数值本应是 5% ~10%，但是现在偏离到了 6% ~10%，就应将加减油门摇杆旁边的微调滑块向下滑动，使数值恢复为 5% ~10%。很多飞控系统在解锁时需要低油门数值，如果不小心将油门微调滑块调得过高，就会导致无法解锁。

7.3　四旋翼无人机的组装

组装四旋翼无人机需提前做好若干准备。首先要制定组装方案，拟定出符合要求的配件清单；其次，准备组装工具和设备；最后，明确整体电路接线要求。做好准备工作后，就可以开始四旋翼无人机的整体组装了。

1. 安装电动机和电池

将电动机固定在悬臂上。安装电动机时，需要注意将电动机固定牢。

电池是为四旋翼无人机提供能源的部件，在安装时需要注意不能让其短路，也不能将其安装在容易受到冲击的部位。为了保证电池的散热，不要将电池封闭起来。

（1）要使用一条绳子（最好是带状）将电池固定牢。在固定后，需要检查电池是否固定牢，为以后的测试和飞行做好第一次检查。

（2）校正电动机座水平和每个电动机臂与中心板的轴距，确保每个电动机臂与中心板的轴距一致。有条件时可使用数字角度仪测量每个电动机座与中心板的角度，确保其完全水平。没有数字角度仪亦可采用气泡水平计，但测量精度略差。以上校正是为了消除低效的动力输出和电动机自身角度误差带来的额外能量消耗。

2. 安装电调

将电动机和电池固定好以后，接着要安装电调。电调与飞控板连接时是有顺序的，这样飞控板才能识别出电调控制的电动机是哪个电动机，才可以给出正确的判断。安装时还需要注意安装线路的走线方式。通常新电调到手后，根据说明书复位电调设置一次，然后低压保护设置为最低电压，关闭电调刹车，定速。设置完毕后在未安装旋翼的情况下，再次确认每个电动机的转向是否与飞控板说明书中对应的电动机转向一致。如飞控调参软件提供测试电动机功能，则应逐个测试电动机是否轴位正确，是否转向相符。

3. 安装飞控板

飞控板的正面方向决定了飞行器的前行方向，安装飞控板时要特别注意飞控板正面方向的朝向，一般的飞控板都有一个指示箭头指向飞控板的正前方。除了飞控板的正面，还要知道自己向飞控中烧录的程序是什么。在安装前需要将配件都整理好，包括飞控板、飞控托架、六棱柱及与之匹配的螺丝。将 4 个六棱柱固定在飞控托架的 4 个孔上，将飞控板放置好，拧上螺丝。

（1）飞控板与电调线路连接。电动机 1、电动机 2、电动机 3 和电动机 4 分别对应飞控板上的 M1、M2、M3 和 M4 针脚。连接时需要将对应电动机的电调的信号线连接到对应针脚上。同一个电调的信号线也需要按顺序连接针脚，飞控针脚上标有三个标记，分别为 S、+和 GND，表示信号、电源正极和接地线。与电调线的颜色对应关系是：S 对应白色线，+对应红色线，GND 对应黑色线。每一个电调都要按这个顺序连接。

（2）飞控板与遥控接收机连接。在飞控板连接遥控接收机时需要仔细查看说明书，了解应该如何连接遥控接收机的针脚。例如，在 KK 飞控板中只有 4 组针脚，分别对应着 AIL（副翼）、ELE（升降舵）、THR（油门）和 RUD（方向舵），必须对应连接在遥控接收机上。

4. 失控返航设置

失控触发通道的接线尤其需要注意牢靠，市面上出售的飞控触发失控返航以单通道触发为多。要在未安装旋翼的情况下正确设置和验证失控返航，需要两个通道都正确设置失控返航。例如 DJI Wookong - M 需要油门通道 15% 以上和另一通道设置为特定舵量触发，设置后，通过调参软件可在地面验证设置和关闭遥控器确认效果。

5. 排除磁性物体

飞控板大多都采用 GPS 和地磁罗盘数据融合的方式来提高飞控定点稳定度。由于地磁极易受干扰，在安装多旋翼无人机时，务必要认真检查天线、安装盖等是否有磁性，有磁性的部件需要移除，以避免干扰飞控板的正常工作。

完成四旋翼无人机的组装之后，为了保证安全，还要做好各项调试工作。调试工作包括测试和调整两方面。测试主要是对各项技术指标和功能进行测量和试验，以确定组装产品是否合格；调整主要是对组装结构、电子线路和电气参数进行调整。调试工作按阶段可分为有桨调试和无桨调试。调试之后可以通过试飞测试来检验调试效果。

7.4 四旋翼无人机的基本操作练习

飞行过程中出现意外事件很大一部分是因为飞行前检查工作不够仔细，四旋翼无人机存在的任何一个小问题都极有可能导致其在飞行过程出现重大事故，因此每次飞行之前都应该做足检查。

1. 上电前的检查工作

（1）机械部分。

①检查旋翼是否完好，表面是否有污渍和裂纹，安装是否紧固，旋翼正反桨是否安装正确，转动旋翼看是否有干涉。

②检查电动机卡环是否牢固，转动电动机看是否有卡涩现象，电动机线圈内部是否洁净，电动机轴有无弯曲。

③检查机架是否牢固，螺丝有无松动。

④检查云台舵机转动是否顺畅，有无干涉，云台、载荷安装是否牢固。

⑤检查魔术贴（又名粘扣带）是否牢固，电池是否固定。

⑥检查重心位置是否正确。

（2）电子部分。

①检查各插头连接是否紧密，插头与电线焊接部分是否有松动。

②检查各电线外皮是否完好，有无剐蹭脱皮现象。

③检查电子设备是否安装牢固，应保证电子设备清洁、完整，并做好防护。

④检查电池有无破损、胀气、漏液现象，测量电压是否足够。

⑤检查遥控器模式是否正确，电量是否充足，开关是否完好。

2. 上电后的检查工作

①检查电调指示音是否正确。

②检查舵机工作是否正常，有无高频抖动。

③检查各电子设备有无不正常发热现象。

④检查各指示灯是否正常。

3. 起飞与降落练习

起飞与降落是飞行过程中首要的操作。在起飞和降落的操作中，需要注意保证四旋翼无人机的稳定，摆动幅度不可过大，否则起飞和降落时有打坏旋翼的可能。

进行起飞练习时，解锁飞控板，缓慢推动油门摇杆等待四旋翼无人机起飞。要注意，推动油门摇杆时一定要缓慢，防止由于油门过大而无法控制四旋翼无人机。在四旋翼无人机起飞后，不能保持油门不变，而是待四旋翼无人机达到一定高度，一般是离地约 1m 后开始降低油门，并不停地调整油门的大小，使四旋翼无人机在一定的高度范围内徘徊。

进行降落练习时，降低油门使四旋翼无人机缓慢靠近地面，在离地 5 ~ 10cm 处时稍微推动油门，降低下降速度；然后再次降低油门直至四旋翼无人机触地，触地后不得推动油门摇杆，油门降到最低，锁定飞控板。相对于起飞来说，降落是一个更为复杂的过程，需要反复练习。

4. 升降练习

简单的升降练习不仅可以锻炼初学者对油门的控制，还可以让初学者学会稳定四旋翼无人机的飞行。

上升过程是指旋翼转速增加，促使四旋翼无人机上升的过程。这个过程主要的操纵杆是油门摇杆。练习上升操作时，缓慢推动油门摇杆，此时四旋翼无人机会慢慢上升，油门摇杆推动越多，上升速度越大，但要注意不要把油门摇杆推动到最高或接近最高。在上升到一定高度或者上升速度达到自己可控操作的限度时停止推动油门摇杆，这时四旋翼无人机依然在上升。若想停止上升，必须降低油门，但油门不要降低得太猛，保持匀速即可，直至四旋翼无人机停止上升。然而，这时会发现四旋翼无人机开始下降，这时需要推动油门摇杆让四旋翼无人机保持高度。

在下降时，旋翼的转速会降低，四旋翼无人机会因为缺乏升力开始降低高度。在开始练习下降操作前，需确保四旋翼无人机已经达到了足够高的高度。在四旋翼无人机已经稳定悬停时，开始缓慢拉下油门摇杆。注意不能将油门摇杆拉得太低，在四旋翼无人机有较为明显的下降时，停止拉下油门摇杆，这时四旋翼无人机还会继续下降。同时注意不要让四旋翼无人机过于接近地面。在到达一定高度时开始推动油门摇杆迫使四旋翼无人机下降速度减慢，直至四旋翼无人机停止下降。这时会出现与上升操作时类似的状况，四旋翼无人机开始上升，这时又需要降低油门，使其保持现有高度。

5. 俯仰练习

俯冲操作时，四旋翼无人机机头会略微下降，机尾会抬起，对应于旋翼的转速则是机头两个旋翼转速下降，机尾旋翼转速提高，随之旋翼提供的力就会与水平面有一定的夹角。这样一来，不仅可以给无人机提供抵消重力的升力，而且提供了前行的力。这时升力会减小，所以四旋翼无人机的高度会降低，此时可以适当推动油门摇杆。

只要往前推油门摇杆，四旋翼无人机就会俯冲前行。需要注意，开始俯冲时要先让飞行达到一定高度。飞行时轻推油门摇杆，四旋翼无人机即开始向前飞行。推动油门摇杆的幅度越大，四旋翼无人机前倾的角度越大，前行速度越大。但是在油门摇杆推动的幅度过大时，机头部分的两个旋翼有可能会过低，导致四旋翼无人机翻跟头，或者直接“坠机”。所以，在推动油门摇杆俯冲时，推动幅度不能过大，一般只要四旋翼无人机开始前行时即可停止推动，保持油门摇杆现在的位置，让四旋翼无人机继续向前飞行。

上仰操作与俯冲操作类似，只不过需要将油门摇杆从中间位置向后拉动。在拉动的过程中，四旋翼无人机尾部两个旋翼会减缓转速，机头两个旋翼会加快转速。然后会出现与俯冲操作相类似的现象，只不过四旋翼无人机会向后退行。缓慢拉下油门摇杆，使得四旋翼无人机开始退行时停止拉动油门摇杆，这时四旋翼无人机会继续退行。当退行一定距离后，缓慢推动油门摇杆，直到油门摇杆恢复到中间位置时停止推动，这样四旋翼无人机就会停止退行。

6. 偏航练习

（1）左偏航练习。

左偏航练习是在四旋翼无人机前行时，使它向左偏转的操作。在进行偏航操作时，使用到的摇杆是油门摇杆，但是只有向左右方向推动油门摇杆才是偏航操作。在左偏航时，油门摇杆轻轻向左侧摆动，四旋翼无人机的机头会开始转向。在四旋翼无人机没有使用俯仰操作时，直接进行偏航操作，四旋翼无人机会原地旋转，转动方向与油门摇杆摆的幅度有关系，油门摇杆偏离中心位置越大，转动速度越快。

①左转弯：这项操作需要使用俯仰操作来配合。首先需要使用俯仰操作让四旋翼无人机前行，然后缓慢将油门摇杆向左打一点，然后停止操作（保持现在的油门摇杆位置）。这时候可以观察到四旋翼无人机已经开始向左转弯。保持油门摇杆位置 2 ~ 4s 后即可将油门摇杆的左右方向回中，右侧的方向摇杆全部回中。

②逆时针旋转：只需要将油门摇杆拨动到一侧即可。首先需要将油门摇杆轻微拨动一下，看到四旋翼无人机开始有轻微旋转时停止拨动，保持现有位置。这时四旋翼

无人机会慢慢开始转动，同时，应该注意四旋翼无人机的飞行方式，如果感觉有些控制不住，立刻松开油门摇杆，让油门摇杆自动回中。同时，准备通过方向摇杆控制四旋翼无人机的位置。如果发现四旋翼无人机在旋转，则需要拨动油门摇杆。

（2）右偏航练习。

右偏航练习同左偏航练习类似，只是需要将油门摇杆向右侧打，同样也需要进行两种练习，即右转弯和顺时针旋转。在实际飞行练习中，可以来回交替练习左偏航和右偏航。例如，左转弯以后紧接着右转弯，左（逆时针）旋转后是右（顺时针）旋转。

7. 侧飞练习

侧飞练习是让四旋翼无人机有些许的侧向倾斜，使得四旋翼无人机侧向移动。

左侧飞练习需要将方向摇杆向左侧拨动，四旋翼无人机左侧两个旋翼的转速会下降。这时四旋翼无人机开始倾斜，并且会向左侧飞行。等待飞出一定距离以后，将方向摇杆回中。

右侧飞练习和左侧飞练习类似，只是将方向摇杆向右侧拨动（少量即可，不可多打），四旋翼无人机右侧的旋翼会降低转速，机身会呈现右侧高度降低的状态，开始向右侧飞行。飞行一段距离后，将方向摇杆回中。

课后习题

1. 简述四旋翼无人机的主要部件。
2. 简述四旋翼无人机的组装步骤。
3. 简述四旋翼无人机遥控系统和遥控通道，以及简述日本手和美国手的区别。
4. 四旋翼无人机飞行前需要做好哪些检查工作?
5. 简述四旋翼无人机的基本操作练习的内容。

第 8 章　无人机飞手培训与资质获取

8.1　飞手培训教案示例

本章以多旋翼无人机飞手培训为例进行讲解。

多旋翼无人机飞手培训一般定位于正常飞行条件下，按照正常飞行练习程序进行分步讲解和训练，这里主要介绍无人机室外飞行培训教案。

8.1.1　无人机遥控器设置

本部分介绍以 Futaba 遥控器为例。Futaba 遥控器是外场飞行训练使用的主流遥控器，有手感细腻平滑、分位均匀、性能稳定、功能丰富等优点。

学习目标：认识遥控器，并了解其作用；掌握遥控器常用功能设置及检查事项。

建议学时：不低于 6 学时。

教具准备：Futaba 遥控器。

1. 认识遥控器

学习目标：掌握遥控器各开关与摇杆的作用；认识遥控器运行原理。

学习内容安排：①遥控器的作用与原理；②遥控器各开关与摇杆的功能，Futaba 遥控器上两个摇杆控制飞机的基本动作，剩余开关都可根据用户需求自行定义。

2. 遥控器常用功能设置及查检事项

学习目标：掌握遥控器常用功能设置的内容和遥控器的检查事项。

学习内容安排如下。

（1）建立新模型。进入 LNK 菜单，选择 MODEL SEL 命令，转动光标到左侧 NEW 确认并长按 1s，选择固定翼模型，发射制式选择 MULT。固定翼模型名称为 AIRPLANE，直升机模型名称为 HELICOPTER，滑翔模型名称为 GLIDER。

（2）遥控器通道设置。进入遥控器 FUNCTION 菜单，检查 1 ~4 通道顺序，美国手为 J1、J2、J3、J4，日本手为 J1、J3、J2、J4。第五通道 GEAR 设置为 SE 开关，功能为 GPS 开关。第六通道 VPP 设置为 SC 开关，功能为自动悬停、自动导航、返航降落。

（3）将通道设置为反向。在关联菜单内找到 REVERSE（反向，简写为 REV）命令，反向就是将各通道开关设置为相反方向，将油门（THR）反向通道后，NORM 更改为 REV（反向）。

（4）失控保护设置。进入 LNK 菜单后找到右侧第三项 FAILSAFE，单击进入后设置第三通道油门模式开关 F/S 为打开状态，油门靠近最低位，光标到数值上长按 RTN 键，数值显示为 -95% 左右即可。第五通道 GEAR 模式开关 F/S 设置为打开状态，数值为 +100%。第六通道 VPP 模式开关 F/S 设置为打开状态，数值为 +100%。

（5）计时器设置（实际操作）。遥控器显示屏初始界面 ST1、ST2 为两个计时器：将 ST1 设置为飞行时间，可以设置正倒计时［UP］［DOWN］、开关计时［START］［STOP］、提醒模式［振动］［鸣响］等。ST2 可以设置两套不同的计时方式。

（6）用户名/模型名称的设置。SYS 菜单下面的 USERNAME 可以将用户名设置为自己的姓名，或者 LNK 菜单下 MODELSEL 可以将模型名称设置为 XY。

（7）遥控器在各个阶段的检查事项。

飞行前，检查以下项目：天线位置是否与遥控器垂直；所有开关是否处于关闭位置；油门是否在最低位；遥控器电压是否正常；飞机模型类型是否与所飞机型对应；发射制式是否正确以及遥控器是否与飞机对频成功；模型名称是否对应所飞飞机；计时器是否清零；遥控器舵量监控是否显示与教练线对频成功。

飞行中，检查以下项目：切换控制权时，学员是否保持油门摇杆中立位置以接管控制权；收到控制权后，判断飞机运动与操作是否相符。

飞行后，检查以下项目：当收到教练确认切换了控制权的信息时，方可收油和关控；交换遥控器时，保持遥控器设置不变；如已掌握控制权，应保持拇指压住油门摇杆。

8.1.2　外场飞行准备

学习目标：能够熟练完成各种检查工作；熟悉无人机的各种操作方式。

建议学时：不少于 6 学时。

教具准备：无人机 1 架、遥控器和标志筒各 1 个。

1. 外场无人机安全检查

学习目标：了解操作无人机的安全准备工作；能够完成无人机起飞的简单设置。

学习内容安排如下。

（1）掌握遥控器和无人机对频的流程：卸掉螺旋桨；打开遥控器，连接飞控电源；根据所使用的接收机执行对频操作。

（2）起飞前检查事项。

对遥控器的检查：遥控器的电量是否充足（T8FG > 7V、T14SG > 6V），遥控器模型是否为固定模型；飞行时间是否设定完成；失控保护是否设置完成。

对无人机的检查：无人机紧固件是否松动；螺旋桨与地面是否平行；无人机电压是否大于 22.2V；在地面切换 GPS 飞行模式，指示灯是否是绿灯闪烁（红灯闪烁表示正在搜索 GPS 卫星信号，应等待搜星完毕）。

其他检查：打开地面站软件；检查 GPS 卫星数是否大于 7 颗；卡尔曼滤波值是否在 ±10 以内；姿态角、航向角是否随着飞机倾斜发生相应的变化；手控舵位是否和地面站显示舵位相一致。

2. 熟悉无人机的各种操作方式

首先需要熟悉外场的飞行视角，无人机位置不是平行视线，而是稍微高于平行视线的。无人机距离自己的最近距离不能低于 5m。

学习目标：通过对尾悬停训练，感受真实外场操纵所使用无人机的打杆量；能对尾悬停在目标筒（也称目标点）上。

学习内容安排如下。

（1）对尾悬停训练控制。

①对尾悬停升降控制：机身保持对尾方向不变，操作升降舵，使无人机处于离自己 5m 安全距离外；操作升降舵，使无人机前后位置在目标筒附近 3m 左右；对尾状态下，保持无人机在目标筒前后 1m 范围内悬停 1min。

②对尾悬停副翼控制：机身保持对尾悬停，控制升降舵，使无人机保持与目标筒的前后距离不变；在保持无人机前后位置不变的前提下，加入副翼控制；熟悉升降舵和副翼同时进行操作的协调性；将无人机控制在目标筒的左右位置 3m 范围内；将无人机控制在目标筒直径 2m 范围内悬停 1min。

（2）对尾状态移动练习。

①对尾状态前后移动练习：对尾悬停 1min；保持无人机左右偏移范围 1m 左右，轻推升降舵，保持小杆量；控制升降舵的操作量，使无人机姿态升降变换范围近似小于 3°，保持无人机匀速前进。

②对尾状态左右移动练习：对尾悬停 1min；保持无人机前后偏移范围 1m 左右，轻打左副翼，保持小杆量；控制副翼的操作量，使无人机姿态横滚变换范围近似小于 3°，保持无人机匀速横移。

③对尾悬停在目标点上，体会“揉舵”操作：用最少的操作频率对飞机进行修正；操作舵量尽可能小；通过少操作、小舵量来体会操作的提前量，达到“揉舵”的操作效果。

8.1.3 悬停技术训练

学习目标：能够完成 360° 自旋。

建议学时：不少于 40 学时。

教具准备：无人机 1 架，遥控器 1 个，标志筒 1 个。

1. 加入方向舵

学习目标：掌握左对尾 45° 悬停技巧并能停在目标筒上方 1min 以上。

学习内容安排：①对尾悬停在目标点上方 1min，保持对尾姿态向右移动，至视角变为对尾 45°，悬停 5s；②目标点上方对尾悬停 5s，逆时针方向旋转 45°至对尾 45°，对尾 45°悬停 30s。

2. 对头悬停

学习目标：掌握对头悬停技巧，并能停在目标筒上方 1min 以上。

学习内容安排：①对尾 45°悬停 5s；②逆时针方向旋转方向舵至对头；③目标点上方对头悬停 30s。

3. 右半圆对头 45°悬停

学习目标：掌握对头 45°悬停技巧并能在目标筒上方悬停 1min 以上。

学习内容安排：①对头悬停 5s；②向左操作方向舵，逆时针方向旋转飞机至对头 45°悬停 30s；③旋转至对头悬停 10s；④反复操作旋转练习。

4. 右半圆侧位悬停

学习目标：掌握侧位悬停技巧并能在目标筒上方悬停 1min 以上。

学习内容安排：①飞机飞至右对头 45°并悬停 30 s；②向左操作方向舵，逆时针方向旋转飞机至右侧位并悬停 30s；③旋转至对右 45°悬停 10 s；④反复操作旋转练习。

5. 自旋 1/2 练习

学习目标：完成右半圆 180°自旋练习。

学习内容安排：①无人机飞至右侧位悬停 10s；②向左操作方向舵，逆时针方向旋转无人机至右半圆对尾 45°并悬停 10s；③向左操作方向舵，逆时针方向旋转无人机至对尾，悬停 10s；④慢慢把无人机转回到对头，悬停 10 s；⑤重复对头→对头 45°→对右→对尾 45°→对尾等动作，每个动作完成之后悬停 10s。

6. 左半圆 180°自旋

学习目标：完成左半圆 180°自旋练习。

学习内容安排：①依照右半圆自旋练习步骤，首先练习左半圆分解方位悬停；②无人机保持对尾悬停 10 s；③向左操作方向舵，转至对尾 45°并悬停 10s；④向左操作方向舵，转至对侧并悬停 10s；⑤向左操作方向舵，转至左对头 45 °并悬停 10s；⑥向左操作方向舵，转至对头并悬停 10s；⑦重复以上步骤，然后逐渐减少悬停时间，完成慢速左半圆自旋。

7. 慢速自旋 360°练习

学习目标：掌握慢速自旋的技巧，能够在允许偏差范围内完成自旋。

学习内容安排：①对尾悬停 30 s，匀速逆时针方向旋转 8 个 45°区间，旋转回至对尾状态，保持无人机位置不变；②按照 8 位的旋转感觉在每个位置停留 1s；③按照 8 位的旋转感觉对自旋过程进行修正，完成自旋一周。

8. 1. 4　外场航线训练飞行

学习目标：能够熟练完成 8 字航线飞行。

建议学时：不少于 40 学时。

教具准备：无人机 1 架，遥控器 1 个，标志筒 5 个。

1. 速度控制练习

学习目标：熟练掌握侧位匀速直线航线飞行。

学习内容安排：①选取两个与自身平行相距 30m 的目标点；②飞机右侧位悬停在左侧目标点；③飞机匀速向前飞行，到右目标点悬停 10s；④在之前的两个目标点之间再加入两个目标点，重复刚才的操作，终点减速但是不停，练习升降舵的操作精度；⑤换退飞方式，重复以上四步的练习。

2. 航点的练习

学习目标：能够在 8 字航点的所有点完成姿态悬停训练。

学习内容安排：①在中心筒上方保持左侧位悬停，然后保持无人机姿态分别在左上点和右下点悬停 1min；②在中心筒上方保持右侧位悬停，然后保持无人机姿态分别在左下点和右上点悬停 1min；③在中心筒上方保持对头姿态悬停，然后保持无人机姿态分别在左边点和右边点悬停 1min。

3. 圆周航线练习

学习目标：匀速完成左侧和右侧 4 个圆弧航线飞行，以 4 个姿态准确经过 4 个位置点。

学习内容安排：①尝试左半圆弧，保持对左姿态悬停 10s；②按同样要求，练习右半圆；③重复①、②步骤，把注意力放在副翼舵面，让每段圆弧的飞行更加精准；④重复以上步骤，每个位置点不用停留，减速即可；⑤反复练习至熟练。

4. 外场实操科目考核

学习目标：完成外场实操科目考核并记录成绩。

学习内容安排：①进行外场自旋科目考核，水平偏移距离不大于 2m，垂直偏移距离不大于 1m，系统判定通过，通过成绩大于 70 分；②进行外场水平 8 字科目考核，整条航线水平偏移不大于 2m，垂直偏移不大于 1m，方向偏移不大于 15°且无人机不能后退，系统判定通过，通过成绩大于 70 分。

8.2 我国无人机驾驶员资质获取

8.2.1 空域

空域是航空器运行的环境。低空空域是国家的重要战略资源，是军航和通用航空的主要活动区域，像国土资源、海洋资源一样，蕴藏着极大的经济、国防和社会价值。低空空域通常是指 1000m（含）以下的飞行区域，分为管制空域、监视空域和报告空域三类。

（1）管制空域通常划设在飞行比较繁忙的地区，如机场起降地带、空中禁区、空中危险区、空中限制区、地面重要目标、国（边）境地带等区域的上空。在此空域内的一切空域使用活动，必须经过飞行管制部门批准并接受飞行管制。

（2）监视空域通常划设在管制空域周围。在此空域内的一切空域使用活动，空域用户向飞行管制部门报备飞行计划后，即可自行组织实施并对飞行安全负责，飞行管制部门严密监视空域使用活动，并提供航行情报服务和告警服务。

（3）报告空域通常划设在远离空中禁区、空中危险区、空中限制区、国（边）境地带、地面重要目标、飞行密集地区以及机场管制地带等区域的上空。在此空域内的一切空域使用活动，空域用户向飞行管制部门报备飞行计划后，即可自行组织实施并对飞行安全负责，飞行管制部门根据用户需要提供航行情报服务。

目前，我国民用遥控驾驶航空器系统使用空域分为融合空域和隔离空域。融合空域是指有其他载人航空器同时运行的空域。隔离空域是指专门分配给无人机系统运行的空域，通过限制其他航空器的进入以规避碰撞风险。

如果无人机公司长期在一个固定的地方从事飞行活动，需要申报固定的空域，申报的飞行空域原则上与其他空域的水平间隔不小于 20km，垂直间隔不小于 2km。一般申报的空域都属于隔离空域。

8.2.2 民用无人机驾驶员管理

由于民用无人机在全球范围内发展迅速，国际民航组织已经开始为无人机系统制定标准、空中航行服务程序和指导材料等，而多个国家也发布了无人机驾驶员管理的相关规定。我国民用航空局于 2018 年 8 月发布了《民用无人机驾驶员管理规定》（文号：AC－61－FS－2018－20R2）。该规定内容适用于民用无人机系统驾驶人员的资质管理，其涵盖范围包括：①无机载驾驶人员的无人机系统；②有机载驾驶人员的航空器，但该航空器可以同时由外部的无人机驾驶员实施完全飞行控制。此外，分布式操作的无人机系统或者集群，其操作者个人无须取得无人机驾驶员执照，具体管理办法另行规定。

1. 基本概念

与无人机系统相关的几个概念如下。

（1）无人机系统驾驶员：对无人机的运行负有必不可少的职责，并在飞行期间适时操纵无人机的人。

（2）等级：填在执照上或与执照有关并成为执照一部分的授权，说明关于此种执照的特殊条件、权利或限制。

（3）视距内运行：无人机在驾驶员或观测员与无人机保持直接目视视觉接触的范围内运行，且该范围为目视视距内，半径不大于 500m，人、机相对高度不大于 120m。

（4）超视距运行：无人机在目视视距以外的运行。

（5）扩展视距运行：无人机在目视视距以外运行，但驾驶员或观测员借助视觉延展装置操作无人机，属于超视距运行的一种。

（6）无人机系统的机长：由运营人指派在系统运行时间内负责整个无人机系统运行和安全的驾驶员。

（7）无人机观测员：由运营人指定的训练有素的人员，通过目视观测无人机，协助无人机驾驶员安全实施飞行，通常由运营人管理，无证照要求。

（8）飞行经历时间：为符合民用无人机驾驶员的训练和飞行时间要求，操纵无人机或在模拟器上所获得的飞行时间，这些时间应当是作为操纵无人机系统必需成员的时间，或从授权教员处接受训练或作为授权教员提供教学的时间。

（9）无人机云系统：简称无人机云，指轻小民用无人机运行动态数据库系统，用于向无人机用户提供航行服务、气象服务等，对民用无人机运行数据（包括运营信息、位置、高度和速度等）进行实时监测。

（10）无人机云交换系统（无人机云数据交换平台）：是指由中国民用航空局运行，能为多个无人机云系统提供实时数据交换和共享的实时动态数据库系统。

2. 无人机系统驾驶员的分类管理

无人机系统分类较多，其所适用空域远比有人驾驶航空器广阔，有必要对无人机系统驾驶员实施分类管理。在下列情况下，无人机系统驾驶员自行负责，无须执照管理。①在室内运行的无人机。②Ⅰ、Ⅱ类无人机（如运行需要，驾驶员可在无人机云交换系统进行备案。备案内容应包括驾驶员真实身份信息、所使用的无人机型号，并通过在线法规测试）。③在人烟稀少、空旷的非人口稠密区进行试验的无人机。

对于完成训练并考试合格，符合《民用无人机驾驶员管理规定》颁发民用无人机驾驶员执照和等级条件的人员，在其驾驶员执照上签注以下信息。

（1）驾驶员等级：视距内等级、超视距等级、教员等级。

（2）类别等级：固定翼、直升机、多旋翼、垂直起降固定翼、自转旋翼机、飞艇、其他。

（3）分类等级（见表 8－1）。

表 8－1　　分类等级

分类等级	空机重量 w_e（kg）	起飞全重 w_t（kg）
Ⅰ	$0 < w_e \leqslant 0.25$	$0 < w_t \leqslant 0.25$
Ⅱ	$0.25 < w_e \leqslant 4$	$1.5 < w_t \leqslant 7$
Ⅲ	$4 < w_e \leqslant 15$	$7 < w_t \leqslant 25$
Ⅳ	$15 < w_e \leqslant 116$	$25 < w_t \leqslant 150$
Ⅴ	植保类无人机	
Ⅺ	$116 < w_e \leqslant 5700$	$150 < w_t \leqslant 5700$
Ⅻ	$w_e > 5700$	$w_t > 5700$

（4）型别和职位（仅适用于Ⅺ、Ⅻ分类等级）：无人机型别；职位包括机长、副驾驶。

8.2.3　视距内等级驾驶员执照

1. 资格要求

符合下列条件的申请人，可以获颁视距内等级驾驶员执照：①年满 16 周岁；②三年内无刑事犯罪记录；③具有初中或者初中以上文化程度；④完成了相应无人机等级的航空知识训练，并由提供训练或者评审其自学情况的授权教员在训练记录上签字，证明该申请人可以参加规定的理论考试；⑤通过了航空知识的理论考试；⑥完成了相应无人机等级的飞行技能训练，并由提供训练的授权教员在其飞行经历记录本上签字，证明该申请人可以参加规定的实践考试；⑦在申请实践考试之前，满足适用于所申请无人机等级的飞行经历要求；⑧通过了飞行技能的实践考试；⑨符合所申请无人机类别和级别等级的相应条款要求。

2. 航空知识要求

（1）与民用无人机驾驶员管理和民用无人机运行有关的我国民用航空规章。

（2）气象学，包括识别临界天气状况，获得气象资料的程序以及航空天气报告和预报的使用。

（3）航空器空气动力学基础和飞行原理。

（4）无人机主要系统，如导航、飞控、动力、链路、电气等知识。

（5）无人机系统操作程序及通用应急操作程序。

（6）所使用的无人机系统特性，包括起飞和着陆要求、性能［飞行速度、典型和最大爬升率、典型和最大下降率、典型和最大转弯率、其他有关性能数据（如风、结冰、降水限制）、航空器最大续航能力］。

（7）植保无人机运行相关知识（Ⅴ分类等级适用）。

3. 飞行技能要求

（1）通用部分技能。

①飞行前准备：包括气象判断、飞行空域与飞行计划申报、重量和平衡的计算、动力系统相关的准备、地面控制站的设置及起飞前无人机系统检查。

②起飞、着陆和复飞，包括正常、有风和倾斜地面的起飞和着陆。

③视距内机动飞行。

④机场和起落航线的运行。

⑤应急程序：包括飞行平台操纵系统故障、动力系统故障、数据链路故障、地面控制站故障及迫降或应急回收。

（2）多旋翼类别适用技能。

①悬停，包括无人机平台正前方朝向不同方向时的悬停。

②以所需最小动力起飞和着陆，最大性能起飞和着陆。

③模拟单个动力轴动力失效时的应急操纵程序。

4. 飞行经历要求

视距内等级驾驶员执照的申请人应当具有操纵有动力的无人机至少 44h 的飞行经历时间。

（1）对于多旋翼类别视距内等级驾驶员执照申请人，由授权教员提供不少于 10h 带飞训练，不少于 5h 单飞训练，计入驾驶员飞行经历的飞行模拟训练时间不多于 22h。

（2）对于除多旋翼类别外其他类别视距内等级驾驶员执照申请人，由授权教员提供不少于 16h 带飞训练，不少于 6h 单飞训练，计入驾驶员飞行经历的飞行模拟训练时间不多于 8h。

8.2.4 超视距等级驾驶员执照

1. XI（不含）以下分类等级

（1）资格要求。

符合下列条件的申请人，可以获颁超视距等级驾驶员执照：①年满 16 周岁；②五年内无刑事犯罪记录；③具有初中或者初中以上文化程度；④完成了相应无人机等级的航空知识训练（视距内等级驾驶员执照持有人申请相应类别分类等级的超视距等级驾驶员执照，须完成要求的补充训练），并由提供训练或者评审其自学情况的授权教员在训练记录上签字，证明该申请人可以参加规定的理论考试；⑤通过了航空知识的理论考试；⑥完成了相应无人机等级的飞行技能训练（视距内等级驾驶员执照持有人申请相应类别分类等级的超视距等级驾驶员执照，须完成要求的补充训练），并由提供训练的授权教员在其飞行经历记录本上签字，证明该申请人可以参加规定的实践考试；⑦在申请实践考试之前，满足适用于所申请无人机等级的飞行经历要求（视距内等级驾驶员执照持有人申请相应类别分类等级的超视距等级驾驶员执照，须完成要求的补充训练）；⑧通过了飞行技能的实践考试；⑨符合所申请无人机类别和分类等级的相应条款要求。

（2）航空知识要求。

①与民用无人机系统驾驶员管理和民用无人机运行有关的我国民用航空规章。

②气象学，包括识别临界天气状况，获得气象资料的程序以及航空天气报告和预报的使用。

③航空器空气动力学基础和飞行原理。

④无人机主要系统，如导航、飞控、动力、链路、电气等知识。

⑤无人机系统操作程序及通用应急操作程序。

⑥所使用的无人机系统特性，包括起飞和着陆要求，性能［飞行速度、典型和最大爬升率、典型和最大下降率、典型和最大转弯率、其他有关性能数据（如风、结冰、降水限制）、航空器最大续航能力］，控制站界面、功能等知识以及控制站之间的交接

程序（如适用）。

⑦植保无人机运行相关知识（Ⅴ级别适用）。

（3）飞行技能要求。

①通用部分技能。

A. 飞行前准备：包括气象判断、飞行空域与飞行计划申报、重量和平衡的计算、动力系统相关的准备、地面控制站的设置及起飞前无人机系统检查。

B. 起飞、着陆和复飞，包括正常、有风和倾斜地面的起飞和着陆。

C. 视距内机动飞行。

D. 机场和起落航线的运行。

E. 应急程序：包括飞行平台操纵系统故障、动力系统故障、数据链路故障、地面控制站故障及追降或应急回收。

F. 飞行程序指挥及任务执行指挥。

G. 航路航线的规划、实施及修改。

②多旋翼类别适用技能。

A. 悬停，包括无人机平台正前方朝向不同方向时的悬停。

B. 以所需最小动力起飞和着陆，最大性能起飞和着陆。

C. 模拟单个动力轴动力失效时的应急操纵程序。

（4）飞行经历要求。

超视距等级驾驶员执照的申请人应当具有操纵有动力的无人机至少 56h 的飞行经历时间，其中包括：按照飞行技能要求，对于多旋翼类别超视距等级驾驶员执照申请人，由授权教员提供不少于 15h 带飞训练，不少于 5h 单飞训练，计入驾驶员飞行经历的飞行模拟训练时间不多于 28h；对于除多旋翼类别外其他类别超视距等级驾驶员执照申请人，由授权教员提供不少于 20h 带飞训练，不少于 6h 单飞训练，计入驾驶员飞行经历的飞行模拟训练时间不多于 12h。

2. Ⅺ、Ⅻ分类等级

（1）资格要求。

符合下列条件的申请人，可以获颁超视距等级驾驶员执照：①年满 18 周岁；②无犯罪记录；③具有高中或者高中以上文化程度；④完成了相应无人机等级的航空知识训练，并由提供训练或者评审其自学情况的授权教员在训练记录上签字，证明该申请人可以参加规定的理论考试；⑤通过了航空知识的理论考试；⑥完成了相应无人机等级的飞行技能训练，并由提供训练的授权教员在其飞行经历记录本上签字，证明该申请人可以参加规定的实践考试；⑦在申请实践考试之前，满足适用于所申请无人机等级的飞行经历要求；⑧通过了飞行技能的实践考试；⑨符合所申请无人机类别和分类等级的相应条款要求。

（2）航空知识要求。

申请人必须接受并记录培训机构工作人员提供的地面训练，完成下列与所申请无人机系统等级相应的地面训练课程并通过理论考试。

①航空法规以及机场周边飞行、防撞、无线电通信、夜间运行、高空运行等知识。

②气象学，包括识别临界天气状况，获得气象资料的程序以及航空天气报告和预报的使用。

③航空器空气动力学基础和飞行原理。

④无人机主要系统，如导航、飞控、动力、链路、电气等知识。

⑤无人机系统通用应急操作程序。

⑥所使用的无人机系统特性，包括：起飞和着陆要求，性能［飞行速度、典型和最大爬升率、典型和最大下降率、典型和最大转弯率、其他有关性能数据（如风、结冰、降水限制）、航空器最大续航能力］，通信、导航和监视功能［航空安全通信频率和设备、导航设备、监视设备、发现与避让能力、通信紧急程序、控制站的数量和位置以及控制站之间的交接程序（如适用）］。

（3）飞行技能与经历要求。

申请人必须至少在下列操作上接受并记录培训机构提供的针对所申请无人机系统等级的实际操纵飞行或模拟飞行训练。

对于机长有以下要求：①空域申请与空管通信，不少于4h；②航线规划，不少于4h；③系统检查程序，不少于4h；④正常飞行程序指挥，不少于20h；⑤应急飞行程序指挥，包括规避航空器、发动机故障、链路丢失、应急回收、迫降等，不少于20h；⑥任务执行指挥，不少于4h。

对于驾驶员有以下要求：①飞行前检查，不少于4h；②正常飞行程序操作，不少于20h；③应急飞行程序操作，包括发动机故障、链路丢失、应急回收、迫降等，不少于20h。

8.3 美国联邦航空管理局（FAA）飞手资质获取

8.3.1 “新手”无人机驾驶员

1. 资格条件要求

根据FAA官方规定，要获得无人机飞行员证书，必须满足以下条件：①年满16周岁；②能够阅读、说、写和理解英语；③身体和精神状况可以保证安全驾驶无人机；④通过航空知识考试。

要获得无人机远程飞行员证书，必须满足以下条件：①在所有UAS（无人机系统）操作期间，远程飞行员必须熟练控制无人机且保持通信；②证书持有者必须每24个日历月完成一次在线定期培训，以及时掌握最新的航空知识。

2. 申请流程

步骤1 在注册之前，通过创建综合飞行员认证和评级应用程序（Integrated Airman Certification and Rating Application，IACRA）配置文件来获取 FAA 跟踪号（FAA Tracking Number，FTN）。

步骤 2　预定一场由 FAA 批准的知识测试中心的会议。

步骤 3　通过“小型通用无人机（Unmanned Aircraft General - Small，UAG）初始航空知识测试”。知识测试内容包括：①与小型无人机系统评级特权、限制和飞行操作相关的适用法规；②影响小型无人机运行的空域分类和操作要求以及飞行限制；③航空气象数据和气象对小型无人机性能的影响；④小型无人机载荷和性能；⑤紧急程序；⑥机组资源管理；⑦无线电通信程序；⑧小型无人机性能的确定；⑨药物和酒精的生理作用；⑩航空决策和判断；⑪机场运营；⑫维护和飞行前的检查程序；⑬夜间运行。

步骤 4　使用 IACRA 配置文件填写 FAA 的 8710 - 13 表格，以获得无人机远程飞行员证书。

步骤 5　当美国联邦运输安全管理局（TSA）完成申请人安全背景调查后，将发送确认电子邮件。这封电子邮件将提供有关打印 IACRA 临时远程飞行员证书副本的说明。

步骤 6　其他所有 FAA 内部流程处理完成后，将通过邮件发送远程飞行员证书。

步骤 7　下载并打印您的远程飞行员证书，随身携带，以便在无人机飞行时出示。

8.3.2　现有 Part 61 证书持有者

1. 资格要求

要获得无人机飞行员证书，要满足以下资质：①必须持有根据 14 CFR Part 61（认证机构）颁发的无人机飞行员证书；②必须在过去 24 个月内完成航班审核。

要获得远程飞行员证书，必须满足以下条件：①在所有 UAS 操作期间，远程飞行员必须熟练控制无人机且保持通信；②证书持有者必须每 24 个日历月完成一次在线定期培训。

2. 具体流程

步骤 1　在美国联邦航空管理局安全团队网站上创建一个账户或登录现有的账户。

步骤 2　完成 Part 107 小型 UAS 初始在线培训课程。该课程涵盖以下主题领域：①与小型无人机系统评级特权、限制和飞行操作相关的适用法规；②气象对小型无人机性能的影响；③小型无人机载荷和性能；④紧急程序；⑤机组资源管理；⑥小型无人机性能的确定；⑦维护和飞行前检查程序；⑧夜间运行。

步骤 3　在 IACRA 中创建一个账户或登录现有账户。

步骤 4　在 IACRA 中填写远程飞行员证书的 8710 - 13 表格。

步骤 5　带上填写的 8710 - 13 表格、当前的航班日志证明、身份证件和在线课程结业证书，与以下单位/个人之一预约以验证身份：美国联邦航空管理局飞行标准地区办事处（Flight Standards District Office，FSDO），美国联邦航空管理局指定的飞行员审查员（Designated Pilot Examiner，DPE），飞行员认证代表（Airman Certification Representative，ACR)，美国联邦航空管理局认证的飞行教官（Certificated Flight Instructor，CFI)。

步骤 6 签署申请并获颁临时远程飞行员证书，在几周内通过邮件收到永久证书。

步骤 7 每当操作 UAS 时，都可以获得远程飞行员证书。

课后习题

1. 中国民用航空局规定，年满多少周岁可以报名参加无人机驾驶员考试?
2. 中国民用航空局规定，年满多少周岁可以报名参加无人机教员考试?
3. Ⅲ类无人机驾驶员都包含哪些机型?
4. 中国民用航空局规定，参加Ⅲ类无人机驾驶员考试的学员必须飞满多长时间的飞行训练?
5. 中国民用航空局规定，参加Ⅲ类无人机超视距驾驶员考试的学员必须飞满多长时间的飞行训练?
6. Ⅲ类等级的无人机空机重量和起飞全重分别是多少?
7. Ⅳ类等级的无人机空机重量和起飞全重分别是多少?
8. 我国低空空域是指什么? 分为哪三类?
9. 飞行计划的申请应当于什么时间提出?
10. 临时飞行计划申请最晚于什么时间提出?
11. 申请批准临时飞行空域都需要提供什么信息?

本篇参考文献

[1] 法斯多姆，等. 无人机系统导论［M］. 吴汉平，等，译. 北京：电子工业出版社，2003.

[2] 冯新宇，范红刚，辛亮. 四旋翼无人飞行器设计［M］. 2 版. 北京：清华大学出版社，2020.

[3] 魏瑞轩，李学仁. 先进无人机系统与作战运用［M］. 北京：国防工业出版社，2014.

[4] 符长青，曹兵，李睿堃. 无人机系统设计［M］. 北京：清华大学出版社，2018.

[5] 王进国. 无人机系统作战运用［M］. 北京：航空工业出版社，2020.

[6] 基蒙・P. 瓦拉瓦尼斯，乔治・J. 瓦克塞万诺斯. 无人机手册：第 1 卷［M］. 樊邦奎，译. 北京：国防工业出版社，2019.

[7] 杨苡，戴长靖，孙俊田. 无人机操控技术［M］. 北京：机械工业出版社，2020.

第3篇 物流无人机运用理论与技术

【内容摘要】本篇包括图论基础、优化算法概论、无人机配送技术、卡车－无人机联运理论、无人机编队配送理论、仓储无人机技术、无人机发展挑战和趋势等部分。第 9 章首先对图的基本概念、存储方式和遍历方法进行简要介绍；针对最短路径问题，介绍迪杰斯特拉（Dijkstra）算法、贝尔曼－福特（Bellman－Ford）算法、SPFA 算法（最短路径快速算法）和弗洛伊德（Floyd）算法等；对旅行商问题和车辆路径问题的基本模型作简要讲述，并讲解车辆路径问题的建模技巧。第 10 章从精确算法和启发式算法的角度对车辆路径问题的求解方法做出详细讲解。精确算法部分包括分枝定界算法，分枝剪切算法，分枝、定价和剪切算法；启发式算法部分包括蚁群算法、遗传算法、差分进化算法、GRASP 算法（贪婪随机自适应搜索算法）和 ALNS 算法（自适应大规模邻域搜索算法）。第 11 章介绍无人机在物流配送领域的应用，包括无人机配送系统和成本、多旋翼无人机配送模式的建模和求解算法。第 12 章介绍卡车－无人机联运理论，包括面向单台卡车的联运模式、面向多台卡车的联运模式，并对这两种情景较为简单的卡车和多旋翼无人机的联运模式进行了简评。第 13 章对无人机编队配送理论进行了详细介绍，包括多旋翼无人机编队配送模式、URP－FF 问题的混合整数规划模型（Model－Ⅰ和 Model－Ⅱ）、URP－FF 问题求解实验、多旋翼无人机编队配送模式简评等。第 14 章介绍仓储无人机技术，包括无人机仓储管理、无人机航迹规划算法等。第 15 章对无人机在物流领域发展的挑战与趋势做了介绍。本篇的第 10、12、13 章内容适合研究生学习。

第 9 章　图论基础

9.1　图及其存储

9.1.1　基本概念

1. 图的概念

图（Graph）是由顶点集合和顶点间的二元关系集合（即边的集合或弧的集合）组成的，通常可以表示为 $G = (V,E)$ 。其中顶点集合和边的集合分别用 V 和 E 表示。V 中的元素称为顶点（Vertex），可用 u、v 表示；顶点个数称为图的阶数（Order），通常用 n 表示。E 中的元素称为边（Edge），通常用 e 表示；边的个数称为图的边数（Size），通常用 m 表示。设有两个图 $G = (V,E)$ 和 $G' = (V',E')$ ，如果 $V' \subseteq V$ ，且 $E' \subseteq E$ ，则称图 G' 是图 G 的子图（Subgraph）。

2. 图的分类

（1）有向图与无向图。

按照图的边是否具有方向，可以将图分为有向图和无向图两类。

若每个元素对（u，v）对应着两个顶点构成的无序对（用圆括号括起来），表示与顶点 u 和 v 相关联的边没有特定的方向，则（u，v）与（v，u）是同一条没有特定方向的无向边（Undirected Edge）。如果图中所有的边都没有方向，这种图称为无向图（Undirected Graph）。

若每个元素对 $<u, v>$ 对应着两个顶点构成的有序对（用尖括号括起来），表示从顶点 u 到顶点 v 的边有特定的方向，由 u 指向 v。其中 u 是这条有向边的起始顶点（起点），v 是这条有向边的终止顶点（终点）。$<u, v>$ 与 $<v, u>$ 是两条不同的有向边（Directed Edge）。如果图中所有的边都是有方向的，这种图称为有向图（Directed Graph）。有向图中的边也称为弧（Arc）。

（2）完全图、稀疏图、稠密图。

按照图 $G = (V,E)$ 中顶点数和边的数量之间的关系，可以将图分为完全图、稀疏图和稠密图。

如果无向图中任何一对顶点之间都有一条边，这种无向图称为完全图。在完全图中，阶数和边数存在关系 $m = n(n-1)/2$ 。如果有向图中任何一对顶点 u 和 v，都存在

$<u, v>$和$<v, u>$两条有向边，这种有向图称为有向完全图。在有向完全图中，阶数和边数存在关系 $m = n(n-1)$ 。

边或弧的数量相对较少［远小于$n(n-1)$］的图称为稀疏图。通常的判断标准为：边或弧的数量 $m < \log(n)$ 的无向图或有向图，称为稀疏图。

边或弧的数量相对较多的图（接近于完全图或有向完全图）称为稠密图。

3. 顶点与顶点、顶点与边的关系

在无向图和有向图中，顶点与顶点之间的关系，以及顶点与边的关系是通过“邻接（Adjacency）”这个概念来表示的。在无向图 $G = (V,E)$ 中，如果 (u, v) 是 E 中的元素，即 (u, v) 是图中的一条无向边，则称顶点 u 与顶点 v 互为邻接顶点，边 (u, v) 依附于顶点 u 和 v，或称边 (u, v) 与顶点 u 和 v 相关联。此外，有一个共同顶点的两条不同边被称为邻接边。在有向图 $G = (V,E)$ 中，如果$<u, v>$是 E 中的元素，即$<u, v>$是图中的一条有向边，则称顶点 u 邻接到顶点 v，顶点 v 邻接自顶点 u，边$<u, v>$与顶点 u 和 v 相关联。

4. 顶点的度数及度序列

一个顶点 u 的度数（Degree）是与它相关联的边的数量，记作 $\deg(u)$ 。在有向图中，顶点的度数等于该顶点的出度与入度之和。其中，顶点 u 的出度是以 u 为起始顶点的有向边（即从顶点 u 出发的有向边）的数量，记作 $od(u)$ ；顶点 u 的入度是以 u 为终点的有向边（即进入到顶点 u 的有向边）的数量，记作 $id(u)$ 。顶点 u 的度数 $\deg(u) = od(u) + id(u)$ 。在无向图和有向图中，边数 m 和所有顶点度数总和存在如下关系：

$$m = \frac{1}{2}\{\sum_{i=1}^{n} \deg(u_i)\} \qquad (9-1)$$

在无向图和有向图中，所有顶点度数总和等于边数的两倍，因为不管是有向图还是无向图，在统计所有顶点度数总和时，每条边都统计了两次。

把度数为偶数的顶点称为偶点，把度数为奇数的顶点称为奇点。根据式（9－1），每个图都有偶数个奇点。

若把图 G 所有顶点的度数排成一个序列 s，则称 s 为图 G 的度序列。给定一个图，确定它的度序列很简单，但是其逆问题，即给定一个由非负整数组成的有限序列 s，判断 s 是否是某个图的度序列，并不容易。

一个非负整数组成的有限序列如果是某个无向图的度序列，则称该序列是可图的（Graphic）。判定一个序列是否是可图的，有以下定理。

Havel－Hakimi 定理（序列定理）：由非负整数组成的非增序列 $s: d_1, d_2, \cdots, d_n (n \geqslant 2, d_1 \geqslant 1)$ 是可图的，当且仅当序列 $s_1: d_2-1, d_3-1, d_{d_1+1}-1, d_{d_1+2}, \cdots, d_n$ 是可图的。序列 s_1 中有 $n-1$ 个非负整数，s 序列中 d_1 后的前 d_1 个度数（即 $d_2 \sim d_{d_1+1}$）减 1 后构成 s_1 中的前 d_1 个数。

5. 路径

在图 $G = (V,E)$ 中，若从顶点 v_i 出发，沿着一些边经过一些顶点 $v_{p1}, v_{p2}, \cdots, v_{pm}$，

到达顶点 v_j，则称顶点序列（$v_i, v_{p1}, v_{p2}, \cdots, v_{pm}, v_j$）为从顶点 v_i 到顶点 v_j 的一条路径（或称为通路），其中（v_i, v_{p1}），（v_{p1}, v_{p2}），…，（v_{pm}, v_{pj}）为图 G 中的边。如果 G 是有向图，则 $< v_i, v_{p1} >$，$< v_{p1}, v_{p2} >$，…，$< v_{pm}, v_{pj} >$ 为图 G 中的有向边。

路径的长度（Length）：路径中边的数目通常称为路径的长度。

简单路径（Simple Path）：若路径上各顶点 $v_i, v_{p1}, v_{p2}, \cdots, v_{pm}, v_j$ 均互相不重复，则这样的路径称为简单路径。

回路（Circuit/Loop）：若路径上第一个顶点 v_i 与最后一个顶点 v_j 重合，则称这样的路径为回路。

简单回路（Simple Circuit）：除第一个和最后一个顶点外，没有顶点重复的回路称为简单回路。简单回路也称为圈（Cycle）。长度为奇数的圈称为奇圈，长度为偶数的圈称为偶圈。

6. 连通性

在无向图中，若从顶点 u 到 v 有路径，则称顶点 u 和 v 是连通的。如果无向图中任意一对顶点都是连通的，则称此图是连通图；反之，如果一个无向图不是连通图，则称为非连通图。如果一个无向图不是连通的，则其极大连通子图称为连通分量，这里所谓的极大是指子图中包含的顶点数量极大。

在有向图中，若每一对顶点 u 和 v，既存在从 u 到 v 的路径，也存在从 v 到 u 的路径，则称此有向图为强连通图。对于非强连通图，其极大强连通子图称为其强连通分量。

在无向图中，如果任意两个顶点之间含有不止一条通路，则这个图被称为重连通图。在重连通图中，删除某个顶点以及与该顶点相关联的边之后，图中各顶点的连通性不会被破坏。

在无向图中，如果删除某个顶点及其相关联的边之后，原图被分割成两个及以上的连通分量，则称该顶点为无向图的一个关节点。无向图的重连通的极大子图称为它的重连通分量。

7. 权值、有向网与无向网

某些图的边具有与它相关的数，这些数被称为权值。这些权值可以表示从一个顶点到另一个顶点的距离、花费的代价、所需的时间等。如果一个图，其所有边都具有权值，则称为加权图，或者称为网络。根据网络中的边是否具有方向性，又可以分为有向网和无向网。网络也可以用 $G = (V, E)$ 表示，其中边的集合 E 中每个元素包含 3 个分量：边的两个顶点和权值。

9.1.2 图的存储方式

1. 邻接矩阵

令 $G = (V, E)$ 表示一个具有 n 个顶点的图，则图 G 的邻接矩阵是一个 $n \times n$ 的二维数组，记为: Edge[n][n]，以每一个维度记录各个顶点信息的顶点数组，以矩阵的形式表示各个顶点之间的关系，如式（9－2）所示。

$$\text{Edge}[i][j] = \begin{cases} 1, & <i,j> \in E \text{ 或} (i,j) \in E \\ 0, & \text{其他} \end{cases} \tag{9-2}$$

如果图中存在自环（即连接某个顶点自身的边）和重边（即多条边的起点一样，终点也一样，也称为平行边）的情形，则无法用邻接矩阵存储这类图。对于无向图的邻接矩阵而言，如果 Edge[i][j] = 1，则顶点 i 和顶点 j 之间有一条边。因此，邻接矩阵 Edge 第 i 行所有元素中元素值为 1 的个数表示顶点 i 的度数，第 i 列所有元素中元素值为 1 的个数也表示顶点 i 的度数，如式（9－3）所示。

$$\deg(i) = \sum_{j=1}^{n} \text{Edge}[i][j] = \sum_{j=1}^{n} \text{Edge}[j][i] \tag{9-3}$$

对于有向图的邻接矩阵而言，如果 Edge[i][j] =1，则从顶点 i 到顶点 j 有一条有向边，顶点 i 是起点，顶点 j 是终点。因此，邻接矩阵 Edge 第 i 行所有元素中元素值为 1 的个数表示顶点 i 的出度，第 i 列所有元素中元素值为 1 的个数表示顶点 i 的入度，如式（9－4）所示。

$$\text{od}(i) = \sum_{j=1}^{n} \text{Edge}[i][j], \text{id}(i) = \sum_{j=1}^{n} \text{Edge}[j][i] \tag{9-4}$$

对于有向网和无向网，邻接矩阵定义如式（9－5）所示，其中，$W(i,j)$ 表示弧 (i,j) 的权值。

$$\text{Edge}[i][j] = \begin{cases} W(i,j), i \neq j, \text{且} <i,j> \in E \text{ 或} (i,j) \in E \\ \infty, i \neq j, \text{且} <i,j> \notin E \text{ 或} (i,j) \notin E \\ 0, i = j \end{cases} \tag{9-5}$$

2. 邻接表

将从同一个顶点发出的边链接在一个单链表（称为边链表）中，同时用一个顶点列表存储顶点信息，以这种方式表示节点之间的相互关系的图的存储方式称为邻接表。边链表的每个结点代表一条边，称为边结点。每个边结点有 2 个域：该边终点的序号，以及指向下一个边结点的指针。在顶点数组中，每个元素有两个成员：一个成员用来存储顶点信息；另一个成员为该顶点的边链表的表头指针，指向该顶点的边链表。如果没有从某个顶点发出的边，则该顶点没有边链表，因此表头指针为空。

在每个顶点的边链表中，边结点所表示的边都是从该顶点发出的边，因此这种邻接表也称为出边表。采用邻接表存储图时，求顶点的出度很方便，只需要统计每个顶点的边链表中边结点的个数即可，但在求顶点的入度时就比较麻烦。如果需要统计各顶点的入度，可以采用逆邻接表存储表示图。所谓逆邻接表，也称为入边表，就是把进入同一个顶点的边链接在同一个边链表中。

因为无向图中的边没有方向性，所以无向图的邻接表没有入边表和出边表之分。在无向图的邻接表中，与顶点 v 相关联的边都链接到该顶点的边链表中。无向图的每条边在邻接表里出现两次。如果用邻接表存储有向网或无向网，则在边结点中还应增加一个成员，用于存储边的权值。

相对于邻接矩阵的方式，采用邻接表进行图的存储有以下优势：首先，由于邻接矩阵无法存储带自环或重边的图，所以有时不得不采用邻接表来存储图；其次，当图的边数（相对于邻接矩阵中的元素个数，即 $n \times n$）较少时，使用邻接矩阵存储会浪费较多的存储空间，而用邻接表存储可以节省存储空间。

9.2　图的遍历

所谓图的遍历，也称为搜索，就是从图中某个顶点出发，沿着一些边访遍图中所有的顶点，且使每个顶点仅被访问一次。遍历可以采取两种方法进行：深度优先搜索（DFS）和广度优先搜索（BFS）。

9.2.1　深度优先搜索

深度优先搜索是一个递归过程，也包含着回退操作。深度优先搜索的思想是：对一个无向连通图，在访问图中某一起始顶点 v 后，从 v 出发，访问它的某一邻接顶点 w_1；再从 w_1 出发，访问与 w_1 邻接但还没有访问过的顶点 w_2；然后再从 w_2 出发，进行类似的访问；如此进行下去，直至到达顶点 u 为止，此时所有邻接顶点都被访问过；接着，回退一步，回退到前一次刚访问过的顶点，看是否还有其他没有被访问过的邻接顶点，如果有，则访问此顶点，之后再从此顶点出发，进行与前述类似的访问；如果没有，就再回退一步进行类似的访问。重复上述过程，直到该连通图中所有顶点都被访问过为止。

设一个无向图中有 n 个顶点和 m 条边，深度优先搜索的复杂度分析如下：如果用邻接表存储图，从某个初始顶点 i 进行深度优先搜索，首先要取得顶点 i 的边链表表头指针，设为 p，然后通过 p 访问它的第 1 个邻接顶点，如果该邻接顶点未访问过，则从这个顶点出发进行递归搜索；如果这个邻接顶点已经访问过，则 p 要移向下一个边结点。在这个过程中，对每个顶点递归访问 1 次，即每个顶点的边链表表头指针取出一次，而每个边结点都只访问了一次。由于总共有 $2m$ 个边结点，所以扫描边的时间为 $O(2m)$。因此采用邻接表存储图时，进行深度优先搜索的时间复杂度为 $O(n+2m)$。

如果采用邻接矩阵存储图，由于邻接矩阵只是间接存储了边的信息，在对某个顶点进行深度优先搜索时，要检查其他每个顶点，包括它的邻接顶点和非邻接顶点，所需时间为 $O(n)$。另外，整个深度优先搜索过程，对每个顶点都要递归进行深度优先搜索，因此遍历图中所有顶点的时间复杂度为 $O(n^2)$。

9.2.2　广度优先搜索

广度优先搜索是一个分层的搜索过程，没有回退操作，是非递归的。广度优先搜索的思想是：对一个无向连通图，在访问图中某一起始顶点 v 后，由 v 出发，依次访问 v 的所有未访问过的邻接顶点 w_1，w_2，…，w_t；然后再顺序访问 w_1，w_2，…，w_t的所有还未访问过的邻接顶点；再从这些访问过的顶点出发，再访问它们的所有还未访问过的邻接顶点；直到图中所有顶点都被访问到为止。

设无向图有 n 个顶点和 m 条边，广度优先搜索的复杂度分析如下：如果使用邻接表存储图，对从队列头取出来的每个顶点 k，首先要取出该顶点的边链表表头指针，然后沿着该顶点的边链表中的每个边结点，把未访问过的邻接顶点入队列。在这个过程中每个顶点访问各一次，$2m$ 个边结点各访问一次，所以总的时间复杂度为 $O(n+2m)$。

如果用邻接矩阵存储图，由于邻接矩阵只是间接地存储了边的信息，所以对从队列头取出来的每个顶点 k，要循环检测无向图中的其他每个顶点 j（不管是否与顶点 k 相邻），判断 j 是否跟 k 相邻且是否访问过。另外，每个顶点都要入队列，都要从队列头取出，进行判断，所以总的时间复杂度为 $O(n^2)$。

9.3 最短路径问题

基于有向图或无向图，一个典型的问题是最短路径问题（Shortest Path Problem）。从图中某一顶点（称为源点）到达另一顶点（称为终点）的路径可能不止一条，需要找到一条路径，使得沿此路径各边上的权值总和（如从源点到终点的距离）达到最小，这条路径被称为最短路径。

根据有向图或无向图中各边权值的取值情形及问题求解的需要，最短路径问题分为四种情形，可分别用不同的算法进行求解。

第一种为寻求单源最短路径（边的权值非负）的 Dijkstra 算法，所谓单源最短路径就是固定一个顶点为源点，求源点到其他每个顶点的最短路径。

第二种为寻求单源最短路径（边的权值允许为负值，但不存在负权值回路）的 Bellman－Ford 算法。

第三种为对 Bellman－Ford 算法予以改进的 SPFA 算法。

第四种为寻求所有顶点之间的最短路径（边的权值允许为负值，但不存在负权值回路）的 Floyd 算法。

9.3.1 Dijkstra 算法

给定一个带权有向图（有向网）G 和源点 v_0，限定各边上的权值大于或等于 0，求 v_0到 G 中其他每个顶点的最短路径。为求得这些最短路径，Dijkstra 提出按路径长度的递增次序，逐步产生最短路径的算法。首先求出长度最短的一条最短路径，再参照它求出长度次短的一条最短路径，依次类推，直到从源点 v_0到其他各顶点的最短路径全部求出为止。

Dijkstra 算法的具体步骤如下。

步骤1 设置两个顶点集合 S 和 T。集合 S 中存放已找到最短路径的顶点，初始时，S 中只有一个顶点，即源点 v_0；集合 T 中存放当前还未找到最短路径的顶点。

步骤2 在集合 T 中选取当前长度最短的一条最短路径（v_0，…，v_k），从而将 v_k 加入顶点集合 S 中，并修改源点 v_0 到 T 中各顶点的最短路径长度；重复这一步骤，直到所有的顶点都加入集合 S 中，算法结束。

图9-1给出一个应用 Dijkstra 算法求解单源最短路径问题的示例。网络中包含7个节点，其中"0"表示源点，边上的数字表示边的权值。求解目标就是找出源点0到其余各个点1，2，3，4，5的最短路径。

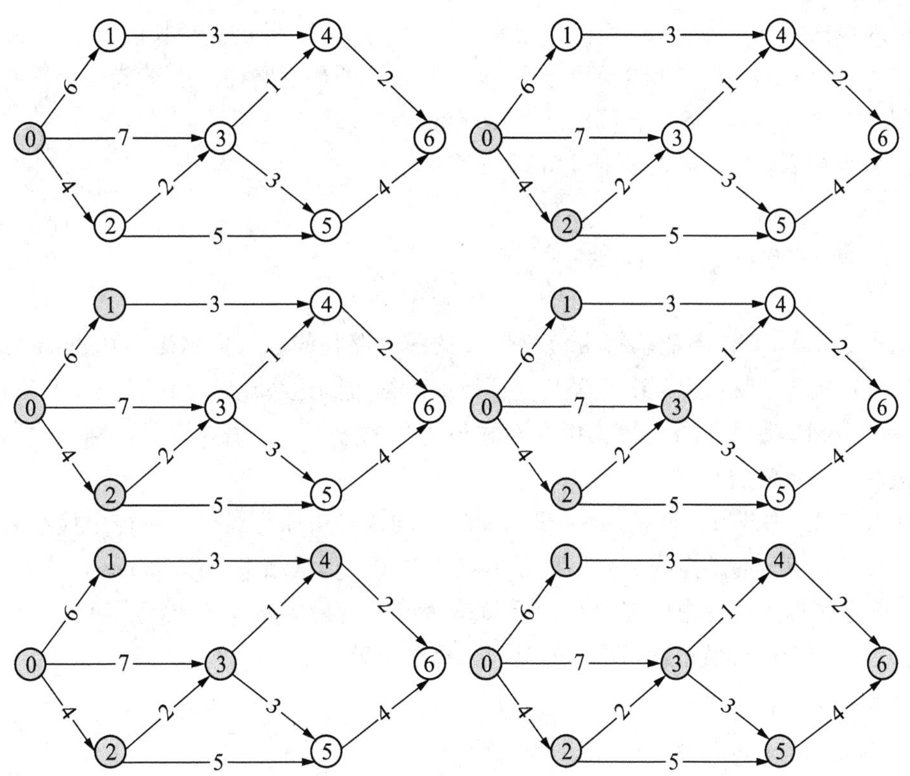

图9-1 Dijkstra 算法求解过程示例

初始化集合 $S=\{0\}$，$T=\{1, 2, \cdots, 5\}$，即已知源点到节点0的最短路径为0-0，路径长度为0，初始化源点到 T 中点的最短路径长为 ∞。

第一步拓展时，找出源点到｛1，2，3｝的路径长度分别为6，4和7，选择其中的最短路径0-2，将节点2加入 S 中，同时从 T 中删除节点2。

第二步拓展时，从上一步找到的最短路径0-2向外拓展，得到源点到节点5的路径0-2-5，路径长度为9；更新源点到节点3的最短路径0-2-3，路径长度为6。选择当前已有的路径中最短的路径 0 -1 向外拓展，并将节点 1 加入 S 中，同时从 T 中删除节点 1。

第三步拓展时，从 0 -1 向外拓展，得到源点到节点 4 的路径 0 -1 -4，路径长度为 9。选择当前已有路径中最短路径 0 -2 -3 向外拓展，同时将节点 3 加入 S 中，同时从 T 中删除节点 3。

第四步拓展时，从 0 -2 -3 向外拓展，更新源点到节点 4 的最短路径为 0 -2 -3 -4，路径长度为7。选择当前已有路径中最短路径 0 -2 -3 -4 向外拓展，同时将节点 4 加入 S 中，同时从 T 中删除节点 4。

第五步拓展时，从 0 -2 -3 -4 向外拓展，得到源点到节点 6 的路径为 0 -2 -3 -4 -6，路径长度为 9。选择当前已有的路径中最短的路径 0 -2 -5 向外拓展，并将节点 5 加入 S 中，同时从 T 中删除节点 5。

第六步拓展时，从 0 -2 -5 向外拓展，因为 0 -2 -5 -6 的路径长度为 13（大于 9，对应着 0 -2 -3 -4 -6），所以不更新源点到节点 6 的最短路径。由于节点 6 没有出度边，所以直接将 6 加入 S 中，同时从 T 中删除节点 6。

因为所有节点均已加入 S 中，Dijkstra 算法结束。

9.3.2 Bellman - Ford 算法

由于 Dijkstra 算法不能求解带负权值边的最短路径问题，贝尔曼（Bellman）和福特（Ford）提出了从源点逐次途经其他顶点，以缩短到达终点的最短路径长度的方法。Bellman - Ford 算法虽然允许网络中存在权值为负的边，但其需要满足：网络中不能包含权值总和为负值的回路。

一般来说，Dijkstra 算法在每一步拓展时，均选择当前已经拓展路径中最小的路径向前拓展，直到所有节点均加入已拓展顶点集合中，算法结束；而 Bellman - Ford 算法在每一步拓展时，要考虑所有路径，看其是否能进行最短路径的更新，直到某次拓展时，没有路径能进行最短路径长度的更新，算法结束。

令 $dist^k[i]$ 表示从源点出发，经过 k 个节点到达节点 i 的最短路径长度。使用 Bellman - Ford 算法求解图 9 -2 中源点 0 到各个节点最短路径的过程如表 9 -1 所示。Bellman - Ford 算法经过六步求解，可以得到源点 0 到各个节点的最短路径，如表 9 -1 中最后一行所示。

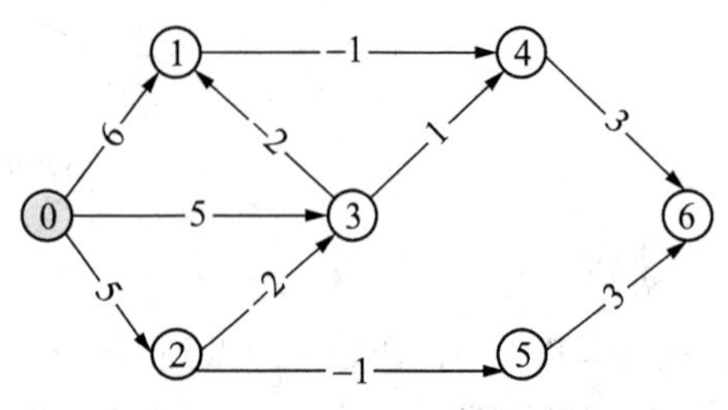

图 9 -2 带负权的网络示例

表 9－1　　用 Bellman－Ford 算法求解图 9－2 示例的运算过程

k	$dist^k[1]$	$dist^k[2]$	$dist^k[3]$	$dist^k[4]$	$dist^k[5]$	$dist^k[6]$
1	**6 (0－1)**	**5 (0－2)**	**5 (0－3)**	∞	∞	∞
2	**3 (0－3－1)**	5 (0－2)	**3 (0－2－3)**	**5 (0－1－4)**	**4 (0－2－5)**	∞
3	**1 (0－2－3－1)**	5 (0－2)	3 (0－2－3)	**2 (0－3－1－4)**	4 (0－2－5)	**7 (0－2－5－6)**
4	1 (0－2－3－1)	5 (0－2)	3 (0－2－3)	**0 (0－2－3－1－4)**	4 (0－2－5)	**5 (0－3－1－4－6)**
5	1 (0－2－3－1)	5 (0－2)	3 (0－2－3)	0 (0－2－3－1－4)	4 (0－2－5)	**3 (0－2－3－1－4－6)**
6	1 (0－2－3－1)	5 (0－2)	3 (0－2－3)	0 (0－2－3－1－4)	4 (0－2－5)	3 (0－2－3－1－4－6)

注：表格中加粗字体表示在某次迭代中的最短路径长度更新。

9.3.3 SPFA 算法

Bellman－Ford 算法的时间复杂度较高，为 $O(n^3)$ 或 $O(nm)$，原因在于 Bellman－Ford 算法要递推 n 次，每次递推，扫描所有的边，在 n 次递推的过程中很多判断是多余的。SPFA 算法是 Bellman－Ford 算法的一种队列实现，减少了不必要的冗余判断。SPFA 算法本质上是队列优化的 Bellman－Ford 算法，是根据“每个顶点的最短距离不会更新次数太多”的特点来进行优化的。SPFA 算法可以在 $O(km)$ 的时间复杂度内求出源点到其他所有顶点的最短路径，并且可以处理带负权值的边。k 为每个顶点入队列的平均次数，可以证明，对于通常的情况，k 为 2 左右。

SPFA 算法使用 $dist[i]$ 数组存储源点 v_0 到顶点 v_i 的最短路径长度，用 $path[i]$ 数组存储最终求得的源点 v_0 到顶点 v_i 的最短路径上顶点 v_i 的前一个顶点的序号。

初始时，$dist[v_0]=0$，其余元素值均为 ∞；$path[i]$ 均为 v_0；并将源点 v_0 入队列。SPFA 算法的实现过程如下。

步骤 1　取出队列头顶点 v，扫描从顶点 v 发出的每条边，设每条边的终点为 u，边 $<v, u>$ 的权值为 w，如果 $dist[v]+w<dist[u]$，则修改 $dist[u]$ 为 $dist[v]+w$，修改 $path[u]$ 为 v。若顶点 u 不在当前队列中，还要将顶点 u 入队列。如果 $dist[v]+w<dist[u]$ 不成立，则对顶点 u 不作任何处理。

步骤 2　重复执行步骤 1 直至队列为空。

SPFA 算法在形式上和广度优先搜索类似，不同的是广度优先搜索中一个顶点出了队列就不可能重新进入队列，但是 SPFA 算法中一个顶点可能在出队列之后再次被存入队列，也就是说一个顶点改进过其他的顶点之后，过了一段时间可能本身被改进，于是再次用来改进其他的顶点，这样反复迭代下去。

9.3.4 Floyd 算法

给定一个含有 n 个节点的有向网（或无向网），若想求出任意 v_i 与 v_j 之间的最短路径和最短路径长度，一种方法是使用 Dijkstra（或 Bellman – Ford）算法，使用 n 次；另一种方法是使用 Folyd 算法。上述两种方法的时间复杂度均为 $O(n^3)$，但是 Folyd 算法更直接，与 Bellman – Ford 算法类似，Floyd 算法允许图中含有带负权值的边，但不允许包含负权值回路。

Floyd 算法的基本思想是：对一个顶点个数为 n 的有向网（或无向网），设置一个 $n \times n$ 的方阵 $\boldsymbol{A}^{(k)}$，其中除对角线的矩阵元素都等于 0 外，其他元素 $A^{(k)}[i][j]$（$i \neq j$）表示从顶点 v_i 到顶点 v_j 的有向路径长度，k 表示运算步骤，$k = -1, 0, 1, 2, \cdots, n-1$。

初始时：$\boldsymbol{A}^{(-1)}$ 初始化为图的邻接矩阵，即初始时，以任意两个顶点之间的直接有向边的权值作为最短路径长度。

（1）对于任意两个顶点 v_i 和 v_j，若它们之间存在有向边，则以此边的权值作为它们之间的最短路径长度；

（2）若它们之间不存在有向边，则以 ∞ 作为它们之间的最短路径长度。

后续逐步尝试在原路径中加入其他顶点作为中间顶点，如果增加中间顶点后，得到的路径长度比原来的最短路径长度减少了，则以此新路径代替原路径，修改矩阵元素，更新为新的更短的路径长度。

Floyd 算法的流程如下。

定义一个 n 阶方阵序列：$\boldsymbol{A}^{(-1)}$，$\boldsymbol{A}^{(0)}$，$\boldsymbol{A}^{(1)}$，…，$\boldsymbol{A}^{(n-1)}$。

$\boldsymbol{A}^{(-1)}[i][j]$ 表示顶点 v_i 到顶点 v_j 的直接边的长度，$\boldsymbol{A}^{(-1)}$ 就是邻接矩阵 Edge[n][n]。

$\boldsymbol{A}^{(0)}[i][j]$ 表示从顶点 v_i 到顶点 v_j，中间顶点是 v_0 的最短路径长度，若不能经过 v_0 找到更短的路径，则不进行更新。

$\boldsymbol{A}^{(1)}[i][j]$ 表示从顶点 v_i 到顶点 v_j，中间顶点序号不大于 1 的最短路径长度。

……

$\boldsymbol{A}^{(k)}[i][j]$ 表示从顶点 v_i 到顶点 v_j 的，中间顶点序号不大于 k 的最短路径长度。

……

$\boldsymbol{A}^{(n-1)}[i][j]$ 是最终求得的从顶点 v_i 到顶点 v_j 的最短路径长度。

采用递推方式计算 $\boldsymbol{A}^{(k)}[i][j]$。

增加顶点 v_k 作为中间顶点后，对于图中的每一对顶点 v_i 和 v_j，要比较从 v_i 到 v_k 的最短路径长度加上从 v_k 到 v_j 的最短路径长度是否小于原来从 v_i 到 v_j 的最短路径长度，即比较 $\boldsymbol{A}^{(k-1)}[i][k] + \boldsymbol{A}^{(k-1)}[k][j]$ 与 $\boldsymbol{A}^{(k-1)}[i][j]$ 的大小，取较小者作为 $\boldsymbol{A}^{(k)}[i][j]$ 的值。

令 $\boldsymbol{A}^{(k)}[i][j]$ 表示第 k 次计算时的邻接矩阵，$path^{(k)}[i][j]$ 表示第 k 次计算时，从顶点 v_i 到顶点 v_j 的最短路径上顶点 j 的前一顶点的序号。

以图 9 – 3 中网络为例，Floyd 算法的计算过程如表 9 – 2 所示。其中，每次计算时更新后的邻接矩阵和路径顶点序号均使用加粗和加下划线进行标示。当进行完上述计算之后，通过 *path* 进行反向推导，便可以得到两两顶点之间的最短路径，如节点 0 到节点 2 的最短路径为 0 - 1 - 3 - 2，节点 2 到节点 3 的最短路径为 2 - 0 - 1 - 3。

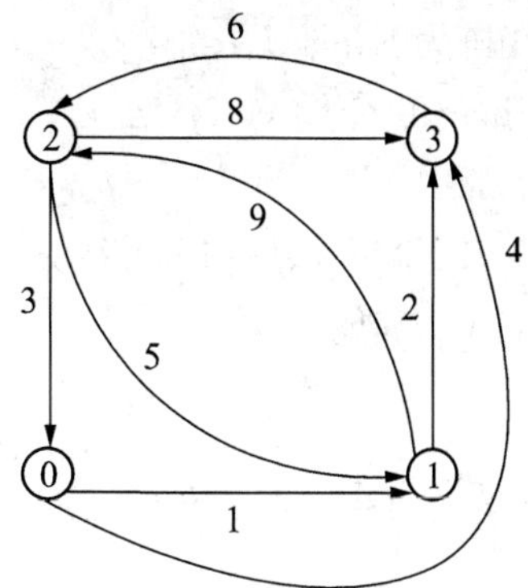

图 9 - 3　Floyd 算法的网络示例

表 9 - 2　　用 Floyd 算法求解图 9 - 2 示例的运算过程

	$A^{(-1)}$				$A^{(0)}$				$A^{(1)}$				$A^{(2)}$				$A^{(3)}$			
	0	1	2	3	0	1	2	3	0	1	2	3	0	1	2	3	0	1	2	3
0	0	1	∞	4	0	1	∞	4	0	1	**10**	**3**	0	1	10	3	0	1	**9**	3
1	∞	0	9	2	∞	0	9	2	∞	0	9	2	**12**	0	9	2	12	0	**8**	2
2	3	5	0	8	3	**4**	0	**7**	3	4	0	**6**	3	4	0	6	3	4	0	8
3	∞	∞	6	0	∞	∞	6	0	∞	∞	6	0	**9**	**10**	6	0	9	10	6	0
	$path^{(-1)}$				$path^{(0)}$				$path^{(1)}$				$path^{(2)}$				$path^{(3)}$			
	0	1	2	3	0	1	2	3	0	1	2	3	0	1	2	3	0	1	2	3
0	-1	0	-1	0	-1	0	-1	0	-1	0	**1**	**1**	-1	0	1	1	-1	0	**3**	1
1	-1	-1	1	1	-1	-1	1	1	-1	-1	1	1	**2**	-1	1	1	2	-1	**3**	1
2	2	2	-1	2	2	**0**	-1	**0**	2	0	-1	**1**	2	0	-1	1	2	0	-1	1
3	-1	-1	3	-1	-1	-1	3	-1	-1	-1	3	-1	**2**	**0**	3	-1	1	0	3	-1

9.4　旅行商问题和车辆路径问题

旅行商问题（Travelling Salesman Problem，简称 TSP 问题）和车辆路径问题（Vehicle Routing Problem，简称 VRP 问题）是经典的 NP - Hard 问题，本节主要介绍这两类问题的问题情景和模型，求解算法将在后续章节详细介绍。

9.4.1　旅行商问题

一般将 TSP 问题描述为：一名商人需要从起点出发，游历 n 个城市，之后再返回起点。已知所有城市间的旅行成本（权重），问题为：这位旅行商应该选择怎样的线路，才能花最少的成本（时间/路费）遍历所有的城市？

TSP 问题的参数定义如下：网络中城市的个数为 $n+1$ 个，网络中的节点集合为 $V=\{0,1,\cdots,n\}$，城市之间的邻接矩阵为 $\mathrm{Edge}_{ij},i,j\in\{0,1,\cdots,n\}$。

TSP 问题的变量为二元（Binary）变量 $x_{ij},i,j\in V$，表示商人是否从城市 i 去往城市 j：

$$x_{ij}=\begin{cases}1,\text{商人从城市 } i \text{ 去往城市 } j\\0,\text{其他}\end{cases}$$

TSP 问题目标函数为：

$$\min\sum_{i\in V}\sum_{j\in V}\mathrm{Edge}_{ij}x_{ij} \tag{9-6}$$

TSP 问题约束条件包括：

$$\sum_{j\in n;j\neq i}x_{ij}=1,i\in V \tag{9-7}$$

$$\sum_{j\in n;j\neq i}x_{ji}=1,i\in V \tag{9-8}$$

约束条件式（9-7）表示对于每个节点 $i\in V$，从节点出发的次数为 1；约束条件式（9-8）表示对于每个节点 $i\in V$，进入节点的次数为 1。式（9-7）和式（9-8）共同构成了节点的流平衡约束，保证每个节点有进必有出。

TSP 问题建模需要重点解决的是子环路问题，因为只依靠上述两条约束并不能保证不出现子环路。图 9-4 举例展示了子环路的形式。图 9-4 中，节点 0 表示起点，节点 {1，2，3，4，5} 表示商人需要访问的城市集合。图 9-4（a）中是正常的 TSP 问题路径方案，商人从节点 0 出发，依次遍历节点 2，3，5，4，1 之后返回节点 0。图 9-4（b）是带有子环路的 TSP 问题路径方案，可以看出，图 9-4（b）的方案并没有违反上述约束条件式（9-7）和式（9-8），若图 9-4（b）所示的路径成本小于图 9-4（a），则就会导致 TSP 问题求解方案错误。

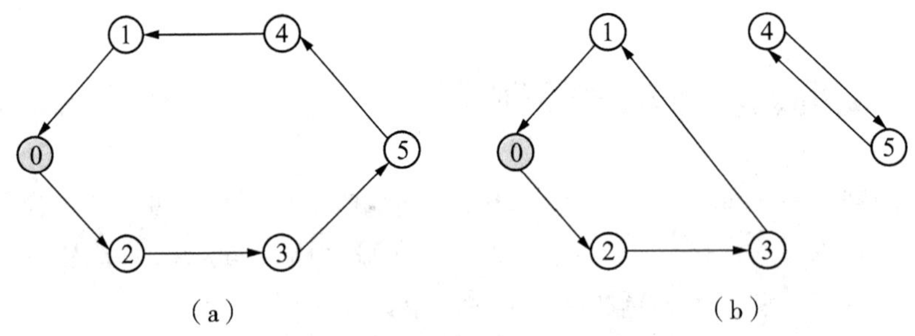

图 9-4　TSP 问题的路径与子环路示例

下面介绍两种用于消除子环路的约束条件式（9-9）和式（9-10）。

$$\sum_{i\in S}\sum_{j\notin S}x_{ij}\geqslant 1,S\subset\{1,2,\cdots,n\},S\neq\varnothing \tag{9-9}$$

第一种子环路消除约束式（9 -9）的含义是：对于每一个非空集合 $S \subset \{1,2,\cdots,n\}$，$S$ 中城市的个数最多为 n 个，从 S 中流出的弧的个数必定大于或者等于一条。将图 9 -4（b）中的子环路的情况套用到这个不等式上，很明显会违反式（9 -9），所以将这条不等式加入模型中能够有效消除子环路问题。同时，式（9 -10）会添加的约束个数为：$C_n^1 + C_n^2 + \cdots + C_n^n = 2^n - 1$ 。

$$\sum_{i \in S} \sum_{j \in S} x_{ij} \leqslant |S| - 1, S \subset \{1,2,\cdots,n\}, 2 \leqslant S \leqslant n \tag{9-10}$$

第二种子环路消除约束式（9 -10）的含义是：对于每一个集合 $S \subset \{1,2,\cdots,n\}$，$S$ 中节点的个数在区间 $[2,n]$ 上，S 中相互链接的弧的个数最多为 $|S| - 1$ 条，即只有当 S 中的城市的个数为 $n+1$ 个时，才允许构成环路，这样式（9 -10）也可以避免图 9 -4（b）中的情况发生。同时，式（9 -10）会添加的约束个数为 $C_n^2 + \cdots + C_n^n = 2^n - 2$。

上述两种子环路消除约束，只需要添加一种到 TSP 问题模型中，便可以消除解方案中的子环路。

9.4.2　车辆路径问题

一般将 VRP 问题描述为：具有相同技术规格参数的，装有相同商品的车辆从场站出发，为某个区域内需求已知的所有客户提供配送服务。场站保有的车辆数量足够服务所有客户的需求，每一个客户只能被某一台车辆进行配送服务。所有的车辆必须从场站出发，最终回到场站。问题的目标是使得所有车辆行驶的总距离最小。

图 9 -5 举例展示了 VRP 问题的路径方案，场站 0 保有 3 辆卡车，网络中存在 9 个客户点。3 辆卡车分别从场站出发，第一辆卡车访问的客户点集合是 {2，3，6，7}；第二辆卡车访问的客户点集合是 {5，10}；第三辆卡车访问的客户点集合是 {9，8，1}。3 辆卡车访问完客户点之后均返回场站。VRP 问题可以看作客户点划分问题和 TSP 问题的组合，但客户点的划分方式和 TSP 问题求解之间相互影响。

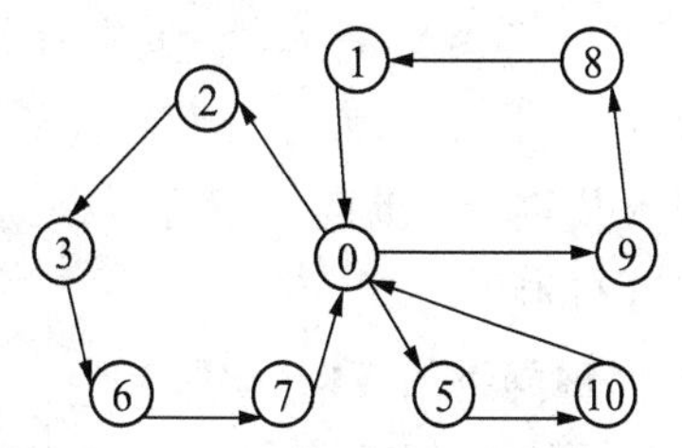

图 9 -5　VRP 问题的路径方案示例

VRP 问题的参数包括：定义 n 表示网络中的客户点个数，网络中的节点总数为 $n+1$；$V = \{0,1,\cdots,n\}$ 表示网络中的节点集合，$C = \{1,\cdots,n\}$ 表示网络中的客户点集合；节点之间的邻接矩阵 $\text{Edge}_{ij}, i,j \in V$；定义场站中保有的车辆数为 m，保有的车辆集合为 K 。

VRP 问题的变量为二元变量 $x_{ij}, i,j \in V$，表示弧（i，j）是否被某辆车访问：

$$x_{ij} = \begin{cases} 1, \text{有车辆经过弧}(i,j) \\ 0, \text{其他} \end{cases}$$

1. 非对称网络的 VRP 问题

非对称网络的 VRP 问题简写为 AVRP 问题。

AVRP 问题目标函数：

$$\min \sum_{i \in V} \sum_{j \in V} \mathrm{Edge}_{ij} x_{ij} \tag{9-11}$$

AVRP 问题约束条件：

$$\sum_{j \in V} x_{ij} = 1, \forall i \in C \tag{9-12}$$

$$\sum_{j \in C} x_{0j} \leqslant |K| \tag{9-13}$$

$$\sum_{i \in V} x_{ih} - \sum_{j \in V} x_{hj} = 0, \forall h \in V \tag{9-14}$$

$$x_{ii} = 0, \forall i \in C \tag{9-15}$$

$$\sum_{i \in S} \sum_{j \in S} x_{ij} \leqslant |S| - 1, S \subset C, 2 \leqslant S \leqslant |C| \tag{9-16}$$

$$x_{ij} \in \{0,1\}, \forall i,j \in V \tag{9-17}$$

上述约束条件中，式（9－12）～式（9－15）表示节点度相关的约束。其中，式（9－12）表示每一个客户点必须由某辆车服务一次；式（9－13）表示只有被使用的车辆才会从场站出发；式（9－14）表示每个客户点的流平衡约束；式（9－15）表示避免产生同点环路。式（9－16）为子环路消除约束，采用的是 9.4.1 节中的子环路消除约束式（9－10）的形式。式（9－17）表示变量 x 的取值范围。

若需要考虑车辆的载重能力约束，则应将式（9－16）调整为 $\sum_{i \in S} \sum_{j \in S} x_{ij} \leqslant |S| - r(S), S \subset C, 2 \leqslant S \leqslant |C|$，其中 $r(S)$ 表示服务客户点集合 S 至少需要的车辆数量，通常取 $r(S) = \lceil d(S)/Q \rceil$，其中 $d(S)$ 表示集合 S 中所有客户点的需求量之和，Q 表示车辆的最大载重量。此时，便可以得到非对称网络的带载重量限制的车辆路径问题，记为 ACVRP 问题。

2. 对称网络的 VRP 问题

对称网络的 VRP 问题简写为 SVRP 问题。相对于非对称网络，对称网络中的弧是没有方向的，从而 VRP 问题的路径方案也是没有方向的，一条路径通过正向构造和通过反向构造是等效的。

SVRP 问题目标函数：

$$\min \sum_{i \in V} \sum_{j \in V; j > i} \mathrm{Edge}_{ij} x_{ij} + \mathrm{Edge}_{i0} x_{i0} \tag{9-18}$$

SVRP 问题约束条件：

$$\sum_{j \in V; j > i} x_{ij} = 1, \forall i \in C \tag{9-19}$$

$$\sum_{j \in C} x_{0j} \leqslant 2|K| \tag{9-20}$$

$$\sum_{i \in V; h > i} x_{ih} - \sum_{j \in V; h < j} x_{hj} = 0, \forall h \in V \tag{9-21}$$

$$x_{ii} = 0, \forall i \in C \tag{9-22}$$

$$\sum_{i \in S} \sum_{j \in S: j > i} x_{ij} \leqslant |S| - 1, S \subset C, 2 \leqslant S \leqslant |C| \tag{9-23}$$

$$x_{ij} \in \{0,1\}, \forall i,j \in C, i < j \tag{9-24}$$

$$x_{0j} \in \{0,1,2\}, \forall j \in C \tag{9-25}$$

因为对称网络中的弧是没有方向的，所以在书写约束时需要添加顺序约束，如式（9－19）、式（9－21）和式（9－22）；若无法表示出客户点之间的顺序，则需要在约束右端添加 2 倍的关系，如式（9－20），因为 $0-j$ 和 $j-0$ 表示同一条弧。式（9－25）中 $x_{0j} = 2$ 表示单点路径 $0-j-0$ 下变量 x_{0j} 的取值。式（9－23）中若不添加弧的方向，则可以写作 $\sum_{i \in S} \sum_{j \in S} x_{ij} \leqslant 2(|S|-1), S \subset C, 2 \leqslant S \leqslant |C|$。

若需要考虑车辆的载重能力约束，则应将上述约束式（9－23）调整为 $\sum_{i \in S} \sum_{j \in S} x_{ij} \leqslant 2[|S| - r(S)], S \subset C, 2 \leqslant S \leqslant |C|$。此时，便可以得到对称网络的带载重量限制的车辆路径问题，记为 SCVRP 问题。

9.5　车辆路径问题建模技巧

在车辆路径问题基本形式（如带时间窗的 VRP 问题也即 VRPTW 问题）的整数规划模型中，有几类约束在表达形式上具有共通的特点，如度约束、流平衡约束、载重量约束、时间连续性约束。下面针对这几类约束，简要介绍其建模技巧。

本节使用的参数如下：令 n 表示网络中的客户点个数，网络中的节点总数为 $n+2$；$V = \{0,1,\cdots,n,n+1\}$ 表示网络中的节点集合，$C = \{1,\cdots,n\}$ 表示客户点集合，0 和 $n+1$ 分别表示场站和虚拟场站；节点之间的邻接矩阵为 $\text{Edge}_{ij}, i,j \in V$；场站中保有的车辆数为 m，保有的车辆集合为 K；给定节点的时间窗参数 $[e_i, l_i], i \in V$，e_i 表示节点的早时间窗，l_i 表示节点的晚时间窗；节点的服务时间为 $s_i, i \in V$；$q_i, i \in V$ 表示节点的货量需求；Q 表示车辆的最大载重量；v 表示车辆的行驶速度；M 表示一个足够大的数。

本节使用的变量有 x_{ijk}，at_{ik}，wt_{ik}。变量 $x_{ijk}, i,j \in V, k \in K$，表示弧（$i$，$j$）是否被车辆 k 访问：

$$x_{ijk} = \begin{cases} 1, & \text{车辆 } k \text{ 经过弧}(i,j) \\ 0, & \text{其他} \end{cases}$$

时间变量 $at_{ik}, i \in V, k \in K$，表示车辆 k 到达节点 i 的时间。时间变量 $wt_{ik}, i \in V, k \in K$，表示车辆 k 在节点 i 的等待时间。

9.5.1　度约束

度约束用于限制网络中节点的访问次数。在车辆路径问题中，车辆对某个客户点的访问次数一般限定为1次，这对应式（9-26）。

$$\sum_{j\in V}\sum_{k\in K}x_{ijk}=1,\ \forall i\in C \tag{9-26}$$

9.5.2 流平衡约束

流平衡约束用于限制车辆在节点的进出次数，车辆进入某个节点的次数要等于由同一个节点出发的次数；若添加了虚拟场站，则场站只有车辆出发的次数，虚拟场站只有进入的次数，并且由场站出发的次数和进入虚拟场站的次数需要保持一致。在车辆路径问题的基本形式中，每辆车对某个客户点访问次数不超过1次，这对应式（9-27）和式（9-28）。

$$\sum_{j\in C}x_{0jk}\leqslant 1,\ \forall k\in K \tag{9-27}$$

$$\sum_{i\in V}x_{ihk}-\sum_{j\in V}x_{hjk}=0,\ \forall h\in V,k\in K \tag{9-28}$$

9.5.3 载重量约束

载重量约束用于限制装载到车辆上的货物体积或者重量，即车辆装载的货量不能超过车辆的最大容量或者最大载重量。在车辆路径问题的基本形式中，一般只考虑同类型的车辆，限制每辆车的装载货量不超过最大载重量，这对应式（9-29）。

$$\sum_{i\in V}\sum_{j\in V}q_jx_{ijk}\leqslant Q,\ \forall k\in K \tag{9-29}$$

9.5.4 时间连续性约束

在车辆路径问题中，时间窗可以设置为软时间窗或者硬时间窗。在软时间窗条件限制下，车辆可以在客户时间窗范围之外到达，但是在时间窗之外到达需要添加惩罚。在硬时间窗条件限制下，车辆必须在客户时间窗范围之内到达，车辆早到，则需要等待客户的时间窗开启；车辆晚到，则客户点拒收货物。

1. 确保时间连续的约束

确保时间连续的约束用于要求车辆在不同节点之间行驶的时间要密切衔接。在车辆路径问题的基本形式中，一般设定所有车辆的速度值相同，车辆从前一个节点 i 出发的时间，累加节点 i，j 之间的行驶时间，等于车辆到达后一个节点 j 的时间。

在硬时间窗条件下，从某个节点 i 的出发时间可以表示为：到达节点 i 的时间，累加在节点 i 的等待时间，累加节点 i 需要的服务时间。这对应式（9-30）和式（9-31）。

$$at_{ik}+wt_{ik}+s_i+\mathrm{Edge}_{ij}/v-M(1-x_{ijk})\leqslant at_{jk},\ \forall i,j\in V,k\in K \tag{9-30}$$

$$at_{ik}+wt_{ik}+s_i+\mathrm{Edge}_{ij}/v+M(1-x_{ijk})\geqslant at_{jk},\ \forall i,j\in V,k\in K \tag{9-31}$$

式（9－30）和式（9－31）中添加 $M(1-x_{ijk})$ 的目的在于：对于某辆车 $k\in K$，可能其不从节点 i 去往节点 j，这种情况下 $at_{ik}+wt_{ik}+\mathrm{Edge}_{ij}/v+s_i=at_{jk}$ 不成立；而这种情况下，变量 x_{ijk} 取值为 0，通过 $M(1-x_{ijk})$ 项可以放松约束 $at_{ik}+wt_{ik}+\mathrm{Edge}_{ij}/v+s_i=at_{jk}$。

在软时间窗条件下，从某个节点 i 的出发时间可以表示为：到达节点 i 的时间，累加节点 i 需要的服务时间。这对应式（9－32）和式（9－33）。

$$at_{ik}+s_i+\mathrm{Edge}_{ij}/v-M(1-x_{ijk})\leqslant at_{jk},\forall i,j\in V,k\in K \tag{9-32}$$

$$at_{ik}+s_i+\mathrm{Edge}_{ij}/v+M(1-x_{ijk})\geqslant at_{jk},\forall i,j\in V,k\in K \tag{9-33}$$

2. 时间窗约束

时间窗约束用于限制车辆到达某个客户的时间，该时间必须落在客户的时间窗之内（硬时间窗），或者可以落在客户的时间窗之外，但需要添加额外的惩罚（软时间窗）。

在硬时间窗条件下，车辆到达客户点需要满足的时间窗约束如式（9－34）和式（9－35）所示。

$$at_{ik}+wt_{ik}\geqslant e_i\sum_{j\in V}x_{ijk},\forall i\in V,k\in K \tag{9-34}$$

$$at_{ik}+wt_{ik}\leqslant l_i\sum_{j\in V}x_{ijk},\forall i\in V,k\in K \tag{9-35}$$

在软时间窗条件下，引入新的变量 $\overline{wt}_{ik},i\in V,k\in K$，表示车辆到达时间晚于客户的晚时间窗的时间，车辆到达客户点需要满足的时间窗约束，如式（9－36）和式（9－37）所示。

$$at_{ik}+wt_{ik}\geqslant e_i\sum_{j\in V}x_{ijk},\forall i\in V,k\in K \tag{9-36}$$

$$at_{ik}-\overline{wt}_{ik}\leqslant l_i\sum_{j\in V}x_{ijk},\forall i\in V,k\in K \tag{9-37}$$

此外，目标函数应包含 wt_{ik} 和 $\overline{wt}_{ik}$，如将 wt_{ik} 和 $\overline{wt}_{ik}$ 乘各自的惩罚系数之后添加到目标函数中。

课后习题

1. 试用 Dijkstra 算法求图 9－6 中从源点 0 到其他各点的最短路径。
2. 选用一种算法求图 9－7 中从源点 0 到其他各点的最短路径。

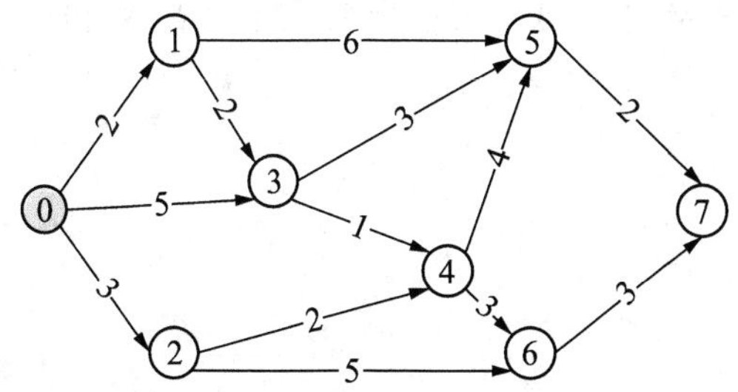

图 9－6　习题 1 的网络

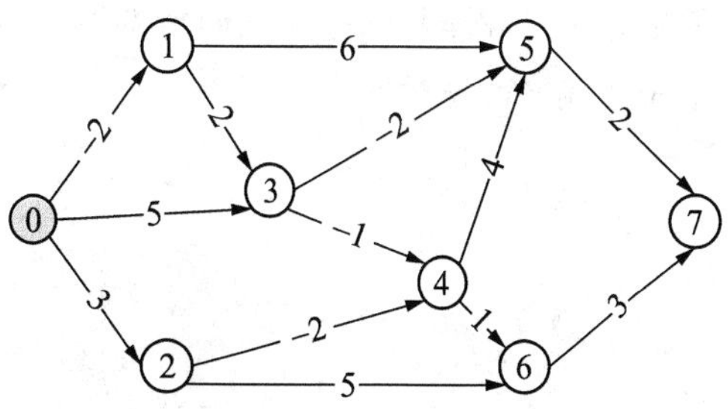

图 9－7　习题 2 的网络

3. 使用 Floyd 算法求解图 9－8 中各点之间的最短路径。

4. 给定 n 表示网络中的客户点个数，网络中的节点总数为 $n+1$；$V=\{0,1,\cdots,n\}$ 表示网络中的节点集合，$C=\{1,\cdots,n\}$ 表示网络中的客户点集合；节点之间的邻接矩阵为 $\text{Edge}_{ij}, i,j\in V$；定义场站中保有的车辆数为 m，保有的车辆集合为 K。

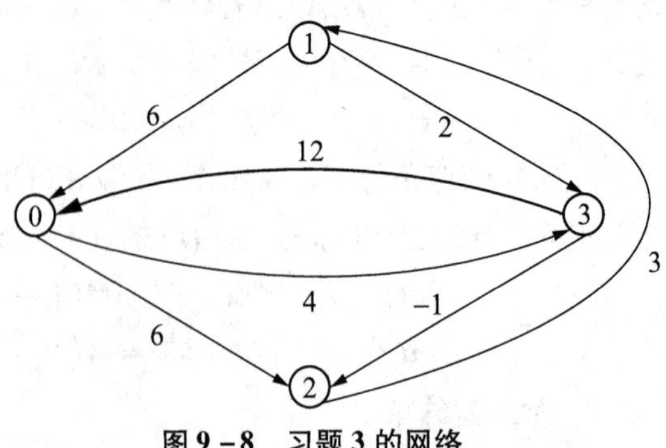

图 9－8 习题 3 的网络

给定变量 $x_{ijk}, i,j\in V, k\in K$ 表示弧 (i,j) 是否被某辆车 k 访问：

$$x_{ijk}=\begin{cases}1, \text{车辆 } k \text{ 经过弧}(i,j)\\0, \text{其他}\end{cases}$$

试构建 AVRP 问题模型，目标函数为最小化所有车辆的行驶距离。约束条件包括：每一个客户点必须由某辆车服务一次；被使用的车辆需要从场站出发服务客户点；每个客户点具有流平衡约束；避免产生自环和子环路。

5. 给定 n 表示网络中的客户点个数，网络中的节点总数为 $n+2$；$V=\{0,1,\cdots,n,n+1\}$ 表示网络中的节点集合，$C=\{1,\cdots,n\}$ 表示网络中的客户点集合；0 和 $n+1$ 分别表示场站和虚拟场站；节点之间的邻接矩阵为 $\text{Edge}_{ij}, i,j\in V$；定义场站中保有的车辆集合为 K；给定节点的时间窗参数，$e_i, i\in V$ 表示节点的早时间窗，$l_i, i\in V$ 表示节点的晚时间窗；节点的服务时间为 $s_i, i\in V$；车辆的行驶速度为常量 1。

给定变量 $x_{ijk}, i,j\in V, k\in K$ 表示弧 (i,j) 是否被某辆车 k 访问：

$$x_{ijk}=\begin{cases}1, \text{车辆 } k \text{ 经过弧}(i,j)\\0, \text{其他}\end{cases}$$

给定时间连续性变量 $at_{ik}, i\in V, k\in K$ 表示车辆 k 到达节点 i 的时间，$wt_{ik}, i\in V, k\in K$ 表示车辆 k 在节点 i 的等待时间。假设场站保有的车辆数量充足，试构建带时间窗的车辆路径问题（VRPTW 问题）模型，并思考 VRPTW 问题模型中是否需要子环路消除约束，并解释原因。

VRPTW 问题模型的目标函数为最小化所有车辆的行驶距离。约束条件包括：每一个客户点必须由某辆车服务一次；被使用的车辆需要从场站出发服务客户点；每个客户点具有流平衡约束；自行判断是否需要添加子环路消除约束；时间连续性约束；时间窗约束，即车辆到达节点的时间不晚于客户点的晚时间窗，车辆到达客户点的时间不早于客户的早时间窗。

第 10 章　优化算法概论①

本章面向 VRP 问题模型，介绍求解算法。常用的精确算法包括分枝定界算法（简称 BB 算法）、分枝剪切算法（简称 BC 算法），以及分枝、定价和剪切算法（简称 BPC 算法）。常用的启发式算法包括蚁群算法、遗传算法、差分进化算法、贪婪随机自适应搜索算法（简称 GRASP 算法）、自适应大规模邻域搜索算法（简称 ALNS 算法）。若要将这些算法应用于复杂情境的物流无人机路径问题或者卡车 - 无人机联运路径问题，算法的整体架构保持不变，则需要考虑更加复杂的约束条件，在算法设计过程中运用针对性处理手段，进而在不同问题的可行域中寻求优化解。

10.1　精确算法

10.1.1　分枝定界算法（BB 算法）

BB 算法是通用的求解整数规划问题的精确算法。在求解某个整数规划问题时，首先对这个问题进行松弛，其次求解松弛问题，最后得到原问题的下界解。当下界解满足原问题的所有约束时，下界解即为原问题的可行解，比较可行解和当前最优解，并更新最优解，否则需要对松弛问题进行分枝，从而不断提升下界解的质量，重复上述过程，直到无须进行分枝时，输出最优解。

1. BB 算法框架

本部分以极小化整数规划问题为例介绍 BB 算法框架。初始化这个问题的上界解 $\overline{f} = \infty$，令 *root* 表示根节点的初始化松弛问题，初始化松弛问题的下界解 $\underline{f}(root) = -\infty$，初始化记录分枝节点的栈 $stack = root$，令 *preNode* 表示当前正在处理的分枝节点，令 *stack* 表示储存分枝节点的栈。BB 算法的整体流程如图 10 - 1 所示。

上述算法中，使用了栈的数据结构来储存和管理节点，采用了“后进先出”的深度优先搜索策略来进行分枝树的搜索。此外，上述算法还可以使用队列的数据结构，采用“先进先出”的广度优先搜索策略来进行分枝树的搜索。在应用实践中，较多采用最优优先遍历的方法进行分枝树的搜索，最优优先遍历的方法：在所有待分枝的节点中，选择最小下界对应的节点优先进行分枝。

---

① 本章内容适合研究生学习。

BB 算法的整体流程

```
while stack ≠ ∅ , do
  preNode ← 栈顶节点
  if preNode 无解, then
    从分枝树中剪掉 preNode
  else
    计算 preNode 的下界解 \underline{f}(preNode)
    if \underline{f}(preNode) ≥ \overline{f} , then
      从分枝树中剪掉 preNode
    else if \underline{f}(preNode) 是原问题的可行解
      if \underline{f}(preNode) < \overline{f} , then \overline{f} ← \underline{f}(preNode)
      从分枝树中剪掉 preNode
    else
      对 preNode 进行分枝，并将分枝后的子节点压入 stack 中
end do
return \overline{f}
```

图 10－1　BB 算法的整体流程

2. 针对 VRP 问题分枝定界算法的松弛技术

将第 9 章介绍的基本 AVRP 问题模型进行调整，额外考虑卡车的最大载重量约束，将 AVRP 问题拓展为 ACVRP 问题，将式（9－16）的子环路消除约束调整为式（10－1）。

$$\sum_{i \in S} \sum_{j \in S} x_{ij} \leqslant |S| - r(S), S \subset C, 2 \leqslant S \leqslant |C| \quad (10-1)$$

其中，$r(S)$ 表示客户点集合 S 至少需要的车辆数量。对于 ACVRP 问题，$r(S)$ 可以通过求解背包问题来获得精确解。但在实际操作中，通常把 $r(S) = \lceil d(S)/Q \rceil$ 作为 $r(S)$ 精确解的一个有效下界，其中 $d(S)$ 表示集合 S 中所有客户点的需求量之和，Q 表示车辆的最大载重量。

（1）基于指派问题模型对 ACVRP 问题予以松弛。

若将场站复制 $|K| - 1$ 份，则节点集合变为 $V' = \{0, 1, \cdots, n, n+1, n+2, \cdots, n+|K|-1\}$。之后，将式（9－16）的子环路消除约束进行放松，便可以得到如下的等价模型。

$$\min \sum_{i \in V'} \sum_{j \in V'} \mathrm{Edge}_{ij} x_{ij} \quad (10-2)$$

$$\sum_{j \in V'; i \neq j} x_{ij} = 1, \forall i \in V' \quad (10-3)$$

$$\sum_{j \in V'; i \neq j} x_{ji} = 1, \forall i \in V' \quad (10-4)$$

$$x_{ij} \geqslant 0, \forall i, j \in V' \quad (10-5)$$

由此可见，可以将 ACVRP 问题放松为一个指派问题，通过求解这个指派问题，得

到 ACVRP 问题的有效下界解。

（2）运用拉格朗日下界对 ACVRP 问题予以松弛。

运用拉格朗日下界的思路：将 ACVRP 问题模型中的某些约束，通过添加惩罚因子，添加到目标函数中。例如，将 ACVRP 问题中的子环路消除约束和最大载重量约束 $\sum_{i \in S}\sum_{j \in S} x_{ij} \leqslant |S| - r(S), S \subset C, 2 \leqslant S \leqslant |C|$ 添加到目标函数中。这类约束的数量会随客户点数量呈指数增长，该方法的主要问题在于约束的数量巨大。由于其指数增长的特点，不能显式地将所有的约束添加到目标函数中，这时采取的方法：在迭代求解过程中，若某次迭代得到的解方案违反了某些约束，则将这些约束动态地添加到目标函数中。同时，借助次梯度优化方法，对添加的与约束相关的惩罚因子进行优化。

在某次次梯度优化时，若解方案的某个连通分量包含某个客户点集合 S 中的所有客户点，同时这个客户点集合 S 违反了某条松弛约束，则说明当前解方案违反了约束，将这个客户点集合 S 对应的约束添加到目标函数中，新添加的约束需要乘以一个新的惩罚因子。循环迭代上述过程，直到某次迭代得到的解方案没有违反其他未添加的约束（这说明得到的解是原问题的一个可行解）或者达到最大迭代次数。添加到目标函数中的松弛约束会在一定迭代次数之后进行缩减，以提高运算速度。

次梯度下降的步长可采用自适应调整的方式进行更新，如每五次次梯度迭代进行一次步长的调整，以在次梯度优化过程中对下界值进行轻微振荡。如果下界值在次梯度优化过程中单调递增，则步长增大 50%；如果下界值的振荡幅度大于 2%，则步长减小 20%；如果下界值的振荡幅度小于 0.5%，则步长增大 10%。

3. 针对 VRP 问题的分枝方法

首先明确 ACVRP 问题和 SCVRP 问题之间的区别。ACVRP 问题网络中的弧是非对称的，即弧是有方向的，一条可行路径只能从一个方向出发（顺时针/逆时针），去往另一个方向。SCVRP 问题网络中的弧是没有方向的，一条可行路径可以顺时针构建，也可以逆时针构建，并且二者是等效的。

确定可行路径判别标准：①可行路径中不能出现子环路；②可行路径所有客户点的需求量不超过车辆的最大载重量；③当构造了某条可行环路 p 之后，客户点集合 S 中的剩余客户点不能被剩余 $|K| - 1$ 辆车服务，即 $r(S) > |K| - 1$，则称 p 是不可行的。

在分枝树的某个节点 v，令 I_v 和 F_v 分别表示当前节点允许出现的弧集合和禁止出现的弧集合，在根节点时初始化 $I_v = F_v = \varnothing$。令集合 A^* 表示当前节点松弛解中包含的弧集合，令集合 B 表示分枝弧备选集合，$B := \{(a_1, b_1), (a_2, b_2), \cdots, (a_n, b_n)\} \subset A^*$。分枝规则通过添加 CVRP 问题可行解方案的连通性和载重量要求，来处理松弛问题中放松了的约束。

（1）针对 ACVRP 问题的分枝方法。

对于某个节点 v 对应松弛问题的解方案，若解方案中的某条路径 p 违反了上述可行路径判别标准中的任意一条，则将路径 p 中的弧（尚没有添加到 I_v）添加到集合 B 中。

令 $v_i, i = 1, \cdots, |B|$ 表示节点 v 所生成的子问题（子节点），采用的分枝规则如下。

在每个子问题 v_i 中，将子问题对应节点中的 I_{v_i} 和 F_{v_i} 进行更新：

$$I_{v_i} = I_v \cup \{(a_1, b_1), \cdots, (a_{i-1}, b_{i-1})\} \tag{10-6}$$

$$F_{v_i} = F_v \cup \{(a_i, b_i)\} \tag{10-7}$$

其中，$I_{v_1} = I_v$。

为了减少分枝数量，还可以采用更加复杂的分枝策略。令 $r := \lceil d(S)/Q \rceil$，某个节点 v 的分枝子节点中，规定每个分枝子节点最多同时排除 r 条弧，某个节点 v 最多生成的子节点数量为 $C^r_{|B|}$。若解方案中存在多条路径违反可行路径判别标准，则选择其中 $C^r_{|B|}$ 最小的路径用来提取分枝弧集合。

（2）针对 SCVRP 问题的分枝方法。

针对 SCVRP 问题的分枝方法大多是基于 TSP 问题的分枝方法的拓展，最常见的是针对某条弧进行分枝。

定义不完整路径，即路径从场站出发，但是在某个客户点终止。在分枝前，确定出某条不完整路径中的最后一个客户点或者子环路路径中的任意一个客户点 i，选择另外一个客户点 j，j 不存在于不完整路径或子环路路径中。选择弧（i，j）作为分枝弧，在当前节点 v 生成子节点时的分枝规则：在一个子节点 v_1 中不使用分枝弧（i，j），令 $x_{ij} = 0$；在另外一个子节点 v_2 中使用分枝弧（i，j），令 $x_{ij} = 1$。

10.1.2 分枝剪切算法（BC 算法）

BC 算法是在分枝定界算法的基础上，添加了有效不等式，从而进一步提升松弛问题的下界质量，减少分枝数量，加速求解过程。

在应用 BC 算法时，对于某个整数规划问题（简称 IP 问题）的松弛策略可以采用分枝定界算法的松弛技术，也可以采用较为简单的松弛技术。直接将 IP 问题中的整数变量约束予以放松，将 IP 问题转变为一个线性规划问题（简称 LP 问题），同时将 IP 问题中数量较多的有效不等式约束（也称为割约束），如 CVRP 问题中的环路消除约束，进行放松。这样便可以得到适合 BC 算法求解的松弛问题。由于割约束可以为无穷多个，令 $LP(\infty)$ 表示将所有割约束均添加到松弛之后的 LP 问题中所得到的输出问题；令 $LP(h), h > 0$ 表示添加 h 个割约束到松弛之后的 LP 问题中所得到的输出问题；令 x^h 表示求解 $LP(h)$ 得到的下界解；令 $z_{LP(h)}$ 表示求解 $LP(h)$ 得到的最优下界解，则存在 $z_{LP(h)} \leqslant z_{LP(h+1)} \leqslant z_{LP(\infty)} \leqslant z_{IP}$。

1. BC 算法框架

在求解分枝树上的某个节点 v 对应的输出问题 $LP(h)$ 时，若求解到的 x^h 为整数解，则终止分枝并更新下界解，否则需要使用分离算法来寻找新的割约束添加到 $LP(h)$ 中，之后再进行分枝。BC 算法的整体流程与分枝定界算法的整体流程类似，只需要在分枝定界算法的整体流程的分枝环节之前，调用分离算法寻找可以添加的割约束来辅助提升下界质量。BC 算法的整体流程如图 10－2 所示。

BC 算法的整体流程

while *stack* $\neq \varnothing$ ，do
　preNode ← 栈顶节点
　if *preNode* 无解，then
　　从分枝树中剪掉 *preNode*
　else
　　计算 *preNode* 的下界解 $\underline{f}(preNode)$
　　if $\underline{f}(preNode) \geqslant \bar{f}$ ，then
　　　从分枝树中剪掉 *preNode*
　　else if $\underline{f}(preNode)$ 是原问题的可行解
　　　if $\underline{f}(preNode) < \bar{f}$ ，then $\bar{f} \leftarrow \underline{f}(preNode)$
　　　从分枝树中剪掉 *preNode*
　　else
　　　对 *preNode* 求解之后的解方案调用分离算法，寻找割约束并添加到 *preNode* 中
　　　对 *preNode* 进行分枝，并将分枝后的子节点压入 *stack* 中
end do
return $\bar{f}$

图 10－2　BC 算法的整体流程

BC 算法的整体流程中，分枝环节和添加割约束环节可以起到相互促进的作用。一方面，在每一个分枝节点，因为通过分离算法添加了一些割约束，所以得到的下界质量要优于分枝定界算法得到的下界质量；另一方面，由于分枝的过程会对当前分数解方案产生扰动，从而使调用分离算法寻找到的割约束可以切割掉更多的可行域空间。

2. BC 算法应用于 CVRP 问题的有效不等式

针对 CVRP 问题的有效不等式种类繁多，重点介绍三种基本的不等式，分别是载重量不等式、取整载重量不等式和广义载重量不等式。以 $\sum_{i \in S} \sum_{j \notin S} x_{ij} \geqslant r(S), S \subseteq C$（针对 CVRP 问题，该不等式与 $\sum_{i \in S} \sum_{j \in S} x_{ij} \leqslant |S| - r(S), S \subset C, 2 \leqslant S \leqslant |C|$ 在效果上是等效的）为例，对于载重量不等式、取整载重量不等式和广义载重量不等式，它们的不等号左端项均相同，区别主要体现在右端项 $r(S)$（客户点集合 S 中客户至少需要的车辆数量）的计算方面。$r(S)$ 值越大，不等式的约束能力越强，不等式越有效，但不等式分离算法也变得更加复杂。

载重量不等式：$\sum_{i \in S} \sum_{j \notin S} x_{ij} \geqslant d(S)/Q, S \subseteq C$ ，即根据客户点集合 S 中的总需求量确定出 S 中客户至少需要的车辆数量的线性解。

取整载重量不等式：$\sum_{i \in S} \sum_{j \notin S} x_{ij} \geqslant \lceil d(S)/Q \rceil, S \subseteq C$ ，即根据客户点集合 S 中的总需

求量确定出 S 中客户至少需要的车辆数量的整数解，这个车辆数量 $\lceil d(S)/Q \rceil \geqslant d(S)/Q$ ，因此可以更有效地切割解空间。

在给出广义载重量不等式之前，将客户点集合 S 中的所有客户点划分到 $|K|$ 个子集合中，每个子集合中所有客户点的需求量不超过车辆的最大载重量，将所有子集合的集合记为 $P = \{S_1, \cdots, S_{|K|}\}$ ，将所有划分方式的集合记为 P 。$p = \{S_1, \cdots, S_{|K|}\}$ ，$\beta(p,S) = |i: S_i \cap S \neq \varnothing|$ ，$R(S) = \min_{p \in P} \beta(P,S)$ ，$R(S)$ 给出在所有可行划分方式中满足 S 中所有客户点的最小车辆数量。广义载重量不等式：

$$\sum_{i \in S} \sum_{j \notin S} x_{ij} \geqslant R(S), S \subseteq C \tag{10-8}$$

这里给出一个示例，说明载重量不等式、取整载重量不等式和广义载重量不等式的不同之处。令 $|K| = 4$，$Q = 7$，客户点的需求量集合 $q = \{5, 3, 3, 3, 4, 4, 2\}$，$S = \{5, 3, 3, 3\}$，则 $R(S) = 4, r(S) = 3, \lceil d(S)/Q \rceil = 2$ ，显然，式（10-9）成立。

$$R(S) > r(S) > \lceil d(S)/Q \rceil \tag{10-9}$$

3. 分离算法（以 CVRP 问题为例）

（1）针对载重量不等式的精确分离算法。

通过转化成一个最小割问题来进行针对载重量不等式的精确分离算法，并且证明转化成的最小割问题是在多项式时间内可解的。对于某个分枝节点，求解得到分数解方案 $\bar{x}$ ，根据分数解方案 $\bar{x}$ 中的弧构建一个新的网络 $G_{\bar{x}}$ ，在新的网络 $G_{\bar{x}}$ 上，对所有从场站（以 0 表示）出发的弧的权重进行修改。$w_{0,i} = \bar{x}_{0,i} - 2q_i/Q$（对应 SCVRP 问题），将修改完权重之后的网络 $G'_{\bar{x}}$ 称为近似全正权网络（Nearly Positive Graphs，NPG），可以证明，在 NPG 下求解最小割问题是在多项式时间内可解的。

在网络 $G'_{\bar{x}}$ 中求解最小割问题，若求解到的最小割问题的目标函数值为负数，则说明存在一个客户点集合 S 违反了载重量不等式，S 为最小割问题最优解方案中不包含场站的客户点集合。通过以下示例来介绍上述过程。

定义 SCVRP 问题，网络中包含 3 个客户点 $\{1, 2, 3\}$，对应的客户点的需求量 $q = \{1, 1, 1\}$，车辆的最大载重量 $Q = 1$。在某个分枝节点求解得到的分数解方案 $\bar{x}$ 中包含路径和路径的取值，它们分别为 $p_1 = 0-1-0$, p_1 取值为 1; $p_2 = 0-2-3-0$, p_2 取值为 0.5; $p_3 = 0-3-0$, p_3 取值为 0.5。根据分数解方案 $\bar{x}$ 构建网络 $G'_{\bar{x}}$ ，求解最小割问题，最优解方案为 $S_1 = \{0, 1\}$, $S_2 = \{2, 3\}$（或者 $S_1 = \{0\}$, $S_2 = \{1, 2, 3\}$），最小割问题的最优解为 -2，从而可以找到当前分数解方案 $\bar{x}$ 违反的载重量不等式，其客户点集合由 $S = \{2,3\}$ 确定。

（2）针对取整载重量不等式的精确分离算法。

在网络 $G_{\bar{x}}$ 中增加一个虚拟场站（以 $n+1$ 表示），其位置和场站（以 0 表示）的位置相同。将分数解方案 $\bar{x}$ 中连向虚拟场站的弧的权值设置为 $\max\{0, d_i/Q - \bar{x}_{0,i}\}$ ，将分数解方案 $\bar{x}$ 中从场站出发的弧的权值设置为 $\max\{0, \bar{x}_{0,i} - d_i/Q\}$ ，将调整之后的网络记为 $G''_{\bar{x}}$ 。可以证明，针对网络 $G''_{\bar{x}}$ 划分场站和虚拟场站的最小割问题的最优解方案 F'' 的

权重相对于网络 $G'_{\overline{x}}$ 中最小割问题的最优解方案 F' 的权重要高，$Z = \sum_{i=1}^{n} \max\{0, d_i/Q - \overline{x}_{0,i}\}$ 。分以下三种情况进行讨论。

第一，若 F'' 的权重严格小于 Z ，则 F'' 中不包含虚拟场站的客户点集合构成的有效载重量不等式。

第二，若 F'' 的权重非负并且严格小于 $Z + 2$ ，则所有的载重量不等式均不会被违反，但可能存在取整载重量不等式被违反的情况。

第三，若 F'' 的权重大于 $Z + 2$ ，则所有的取整载重量不等式均不会被违反。

基于上述三种情况，在进行取整载重量不等式分离时，基于网络 $G''_{\overline{x}}$ ，按照权重从小到大的顺序，枚举所有划分场站和虚拟场站的最小割问题，直至找到的最小割问题的权重大于 $Z + 2$ 时停止枚举。对于枚举过程找到的所有不包含虚拟场站的客户点集合，均对其进行取整载重量不等式的检查。

(3) 取整载重量不等式的启发式分离算法。

给定一个分数解方案 $\overline{x}$ ，令客户点集合 $S \subset V$ ，某个客户点 $v \notin S$ ，$\overline{x}(\{v\}:S)$ 表示客户点 v 和客户点集合 S 中的客户点相连的边的权重之和。尽快找到合适的取整载重量不等式，由 $\sum_{i \in S}\sum_{j \notin S} x_{ij} \geq r(S), S \subseteq C$ 可知，$\sum_{i \in S}\sum_{j \notin S} x_{ij}$ 越小，某个客户点集合 S 违反约束的可能性越大。由此可见，在将某个客户点添加到客户点集合 S 中时，应该选择 $\overline{x}(\{v\}:S)$ 值最大的客户点 v 。

基于贪婪思想，取整载重量不等式的启发式分离算法如下。

步骤 1　遍历当前分数解方案中的每个客户点，并计算与每个客户点相连的边的权重之和，取其中最大权重对应的客户点 v 作为客户点集合 S 中的第一个客户点。

步骤 2　检查当前客户点集合 S 是否违反 $\sum_{i \in S}\sum_{j \notin S} x_{ij} \geq r(S), S \subseteq C$ 。若是，则找到有效的取整载重量不等式或者令 $|S| = |C|$ ，结束算法；否则继续步骤 3。

步骤 3　在除客户点集合 S 外的客户点集合中选择一个 $\overline{x}(\{v\}:S)$ 值最大的客户点，将这个客户点添加到客户点集合 S 中，返回步骤 2。

10.1.3　分枝、定价和剪切算法（BPC 算法）

在使用 BPC 算法进行某类组合优化问题求解时，需要对组合优化问题的模型（如整数规划或混合整数规划模型）进行丹齐格 - 沃尔夫（Dantzig - Wolfe）分解，将原问题分解为一个主问题和一个（或者多个）子问题，这种使用分解策略求解组合优化问题的方法被称为列生成算法（简称 CG 算法）。主问题的模型可以是集合划分模型（简称 SP 模型），也可以是集合覆盖模型（简称 SC 模型）。分解之后，通过求解主问题（其模型一般为放松之后的线性模型）为子问题提供对偶变量，通过求解子问题给主问题提供解方案的组成部分。重复上述过程，直到子问题无法找到有效的组成部分时，整个问题求解到最优状态。下面以 SCVRP 问题为例，给出 SP 模型和 SC 模型的基本形式。

1. SP 模型和 SC 模型

定义 R 为 SCVRP 问题所有路径的集合，令 $c_r(r \in R)$ 表示某条路径的成本值，$\alpha_{ir}(i \in C, r \in R)$ 表示路径 r 是否访问了客户点 i。

$$\alpha_{ir} = \begin{cases} 1, \text{路径 } r \text{ 访问了客户点 } i \\ 0, \text{其他} \end{cases}$$

令变量 $y_r(r \in R)$ 表示路径 r 是否包含在最优解方案中。

$$y_r = \begin{cases} 1, \text{路径 } r \text{ 包含在最优解方案中} \\ 0, \text{其他} \end{cases}$$

构建如下的 SP 模型：

$$\begin{aligned}
&(\text{SP}) \quad \min \sum_{r \in R} c_r y_r \\
&\text{s. t.} \\
&1' \quad \sum_{r \in R} \alpha_{ir} y_r = 1, \ \forall i \in C \\
&2' \quad \sum_{r \in R} y_r \leqslant |K| \\
&3' \quad y_r \in \{0,1\}, \ \forall r \in R
\end{aligned} \tag{10-10}$$

目标函数表示最小化所有路径的成本。约束条件 1′ 表示客户点 i 被访问的次数为 1 次。约束条件 2′ 表示被包含在最优解方案中的路径数量不能超过场站保有的最大车辆数量。约束条件 3′ 表示变量 y_r 的取值范围。

构建如下的 SC 模型：

$$\begin{aligned}
&(\text{SP}) \quad \min \sum_{r \in R} c_r y_r \\
&\text{s. t.} \\
&1' \quad \sum_{r \in R} \alpha_{ir} y_r \geqslant 1, \ \forall i \in C \\
&2' \quad \sum_{r \in R} y_r \leqslant |K| \\
&3' \quad y_r \in \{0,1\}, \ \forall r \in R
\end{aligned} \tag{10-11}$$

由此可见，SC 模型和 SP 模型的区别在于约束条件 1′。

若 SCVRP 问题的网络严格满足三角不等式要求，则上述 SC 模型和 SP 模型是等效的。下面通过一个例子来简单说明 SC 模型和 SP 模型的等效性。设网络中存在 4 个客户点 {1，2，3，4}，场站保有 2 辆车辆，可行的路径集合为 {0-1-2-0，0-1-2-3-0，0-1-4-0，0-4-0}。在 SP 模型下，可行解只有一种，即选择路径集合 {0-1-2-3-0，0-4-0} 为最优解方案。在 SC 模型下，存在两种可行解满足 SC 模型的约束条件，解方案 1 为 {0-1-2-3-0，0-4-0}，解方案 2 为 {0-1-2-3-0，0-1-4-0}。由于网络节点间的距离满足三角不等式要求，所以解方案 1 中路径 0-4-0 的成本必然小于解方案 2 中路径 0-1-4-0 的成本，从而 SC 模型的最优解方案 {0-1-2-3-0，0-4-0}

最终会收敛到和 SP 模型的最优解方案相同。

从学术研究和方法应用的角度，SC 模型的求解效率要高于 SP 模型的求解效率。以下主要以 SC 模型为基础进行介绍。为了求解 SC 模型，需要对其进行线性化松弛，将 $y_r \in \{0,1\}$ 松弛为 $y_r \geqslant 0$ 。为了更加清晰地展现子问题的求解，对 SC 模型进行对偶处理：令 $\pi_i, i \in V$ 表示 SC 模型的对偶变量，则 SC 模型的对偶形式如式（10－12）所示。

$$
\begin{aligned}
&(\mathrm{SC_D}) \quad \max \sum_{i \in C} \pi_i - |K| \pi_0 \\
&\text{s. t.} \\
&1' \qquad \sum_{i \in C} \alpha_{ir} \pi_i - \pi_0 \leqslant c_r, \forall r \in R \qquad (10-12) \\
&2' \qquad \pi_i \geqslant 0, \forall i \in V
\end{aligned}
$$

基于单纯形法，SC 模型的检验数为 $c_r - \sum_{i \in C} \alpha_{ir} \pi_i + \pi_0$ 。若 $c_r - \sum_{i \in C} \alpha_{ir} \pi_i + \pi_0 \geqslant 0$，$\forall r \in R$ 成立，则 SC 模型得到最优解。从对偶问题的角度，当 $c_r - \sum_{i \in C} \alpha_{ir} \pi_i + \pi_0 \geqslant 0$，$\forall r \in R$ 成立，SC 模型的对偶形式满足所有约束条件时，根据强对偶性，对偶问题也得到最优解。因为不能将所有可行路径全部显式枚举出来，所以需要对 SC 模型进行调整。枚举一部分可行路径，$R' \subset R$（至少包含一个可行解），将 R' 输入到 SC 模型中，将 SC 模型变为受限制的 SC 模型（简称 RSC 模型），则线性化之后的 RSC 模型如下：

$$
\begin{aligned}
&(\mathrm{RSC}) \quad \min \sum_{r \in R'} c_r y_r \\
&\text{s. t.} \\
&1' \qquad \sum_{r \in R'} \alpha_{ir} y_r \geqslant 1, \forall i \in C \qquad (10-13) \\
&2' \qquad \sum_{r \in R'} y_r \leqslant |K| \\
&3' \qquad y_r \geqslant 0, \forall r \in R'
\end{aligned}
$$

求解 RSC 模型可得到对偶变量 $\pi_i, i \in V$ 。检查是否存在路径 r 使 $c_r - \sum_{i \in C} \alpha_{ir} \pi_i + \pi_0 < 0$ 成立，若不存在，则说明 SC 模型已经得到最优解；否则，可以得到如下子问题。

$$
\begin{aligned}
&(\text{Subproblem}) \quad \min c_r - \sum_{i \in C} \alpha_{ir} \pi_i + \pi_0 \\
&\text{s. t.} \\
&\qquad d(r) \leqslant Q \qquad (10-14)
\end{aligned}
$$

其中，$d(r)$ 表示路径 r 中客户点的需求量之和。若上述子问题最优解非负，则说明 SC 模型已经得到最优解；否则，可以通过求解上述子问题得到使目标函数值为负的路径，将其添加到 RSC 模型中，同时在求解子问题时寻找不含有子环路的可行路径。

2. BPC 算法框架

为了介绍 BPC 算法框架，首先介绍 CG 算法框架。

步骤 1　初始化一个列（路径）集合 R'，每个列均是解方案的一个组成部分。

步骤 2 求解 RSC 模型得到最优解方案 $\bar{y}$ 和最优对偶变量 $\bar{\pi}$。

步骤 3 求解子问题，寻找满足 $c_r - \sum_{i \in C} \alpha_{ir}\pi_i + \pi_0 < 0$ 的列 r。

步骤 4 将步骤 3 中找到的所有满足要求的列或者部分满足要求的列添加到 RSC 模型中，然后回到步骤 2。

步骤 5 若不存在满足要求的列，即 $\min c_r - \sum_{i \in C} \alpha_{ir}\pi_i + \pi_0$ 非负，则终止 CG 算法，说明当前最优解方案 $\bar{y}$ 为原 SC 模型的最优下界解方案，对应的 $\sum_{r \in R'} c_r \bar{y}_r$ 为原 SC 模型的最优下界解。

在应用 CG 算法时，步骤 3 通常是耗时最长的计算环节。针对 CG 算法框架，可以采用下述两个实用技巧来加速 CG 算法的求解速度。

（1）在执行步骤 1 前，可以通过启发式算法为 CG 算法寻找一个或者多个高质量的上界解，从而提升 RSC 模型的下界解质量，即 RSC 模型的对偶解质量，而一个好的对偶解可以帮助子问题寻找既约费用更小的列。

（2）在选择列添加到 RSC 模型中时，可采用"多进列"的方式，而不是每次只添加单个列到 RSC 模型中。若选择某些列添加到 RSC 模型中，则通常选择相互之间差异比较大的列。

仅依靠 CG 算法只能得到原 SC 模型的一个下界解。为了得到整数解，需要将 CG 算法嵌套在分枝定界算法或者 BC 算法内，从而通过分枝得到整数解方案。结合 CG 算法和 BC 算法的 BPC 算法的整体流程如图 10－3 所示。

BPC 算法的整体流程

while $stack \neq \varnothing$，do
  $preNode \leftarrow$ 栈顶节点
  if $preNode$ 无解，then
    从分枝树中剪掉 $preNode$
  else
    借助 CG 算法计算 $preNode$ 的下界解 $\underline{f}(preNode)$
    if $\underline{f}(preNode) \geqslant \bar{f}$，then
      从分枝树中剪掉 $preNode$
    else if $\underline{f}(preNode)$ 是原问题的可行解
      if $\underline{f}(preNode) < \bar{f}$，then $\bar{f} \leftarrow \underline{f}(preNode)$
      从分枝树中剪掉 $preNode$
    else
      对 $preNode$ 求解之后的解方案调用分离算法，寻找割约束并添加到 $preNode$ 中
      对 $preNode$ 进行分枝，并将分枝后的子节点压入 $stack$ 中
end
return $\bar{f}$

图 10－3 BPC 算法的整体流程

3. 子问题的求解方法（以SCVRP问题为例）

（1）使用分枝定界算法求解子问题。

使用分枝定界算法求解子问题，首先需要明确两个问题：在每个分枝节点求解的问题是什么？分枝策略是什么？

子问题的求解目标为最小化既约费用。分枝定界算法在每个分枝节点求解的问题就是确定出一个客户点集合 S 满足 $d(S) \leqslant Q$；之后，求解出TSP问题的最优解，该最优解为 c_r；再根据 $c_r - \sum_{i \in C} \alpha_{ir}\pi_i + \pi_0$ 求解当前客户点集合 S 的既约费用，若既约费用为负数，则找到一个可行的列。

在介绍分枝策略之前，首先定义 $x_i, i \in C$。

$$x_i = \begin{cases} 1, \text{客户点 } i \text{ 存在于当前路径中} \\ 0, \text{其他} \end{cases}$$

$S_1 \subseteq C$，令 S_1 表示必须包含在路径中的客户点集合（$x_i = 1, i \in S_1$）。$S_0 \subseteq C$，令 S_0 表示不能出现在路径中的客户点集合（$x_i = 0, i \in S_0$）。$S_x = C \setminus (S_0 \cup S_1)$，令 S_x 表示没有分枝过的客户点集合。令 $c(S)$ 表示某个分枝节点下，客户点集合 S 中最优TSP路径的成本值，则存在下述关系式：$S_1 \subseteq S$，$S \subseteq S_1 \cup S_x$。令某个客户点 $i \notin S$，定义 $w_i(S) = \min_{j,k \in S}\{\text{Edge}_{ij} + \text{Edge}_{ik} - \text{Edge}_{jk}\}$，即将客户点 i 添加到客户点集合 S 中产生的成本节约量的最小值。根据上述定义，式（10－15）成立：

$$c(S \cup \{i\}) \geqslant c(S) + w_i(S) \tag{10-15}$$

若 $w_i(S)$ 选定的客户点 j，k 与客户点集合 S 中最优TSP路径相互连接，即存在弧 $j-k$，则式（10－15）成立；否则需要对 $S \cup \{i\}$ 重新构造最优TSP路径，成本应不小于 $c(S) + w_i(S)$。

令 $M = S \setminus S_1$，$m = |M|$，则有式（10－16）和式（10－17）。

$$m \cdot c(S) \geqslant c(S_1 \cup \{i_i\}) + \cdots + c(S_1 \cup \{i_m\}) \geqslant m \cdot c(S_1) + \sum_{i=1}^{m} w_i(S_1) \tag{10-16}$$

$$c(S) \geqslant c(S_1) + \sum_{i=1}^{m} w_i(S_1)/m \geqslant c(S_1) + \sum_{i \in S_x} w_i(S_1)/m \tag{10-17}$$

这说明，$c(S_1) + \sum_{i \in S_x} w_i(S_1)/m$ 是 $c(S)$ 的一个有效下界。其中，参数 m 的值可以通过如下方法予以确定：$\bar{Q} = Q - \sum_{i \in S_1} q_i$，令 $\bar{Q}$ 表示当前卡车的盈余载重量；将 S_x 中的客户点根据货量需求进行升序排序，从前往后累加前 k 个客户点的货量，直到货量累和超过 $\bar{Q}$，则令 $m = k - 1$。

在某个分枝节点，已知该节点的 S_0 和 S_1 集合，可以构建式（10－18）来对分枝节点进行求解。

$$\min c(S_1) + \sum_{i \in S_x} x_i \cdot w_i(S_1)/m - \sum_{i \in S_1} \pi_i - \sum_{i \in S_x} x_i \pi_i$$

s. t.

$$\sum_{i \in S_x} d_i x_i \leqslant \overline{Q} \tag{10-18}$$

$$x_i \in \{0,1\}, i \in S_x$$

基于上述分析，分枝策略可以设计为在分枝树的某个分枝节点，选择一个未曾分枝过的客户点 $i, i \in S_x$ ，在一个分枝节点令 $x_i = 0$ ，将客户点 i 添加到 S_0 中，在另外一个分枝节点令 $x_i = 1$ ，将客户点 i 添加到 S_1 中。

（2）使用动态规划算法求解子问题。

以下运用单向标号算法求解子问题，具体从标签组成、标签拓展规则、标签可行性判断、标签统治策略和单向标号算法的整体流程等方面进行详细介绍。

①标签组成。

路径在节点 i 时的既约费用：T_i^{cost}。

卡车在节点 i 时的载重量：T_i^{load}。

路径在节点 i 时对某个客户点 n 的访问次数：$T_i^{cus_n}$。

②标签拓展规则。

设节点 j 是在节点 i 之后被随机访问的节点。

既约费用的计算方法：将前一个节点的既约费用 T_i^{cost} 加上两个节点之间修改弧的成本 $\overline{c}_{ij}$ ，作为后一个节点的既约费用 T_j^{cost} ，如式（10－19）所示。

$$T_j^{cost} = T_i^{cost} + \overline{c}_{ij} \tag{10-19}$$

载重量的计算方法：将卡车在前一个节点的载重量 T_i^{load} 加上后一个节点的需求量 q_j ，作为其在后一个节点的载重量 T_j^{load} ，如式（10－20）所示。

$$T_j^{load} = T_i^{load} + q_j \tag{10-20}$$

路径在节点 j 时，对某个客户点 p 的访问次数 $T_j^{cus_p}$ 的计算方法如式（10－21）所示。

$$T_j^{cus_p} = \begin{cases} T_i^{cus_p} + 1, j = n \\ \max\{T_i^{cus_p}, U_p^{fw}(T_j^{load})\}, \text{否则} \end{cases} \tag{10-21}$$

其中，$U_p^{fw}(T_j^{load})$ 表示后一个节点 j 到所有点的可达性判断，当 $T_j^{load} + q_p > Q$ ，$U_p^{fw}(T_j^{load})$ 取值为1，否则取值为0。在SCVRP问题中，若标签每次向后拓展一个点，则拓展到的点的访问次数加1，同时判断从当前拓展到的点到其他未访问过的点的可达性，若不可达则直接将当前标签不可达的点的访问次数置为1。

③标签可行性判断。

当标签的各种状态满足下列所有条件时，判定为标签可行：$T_i^{load} \leqslant Q$，$T_i^{cus_p} \leqslant 1, p = 1,\cdots,n$ 。

④标签统治策略。

定义 $Lab^k = (T_k^{cost}, T_k^{load}, (T_k^{cus_p})_{p\in V\setminus\{0\}}), k\in\{1,2\}$，表示终止于同一个节点的两条路径 Lab^1 和 Lab^2，若满足 $T_1^r \leqslant T_2^r, r\in\{cost, load, (cus_p)_{p\in V\setminus\{0\}}\}$，则称路径 Lab^1 可以统治路径 Lab^2，从而将路径 Lab^2 从寻解空间中删除，不再进行 Lab^2 标号的拓展。

⑤单向标号算法的整体流程。

单向标号算法的整体流程如图 10－4 所示。

单向标号算法的整体流程

```
nonExtended = {0, 0, {0, …, 0}}, Extended = ∅//初始化待拓展的标签集合和已经拓展的标签集合
while nonExtended≠∅, do
nonExtended = nonExtended \ L, Extended = Extended∪L//在 nonExtended 中选取一个标签 L
  Foreach v ∈V \ v^L, do//v^L表示标签 L 的最后一个客户点
    沿着弧（v^L, v）拓展标签 L 后得到 L'
    If  L'可行并且不能被 nonExtended∪Extended 中的标签统治，then
       删除 nonExtended∪Extended 中被 L'统治的标签
       If v^L =0，then
         Extended = Extended∪L'
       Else
         nonExtended = nonExtended∪L'
       End if
     End if
   End do
End do
Return Extended 中既约费用最小的一个或者多个标签
```

图 10－4　单向标号算法的整体流程

4. 分枝策略（以 SCVRP 问题为例）

（1）车辆数分枝策略。

车辆数分枝策略的思想：将当前主问题中所有路径列变量 y_r 的值累和，作为当前解所用到的车辆数 k^{sum}，判断 k^{sum} 是否为分数。若是，则可以使用车辆数分枝策略。将 k^{sum} 分别向下取整（$\lfloor k^{sum} \rfloor$）和向上取整（$\lceil k^{sum} \rceil$）之后，得到当前节点的分枝子节点中所使用的车辆数范围。在任意分枝节点判断是否能够使用车辆数分枝策略时，还需要考虑当前分枝节点主问题的车辆数约束中使用的车辆数范围［k^L，k^U］，若满足 $k^L < \lfloor k^{sum} \rfloor < k^U$ 则可以使用车辆数分枝策略，分枝子节点的车辆数范围分别为［$k^L, \lfloor k^{sum} \rfloor$］和［$\lceil k^{sum} \rceil$，$k^U$］。

（2）弧分枝策略。

运用弧分枝策略时，在当前分枝节点使用 CG 算法求解之后，首先判断得到的解是

否为整数解。若是整数解，则当前分枝节点无须进行后续分枝；否则，选择解方案中取值最接近 1 的列（路径），$r_1 = \{depot, i_1, \cdots, i_p, depot\}$ 。由于主问题中节点访问次数的整数约束要求，CG 算法最优解方案中至少存在另外一条取值非 0 的路径 r_2，其含有路径 r_1 中的某些客户点。在路径 r_1 中任意选择一个客户点 i_n，选择另外一条包含客户点 i_n 的路径 r_2，判断路径 r_1 中的弧（i_n，i_{n+1}）是否存在于路径 r_2 之中，若不存在，则选定弧（i_n，i_{n+1}）为分枝弧 *Arc*；若存在，则选定弧（*depot*，i_1）为分枝弧 *Arc*。

基于选定的分枝弧，在创建分枝节点时，分枝节点 1 中不使用分枝弧 *Arc*，将主问题所有路径中含有分枝弧 *Arc* 的路径全部删除，同时改变主问题的距离矩阵，将分枝弧 *Arc* 的距离值设为一个足够大的数值；分枝节点 2 涉及分枝弧 *Arc* 两端节点的路径中，只能含有分枝弧 *Arc*，将主问题所有路径中单独含有分枝弧 *Arc* 两端节点的路径全部删除，同时改变主问题的距离矩阵，将和分枝弧 *Arc* 两端节点相连的非分枝弧 *Arc* 的弧的距离值设为一个足够大的数值。例外情况：选择弧（*depot*，i_1）或者弧（i_p，*depot*）作为分枝弧，在只使用分枝弧的分枝中，修改主问题距离矩阵时只将与客户点 i_1 和 i_p 相连的弧的距离值设置为很大的值，不改变与场站相连的弧的距离值。

5. 有效不等式（以 SCVRP 问题为例）

（1）团不等式。

假设当前分枝节点对应的列集合为 R'，令 R' 中每条路径表示一个节点，定义交叉图 G，G 中每个节点都是 R' 中的某条路径。在交叉图 G 中，若某两条路径访问了相同客户点，则这两条路径所含节点之间存在使其相互连接的边。定义独立集表示 G 中的某个节点集合，其中所有节点之间均没有使其连接的边。令 y' 表示当前分枝节点求解完之后的分数解方案。

在交叉图 G 中选择一个节点集合 I，使 I 中任意两个节点之间存在使其相互连接的边，团不等式如式（10 – 22）所示。

$$\sum_{r \in I} y' \leqslant 1 \tag{10-22}$$

交叉图 G 中每一个节点表示一个路径列。寻找有效的团不等式即需要寻找合适的节点集合 I。团不等式的一种有效的分离算法：在交叉图 G 中的所有节点里选择节点的度最小的节点 v，初始化（$I = \{v\}$）之后，确定和节点 v 相邻接的节点集合，记为 $T(v)$；在 $T(v)$ 中选择一个列取值（$\bar{y}_r$）最大的列 w 添加到 I 中；重新构建 $T(v, w)$，表示与节点 v 和节点 w 均邻接的所有节点的集合；重复上述过程，直到 $T(v, w, \cdots) = \varnothing$。找到一个用于检验团不等式的候选节点集合 I，若 I 违反 $\sum_{r \in I} y' \leqslant 1$，则找到了有效的团不等式；否则，可以选择另外的初始节点添加到 I 中，从而检验其他的团不等式的有效性。

（2）奇数环不等式。

在交叉图 G 中定义环 L，$L = \{u_1, u_2, \cdots, u_l\}$，环中相邻节点之间存在边使其相互连接，但是不相邻节点之间不允许有环存在，特殊定义 u_1 和 u_l 相互连接。若环中节点的个数为奇数，则称环 L 为奇数环。奇数环不等式如式（10 - 23）所示。

$$\sum_{r \in L} y' \leqslant \frac{|L| - 1}{2} \tag{10-23}$$

图 10 - 5 给出一个包含五个节点的奇数环，每个节点旁边给出对应路径访问的客户点序列。若当前奇数环中所有列的取值均为整数，则根据 SCVRP 问题中每个客户点只被访问一次的约束，上述环中最多有两个列取值为 1，剩余三个列取值为 0。若当前奇数环中所有列的取值均为小数，如所有列的取值均为 0.5，则当前奇数环中对所有客户点的访问次数均为 1，但是仍然违反了式（10 - 23）。由此可见，奇数环不等式可以有效剪切分数解空间。

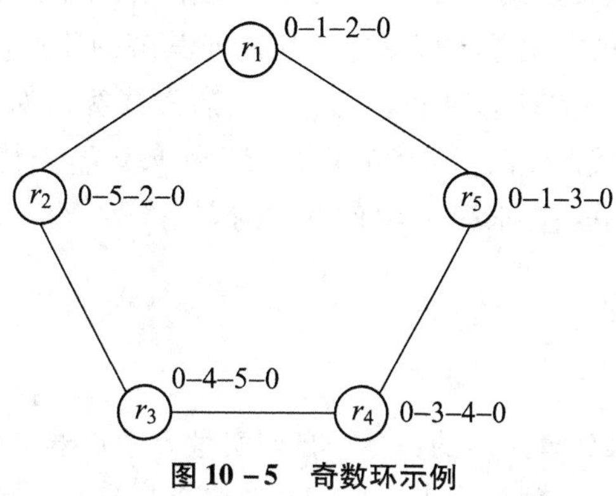

图 10 - 5　奇数环示例

介绍奇数环不等式的分离算法。从交叉图 G 中随机选择一个节点 v，令 $G_\ell(v)$ 表示层级图，节点 v 表示 $G_\ell(v)$ 中的根节点，即第 0 层级；将与节点 v 相邻接的节点作为 $G_\ell(v)$ 的第 1 层级；同样地，对于第 k（$k \geqslant 2$）层级的节点，它和第 $k-1$ 层级的某个节点邻接，但和低于第 $k-1$ 层级的任何一个节点均不邻接。层级图 $G_\ell(v)$ 的每条边（u_i，u_j）均按照以下方式赋予权重：$1 - y'_{u_i} - y'_{u_j}$，由于每个客户点只被访问一次的约束，$1 - y'_{u_i} - y'_{u_j} \geqslant 0$。

在构建奇数环不等式时，在第 k（$k \geqslant 2$）层级随机选择一个节点 u，之后从 u 出发，在 $G_\ell(v)$ 中寻找从 u 到 v 的最短路径 $r_{u,v}^{best}$，根据 $r_{u,v}^{best}$，删除第 ℓ（$1 \leqslant \ell \leqslant k$）层级中存在于 $r_{u,v}^{best}$ 中的节点或者和 $r_{u,v}^{best}$ 中节点相互邻接的节点。然后，在第 k 层级中选择另外一个节点 w，w 需要和 u 相互邻接，从 w 出发，构建从 w 到 v 的最短路径 $r_{w,v}^{best}$。通过边（u，w），连接两条最短路径 $r_{u,v}^{best}$ 和 $r_{w,v}^{best}$，便可以得到一个备选的奇数环不等式。若构建的奇数环在 $G_\ell(v)$ 中的权重累和小于 1，则说明找到了一个有效的奇数环不等式；否则，可以在第 k 层级中选择不同的节点再次构建新的奇数环，或者转移到第 $k+1$ 层级寻找奇数环。

对"若构建的奇数环在 $G_\ell(v)$ 中的权重累和小于 1，则说明找到了一个有效的奇数环不等式"解释如下：因为 $G_\ell(v)$ 中每条边的权重设置为 $1 - y'_{u_i} - y'_{u_j}$，所以某个奇数

环 L 所有边的权重累和为 $|L|-2\sum_{r\in L}y'_r$，$|L|-2\sum_{r\in L}y'_r<1$ 可以转化为 $\sum_{r\in L}y'_r>\frac{|L|-1}{2}$。

10.2 启发式算法

求解 VRP 问题的启发式算法可分为两大类，一类为传统启发式算法，另一类为元启发式算法。大多数传统启发式算法对搜索空间的探索深度和广度较为有限，但通常可以在较短的计算时间内得到较优的解。此外，大多数传统启发式算法容易拓展，从而可以便捷地添加模型情景包含的各种特定约束。元启发式算法的着重点在于对解空间中最有希望找到最优解的区域进行深入探索。元启发式算法通常结合了复杂的邻域搜索规则、内存结构和解方案重构规则等，从而使其解的质量优于传统启发式算法的解，但其代价是需要更多的计算时间。此外，元启发式算法对于参数的敏感度较高，对于特定问题情景的依赖性较高，导致其可拓展性一般。鉴于其求解能力和实用价值，本节着重介绍元启发式算法在求解 VRP 问题中的应用。

10.2.1 蚁群算法

蚁群算法（简称 ACO 算法）的灵感来自现实世界中蚁群觅食的过程。在寻找食物的过程中，蚂蚁通过分泌一种信息素来标记行进路径。蚂蚁在路径上留下的信息素的数量取决于路径的长度和食物来源的质量。这种信息素为其他蚂蚁寻找食物提供信息。随着时间的推移，更加可靠的食物来源所对应的路径会被更多蚂蚁频繁经过，从而积累信息素的浓度。信息素机制使蚁群觅食更加高效。

蚁群算法被广泛应用于求解各种组合优化问题，在静态组合优化问题和动态组合优化问题的求解中效果显著。蚁群算法作为构造算法的一种拓展算法，将信息素考虑在内来构造解方案。蚁群算法在迭代构造解方案的过程中会应用算例信息（如节点之间的距离）和反映蚂蚁搜索路径的信息素。

1. 蚁群算法应用框架

给定一个图 G，$G=(V, E)$，其中 V 表示图的节点，E 表示图的边。在执行 ACO 算法构造解的过程中，可以要求所有的路径均不可以违反约束，也可以允许某些路径违反某些约束，但是违反约束的路径需要根据违反程度来添加惩罚项。定义信息素 τ，τ 可以有多种具体形式：τ_i——信息素和图中的节点相关联；τ_{ij}——信息素和图中的边相关联。定义启发式信息 η，η 可以有多种具体形式：η_i——启发式信息和图中的节点相关联；η_{ij}——启发式信息和图中的边相关联。在 ACO 算法中，令某只蚂蚁为 k，则 ACO 算法的整体流程如下。

步骤 1 蚂蚁 k 通过探索图 G 来构造费用最小的解方案。

步骤 2 每一只蚂蚁都有一个记录自己访问路径的记忆 M^k，这个记忆信息可以用来继续构造可行解，还可以用来评判已经得到的解的优劣以及更新信息素。

步骤 3 每一只蚂蚁在 t 次迭代构造解方案时会有一个自己的状态 x_t^k，当蚂蚁 k 在当前状态（$x_t^k = <x_{t-1}^k, i>$）向节点 j（$j \in N_i^k$，N_i^k 表示蚂蚁 k 在节点 i 时的可行邻域）移动时，产生的新状态 $<x_t^k, j>$ 是可行或者不可行的。

步骤 4 每一只蚂蚁通过概率选择函数来确定移动方向，其中会用到信息素、启发式信息、记忆信息和各类约束信息。

步骤 5 当满足终止条件时，终止解方案构建。若不允许产生不可行解方案，则当构造不可行时，停止构造。

信息素更新方式有两种：一种是“步进信息素更新”，表示每一次添加新的节点到某只蚂蚁的解中，都需要对这只蚂蚁的信息素进行更新；另一种是“在线延迟信息素更新”，表示在一个解方案构造完毕之后，再回溯整个解方案进行信息素的更新。

信息素的消失是蚂蚁之前更新的信息素随着迭代次数的增加而逐渐缩小的过程，信息素的消失可以有效避免解过快收敛到一个局部最优解，同时有助于探索新的求解空间。信息素的维持可以帮助凸显算法局部寻优的效果。在实际操作中，通过选择当前解方案的最优解，将当前最优解的信息素的更新占比加大，从而加重最优解对于后续寻优的影响，这个过程也被称为离线信息素更新机制。

2. 蚁群算法求解 VRP 问题的策略

初始化时，将每只蚂蚁放在互不相同的客户点上，作为其访问的第一个客户点。每只蚂蚁的记忆 M^k 需要记录其访问的客户点序列、访问到最后一个客户点的时间和总的载重量信息。之后，所有的蚂蚁分别向其他客户点进行拓展，在第 t 次迭代时，位于客户点 i 的蚂蚁 k 向客户点 j 拓展的概率选择函数如式（10－24）所示。

$$p_{ij}^k(t) = \frac{[\tau_{ij}(t)]^\alpha[\eta_{ij}]^\beta}{\sum_{h \in N_t^k}[\tau_{ih}(t)]^\alpha[\eta_{ih}]^\beta}, j \in N_i^k \tag{10-24}$$

其中，η_{ij}（$\eta_{ij} = 1/d_{ij}$）是事先可以获得的启发式信息，α 和 β 是决定信息素和启发式信息影响程度的参数，N_i^k 是蚂蚁 k 位于客户点 i 时的可行邻域，表示从客户点 i 可以拓展的客户点集合。若 α 取值为 0，则表示不考虑信息素对于后续解方案构造的影响，距离客户点 i 越近的客户点越容易被选中；若 β 取值为 0，则表示只考虑信息素的影响来构建解方案，将出现停滞现象，即蚁群后续构造的解方案都将相同，这不利于最优解方向的寻优。

令 $R^k(t)$ 表示蚂蚁 k 第 t 次迭代完成后所构造的路径，当蚂蚁 k 构造完一条路径之后，基于构造完的路径方案，采用“在线延迟信息素更新”方式来更新信息素，更新方式如式（10－25）所示。

$$\tau_{ij}(t+1) = (1-\rho)\,\tau_{ij}(t) + \sum_{k=1}^{m}\Delta\,\tau_{ij}^k(t), \forall (i,j) \in R^k(t) \tag{10-25}$$

式中：ρ——信息素消失的速率系数，其值越大，信息素消失得越快；

m——蚁群中蚂蚁的数量；

$\Delta\tau_{ij}^{k}(t)$ ——蚂蚁 k 在弧 (i,j) 上留下的信息素的数值。

其计算方式如下所示。

$$\Delta\tau_{ij}^{k}(t)=\begin{cases}1/L^{k}(t),(i,j)\in R^{k}(t)\\0,\text{其他}\end{cases}\tag{10-26}$$

式中：$L^{k}(t)$ ——第 k 只蚂蚁访问路径的长度。

蚂蚁构建的路径长度越短，则蚂蚁访问过路径的弧的信息素的量越大。通常情况下，在许多蚂蚁使用的弧和较短路径的弧中可以获得更多的信息素，从而在后续迭代过程中更易被选取并用于构建路径。

10.2.2 遗传算法与差分进化算法

遗传算法（简称 GA 算法）模仿自然进化过程中观察到的过程，具有随机全局搜索的特点。GA 算法是一种通用的问题解决框架，它只需要很少的信息（与所解决的问题相关），可以广泛应用于范围不明确的问题。在 GA 算法中，通常会定义一组染色体，其中每个染色体用来编码一个特定案例的解方案，这种处理方式通过应用模拟自然界中繁殖、突变等现象的算子来实现。

1. GA 算法应用框架

初始化 N 个初始种群个体，$x^{1}=\{x_{1}^{1},\cdots,x_{N}^{1}\}$，在 t（$t=1$，⋯，T）次迭代过程中，执行 k 次如下步骤 1 到步骤 3，之后再执行步骤 4。

步骤 1 从 X^{t} 中选择两个父辈染色体。

步骤 2 对选定的两个父辈染色体应用“交叉算子”，生成两个子辈染色体。

步骤 3 以较小的概率对于每一个生成的子辈染色体应用“变异算子”。

步骤 4 将 X^{t} 中最差的 $2k$ 个解进行移除，并使用删除步骤 1 至步骤 3 产生的子辈解中最好的 $2k$ 个解进行替换，从而将种群由 X^{t} 更新到 X^{t+1}。

在上述流程中，参数 T 表示种群更迭的次数，k 表示每一次种群更迭生成子辈的次数。在 T 次种群更迭中获得的最优解即为算法的最终解。在步骤 1 中，对于父辈染色体的选择可以是完全随机的，也可以倾向于选择目标值更优的父辈染色体。在步骤 2 中，交叉算子是指将父辈染色体中的二进制染色体片段进行交换，从而得到两个新的子辈染色体。在步骤 3 中，变异算子是指将某一个二进制比特位从 0 变为 1 或者从 1 变为 0。通过步骤 4，淘汰旧种群中的劣质个体，加入新的优质个体，从而改进种群整体的质量，同时可以增加算法的搜索广度。

遗传算法和差分进化算法的主要区别在于对个体的变异操作。在遗传算法中，个体变异操作只是简单地将某个个体中的随机一个（或者一段）基因进行随机变换，这样会导致变异之后的个体基因和种群中另外一些个体基因类似，从而使算法寻优广度减小，容易陷入局部最优。差分进化算法可以改进遗传算法的这一缺陷，在变异时采用式（10－27）来得到变异之后的个体。

$$v(t+1) = x_1(t) + F[x_2(t) - x_3(t)] \tag{10-27}$$

式中：t——迭代次数；

$v\ (t+1)$ ——$t+1$ 次迭代所获得的变异个体；

$x_i\ (t),\ i \in \{1, 2, 3\}$ ——第 t 次迭代中随机选择的三个个体；

F——差分比例因子。

差分进化算法将现有个体 $x_2(t)$ 和 $x_3(t)$ 的差，通过差分比例因子 F 进行缩放后，加到另一个个体 $x_1(t)$ 中，从而达到变异的目的。通过缩放，使新生成的个体较原来的几个个体都有一定的距离，这可以提高算法的探索能力。

2. 遗传算法和差分进化算法求解 VRP 问题的策略

运用遗传算法求解 VRP 问题时，需要根据问题特点，在染色体编码、交叉算子和变异算子设计等方面进行调整。

对于染色体编码，可以根据场站和客户点序列进行染色体编码。假定 VRP 问题的客户点集合为 {1, 2, 3, 4, 5}，场站为 0。一种可能的染色体编码为“0 1 3 0 2 5 0 4”，表示当前染色体中使用了车辆 1、车辆 2 和车辆 3，车辆 1 依次访问客户点 {1, 3}，车辆 2 依次访问客户点 {2, 5}，车辆 3 只访问客户点 {4}。

对于交叉算子，可以采用如下方式。对于选定的两条父辈染色体，$Parent^1$ 为“0 1 3 0 2 5 0 4”，$Parent^2$ 为“0 1 3 2 0 4 5”。在 $Parent^1$ 中随机选择至少 2 个客户点，例如客户点集合 $P^1 = \{2, 3\}$，记录其索引位置 I^1 （$I^1 = \{4, 2\}$），之后在 $Parent^2$ 中找出 P^1 中的客户点并记录其索引位置 I^2 （$I^2 = \{3, 2\}$）。将 P^1 中的客户点在 $Parent^1$ 和 $Parent^2$ 中进行删除，之后将 P^1 中的客户点按照索引位置 I^2 插入到 $Parent^1$ 中，将 P^1 中的客户点按照索引位置 I^1 插入到 $Parent^2$ 中，进行完交叉之后的 $Parent^1$ 和 $Parent^2$ 的子辈染色体 $Child^1$ 和 $Child^2$ 分别为“0 1 3 0 2 5 0 4”和“0 1 3 0 4 2 5”。在按照索引位置添加客户点时，先添加索引大的客户点，再添加索引小的客户点，从而不会影响索引的位置。

对于变异算子，可以采用互换变异算子的方式，即在某个子辈染色体中，随机选择两个客户点，之后进行客户点位置的互换。

运用差分进化算法求解 VRP 问题的策略：在某次迭代之后，随机选择三条初始种群个体之中的序列 x_1、x_2 和 x_3，选定差分比例因子 F，根据 $v_1 = x_1 + F\ (x_2 - x_3)$ 来计算变异序列 v_1。由于变异操作会破坏编码，可采用最大顺序值准则（LOR 准则）来改进变异之后的序列，使其符合 VRP 问题的编码要求。LOR 准则实施过程举例如下：假如现有 5 个客户点，通过变异之后得到的变异序列为（−2，−4，4，10，3），变异序列中存在负数和超过客户最大索引值的数字，不符合 VRP 问题的编码特点，LOR 准则将此序列从小到大进行排序，得到（−4，−2，3，4，10），则变异序列为（2，1，5，3，4）。

10.2.3　贪婪随机自适应搜索算法（GRASP 算法）

GRASP 算法属于多起点的元启发式算法，每一次迭代都包含两个阶段：构造阶段和局部搜索阶段。在构造阶段会构建一个可行解，在局部搜索阶段会对可行解的邻域进行搜索直至找到局部最优解。

1. GRASP 算法应用框架

假设客户点总数为 n。初始化最大迭代次数为 *Max_ Iterations*，每次迭代中局部搜索的次数为 *Max_ LS*，最优解方案为 *Best_ solution*，*Best_ solution* = ∅，临时解方案为 *solution*，*solution* = ∅，有限候选集合为 *RCL*，*RCL* = {1，…，n}。GRASP 算法的整体流程如图 10－6 所示。

```
GRASP 算法的整体流程

1: for k1 = 1, …, Max_ Iterations, do
2:   while RCL≠∅, do
3:     构建 RCL
4:     从 RCL 中随机选择一个元素 e
5:     将元素 e 添加到解方案 solution 中，并更新 solution
6:   end
7:   while k2 = 1, …, Max_ LS, do
8:     从 solution 的邻域 N (solution) 中找到一个邻域解 s'
9:     if f (s') < f (solution), then solution←s'
10:  end
11:  if f (solution) ≤ f (Best_ solution), then Best_ solution←solution
12: end
13: return Best_ solution
```

图 10－6　GRASP 算法的整体流程

在图 10－7 所示的流程中，第 1 行到第 6 行表示构造阶段，在贪婪构建解的过程中，第 3 行表示构建有限候选集合。若使用贪婪算法来构建 *RCL*，简单而言就是将某个没有加入解中的元素添加到当前解中，衡量元素加入解前后的成本变动，之后设置一个阈值或者数量限制，将成本变动最小的一些元素选入到 *RCL* 中，再从 *RCL* 中随机选择一个元素来继续构建解方案。在下一次迭代时，重新进行 *RCL* 的构建，直到所有的元素均在解方案之中。第 7 行到第 12 行表示局部搜索阶段，对构造的解（*solution*）的邻域进行搜索，若找到优于 *solution* 的解，则进行当前最优解的替换。

2. 有限候选集合构建方法

GRASP 算法比较重要的环节是初始解的构建，一个好的初始输入可以使局部搜索更加有效率。在初始解的构建过程中，*RCL* 的构建和保留又是至关重要的一个环节。下面介绍几种 *RCL* 构建方式。

（1）静态构建 *RCL*。

定义 $c\ (e)$ 表示加入一个元素 e 到解之后的变动成本，*RCL* 中包含拥有最优 $c\ (e)$

的一定数量 g 的所有的元素 e。通常的做法是依靠变动成本 $c(e)$ 的质量来确定数量 g。下面引入一个阈值参数 α 来限定数量 g。规定可以加入 RCL 中的元素必须满足式（10－28）。

$$c(e) \in [c^{\min}, c^{\min} + \alpha(c^{\max} - c^{\min})] \tag{10-28}$$

可以发现，当 $\alpha=0$ 时，RCL 中只有一个最优元素，则构造过程变为一个完全贪婪构造；当 α 时，RCL 包含所有可行的元素，则构造过程变为一个完全随机构造。因此，依靠阈值参数 α 便可以控制构造过程的随机性和贪婪性。参考诸多研究文献，阈值参数 α 的取值一般为 0.8。

（2）基于均匀分布构建 RCL。

因为使用单一的阈值参数 α 往往不能找到高质量的解，所以可以采用一系列不同取值的 α 来增大随机性。定义 Ψ（$\Psi=\alpha_1$，…，α_m）表示一系列阈值参数 α 的可能取值，均匀分布的意思是这些不同取值的 α 被选到的概率是相等的。

（3）自适应 GRASP。

在这种方式下，阈值参数 α 的取值不是固定的，而是根据求解的结果进行动态自适应调整的。令 Ψ（$\Psi=\alpha_1$，…，α_m）表示阈值参数 α 所有可能的取值，初始化每一个取值的概率，$p_i=\frac{1}{m}$，$i\in\{1, \cdots, m\}$。令 $f(s')$ 表示当前解的目标函数值，令 A_i 表示使用每一个 α_i 所求得的目标函数值的平均值，初始化 A_i 的值为初始解的值。在每一次局部搜索结束之后，首先更新 A_i 的值，计算 q_i（$q_1=f(s')/A_i$，$i\in\{1, \cdots, m\}$），然后更新每一个 α_i 被选到的概率 p_i（$p_i = q_i/\sum_{j=1}^{m} q_j$）。

3. GRASP 算法求解 VRP 问题的策略

应用 GRASP 算法求解 VRP 问题的整体思路框架与图 10－7 所示的流程类似，只不过在构建有限候选集合和更新解方案时，需要考虑 VRP 问题特定的约束条件，如客户点只能被某车辆服务一次，不允许出现子环路和客户点重复访问的现象等。此外，在进行局部搜索时，可以选择一种或者多种邻域结构。

10.2.4　自适应大规模邻域搜索算法（ALNS 算法）

ALNS 算法是在大规模邻域搜索算法（简称 LNS 算法）的基础上增加了自适应机制，该机制旨在自适应地选择破坏和修复算子，从而使 ALNS 算法的通用性和求解效果得到提升。ALNS 算法使用成对的破坏和修复算子对现行解进行破坏（如从路径中移除客户点）和修复（如向路径中添加客户点）操作，从而获得新的解。若新的解优于当前最优解或满足其他接受准则时，则被接受。每对算子在使用中会被赋予一定的选择权重，每次迭代会根据之前的搜索结果对算子的选择权重做出适应性调整。

1. ALNS 算法应用框架

首先介绍 LNS 算法的整体流程。在此基础上，增加自适应机制，即构成 ALNS 算法的整体流程。

借助其他简单的构造算法（如贪婪算法、节约算法等）获得一个初始解 s，初始化最优解和临时解，$s^{best}=s$，$s'=s$，每次迭代需要移除的解方案中的元素个数为 m，LNS 算法的整体流程如图 10－7 所示。

LNS 算法的整体流程

```
1: repeat
2:    s' = s
3:    使用某个破坏算子从 s' 中移除 m 个元素
4:    使用某个修复算子将移除的 m 个元素重新添加到 s' 中
5:    if f(s') < f(s^best), then s^best = s'
6:    if accept(s, s'), then s = s'
7: until 满足终止准则
8: return s^best
```

图 10－7　LNS 算法的整体流程

上述 LNS 算法的整体流程中，有三处细节可以进行更精细化的设计。首先，第 7 行的终止准则方面，可以采用某种终止准则，或者几种终止准则的组合；其次，第 6 行的接受准则方面，可以直接接受更优的解，也可以采用模拟退火机制来接受较差的解，以帮助跳出局部最优解；最后，第 3 行和第 4 行在使用破坏和修复算子时，可以为每个算子添加权重，并在后续迭代过程中根据获得解的目标函数值进行权重的更新，依据轮盘赌策略来选择较优的算子。将第 3 行和第 4 行添加自适应机制之后，就可以将 LNS 算法拓展为 ALNS 算法了。

2. 自适应机制

用于 ALNS 算法的自适应机制有多种，以下介绍基于轮盘赌自适应机制和基于粒子群算法的自适应机制。

（1）轮盘赌自适应机制。

轮盘赌策略就是从初始种群中按照一定概率选择某些个体的过程。假设初始种群中每一个个体所占比例为轮盘中的一块扇形区域，区域面积越大，个体的适应度值就越高。在转动的轮盘上抛掷一个小球，轮盘停止时小球所在区域代表的个体，就是通过轮盘赌策略被选择出的个体。执行 ALNS 算法时，轮盘赌策略可以用于选择成对的破坏和修复算子。选择之初，为每对破坏和修复算子赋予一定的初始权重值，使每个算子对有同样的概率被选择。每次迭代后，根据算子对的表现效果进行评分，并根据算子对的分值进一步计算算子对的权重，从而改变下一次迭代中各算子对被选择的概率。某个算子对 i 在第 t 次迭代中的权重更新方式如式（10－29）所示。

$$p_i^t = p_i^{t-1} \cdot (1-\alpha_p) + \alpha_p \cdot \varsigma_i/\omega_i \tag{10-29}$$

式中：p_i^t——算子对 i 在第 t 次迭代中的权重；

α_p——轮盘赌参数，$0\leqslant\alpha_p\leqslant1$，$\alpha_p$ 越接近 0，对于破坏和修复算子的选择越倾向于算子对在之前迭代中的表现，α_p 越接近 1，对于算子对的选择越倾向于算子对得分的大小；

ς_i——算子对 i 在之前 $t-1$ 次迭代中的得分，当使用算子对 i 得到的解优于全局最优解时，$\varsigma_i+\lambda_1$，优于当前最优解时，$\varsigma_i+\lambda_2$；

ω_i——算子对 i 在之前 $t-1$ 次迭代中被选择的次数。

假设共使用 η 个算子对，则算子对 i 在每次迭代过程中被选择的概率如式（10－30）所示。

$$op(i)=\frac{p_i^t}{\sum_{j\in\eta}p_j^t} \tag{10-30}$$

通过选择，优化效果较好的算子对的权重会不断增大，优化效果较差的算子对的权重会不断减小，这就确保前期迭代中优化效果较好的算子对在后期迭代中被选中的概率较高。全局迭代过程可分为若干个优化阶段，在每个新的优化阶段开始时，重置 p_i^t、ς_i 和 ω_i 的取值。

（2）基于粒子群算法的自适应机制。

粒子群算法（简称 PSO 算法）源于鸟群捕食行为，其基本思想是利用个体之间的信息共享，使整个群体的运动产生从无序到有序的演化过程。用一种粒子来模拟个体，每个粒子可视为 N 维搜索空间中的一个搜索个体，粒子的当前位置对应优化问题的一个候选解。粒子的飞行过程即为该个体的搜索过程，每个粒子都有一个适应度值，适应度值用来评判粒子所处位置的优劣。此外，粒子还具有两个属性—速度和位置，速度代表移动的快慢，位置代表移动的方向。粒子的速度可根据粒子历史最优位置和种群历史最优位置进行动态调整。每个粒子通过两个“极值”进行自我更新：一个“极值”是粒子在搜索过程中自身所达到过的最优值，另一个“极值”是在搜索过程中所有粒子所达到过的最优值（称为全局最优值）。

设粒子个数为 mp，x_i 为第 i（$i=1，2，\cdots，m$）个粒子的 D 维位置矢量，$x_i=(x_{i1},x_{i2},\cdots,x_{iD})$；$v_i$ 为第 i 个粒子在 D 维的移动速度，$v_i=(v_{i1},v_{i2},\cdots,v_{iD})$；$b_i$ 为第 i 个粒子迄今为止搜索到的最优位置，$b_i=(b_{i1},b_{i2},\cdots,b_{iD})$；$pg$ 为整个粒子群搜索到的全局最优位置，$pg=(pg_1,pg_2,\cdots,pg_D)$。只考虑粒子在第 d（$d\in D$）维的运动，在每次迭代中，粒子分别根据式（10－31）和式（10－32）更新速度和位置。

$$v_{id}\leftarrow h_{pso}\cdot v_{id}+c_1\cdot rand_1\cdot(b_{id}-x_{id})+c_2\cdot rand_2\cdot(pg_d-x_{id}) \tag{10-31}$$

$$x_{id}\leftarrow x_{id}+v_{id} \tag{10-32}$$

式中：h_{pso}——非负的惯性因子，其值越大则粒子的全局搜索能力越强；

c_1，c_2——学习因子，一般取 $c_1=c_2=2$；

$rand_1$，$rand_2$——$[0,1]$ 区间内的随机数，用于保持群体的多样性。

$c_1 \cdot rand_1 \cdot (b_{id} - x_{id})$ 是“认知”部分，代表粒子对自身的学习；$c_2 \cdot rand_2 \cdot (pg_d - x_{id})$ 是“社会”部分，代表粒子间的协作。

将每个算子对进行编号，并把优化问题的目标函数值作为适应度值。假设在 ALNS 算法中使用了 η 个算子对，将这些算子对从 1 到 η 进行编号。设置若干粒子，各粒子得到［1，η］区间内的一个随机整数并把它作为自己的初始位置，初始化速度为 0。然后，每个粒子用自己所在位置对应的算子对进行优化。一次迭代过程结束后，根据适应度值更新粒子的最优位置与粒子群的全局最优位置，同时，每个粒子更新自己当前的速度和位置。经过多次迭代，各粒子的位置逐渐向效果更好的算子对对应的位置靠拢。

3. 应用于 VRP 问题的破坏算子

重点介绍应用于 VRP 问题求解的随机移除算子、相关移除算子、最差移除算子以及簇移除算子四种破坏算子。

（1）随机移除算子。

从当前路径方案中随机选取客户点进行移除。首先根据随机生成的比率确定要移除的客户点数量 N，然后进入客户点移除循环，每次循环中随机选择任意路径中的任意一个客户点进行移除，并将移除的客户点加入被移除的客户点集合中，直到被移除的客户点总数达到 N。

（2）相关移除算子。

根据客户点之间的相关性，从当前路径方案中移除关联度较大的若干个客户点。客户点 i 和 j 之间的相关性由 $R(i, j) = \Psi_1 \cdot |e_i - e_j| + \Psi_2 \cdot \mathrm{Edge}_{ij} + \Psi_3 \cdot |q_i - q_j|$ 计算得到，此公式从客户点间的距离（Edge_{ij}）、需求量（$q_i - q_j$）和早时间窗（$e_i - e_j$）三个方面衡量客户点的相关性，$R(i, j)$ 越小则两个客户点之间的关联性越强。在进行相关移除操作时，首先随机移除一个客户点，并将其加入被移除的客户点集合中，然后循环以下步骤：从被移除的客户点集合中随机选取一个客户点，计算路径方案中还未被移除的所有客户点与这个客户点的关联度，并按 $R(i, j)$ 值从小到大排序成列表 L，选择列表中第 $\lfloor |L| y^{p^{\mathrm{related}}} \rfloor$ 个客户点从路径中移除，其中 $|L|$ 为列表 L 的长度，y 为［0，1）区间的一个随机数，p^{related} 为提前确定的常数（一般应大于 5）。

（3）最差移除算子。

根据某一客户点移除前后的成本差值，从当前路径方案中选择移除前后成本差值较大的客户点。对于当前解 s 包含的某客户点 i，定义 $f_{-i}(s)$ 为客户点 i 从当前解中移除后的目标函数值，定义 $cost(i, s)$ 为移除客户点 i 前后目标函数值之差，$cost(i, s) = f(s) - f_i(s)$，差值越大说明该客户点越“差”，该客户点的移除对目标函数值的影响越大，则被移除后重新找到插入成本较小位置的可能性越大。循环以下步骤：将当前路径方案中所有客户点按照当前 $cost(i, s)$ 值由大到小排列成列表 L，选择列表中第 $\lfloor |L| y^{p^{\mathrm{worst}}} \rfloor$ 个客户点从路径中移除并将其加入被移除的客户点集合中，其中 $|L|$ 为

列表 L 的长度，y 为［0，1）区间的一个随机数，p^{worst} 为提前确定的常数（一般应大于 2）。

（4）簇移除算子。

簇移除是基于相关移除的一种移除方法。根据客户点的相关性，移除一条路径中相关性较高的“一簇”客户点。相关移除的关注点是客户点之间的相关性，而簇移除侧重于客户点是否在同一条路径上。簇移除的基本思想是对一条路径中的客户点运用最小生成树法进行分簇，再随机移除其中的一簇客户点。依据最小生成树法，可以将一个无向图中的顶点分成两部分，其中每部分的顶点之间的最短连通距离之和都是最小的。将最小生成树法的这一特性应用于车辆路径，就可以将某一条路径中的客户点分成两部分，其中每部分内的客户点之间的联系都是紧凑的，将每部分看成一个“点簇”，在移除路径内的客户点时，对点簇进行移除，就可使较为相关的客户点在插入路径时更容易找到使成本更小的插入位置。簇移除的流程如下。

随机选取一条客户点数量大于 3 的路径，计算路径中所有客户点间的相关性，作为每两个客户点之间的“距离”，运用最小生成树法将此路径中的客户点划分为两个点簇，随机选取一个点簇，移除这个点簇内的所有客户点。若被移除的客户点数没有达到事先拟定的总数，则从被移除的客户点中随机选取一个客户点，计算该客户点到其他现存路径（该客户点的原路径除外）中所有客户点的相关性，选取相关性最高的客户点，对其所在的路径进行簇划分和簇移除。重复这一过程，直到被移除的客户点数量达到事先拟定的总数或者现存路径中没有客户点数量大于等于 3 的路径存在。

4. 应用于 VRP 问题的修复算子

重点介绍应用于 VRP 问题求解的贪婪插入算子和 q－遗憾插入算子两种修复算子。

（1）贪婪插入算子。

从被移除的客户点中随机选择一个待插入的客户点，计算该客户点插入现有路径中各个位置时引起的成本变动值，找到成本变动值最小的位置进行插入或新建路径，直到所有待插入的客户点都被加入路径方案中为止。

（2）q－遗憾插入算子。

将某客户点插入不同路径引起的成本变动值从小到大进行排序，定义 $u_i^* = \Delta f_{i,2} - \Delta f_{i,1}$，表示客户点 i 排第二位的成本变动与排第一位的成本变动的差值。运用 2－遗憾插入算子时，选择 u_i^* 最大的点，将其插入至对应成本变动值最小的位置，重新计算剩余待插入客户点的 u_i^* 值，直到所有待插入客户点都被插入到路径方案中。将 2－遗憾插入算子进行拓展可得到 q－遗憾插入算子，其中 $u_i^* = \Delta f_{i,q} - \Delta f_{i,1}$，$q \in \{2, 3, \cdots\}$。

课后习题

1. ACVRP 问题可以描述为一个整数规划模型，若要使用 BC 算法求解 ACVRP 问题，应该对原整数规划模型进行怎样的处理？

2. 定义 R 表示 ACVRP 问题所有可行路径的集合，令 c_r（$r \in R$）表示某条可行路径的成本值，定义 α_{ir}（$i\in C$，$r\in R$）表示路径 r 是否访问了客户点 i：

$$\alpha_{ir}=\begin{cases}1, \text{路径 } r \text{ 访问了客户点 } i\\0, \text{其他}\end{cases}$$

定义变量 y_r（$r\in R$）表示路径 r 是否包含在最优解方案中：

$$y_r=\begin{cases}1, \text{路径 } r \text{ 包含在最优解方案中}\\0, \text{其他}\end{cases}$$

则集合划分模型（SP 模型）如下：

$$(\text{SP})\quad \min\sum_{r\in R}c_r y_r$$

subject to

$$1'\qquad \sum_{r\in R}\alpha_{ir}y_r=1,\ \forall i\in C$$

$$2'\qquad \sum_{r\in R}y_r\leqslant |K|$$

$$3'\qquad y_r\in\{0,1\},\ \forall r\in R$$

若使用 BPC 算法求解 ACVRP 问题，试写出在 SP 模型形式下，子问题的目标函数和约束条件。

3. 试写出 GRASP 算法结合 ALNS 算法求解 VRP 问题的算法流程。

第 11 章　无人机配送技术

11.1　无人机配送概述

在城镇化、工业化和信息化深度融合的进程中，物流活动呈现出非常活跃的状态，特别是在快递、电商物流等领域，多种多样的物流运输工具需协调配合，以确保物流服务时效性。当前，新一轮科技革命和产业变革形成势头，包括无人码头、智能仓储、物流机器人等在内的物流新设施、新设备、新模式得到研发和推广应用。

无人机物流属于一种相对新颖的物流模式。物流是根据实际需要，将运输、储存、装卸、搬运、包装、流通加工、配送、信息处理等基本功能有机结合，使物品从供应地向接收地进行实体流动的过程，以无人机作为运载工具的物流活动被视为无人机物流。电子商务等新兴商务模式的飞速发展、经济社会消费模式升级等因素推动物流业不断提质增效，对配送的灵活性和时效性要求越来越高，对仓储的灵活性和高效性要求也越来越高，传统的物流配送模式和仓储模式亟需新技术新模式。无人机配送技术有助于物流企业提高配送效率、降低配送成本，从而突破物流企业所面临的特定困境。

11.1.1　无人机配送系统

无人机配送是近年来实践应用较多的领域。无人机自重轻、速度快，可以规避城市交通拥堵，能跨越山地、水域等特殊地形，因此无人机配送可缩短物流配送时间、降低物流成本、提高配送效率。近些年，无接触配送受到了人们的广泛关注，推进了末端无接触配送工具（如无人机、无人车等物流机器人）的快速研发、推广和应用。

美国 Zipline 公司的无人机在非洲等地开展医药配送，已飞行 30 万次以上。沃尔玛公司已经在美国阿肯色州开展无人机配送业务。谷歌公司公布无人机项目 Project Wing，计划推出小型无人机配送服务，已在澳大利亚试飞。亚马逊公司在 2013 年提出 Prime Air 无人机配送计划，围绕该计划的专利申请工作进展顺利。亚马逊公司的一项专利“空中物流中心”获批，该专利设想在特定区域上空设立悬浮仓，用小型接驳“飞船”将货物送到悬浮仓，再由无人机完成最终投递。此外，让无人机降落在卡车上或者搭卡车顺风车的专利获批。2017 年，亚马逊公司提交了一份关于快递无人机塔的专利申请（无人机可在快递无人机塔停靠、装载货物）。有媒体评价，一系列专利表明亚马逊公司在无人机配送方面的目标很全面，但这并不意味着亚马逊公司一定会实际实现。

Workhorse 集团与辛辛那提大学（University of Cincinnati）合作研发了 HorseFly 旋翼无人机，其与电动邮车组合用于邮政服务，无人机可从电动邮车车顶起飞开展投递服务，完成投递后自主飞到电动邮车停靠的另一处位置并降落在车顶。欧盟多个国家在推进无人机配送，以补充快递员资源，德国邮政 DHL 集团在 2013 年完成了第一代无人机的首次投递，德国邮政 DHL 集团的第一代和第二代无人机是同一类型的四旋翼无人机，德国邮政 DHL 集团在 2016 年完成了第三代无人机与物流链智能包裹柜的整合实验，在智能包裹柜的顶面，无人机可自动起飞或降落。澳大利亚 Flirtey 公司于 2013 年推出六轴商用无人机，把市场定位在了无人机快递业务。日本也在用无人机配送高附加值的货品。

在我国，顺丰在 2015 年公开了无人机送货计划，在珠三角地区以每天 500 架次的飞行密度开展配送。2016 年，浙江邮政以安吉县杭垓镇为起点，试运行首条无人机邮路，一架单次可以搭载最多 5 公斤货物的无人机起飞后自行飞抵预先设定的目标地点。京东于 2017 年宣布计划在四川建设 185 个无人机机场。京东无人机主要应用于末端配送，京东已经在江苏宿迁、陕西西安等地区实现了小型无人机投递的常态化运营。

2021 年 10 月，从顺丰获悉，顺丰与罗湖医院集团达成合作，实现了无人机对核酸、血检、尿检等样本以及医药、工具等物资的运送。

在政策层面，中国民用航空局印发的《“十四五”航空物流发展专项规划》中多次提及无人机物流。中国民用航空局发布了《城市场景物流电动多旋翼无人驾驶航空器（轻小型）系统技术要求》，支持和指导相关领域的探索发展。

无人机配送系统的主要组成部分：无人机、自助包裹柜、包裹箱、包裹集散点、包裹集散基地、区域调度中心。无人机可以将包裹配送到指定地点；自助包裹柜用于收取和发放包裹；包裹箱是包裹存放装置，便于无人机进行运送；包裹集散点用于不同区域间包裹的集中与发放，也可在此处维修无人机、补充其能源；包裹集散基地用于对异地包裹进行分类并将其运往包裹集散点；区域调度中心用于指派无人机，并决定包裹的接收与投放。无人机配送流程及其技术如表 11－1 所示。

表 11－1　　无人机配送流程及其技术

无人机配送流程	技术
用户终端 App 下订单	电商平台技术
接收订单信息	文字和图像识别技术
自动装载货物	射频识别技术、条码技术、
获取目标位置	全球定位技术、文字信息提取技术
规划配送路线	动态路径规划技术
飞行至目标位置	全球定位技术、避障技术
货物交接	人脸识别技术
无人机返航	全球定位技术、避障技术

无人机能够获取目标位置并遵循配送时间自动装载货物，起飞后根据所规划的配送路线将货物配送至目标位置，进行货物交接后返航。机载电池技术是制约无人机续航能力的瓶颈。避障技术用于探测和规避配送路线中出现的静态和动态障碍物，免于发生碰撞事故。人脸识别技术利用计算机图像处理技术，从图像中提取人像特征点，并基于生物统计学原理进行建模与分析。

此外，收货装置用于接收无人机在目标位置上投递的货物，并向后台信息系统反馈货物接收状态。后台信息系统旨在接收、处理订单信息以及确认订单状态，根据订单处理结果控制无人机、调度订单、反馈订单的货物信息等。云端数据库旨在与后台信息系统建立通信，实现数据的存储和调用。云端数据库包括三维地理信息数据库和订单信息数据库，三维地理信息数据库存储无人机飞行区域的位置信息模型。

在区域调度中心，通过大屏幕可以清晰地看到每一架无人机的坐标位置和飞行参数，从而对无人机的性能和状态实施全面管理与监控，实现了无人机起飞、巡航、降落、自动装卸货物、返航等的无人机配送流程，保障了无人机飞行过程的安全性和配送过程的准确性。

11.1.2　无人机配送成本

无人机配送本质上是一项管理严密、可靠性要求很高的分布式、大规模的无人机活动，其中有人、无人机配送系统各个层级的决策。因此，无人机配送不同于其他无人机作业，其背后的成本结构也完全不同，无人机配送本质上是一项系统化物流服务。

无人机配送成本主要来自五个方面：航线建设（设计、勘察、申请，最终通过审批而获得航线使用权），设备使用（地空设备的使用），飞行服务（飞行运控、分布式系统运行等），地面保障（无人机运力网络的应急保障、航线维护等），管理体系（运行体系的持续维护）。在考虑发展无人机配送时，必须考虑这些成本因素可能带来的局限。

11.2　多旋翼无人机配送

11.2.1　多旋翼无人机配送模式概述

与卡车配送相比，多旋翼无人机配送的主要特点取决于无人机本身的一些技术性能。无人机相对于卡车，具有载重能力差、配送距离受限等缺点，但具有配送速度快、不受地面交通拥堵限制等优点。

从路径优化的角度，多旋翼无人机配送模式的模型和 VRP 问题的模型较为类似。考虑到近年来无人机在农业、医疗等行业的应用现状，借助同型号的多旋翼无人机，面向最后一公里的末端配送场景，提出无人机配送路径问题（简称 DDP 问题），构建相应的数学规划模型。DDP 问题的目标为总成本最小化，其包括所有无人机飞行过程中的折旧变动成本、能耗变动成本以及每架无人机的固定成本。DDP 问题的特点如下。

（1）DDP 问题网络中包含三类节点。第一类节点是场站，场站是无人机的出发点和返回点，也是无人机装载包裹、运维和充电的场所。第二类节点是配送点，每一个配送点有自己相应的时间窗、服务时间和包裹需求量，每一个配送点只能被某一架无人机访问一次，每一个配送点的包裹需求量不能超过无人机的最大载重量。第三类节点是充电点，充电点是无人机在中途补充电量的场所，它采用与场站相同的时间窗，有服务时间但没有包裹需求量，并且每一个充电点都可以被无人机多次访问，可在同一时间服务多架无人机。

（2）场站保证有足够数量的无人机，且规定每架无人机的最大使用次数。每架无人机有额定载重量 Q_u 和总电量 E，配送过程要满足无人机的载重量不超过 Q_u 并且所消耗的总电量不超过 E。配送过程中，每架无人机的参数（速度、变动成本、固定成本）保持一致。

（3）DDP 问题网络中可能存在三类路段。第一类是从场站到配送点的路段，第二类是从一个配送点到另一个配送点的路段，第三类是从配送点到充电点的路段。设定无人机从场站或充电点离开时均为满电状态。

（4）无人机的载重量和容积较小，假设每次分配给某架无人机的包裹体积不超过其最大容积。由于无人机额定载重的严格限制和包裹重量的不均匀性，无人机每次配送的载重量也不一定为其额定载重量 Q_u。

（5）无人机飞行的能耗与自然因素（无人机飞行的海拔、温度等）、无人机的载货量和飞行速度均有关系。这里忽略自然因素的影响，只考虑无人机的载货量和飞行速度对无人机飞行的能耗的影响。

（6）无人机只要从场站出发便一直处于耗能状态，不能随便降落停留。设定配送点的时间窗均为软时间窗，即无人机可以提前到达配送点进行等待，但晚到配送点会被拒收包裹，不考虑无人机等待时间的时间成本。

（7）出于安全性考虑，无人机在任何节点时剩余的能量都要保证其回到场站或到达某一个充电点，只有在所载的包裹全部配送完毕之后，无人机才可回到场站。

多旋翼无人机配送路径如图 11 -1 所示。图中方形点代表场站，三角形点代表充电点，圆形点代表配送点。图中共使用了两架无人机，其中 1 号无人机使用了两次，2 号无人机使用了一次。在第一次使用 1 号无人机时，1 号无人机从场站 D 出发，服务配送点 1、2 后，飞行到充电点 R 补充电能，之后继续服务配送点 3，第一次配送作业结束，1 号无人机返回场站 D，准备第二次配送作业。在第二次使用 1 号无人机时，1 号无人机从场站 D 出发，服务配送点 7 后，飞行到充电点 R 补充电能，之后继续服务配送点 8，然后再次折回到充电点 R 补充电能，在服务完配送点 9、10 之后返回场站 D。在使用 2 号无人机时，不需要到充电点 R 补充电能，在连续服务完配送点 4、5、6 之后回到场站 D 即可。

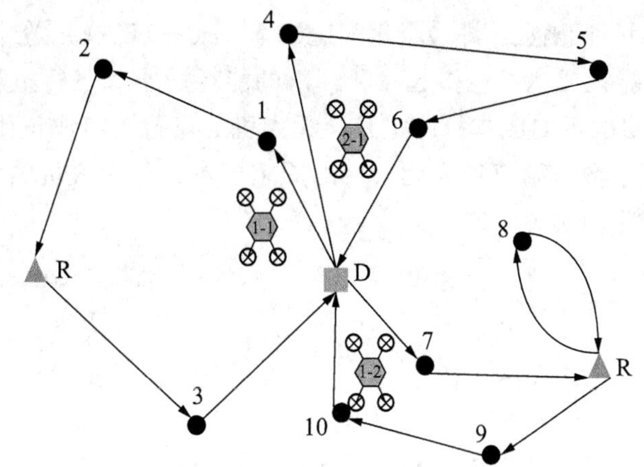

注：D—场站；R—充电点；1，2，3，4，5，6，7，8，9，10—配送点。

图 11－1　多旋翼无人机配送路径示例

11.2.2　DDP 问题模型

1. 参数与变量

DDP 问题模型涉及的集合：场站集合 D，配送点集合 P，充电点集合 R，无人机集合 U 和无人机使用次数集合 N。将 DDP 问题定义在有向图 G 上，$G=(V,A)$，V 为所有节点集合，$V = D \cup P \cup R = \{0,1,2\cdots n, n+1, n+2\cdots\}$，0 为场站。

DDP 问题模型涉及的参数如下。

d_i 为配送点 i（$i \in P$）的需求量，ξ_{ij} 为节点 i 和节点 j 之间的距离，s_i 为配送点或充电点 i（$i \in P \cup R$）的服务时间，$[e_i, l_i]$ 为配送点 i（$i \in P$）的服务时间窗，Q_u 为无人机 u 的额定载重量，γ_0 为空机起飞和降落的能耗，γ 为载货无人机起飞和降落的能耗，ρ_0 为空机飞行的能耗，ρ 为无人机载重时飞行的能耗，v 为无人机的飞行速度，E 为无人机机载的最大电能，λ 为无人机使用一次之后的整备时间，c_1 为电能价格，c_2 为折旧成本系数，c_3 为每架无人机的固定成本系数，M 为一个足够大的常数。

DDP 问题模型涉及的变量如下。

x_{ijun}：第 n（$n \in N$）次使用时，无人机 u 是否从节点 i 到节点 j。

y_u：无人机 u 是否被使用。

w_{ijun}：第 n（$n \in N$）次使用无人机 u 时，从节点 i 离开时的载货量。

en_{ijun}：第 n（$n \in N$）次使用无人机 u 时，从节点 i 离开时的电量。

dt_{un}：第 n（$n \in N$）次使用无人机 u 时，离开场站的时间。

at_{iun}：第 n（$n \in N$）次使用无人机 u 时，到达节点 i（$i \in V$）的时间。

wt_{iun}：第 n（$n \in N$）次使用无人机 u 时，在节点 i（$i \in V$）的等待时间。

Num_u：无人机 u 的使用次数。

2. 目标函数

式（11－1）为目标函数，即最小化配送成本。式（11－1）等号右侧第一项为所有无人机飞行的总能耗成本，包括起飞和降落的能耗成本和飞行过程中的能耗成本；第二项为使用无人机的折旧成本，设定其与无人机的飞行距离成正比关系，把折旧成本系数 c_2 作为比例系数；第三项为无人机的固定成本，与无人机的使用数量成正比，把固定成本系数 c_3 作为比例系数。

$$\min z = \sum_{i\in V}\sum_{j\in V}\sum_{u\in U}\sum_{n\in N}(\gamma_0 x_{ijun} + \gamma w_{ijun} + \xi_{ij}(\rho_0 x_{ijun} + \rho w_{ijun}))c_1 + \sum_{i\in V}\sum_{j\in V}\sum_{u\in U}\sum_{n\in N}\xi_{ij}x_{ijun}c_2 + \sum_{u\in U}y_u c_3 \tag{11-1}$$

3. 约束条件

$$\sum_{i\in G\setminus D}\sum_{n\in N}x_{0iun} = Num_u, u\in U \tag{11-2}$$

$$\sum_{i\in G\setminus D}\sum_{n\in N}x_{i0un} = Num_u, u\in U \tag{11-3}$$

$$y_u \leqslant Num_u, \forall u\in U \tag{11-4}$$

$$y_u \geqslant 0.001 Num_u, \forall u\in U \tag{11-5}$$

$$\sum_{j\in P\cup R}x_{0jun} \geqslant \sum_{j\in P\cup R}x_{0jun+1}, u\in U, n\in N \tag{11-6}$$

$$\sum_{i\in V}x_{ijun} - \sum_{i\in V}x_{jiun} = 0, \forall j\in V, \forall u\in U, \forall n\in N \tag{11-7}$$

$$\sum_{u\in U}y_u \leqslant |U| \tag{11-8}$$

$$\sum_{j\in V}x_{ijun} \leqslant y_u, \forall i\in P, \forall u\in U, \forall n\in N \tag{11-9}$$

$$\sum_{u\in U}\sum_{j\in V}\sum_{n\in N}x_{ijun} = 1, i\in P \tag{11-10}$$

$$\sum_{i\in V}\sum_{u\in U}\sum_{n\in N}x_{iiun} = 0, \forall u\in U, \forall n\in N \tag{11-11}$$

式（11－2）和式（11－3）表示对于无人机 u，其进出场站的次数也就是其被使用的次数。式（11－4）和式（11－5）中，如果使用无人机 u，则 y_u 的取值为 1。式（11－6）表示若第 u 架无人机第 n 次没有被使用，则第 u 架无人机第 $n+1$ 次不能被使用，即无人机使用次数递增。式（11－7）表示对于无人机 u，进入和飞离某一节点的次数相同。式（11－8）表示能够使用的无人机数量不能超过场站保有的无人机总数。式（11－9）表示变量 x_{ijun} 和变量 y_u 之间的关系。式（11－10）表示对于某个配送点 i，其只能被服务一次。式（11－11）表示无人机 u 不能从一个节点出发后立即返回该节点。

$$\sum_{j\in V}w_{jiun} = 0, i\in D, u\in U, n\in N \tag{11-12}$$

$$\sum_{j\in V}w_{jiun} - \sum_{j\in V}w_{ijun} = \sum_{j\in V}x_{ijun}d_i, i\in P, u\in U, n\in N \tag{11-13}$$

$$\sum_{j\in V}\sum_{u\in U}\sum_{n\in N}w_{jiun} - \sum_{j\in V}\sum_{u\in U}\sum_{n\in N}w_{ijun} = 0, i\in R \tag{11-14}$$

$$\sum_{i \in V} \sum_{j \in V \setminus D} x_{ijun} d_j \leqslant Q_u, u \in U, n \in N \tag{11-15}$$

$$\max_{j \in V} w_{jiun} \geqslant \max_{j \in V} w_{ijun}, i \in R, u \in U, n \in N \tag{11-16}$$

式（11-12）表示无人机 u 从 j 点离开，返回场站时的载货量为 0。式（11-13）表示当无人机 u 经过某配送点后，无人机减少的载货量恰好为所经配送点的需求量。式（11-14）表示当无人机 u 经过某充电点后，无人机的载货量不变。式（11-15）表示无人机 u 配送货物到节点 j，节点 j 的需求量不能超过无人机的额定载重量。式（11-16）表示无人机 u 到达某充电点时的载货量不能少于无人机离开该充电点时的载货量。

$$en_{ijun} = Ex_{ijun}, i \in D \cup R, j \in V, u \in U, n \in N \tag{11-17}$$

$$en_{ijun} \leqslant Ex_{ijun}, i \in P, j \in V, u \in U, n \in N \tag{11-18}$$

$$\sum_{j \in V} \sum_{u \in U} \sum_{n \in N} en_{jiun} - \sum_{j \in V} \sum_{u \in U} \sum_{n \in N} en_{ijun} = \sum_{j \in V} \sum_{u \in U} \sum_{n \in N} [\gamma_0 x_{jiun} + \gamma w_{jiun} + \xi_{ji}(\rho_0 x_{jiun} + \rho w_{jiun})], i \in P \tag{11-19}$$

$$en_{ijun} \geqslant \gamma_0 x_{ijun} + \gamma w_{ijun} + \xi_{ij}(\rho_0 x_{ijun} + \rho w_{ijun}), i, j \in V, u \in U, n \in N \tag{11-20}$$

式（11-17）表示无人机从场站或充电点离开时，机载的电量均为最大电能 E。式（11-18）表示无人机从配送点离开时，机载的电量应不大于最大电能 E。式（11-19）表示无人机在节点 j 和 i 之间飞行的能耗等于无人机起飞、降落的能耗和飞行过程中的能耗之和。式（11-20）表示无人机从节点 i 离开时的电量必须保证其飞行到节点 j。

$$dt_{un} + \xi_{0j}/v + M \cdot (1 - x_{0jun}) \geqslant at_{jun}, j \in V \setminus D, u \in U, n \in N \tag{11-21}$$

$$dt_{un} + \xi_{0j}/v - M \cdot (1 - x_{0jun}) \leqslant at_{jun}, j \in V \setminus D, u \in U, n \in N \tag{11-22}$$

$$at_{iun} + wt_{iun} + s_i + \xi_{ij}/v + M \cdot (1 - x_{ijun}) \geqslant at_{jun}, i \in V \setminus D, j \in V, u \in U, n \in N \tag{11-23}$$

$$at_{iun} + wt_{iun} + s_i + \xi_{ij}/v - M \cdot (1 - x_{ijun}) \leqslant at_{jun}, i \in V \setminus D, j \in V, u \in U, n \in N \tag{11-24}$$

$$at_{iun} + wt_{iun} \geqslant e_i \cdot \sum_{j \in V} x_{ijun}, i \in V, u \in U, n \in N \tag{11-25}$$

$$at_{iun} + wt_{iun} \leqslant l_i \cdot \sum_{j \in V} x_{ijun}, i \in V, u \in U, n \in N \tag{11-26}$$

$$dt_{un} \geqslant e_0, \forall u \in U, \forall n \in N \tag{11-27}$$

$$dt_{un} \leqslant l_0, \forall u \in U, \forall n \in N \tag{11-28}$$

$$at_{0un} + \lambda \leqslant dt_{un+1}, \forall u \in U, \forall n \in N \tag{11-29}$$

式（11-21）和式（11-22）表示无人机从离开场站至到达配送点或充电点 j 这一飞行过程中的时间关系。式（11-23）和式（11-24）表示无人机到达配送点或充电点 i 后再飞行到达节点 j 这一飞行过程中的时间关系。式（11-25）和式（11-26）表示无人机要满足节点的服务时间窗要求。式（11-27）和式（11-28）表示无人机要满足场站的服务时间窗要求。式（11-29）表示无人机回到场站之后需要一定的整备时间。

11.2.3 DDP问题模型求解实验

1. 无人机能耗约束的处理方式

上述DDP问题模型可以采用本书第10章介绍的精确算法或者启发式算法进行求解，只不过在求解时需要妥善处理无人机能耗约束。本节设定无人机能耗受到无人机的载重和飞行距离的影响，因此需要设计一种充电站（同上述充电点）/场站插入算子来应对无人机配送过程中的能耗限制。下面介绍在运用启发式算法构建DDP问题模型的解方案时，可以采用的一类面向充电站的贪心插入算子（简称GSI算子），该类GSI算子分为三种形式，用于在初始化无人机配送路径时插入充电站。

（1）基本GSI算子。采用贪心策略初始化路径，遇到第一个导致违反无人机能耗约束的配送点时，寻找距离增加最少的充电站插入到路径中，判断是否满足无人机能耗约束，若仍旧不满足，则向前递推一个配送点，执行相同的操作。

（2）有比较的GSI算子（简称CGSI算子）。在基本GSI算子的基础上，比较每次将充电站插入路径后成本的增量，选择成本增量最小的方案作为充电站插入方案。

（3）最优GSI算子（简称BGSI算子）。在CGSI算子的基础上，尝试所有充电站插入方案，比较各种方案中充电站插入后的成本增量，选择最小的成本增量对应的方案。

GSI算子示例如图11-2所示。通常的GSI算子只有方案一到方案四的情况，不考虑插入场站的方案，也不考虑在一条路径中多次插入充电站的情况。为兼顾无人机能耗的特殊性，这里对GSI算子进行改进，在方案一到方案四都不能满足无人机能耗约束时，考虑多次插入充电站；在方案一到方案五均不能满足无人机能耗约束时，考虑插入场站，以启用新的无人机来开展配送。在按照贪心策略初始化路径时，若截至某一个配送点的能耗超出无人机最大能耗（C4处），则在此配送点前面的路段（C3—C4）中插入离此配送点最近的充电站CS，如果插入之后仍不能满足无人机能耗约束，则在前面的配送点C3执行相同操作，直到插入充电站CS的位置处于无人机从场站出发的第一段弧。如果所有充电站插入方案都不能满足无人机能耗约束，则插入此路径的第二个充电站，如方案五所示。如果插入充电站的个数等于配送点的个数，但仍不满足无人机能耗约束，则不再考虑插入充电站，而是尝试插入场站。

插入场站的操作思路：以方案六为例，若前五种方案均不能满足无人机能耗约束，在C3—C4路段插入场站D，判断是否满足无人机能耗约束，若不满足，在当前序列继续应用方案一到方案五，若仍不满足，则减少配送点的个数，直到只剩配送点C1。

2. 算例运算实验结果和分析

借助试验算例来对DDP问题模型和求解算法的有效性予以验证。算例设计如下：基于VRPTW问题领域常用的Solomon基准算例数据，将其网络节点的坐标转化到以

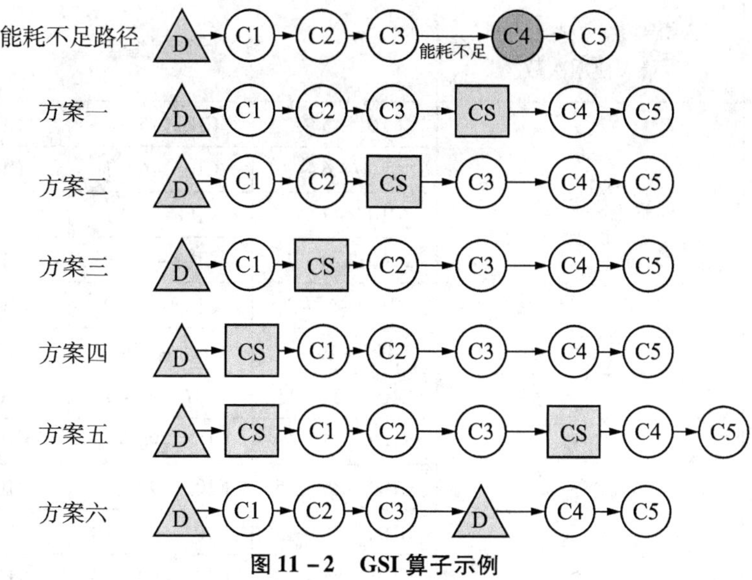

图 11－2　GSI 算子示例

1km 为单位的坐标系中，计算出网络节点之间的欧式距离（单位为 km），各个客户点的时间窗为［6，12］区间内的随机区间，随机生成客户点的快递量（单位为 kg）。

Solomon 基准算例分为三类：①R 类——客户点均匀分布；②C 类——客户点集群分布；③RC 类——R 类和 C 类的混合。这里选择将 C1 类型的 Solomon 基准算例转化为 DDP 问题算例（包含 12 个小规模算例和 27 个大规模算例）。设定小规模算例中配送点的数量分别为 5、6、7、8、9、10，设定大规模算例中配送点的数量分别为 85、90 和 95，小规模算例中充电点数量为 1 个或 2 个，大规模算例中充电点数量分别为 15、10 和 5。Solomon 基准算例给出客户点的坐标，借助网络节点坐标计算网络节点之间的欧式距离。配送点需求量取［0，$Q_u/2$］区间的随机数。基于 Solomon 基准算例中的时间窗，将 DDP 问题算例的时间窗调整为［6，12］区间内的时间区间，配送点服务时间随机生成为 1～6 分钟，充电点的充电时间均设置为 3 分钟。算例编号设为"C10$J-RS-N$"，RS 表示配送点个数，N 表示充电点个数，$J=1$，2，…，9。全部算例编号如表 11－2 所示。小规模算例的无人机架数初始化为 4，每架无人机的最大使用次数初始化为 2；大规模算例的无人机架数初始化为 50，每架无人机的最大使用次数初始化为 2。DDP 问题算例中主要参数取值如表 11－3 所示。

运用学术界常用的求解器 CPLEX（版本 12.9.0）对所设计的小规模算例进行精确求解，使用 VS 2017 C++ IDE 编写启发式算法程序，对所设计的大、小规模算例进行求解。两种程序均在同一台台式计算机上运行。

表 11-2 DDP 问题算例信息

算例类型	无人机架数/每架无人机的最大使用次数	算例编号		
小规模算例	4/2	C101-5-1	C102-5-1	C103-5-1
		C104-6-1	C105-6-1	C106-6-1
		C107-7-1	C108-7-1	C109-7-1
		C101-8-2	C102-8-2	C103-8-2
		C104-9-2	C105-9-2	C106-9-2
		C107-10-2	C108-10-2	C109-10-2
大规模算例	50/2	C101-85-15	C101-90-10	C101-95-5
		C102-85-15	C102-90-10	C102-95-5
		C103-85-15	C103-90-10	C103-95-5
		C104-85-15	C104-90-10	C104-95-5
		C105-85-15	C105-90-10	C105-95-5
		C106-85-15	C106-90-10	C106-95-5
		C107-85-15	C107-90-10	C107-95-5
		C108-85-15	C108-90-10	C108-95-5
		C109-85-15	C109-90-10	C109-95-5

表 11-3 DDP 问题算例中主要参数取值

参数	符号	数值	单位
空机起飞和降落的能耗	g_0	0.017	kW·h
载货无人机起飞和降落的能耗	g	0.011	kW·h/kg
空机飞行的能耗	r_0	0.0735	kW·h/km
无人机载重时飞行的能耗	r	0.049	kW·h/kg·km
无人机的飞行速度	v	60	km/h
无人机机载的最大电能	E	0.384	kW·h
无人机的电能价格	c_1	0.5	元/kW·h
无人机的折旧成本系数	c_2	0.3	元/km
无人机的固定成本系数	c_3	3000	元/架
无人机使用一次之后的整备时间	λ	0.5	h

在使用求解器 CPLEX 求解小规模算例时，限制其最大运算时间为 5 小时，超过 5 小时仍没有获得最优解的情况下，记录其运行 5 小时获得的可行解。表 11-4 给出小规模算例的精确求解结果（限于篇幅，本表只罗列部分算例）。Obj^{CPLEX} 为求解器 CPLEX 获得的精确解的目标函数值。

表 11－4　　小规模算例的精确求解结果

算例	Obj^{CPLEX}（元）	无人机编号/使用次数	路径节点顺序	运算时间（s）
C101－5－1	6002.380	1\1	0－5－6－3－0	239
		1\2	0－1－6－0	
		3\1	0－2－4－0	
		1\2	0－5－0	
		2\2	0－6－4－2－0	
C104－6－1	6003.320	3\1	0－6－3－7－0	509
		3\2	0－5－0	
		4\1	0－4－2－0	
		4\2	0－1－7－0	
C107－7－1	6004.140	2\1	0－3－8－0	3765
		2\2	0－4－2－0	
		3\1	0－8－7－1－5－0	
		3\2	0－8－6－0	
C101－8－2	6003.897	3\1	0－8－9－1－0	13265
		3\2	0－4－2－0	
		4\1	0－9－6－3－9－0	
		4\2	0－9－7－5－0	
C104－9－2	6003.163	1\1	0－2－1－0	15303
		1\2	0－5－6－7－0	
		2\1	0－4－3－0	
		2\2	0－9－11－8－0	
C109－10－2	6005.400	1\1	0－1－11－10－12－6－11－0	15903
		1\2	0－9－12－8－7－0	
		2\1	0－4－11－3－2－11－12－0	
		2\2	0－5－0	

逐一验证小规模算例的精确解，本节建立的 DDP 问题模型能够表述问题界定时的各类约束，能够给出合理的路径方案，这表明 DDP 问题模型是有效的。将精确解结果与启发式算法求解结果进行对照，以验证启发式算法的有效性。对比各个小规模算例的精确求解时间后发现，随着客户点和充电点数量的增多，求解器 CPLEX 的求解时间呈迅速增长趋势。可见，当算例规模增大时，依托求解器 CPLEX 的精确求解手段不能满足实践中对无人机路径优化工作的实时性要求。

这里运用的启发式算法包括两个阶段：①运用贪婪算法构造初始解；②运用差分

进化算法对初始解进行优化。运用启发式算法求解各个小规模算例，从启发式解相对于精确解的偏差率来看，所有小规模算例的启发式算法求解结果的偏差率的平均值为1.32%。在能够精确求解的18个算例中，有9个算例的启发式解与精确解一致。从求解时间来看，相对于精确求解时间，启发式算法计算时间比较短，初始解的构造时间平均为2.4秒，且初始解的质量较好，较为接近最优解，启发式算法运算时间主要耗用在第二阶段，优化时间平均为36.3秒。

DDP问题大规模算例的启发式算法求解结果如表11－5所示（限于篇幅，本表只罗列部分算例）。从求解时间来看，大规模算例的启发式算法计算时间相对较短，初始解的构造时间平均为17.5秒，优化时间平均为100.4秒。从优化解相对于初始解的优化率来看，启发式算法求解各个大规模算例的优化率最大为32.00%，平均优化率为21.99%。

表11－5　　DDP问题大规模算例的启发式算法求解结果

算例	初始解		优化解		Gap^{io}
	Obj^{greedy}	运算时间（s）	Obj^{diff}	运算时间（s）	（%）
C101－85－15	84015.985	19	60010.610	100	28.57
C102－90－10	78017.768	17	66014.037	103	15.39
C103－95－5	60018.911	21	54014.567	101	10.00
C104－85－15	45015.822	27	36011.774	122	20.00
C105－90－10	84018.074	16	63013.499	93	25.00
C106－95－5	87018.329	17	69015.438	96	20.69
C107－85－15	72016.862	16	57012.861	102	20.83
C108－90－10	72018.099	18	54014.197	97	25.00
C109－95－5	66019.078	14	48013.523	95	27.27

注：Obj^{greedy}表示初始解集合中最优解的目标函数值；Obj^{diff}表示经过差分进化算法优化后获得的优化解的目标函数值；Gap^{io}表示启发式算法的优化率，$Gap^{io}=(obj^{greedy}-obj^{diff})/obj^{greedy}\times 100\%$。

通过对比大规模算例启发式解的目标函数值发现，在同一个算例系列（如C101）中，随着配送点数量增加，无人机的配送成本呈上升趋势。通过对比无人机的使用量发现，在同一个算例系列（如C101）中，随着配送点数量增加，无人机的使用量有所增长，但增长幅度并不是很明显。通过计算各类算例中每架无人机平均服务的客户点数量发现，每架无人机服务的客户点数量约为5个。

11.2.4　无人机配送模式的优缺点

对于物流企业而言，更加快速和更加节约成本地将快件送达顾客手中的挑战越来越复杂。各类物流企业都在寻找更加合适的方式来解决物流“最后一公里”问题。无人机技术的蓬勃发展为解决物流“最后一公里”问题提供了一个可选择项。但是，当前无人机技术尚不成熟，无人机存在载重能力较差、机载能源有限、飞行距离受限等缺点。无人机飞行受安全保障不充分、法律法规不健全等不利因素的影响。无人机自主飞行、避障、感知、识别等技术仍然处于研发实验阶段，上述情况阻碍着无人机的大规模落地应用。针对无人机载重能力较差、续航能力受限等缺点，近些年业界研发并探索出了车载无人机联运的技术模式，可以在一定程度上克服现阶段无人机的技术缺陷，尽可能发挥无人机飞行速度快、配送效率高的优势。

课后习题

给定无人机的主要参数，如表 11 - 6 所示。

表 11 - 6　无人机的主要参数

参数	符号	数值	单位
空机飞行的能耗	r_0	0.0735	kW · h/km
无人机载重时飞行的能耗	r	0.049	kW · h/kg · km
无人机的飞行速度	v	60	km/h
无人机机载的最大电能	E	1.0	kW · h

假定无人机从场站（0）出发，携带 3kg 的包裹依次访问客户点（1、2、3），每个客户点的货量需求均为 1kg。无人机服务完所有客户点之后返回场站，给定网络节点之间的距离矩阵：

$$d_{ij} = \begin{bmatrix} 0 & 5 & 8 & 5 \\ 5 & 0 & 3 & 7 \\ 8 & 3 & 0 & 6 \\ 5 & 7 & 6 & 0 \end{bmatrix}$$

计算无人机在全程中的能耗，并说明无人机是否能够完成此次配送任务？若不能完成配送任务，无人机应该在服务完哪个（哪些）客户点之后补充电量？

第 12 章　卡车－无人机联运理论①

12.1　面向单台卡车的卡车－无人机联运模式

面向单台卡车的卡车－无人机联运模式与国际学术界提出的 TSPD 问题的情景相对应。TSPD 问题是一种兼顾无人机的 TSP 问题（旅行商问题）。卡车搭载无人机沿着路径行驶，在行驶到某个节点时卡车上搭载的无人机飞离卡车去服务客户点，卡车在原地等待无人机返回或继续行驶到后续客户点之后再回收无人机，无人机服务完客户点后返回卡车。卡车和无人机访问完网络中所有客户点之后返回场站，要求以路径总行驶时间最小化为目标。基于 TSPD 问题基本形式，可以添加若干种可选条件进行拓展。例如，是否可以在无人机起飞点直接进行无人机回收，是否允许卡车和无人机在汇合点相互等待，卡车是否可以重复访问客户点，无人机是否可以访问多个客户点。

图 12－1 为面向单台卡车的卡车－无人机联运模式中的 TSPD 问题路径示例。卡车携带无人机从场站 0 出发，依次访问客户点 6、7、9、1、3 之后返回场站 0。无人机在卡车到达客户点 7 和客户点 1 的时候起飞。无人机在卡车到达客户点 7 的时候起飞去服务客户点 5，然后在卡车服务客户点 9 时与卡车汇合。无人机在卡车到达客户点 1 的时候被释放了两次，第一次起飞之后服务了客户点 8，此过程中卡车待在客户点 1 等待无人机返回，无人机服务完客户点 8 后返回卡车；无人机第二次起飞之后服务了客户点 2，卡车继续行进，当无人机服务完客户点 2 之后，在客户点 3 与卡车完成汇合。最终，卡车携带无人机一同返回场站 0。

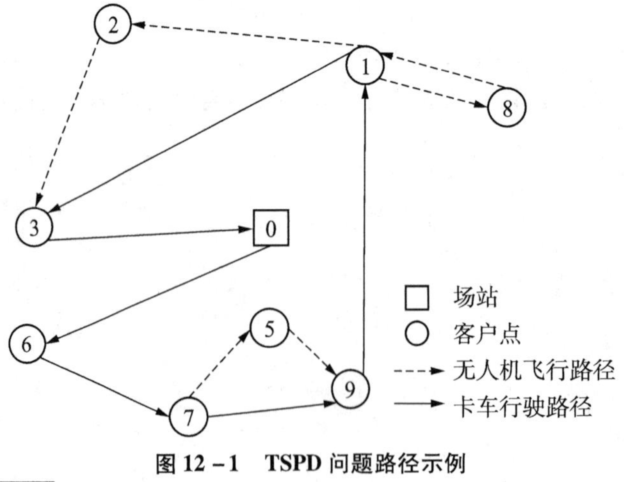

图 12－1　TSPD 问题路径示例

---

① 本章内容适合研究生学习。

12.1.1　TSPD 问题数学模型

1. 参数与变量

（1）参数。

C 表示客户点集合，$C=\{1, 2, \cdots, c\}$。

N 表示网络中的节点集合，$N=\{0, 1, \cdots, c+1\}$，其中 0 表示场站，$c+1$ 表示虚拟场站。

N_0表示运载工具（卡车）可以驶离的节点集合，$N_0=\{0, 1, \cdots, c\}$。

N_+表示运载工具（卡车）可以驶入的节点集合，$N_+=\{1, \cdots, c+1\}$。

τ_{ij}（$i \in N_0$，$j \in N_+$）表示卡车在弧（i, j）上行驶所需要的时间。

τ'_{ij}（$i \in N_0$，$j \in N_+$）表示无人机在弧（i, j）上飞行所需要的时间。

e 表示无人机最长可以飞行的时间，即最长续航时间。

S_L和 S_R分别表示卡车释放无人机和回收无人机所需要的准备时间。

$<i, j, k>$表示无人机一次飞行所经过的路径元组，所有无人机的可行路径元组集合记为 P，$<i, j, k>$中的节点 i、j、k 分别需要满足 $i \in N_0$，$j \in \{C: j \neq i\}$，$k \in \{N_+: k \neq j, k \neq i, \tau'_{ij}+\tau'_{jk} \leqslant e\}$。

M 表示一个足够大的数。

（2）变量。

x_{ij}表示卡车是否经过弧（i, j），$x_{ij} \in \{0, 1\}$，$i \in N_0$，$j \in N_+$，$i \neq j$。

y_{ijk}表示无人机是否从节点 i 释放，访问客户点 j 之后返回节点 k，$y_{ijk} \in \{0, 1\}$，$i \in N_0$，$j \in C$，$k \in N_+$。

t_j表示卡车到达节点 j 的时间，$t_j \geqslant 0$，$j \in N_+$，若 t_j 取值为 0，则表示卡车最早从场站出发的时间。

t'_j 表示无人机到达节点 j 的时间或从节点 j 释放的时间，$t'_j \geqslant 0$，$j \in N_+$，若 t'_j 取值为 0，则表示无人机最早从场站出发的时间。

p_{ij}表示在卡车路径中，客户点 i 是否先于客户点 j 获得配送服务，$p_{ij} \in \{0, 1\}$，$i \in C$，$j \in C$，$i \neq j$。

u_i 表示节点 i 在卡车路径（包含卡车依次访问的节点的序号）中的位置，$u_i \in [1, c+2]$，$i \in N_+$。

2. 目标函数

$$\min t_{c+1} \tag{12-1}$$

式（12 – 1）为目标函数，即最小化卡车/无人机最晚返回场站的时间。通过约束 $t'_k \geqslant t_k - M(1-\sum_{i \in N_0}\sum_{j \in C} y_{ijk})$, $\forall k \in N_+$ 以及 $t'_k \leqslant t_k + M(1-\sum_{i \in N_0}\sum_{j \in C} y_{ijk})$, $\forall k \in N_+$ 确保卡车和无人机到达回收点的时间相同，从而使 $\min t_{c+1}$ 等同于 $\min \max\{t_{c+1}, t'_{c+1}\}$。

3. 约束条件

$$\sum_{i \in N_0} x_{ij} + \sum_{i \in N_0} \sum_{k \in N_+} y_{ijk} = 1, j \in C \tag{12-2}$$

$$\sum_{j \in N_+} x_{0j} = 1 \tag{12-3}$$

$$\sum_{i \in N_0} x_{i,c+1} = 1 \tag{12-4}$$

$$u_i - u_j + 1 \leqslant (c+2)(1 - x_{ij}), \ \forall i \in C, \ j \in \{N_+ : i \neq j\} \tag{12-5}$$

$$\sum_{i \in N_0} x_{ij} = \sum_{k \in N_+} x_{jk}, \forall j \in C \tag{12-6}$$

$$\sum_{j \in C} \sum_{k \in N_+} y_{ijk} \leqslant 1, \forall i \in N_0 \tag{12-7}$$

$$\sum_{i \in N_0} \sum_{j \in C} y_{ijk} \leqslant 1, \forall k \in N_+ \tag{12-8}$$

式（12－2）表示每个客户点只能被卡车或者无人机访问一次。式（12－3）和式（12－4）表示卡车必须从场站出发，最终必须返回虚拟场站。式（12－5）规定客户点访问顺序，同时这也是卡车路径的子环路消除约束。式（12－6）表示卡车的流平衡约束，卡车驶入某个节点后，最终必将驶出此节点。式（12－7）表示无人机最多从某个节点释放一次。式（12－8）表示无人机最多在某个节点回收一次。

$$2y_{ijk} \leqslant \sum_{h \in N_0} x_{hi} + \sum_{l \in C} x_{lk}, \forall i \in C, j \in \{C : j \neq i\}, k \in N_+ \tag{12-9}$$

$$y_{0jk} \leqslant \sum_{l \in N_0} x_{lk}, \forall j \in C, k \in N_+ \tag{12-10}$$

$$u_k - u_i \geqslant 1 - (c+2)(1 - \sum_{j \in C} y_{ijk}), \forall i \in C, k \in N_+ \tag{12-11}$$

式（12－9）表示若无人机从客户点 i 出发，在节点 k 被回收，则卡车必须同时访问客户点 i 和节点 k。式（12－10）表示从场站出发的无人机若在节点 k 被回收，则卡车必定访问节点 k。式（12－11）表示若无人机在客户点 i 被释放，在节点 k 被回收，则卡车必定首先访问客户点 i，之后再访问节点 k。

$$t'_i \geqslant t_i - M(1 - \sum_{j \in C} \sum_{k \in N_+} y_{ijk}), \forall i \in C \tag{12-12}$$

$$t'_i \leqslant t_i + M(1 - \sum_{j \in C} \sum_{k \in N_+} y_{ijk}), \forall i \in C \tag{12-13}$$

$$t'_k \leqslant t_k - M(1 - \sum_{i \in N_0} \sum_{j \in C} y_{ijk}), \forall k \in N_+ \tag{12-14}$$

$$t'_k \leqslant t_k + M(1 - \sum_{i \in N_0} \sum_{j \in C} y_{ijk}), \forall k \in N_+ \tag{12-15}$$

$$t_k \geqslant t_h + \tau_{hk} + S_L(\sum_{l \in C} \sum_{m \in N_+} y_{klm}) + S_R(\sum_{i \in N_0} \sum_{j \in C} y_{ijk}) - M(1 - x_{hk}), \forall h \in N_0, k \in N_+ \tag{12-16}$$

$$t'_j \geq t'_i + \tau'_{ij} - M(1 - \sum_{k \in N_+} y_{ijk}), \forall j \in C, i \in N_0 \tag{12-17}$$

$$t'_k \geq t'_j + \tau'_{jk} + S_R - M(1 - \sum_{i \in N_0} y_{ijk}), \forall j \in C, k \in N_+ \tag{12-18}$$

$$t'_k - (t'_j - \tau'_{ij}) \leq e + M(1 - y_{ijk}), \forall i \in N_0, j \in C, k \in N_+ \tag{12-19}$$

式（12－12）和式（12－13）表示若无人机在客户点从卡车上释放，则释放无人机的时间等于卡车到达某客户点的时间，但无人机和卡车从场站出发的时间可能不相同。式（12－14）和式（12－15）表示无人机到达回收点的时间恰好为卡车到达相同节点的时间。上述四条约束同时限制了无人机在释放点原地被回收的情况和无人机在同一个节点释放多次的情况。式（12－16）表示卡车路径的时间连续性约束，若卡车从节点 h 行驶到节点 k，则从节点 h 到节点 k 的时间包括 τ_{hk}，若在节点 k 释放或者回收无人机，则需要额外考虑无人机释放或者回收的准备时间。式（12－17）和式（12－18）分别表示无人机从释放点到客户点和从客户点到回收点的时间连续性约束。式（12－19）表示无人机的飞行时长限制，其中 $t'_j - \tau'_{ij}$ 表示无人机从节点 i 出发的时间。

$$u_i - u_j \geq 1 - (c+2)(1 - p_{ij}),\ \forall i \in C,\ j \in \{C : i \neq j\} \tag{12-20}$$

$$u_i - u_j \leq -1 + (c+2)(1 - p_{ij}),\ \forall i \in C,\ j \in \{C : i \neq j\} \tag{12-21}$$

$$p_{ij} + p_{ji} = 1,\ \forall i \in C,\ j \in \{C : i \neq j\} \tag{12-22}$$

$$t'_l \geq t'_k - M(3 - \sum_{j \in C} y_{ijk} - \sum_{m \in C} \sum_{n \in N_+} y_{lmn} - p_{il}),\ \forall i \in N_0, k \in N_+, l \in \{C : l \neq i, l \neq k\} \tag{12-23}$$

式（12－20）和式（12－21）表示变量 u_i、u_j、p_{ij} 之间的关系。式（12－22）表示客户点 i 和客户点 j 的访问顺序只能有一种。式（12－23）表示若无人机从节点 i 释放，在节点 k 被回收，同时又从客户点 l 释放，并且卡车在访问节点 i 之前访问客户点 l，则无人机从客户点 l 释放的时间需要不小于在节点 k 被回收的时间。

12.1.2　TSPD 问题求解实验

1. 搜索算子设计

结合自适应大规模邻域搜索算法（ALNS 算法）和基于邻域搜索的启发式算法对 TSPD 问题开展求解实验。

Swap 邻域结构的构建方法：在某个解方案中，随机选择两个客户点（这两个客户点可以由无人机服务，也可以由卡车服务），之后将这两个客户点进行位置互换。

使用 2－opt 算子，不破坏无人机路径的结构，只针对卡车路径进行 2－opt 算子的操作，如图 12－2 所示。图 12－2（a）表示初始的可行路径状态，随机选择卡车路径中的两个客户点（客户点 1 和客户点 3）以及两个客户点之后的弧（弧 1－7 和弧 3－0）。

图 12－2（b）表示与选定的卡车路径片段（7－5－4－3）相连的无人机路径弧和卡车路径弧在选定的卡车路径片段中的客户点处断开。图 12－2（c）表示将选定的卡车路径片段进行反转后，7－5－4－3 变为 3－4－5－7。图 12－2（d）表示将图 12－2（b）断开的连接再重新连回到反转之后的卡车路径上，构成新的路径。

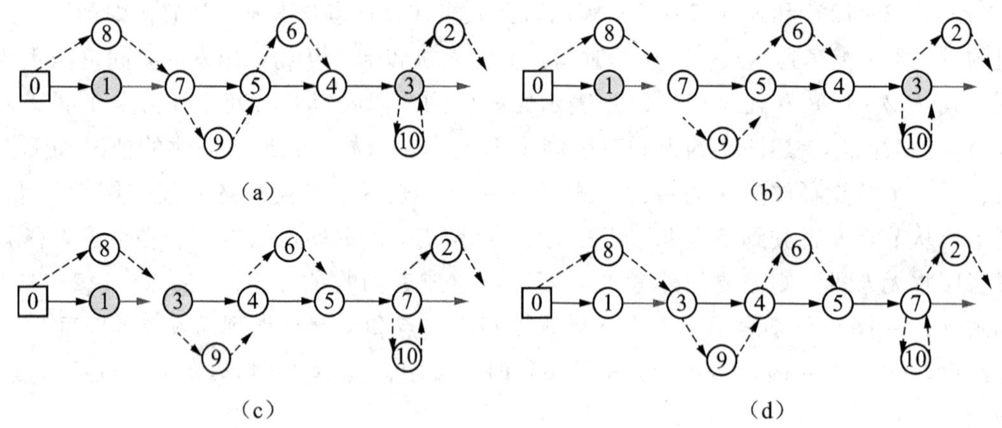

图 12－2　2－opt 算子操作示例

针对 TSPD 问题的特点，在 ALNS 算法中使用随机移除和关联度移除两种破坏算子。采用动态调整的方式，移除的客户点数量占客户点总数的 10% ~50%，该数值动态变化。在 ALNS 算法运行前期，移除较多的客户点，从而充分探索不同的邻域，寻找较优的邻域结构；在 ALNS 算法运行后期，移除较少的客户点，从而细致搜索局部邻域，寻找更优的解方案。

对于移除完客户点之后的路径方案，采用贪婪修复和 2－regret 修复的方式，将已经移除的客户点插入路径方案中。因为路径方案中包含卡车路径和无人机路径这两种路径类型，所以在进行某个被移除客户点的重新插入时，首先检验将客户点插入到卡车路径之后的成本变动，然后再检验将选定的客户点插入到无人机路径之后的成本变动。对于贪婪修复方式，在所有可行修复方案中，以 50% 概率选择成本变动最小的方案进行路径修复，以 50% 的概率选择成本变动次优的方案进行路径修复。对于 2－regret 修复方式，首先计算每一个客户点插入到路径方案中的成本序列，然后计算每一个客户点插入方案的成本序列的遗憾值。在遗憾值最大的某个客户点的所有修复方案中，选择成本最小的修复方案进行路径修复。

卡车携带一架无人机，在某个客户点进行无人机路径修复时，首先需要判断选定的无人机释放点和回收点之间，卡车上是否“一直载有无人机”，若是，则说明选定的无人机释放点和回收点合理，否则说明选定的无人机释放点和回收点不合理。“一直载有无人机”是指在卡车路径片段上，没有其他无人机释放和回收操作。同时，选定的无人机释放点/回收点也不能位于已经存在的其他释放点/回收点之间。

ALNS 修复算子操作的可行/不可行路径示例如图 12 - 3 所示。图 12 - 3（a）展示了当前解的路径方案，这是移除了客户点 9 之后的路径结构。图 12 - 3（b）展示了将客户点 9 插入到所有可行插入位置的情况，即选定客户点 1 为释放点，客户点 2 为回收点，在客户点 1 和客户点 2 之间一直有无人机可用；或者选定客户点 3 为释放点，场站 0 为回收点，在客户点 3 和场站 0 之间一直有无人机可用。图 12 - 3（c）展示了两种情形，在某架无人机放飞区间内的不可行无人机路径方案，以客户点 10 为释放点，客户点 1 为回收点，或者以客户点 5 为释放点，客户点 4 为回收点，释放点和回收点之间均没有无人机的释放和回收操作，但是释放点/回收点处于另外一个无人机飞行路段之内。图 12 - 3（d）展示了两种情形，无人机释放点和回收点之间包含其他无人机飞行路段的释放点/回收点，因此属于不可行无人机路径方案。

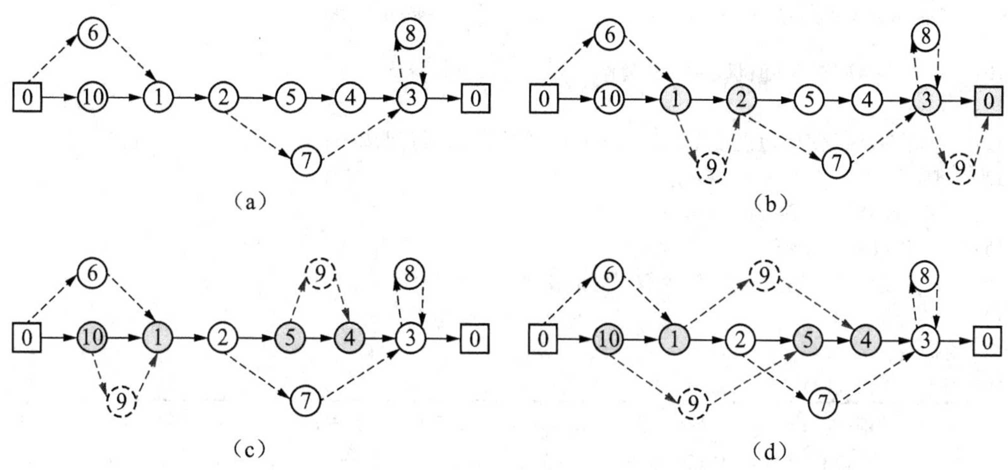

图 12 - 3　ALNS 修复算子操作的可行/不可行路径示例

2. 轮盘赌自适应机制

采用轮盘赌自适应机制对破坏 - 修复算子对进行选择。使用两种破坏算子和两种修复算子，可以组合出四对破坏 - 修复算子对：贪婪破坏 - 贪婪修复算子对，贪婪破坏 - 2 - regret 修复算子对，随机破坏 - 贪婪修复算子对，随机破坏 - 2 - regret 修复算子对。初始化这四对破坏 - 修复算子对，每对被选择使用的概率均为 25%。在之后的迭代过程中，若使用某个算子对之后得到了更优的解，则将这个算子对的使用次数加 1。在后续迭代中，根据算子对的使用次数，使用轮盘赌规则选择算子对。

在使用贪婪算法得到 TSPD 问题初始解 *initSol* 之后，使用 ALNS 算法求解 TSPD 问题的运算流程的伪代码如图 12 - 4 所示。

ALNS for TSPD

初始化最优解，$BestSol = initSol$，最大迭代次数为 $MaxLNSIte$，当前次每次搜索应该移除的客户点数量为 $desCusNum$，每个算子对的使用次数为 $useNum_i$，$i \in \{1, 2, 3, 4\}$，当前解为 $preSol$
While $i < MaxLNSIte$，do
　根据“分级破坏规则”确定 $desCusNum$
　生成一个随机概率，$\theta \in [0, 100\%]$
　If $\theta \leqslant useNum_1 / \sum_{i=1}^{4} useNum_i$，then
　　对 $BestSol$ 使用贪婪破坏－贪婪修复算子对，得到 $preSol$
　Else If $\theta \leqslant (useNum_1 + useNum_2) / \sum_{i=1}^{4} useNum_i$，then
　　对 $BestSol$ 使用贪婪破坏－2－regret 修复算子对，得到 $preSol$
　Else If $\theta \leqslant (useNum_1 + useNum_2 + useNum_3) / \sum_{i=1}^{4} useNum_i$，then
　　对 $BestSol$ 使用随机破坏－贪婪修复算子对，得到 $preSol$
　Else
　　对 $BestSol$ 使用随机破坏－2－regret 修复算子对，得到 $preSol$
　End If
　If $preSol$ 优于 $BestSol$，then
　　$BestSol = preSol$
　　当前次使用的破坏－修复算子对的使用次数加 1
　End If
End do
Output $BestSol$

分级破坏规则：当 $i < MaxLNSIte/5$ 时，$desCusNum \in [0, 50\%]$；当 $MaxLNSIte/5 \leqslant i < 2 \cdot MaxLNSIte/5$ 时，$desCusNum \in [0, 40\%]$；当 $2 \cdot MaxLNSIte/5 \leqslant i < 3 \cdot MaxLNSIte/5$ 时，$desCusNum \in [0, 30\%]$；当 $3 \cdot MaxLNSIte/5 \leqslant i < 4 \cdot MaxLNSIte/5$ 时，$desCusNum \in [0, 20\%]$；当 $4 \cdot MaxLNSIte/5 \leqslant i < MaxLNSIte$ 时，$desCusNum \in [0, 10\%]$。

图 12－4　ALNS 算法求解 TSPD 问题的运算流程的伪代码

3. 算例运算实验和结果分析

基于 TSPD 问题算例，选用最多包含 20 个客户点的小规模算例和最多包含 100 个客户点的大规模算例进行求解实验。ALNS 算法求解 TSPD 问题算例的结果如图 12－5 所示。

比较不同规模算例的目标函数值可见，目标函数值和算例规模成正相关关系。为了验证启发式算法的稳定性，定义“相对箱体高度”，$GAP = \dfrac{Obj_{\max} - Obj_{\min}}{Obj_{\max}}$，衡量算例目标函数值的波动情况。在小规模算例（算例中包含 5～20 个客户点）求解中，箱线图的 GAP 值变化范围为［0.17，0.41］。在大规模算例（算例中包含 50～100 个客户点）求解中，箱线图的 GAP 值变化范围为［0.25，0.32］。小规模算例均能得到最优解方案，而大规模算例在 GAP 值变化幅度方面同小规模算例相比相差不大，可以认为 ALNS 算法应用于大规模算例求解时得到的目标函数值在正常波动范围内，ALNS 算法

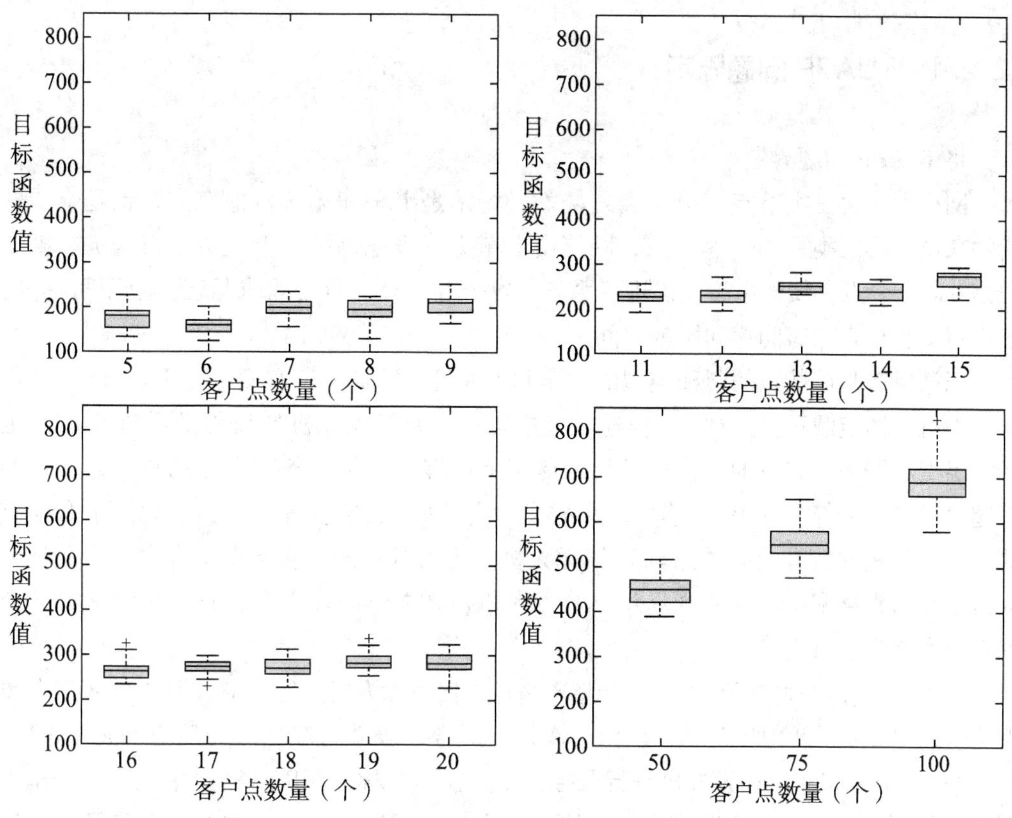

图 12 - 5　ALNS 算法求解 TSPD 问题算例的结果

在大规模算例求解中获得的目标函数值波动范围较小，求解效果较稳定。

12. 2　面向多台卡车的卡车 - 无人机联运模式

以卡车 - 无人机联运模式开展物流配送，可以充分发挥卡车和无人机各自的技术优势，弥补彼此的劣势。无人机续航里程短，卡车可以搭载无人机去往更远的地方进行配送，同时卡车可以搭载无人机不能搭载的货物。卡车由于受地面交通状况影响，行驶速度慢，对于拥挤区域的客户点或者配送时效性要求高的客户点，无人机可以对其进行配送。面向多台卡车的无人机起降点重合的联运模式：每台卡车可以搭载一架或者多架无人机从场站出发，在卡车到达某个客户点时，无人机可以从卡车上起飞服务其他的一个或者多个客户点，无人机在配送过程中卡车保持原地不动（这种模式可确保卡车与无人机之间的通信联系），之后无人机再返回卡车所在的位置，卡车将所有释放的无人机回收后，搭载无人机继续前行。这里将面向多台卡车的无人机起降点重合的联运模式对应的路径优化问题简称为 TUARP 问题。

12.2.1 TUARP 问题界定

将 TUARP 问题界定如下。

网络中包含三类节点。第一类是场站，场站是卡车和无人机保有点，也是唯一的货物来源。第二类是 tuac 客户点，既能由卡车进行服务也可由无人机进行服务。第三类是 uac 客户点，仅能由无人机进行服务。每个客户点的货物需求量已知且不可拆分。已知每个客户点的时间窗和服务时间。

场站保有足够数量的同种类型的卡车和无人机。每辆卡车有额定载重量（Q^t），每架无人机有额定载重量（Q^u），投递过程中要满足每架无人机的载货量不超过 Q^u，也要满足卡车服务客户点的货物总量与该卡车上所有无人机服务客户点的货物总量之和不超过 Q^t。所有卡车参数（行驶变动成本、固定成本、速度等）一致。每辆卡车配有同种类型且相同数量的 U（$U \geqslant 2$）架无人机。无人机可连续服务多个客户点，允许无人机从场站直接配送后再回到场站。若无人机被指派给一辆卡车，则这架无人机不允许在卡车之间进行交换。

网络中存在三种路径形式：①PUAR 路径，仅由无人机进行服务，服务的客户点类型为 tuac 或 uac；②PTR 路径，仅由卡车进行服务，服务的客户点类型为 tuac；③TUAR 路径，由卡车和车载无人机进行服务，主路径（简称为 MR 路径）中包含由卡车进行服务的 tuac 客户点，主路径上选定的 tuac 客户点可以作为一条或多条子路径（简称为 SR 路径）的起讫点，子路径（路径中包含 tuac 客户点或 uac 客户点）由无人机进行服务。

卡车进行无人机放飞作业所停靠的网络节点，被称为无人机释放点，它可以是场站或 tuac 客户点。同一个 tuac 客户点可以作为一辆卡车上 U 架无人机的释放点，设定每架无人机在每个释放点最多被放飞一次，即每个 tuac 客户点下的子路径数量不超过车载无人机数量 U。若无人机在某客户点被释放，则该客户点必须被载有该无人机的卡车服务，且当卡车完成该客户点的配送服务后，需原地等待无人机返回，所产生的卡车等待时间惩罚成本计入目标函数。

TUARP 问题的目标为总成本最小化，总成本包括卡车的行驶成本和无人机的飞行成本、因卡车和无人机等待客户时间窗开启以及卡车在释放点等待无人机返回而产生的等待时间惩罚成本。

TUARP 问题的路径示例如图 12-6 所示。图中共有六条路径：有两条路径由无人机独立提供服务、有两条路径由卡车独立提供服务，还有两条路径是由卡车和无人机协同予以服务。以图 12-6 中的一条协同路径为例：一辆载有两架无人机的卡车从场站 0 出发，依次服务客户点 1、客户点 2 和客户点 3；在卡车到达客户点 3 时，放飞两架无人机；一架无人机服务客户点 6，另一架无人机依次服务客户点 8 和客户点 7；当两架无人机均返回客户点 3 时，卡车完成回收无人机的操作；卡车继续服务客户点 4，并在到达客户点 4 的同时放飞一架无人机去服务客户点 5；待无人机完成客户点 5 的配送服务后，返回客户点 4 与卡车汇合。此时，整条路径的客户点配送任务已完成，卡车载两架无人机返回场站 0。

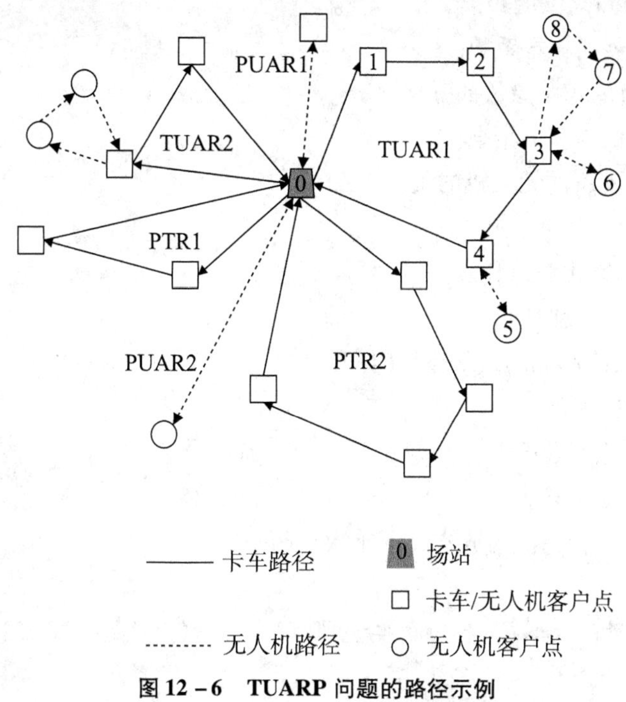

图 12 - 6　TUARP 问题的路径示例

12.2.2　TUARP 问题的混合整数规划模型

1. 参数与变量

在参数及变量中，上角标的正体字母用于表示状态，其中“c”表示客户点，“t”表示卡车，“u”表示无人机，“tuac”表示可由卡车和无人机予以服务的客户点（tuac 客户点），“uac”表示只能由无人机予以服务的客户点（uac 客户点）。下角标的斜体字母用于表示变量变动范围。

（1）参数。

把 TUARP 问题定义在有向图 G 上，$G=(V, A)$，V 为节点集合，$V=V^{\mathrm{tuac}}\cup V^{\mathrm{uac}}=\{0, 1, \cdots, n^{\mathrm{tuac}}, \cdots, n\}$，0 表示场站，$V^{\mathrm{tuac}}$为场站、卡车和无人机予以服务的客户点的集合，$V^{\mathrm{tuac}}=\{0, 1, \cdots, n^{\mathrm{tuac}}\}$，该集合里的点可作为无人机的释放点或回收点，$V^{\mathrm{uac}}$为只能由无人机予以服务的客户点的集合，$V^{\mathrm{uac}}=\{n^{\mathrm{tuac}}+1, \cdots, n\}$。定义 V^{c} 为所有客户点集合，$V^{\mathrm{c}}=V\setminus\{0\}$。$A$ 为节点之间的弧的集合，$A=\{(i, j)\mid i, j\in V\}$。

客户点相关参数如下。

q_i：客户点 i（$i\in V^{\mathrm{c}}$）的货物需求量。

$[e_i, l_i]$：客户点 i（$i \in V^c$）的服务时间窗，其中 e_i 为允许的最早开始服务的时间，l_i 为允许的最晚开始服务的时间。

s_i：客户点 i（$i \in V^c$）的服务时间。

d_{ij}：网络中节点之间的距离，$i, j \in V$。

τ：等待时间惩罚成本系数。

卡车和无人机的相关参数如下。

K：场站保有的卡车的集合。

U：每辆卡车配备的无人机的集合。

Q^t：卡车的额定载重量。

Q^u：无人机的额定载重量。

TL：卡车最长行驶时间。

UL：无人机每次起飞的最长飞行时间。

v^t：卡车的行驶速度。

v^u：无人机的飞行速度。

c^t：卡车行驶变动成本。

c^u：无人机每飞行一次的成本，即单次飞行成本。

（2）变量。

x_{kij}：0－1 变量，卡车 k（$k \in K$）经过弧（i，j）（$i, j \in V^{tuac}$）时取 1，否则取 0，初始化 x_{kii} 为 0。

dt_k^t：卡车 k（$k \in K$）的发车时间，$dt_k^t \geqslant 0$。

at_{kj}^t：卡车 k（$k \in K$）到达客户点 j（$j \in V^{tuac}$）的时间，若该点为无人机的释放点，则其也是 TUAR 子路径的无人机释放时间，$at_{kj}^t \geqslant 0$。

wt_{kj}^t：卡车 k（$k \in K$）在客户点 j（$j \in V^{tuac}$）的等待时间，$wt_{kj}^t \geqslant 0$，初始化 wt_{k0}^t 为 0。

wt_{kj}^{tu}：卡车 k（$k \in K$）在无人机的释放点 j（$j \in V^{tuac} \setminus \{0\}$）处等待无人机返回的等待时间，$wt_{kj}^{tu} \geqslant 0$。

at_{ki}^{max}：卡车最早离开无人机的释放点 i（$i \in V^{tuac} \setminus \{0\}$）的时间，该变量由无人机最晚返回时间和卡车服务完成时间的取值决定，$at_{ki}^{max} \geqslant 0$。

y_{kurij}：0－1 变量，卡车 k（$k \in K$）上的某无人机 u（$u \in U$）在 r（$r \in V^{tuac}$）点被释放，先后服务节点 i、j（$i, j \in V$），无人机重返 r 点与卡车完成汇合时，该变量的值取 1，否则取 0，初始化 y_{kurij} 为 0。

w_{kur}：卡车 k（$k \in K$）上的某无人机 u（$u \in U$）在 r 点（$r \in V^{tuac}$）被释放时取 1，否则取 0。

dt_{ku}^u：卡车 k（$k \in K$）上的某无人机 u（$u \in U$）在场站的释放时间，$dt_{ku}^u \geqslant 0$。

at_{kui}^u：卡车 k（$k \in K$）上的某无人机 u（$u \in U$）到达节点 i（$i \in V$）的时间，$at_{kui}^u \geqslant 0$。

wt_{kui}^{u} ：卡车 k（$k \in K$）上的某无人机 u（$u \in U$）在节点 i（$i \in V$）的等待时间，$wt_{kui}^{u} \geqslant 0$，初始化 wt_{ku0}^{u} 为 0。

at_{ki}^{u-max} ：所有无人机最晚返回释放点 i（$i \in V^{tuac} \setminus \{0\}$）的时间，该时间与卡车服务完该释放点的时间共同决定卡车最早离开该释放点的时间，$at_{ki}^{u-max} \geqslant 0$。

Z_i：0－1 变量，判断释放点 i（$i \in V^{tuac} \setminus \{0\}$）处卡车服务完释放点 i 的时间和所有无人机最晚返回释放点 i 的时间的先后顺序，后者先于前者时取 1，否则取 0。

F_{iu}：0－1 变量，当无人机 u（$u \in U$）是释放点 i（$i \in V^{tuac} \setminus \{0\}$）处最晚返回的无人机时取 1，否则取 0。

2. 目标函数

$$\min z = \sum_{k \in K}\sum_{i \in V^{tuac}}\sum_{j \in V^{tuac}} c^{t} \cdot d_{ij} \cdot x_{kij} + \sum_{k \in K}\sum_{i \in V^{tuac}} c^{t} \cdot (wt_{ki}^{t} + wt_{ki}^{tu}) \cdot v^{t} + \sum_{k \in K}\sum_{u \in U}\sum_{r \in V^{tuac}} c^{u} \cdot w_{kur} + \sum_{k \in K}\sum_{u \in U}\sum_{i \in V} c^{u} \cdot wt_{kui}^{u}/UL \cdot \tau \tag{12－24}$$

目标函数旨在最小化总成本，如式（12－24）所示。前两项为 PTR 路径和 TUAR 主路径的卡车行驶成本和等待时间惩罚成本。卡车行驶成本的计算方式：将行驶距离根据车辆百公里耗油量和油价折算为价值量。卡车等待时间惩罚成本的计算方式：将卡车在客户点的等待时间和在原地等待无人机返回的等待时间相加，乘以行驶速度后折合为距离，再乘以行驶变动成本和等待时间惩罚成本系数。后两项为 PUAR 路径和 TUAR 子路径的无人机飞行成本和等待时间惩罚成本。无人机飞行成本的计算方式：将无人机飞行总次数乘以单次飞行成本。无人机等待时间惩罚成本的计算方式：将无人机在节点的等待时间折合为飞行次数（将其与 UL 相除），再乘以单次飞行成本和等待时间惩罚成本系数。

3. 约束条件

$$\sum_{k \in K}\sum_{i \in V^{tuac}} x_{kij} + \sum_{k \in K}\sum_{u \in U}\sum_{r \in V^{tuac}}\sum_{i \in V} y_{kurij} \geqslant 1, j \in V^{tuac} \setminus \{0\} \tag{12－25}$$

$$\sum_{k \in K}\sum_{i \in V^{tuac}} x_{kij} \leqslant 1, j \in V^{tuac} \setminus \{0\} \tag{12－26}$$

$$\sum_{k \in K}\sum_{u \in U}\sum_{r \in V^{tuac}}\sum_{i \in V} y_{kurij} = 1, j \in V^{uac} \tag{12－27}$$

$$\sum_{i \in V^{tuac}} x_{kij} = \sum_{a \in V^{tuac}} x_{kja}, k \in K, j \in V^{tuac} \tag{12－28}$$

$$\sum_{i \in V} y_{kurij} = \sum_{a \in V} y_{kurja}, k \in K, u \in U, r \in V^{tuac}, j \in V \tag{12－29}$$

式（12－25）表示每个 tuac 客户点被卡车和无人机访问的总次数至少为 1。式（12－26）表示每个 tuac 客户点最多被卡车服务一次。式（12－27）表示每个 uac 客户点恰好被一架无人机服务一次。式（12－28）表示卡车在 TUAR 主路径或 PTR 路径中进出某一客户点的次数相等。式（12－29）表示卡车上的无人机在 PUAR 路径或 TUAR 子路径中进出某一节点的次数相等。

$$\sum_{i \in V^{c}}\sum_{j \in V} q_i y_{kurij} \leqslant Q^{u}, k \in K, u \in U, r \in V^{tuac}, i \neq r \tag{12－30}$$

$$\sum_{i \in V^{\text{tuac}} \setminus \{0\}} \sum_{j \in V^{\text{tuac}}} q_i x_{kij} + \sum_{r \in V^{\text{tuac}} \setminus \{0\}} \sum_{i \in V^{\text{c}}} \sum_{j \in V} \sum_{u \in U} q_i y_{kurij} \leqslant Q^{\text{t}}, k \in K, i \neq r \quad (12-31)$$

$$at_{k0}^{\text{t}} - dt_k^{\text{t}} \leqslant TL, k \in K \quad (12-32)$$

$$at_{ku0}^{\text{u}} - dt_{ku}^{\text{u}} \leqslant UL, k \in K, u \in U \quad (12-33)$$

$$at_{kur}^{\text{u}} - at_{kr}^{\text{t}} \leqslant UL, k \in K, u \in U, r \in V^{\text{tuac}} \setminus \{0\} \quad (12-34)$$

式（12-30）表示卡车上的无人机在 PUAR 路径或 TUAR 子路径上的载重量约束，即无人机的总载重量不超过无人机的额定载重量。式（12-31）表示在 TUAR 主路径或 PTR 路径中，卡车的总载货量要满足额定载重量约束，即车载总货物量（包括无人机载货量）不超过卡车的额定载重量。式（12-32）表示每辆卡车行驶的总时长不超过卡车最长行驶时间。式（12-33）和式（12-34）为无人机路径时间长度约束，两个约束分别表示 PUAR 路径和 TUAR 子路径中，无人机飞行的总时长不超过每次起飞的最长飞行时间。

$$dt_k^{\text{t}} + d_{0i}/v^{\text{t}} + M \cdot (1 - x_{k0i}) \geqslant at_{ki}^{\text{t}}, k \in K, i \in V^{\text{tuac}} \setminus \{0\} \quad (12-35)$$

$$dt_k^{\text{t}} + d_{0i}/v^{\text{t}} - M \cdot (1 - x_{k0i}) \leqslant at_{ki}^{\text{t}}, k \in K, i \in V^{\text{tuac}} \setminus \{0\} \quad (12-36)$$

$$at_{ki}^{\text{t}} + wt_{ki}^{\text{t}} + s_i + d_{ij}/v^{\text{t}} + M \cdot (1 - x_{kij}) + M \cdot \sum_{u \in U} w_{kui} \leqslant at_{kj}^{\text{t}},$$
$$k \in K, i \in V^{\text{tuac}} \setminus \{0\}, j \in V^{\text{tuac}} \quad (12-37)$$

$$at_{ki}^{\text{t}} + wt_{ki}^{\text{t}} + s_i + d_{ij}/v^{\text{t}} - M \cdot (1 - x_{kij}) - M \cdot \sum_{u \in U} w_{kui} \leqslant at_{kj}^{\text{t}},$$
$$k \in K, i \in V^{\text{tuac}} \setminus \{0\}, j \in V^{\text{tuac}} \quad (12-38)$$

$$at_{ki}^{\text{t}} + wt_{ki}^{\text{t}} + M \cdot (1 - \sum_{j \in V^{\text{tuac}}} x_{kij}) \geqslant e_i, k \in K, i \in V^{\text{tuac}} \setminus \{0\} \quad (12-39)$$

$$at_{ki}^{\text{t}} + wt_{ki}^{\text{t}} - M \cdot (1 - \sum_{j \in V^{\text{tuac}}} x_{kij}) \leqslant l_i, k \in K, i \in V^{\text{tuac}} \setminus \{0\} \quad (12-40)$$

$$wt_{ki}^{\text{tu}} + M \cdot (1 - w_{kui}) \geqslant at_{ki}^{\text{u-max}} - (at_{ki}^{\text{t}} + wt_{ki}^{\text{t}} + s_i), k \in K, u \in U, i \in V^{\text{tuac}} \setminus \{0\} \quad (12-41)$$

$$wt_{ki}^{\text{tu}} - M \cdot (1 - w_{kui}) \leqslant at_{ki}^{\text{u-max}} - (at_{ki}^{\text{t}} + wt_{ki}^{\text{t}} + s_i), k \in K, u \in U, i \in V^{\text{tuac}} \setminus \{0\} \quad (12-42)$$

式（12-35）和式（12-36）表示卡车从场站出发到达第一个客户点 i 的时间和卡车的发车时间与行驶时间之和的不等式关系。式（12-37）和式（12-38）表示当客户点 i 不是无人机的释放点时，卡车在路段（i，j）上的两个端点的到达时间的先后衔接关系。式（12-39）和式（12-40）表示卡车要满足 tuac 客户点的服务时间窗要求，卡车早于 e_i 到达客户点 i 时需要等待，在服务时间窗［e_i, l_i］内到达则等待时间为 0，卡车不允许晚于 l_i 到达客户点 i。式（12-41）和式（12-42）表示卡车在无人机的释放点 i 处等待无人机返回的等待时间与所有无人机最晚返回该释放点的时间、卡车在该释放点的服务时间等的不等式关系。

$$dt_{ku}^{\text{u}} + d_{0i}/v^{\text{u}} + M \cdot (1 - y_{ku00i}) \geqslant at_{kui}^{\text{u}}, k \in K, u \in U, i \in V^{\text{c}} \quad (12-43)$$

$$dt_{ku}^{\text{u}} + d_{0i}/v^{\text{u}} - M \cdot (1 - y_{ku00i}) \leqslant at_{kui}^{\text{u}}, k \in K, u \in U, i \in V^{\text{c}} \quad (12-44)$$

$$at_{kui}^{\text{u}} + wt_{kui}^{\text{u}} + s_i + d_{ij}/v^{\text{u}} + M \cdot (1 - y_{kurij}) \geqslant at_{kuj}^{\text{u}}, k \in K, u \in U,$$
$$r \in V^{\text{tuac}}, i \in V^{\text{c}}, i \neq r, j \in V \quad (12-45)$$

$$at^{u}_{kui} + wt^{u}_{kui} + s_i + d_{ij}/v^{u} - M \cdot (1 - y_{kurij}) \leqslant at^{u}_{kuj}, k \in K, u \in U, r \in V^{tuac}, i \in V^{c}, i \neq r, j \in V \quad (12-46)$$

$$at^{u}_{kuj} + wt^{u}_{kuj} + M \cdot (1 - \sum_{i \in V} y_{kurij}) \leqslant e_j, k \in K, u \in U, r \in V^{tuac}, j \in V^{c}, j \neq r \quad (12-47)$$

$$at^{u}_{kuj} + wt^{u}_{kuj} - M \cdot (1 - \sum_{i \in V} y_{kurij}) \leqslant l_j, k \in K, u \in U, r \in V^{tuac}, j \in V^{c}, j \neq r \quad (12-48)$$

$$at^{u-max}_{kr} \geqslant at^{u}_{kur}, k \in K, u \in U, r \in V^{tuac} \setminus \{0\} \quad (12-49)$$

$$\sum_{a \in U} F_{ra} \geqslant w_{kur}, k \in K, u \in U, r \in V^{tuac} \setminus \{0\} \quad (12-50)$$

$$\sum_{a \in U} F_{ra} \leqslant 1, r \in V^{tuac} \setminus \{0\} \quad (12-51)$$

$$at^{u-max}_{kr} + M \cdot (2 - w_{kur} - F_{ru}) \geqslant at^{u}_{kur}, k \in K, u \in U, r \in V^{tuac} \setminus \{0\} \quad (12-52)$$

$$at^{u-max}_{kr} - M \cdot (2 - w_{kur} - F_{ru}) \leqslant at^{u}_{kur}, k \in K, u \in U, r \in V^{tuac} \setminus \{0\} \quad (12-53)$$

$$at^{u}_{kur} + M \cdot w_{kur} \geqslant 0, k \in K, u \in U, r \in V^{tuac} \setminus \{0\} \quad (12-54)$$

$$at^{u}_{kur} - M \cdot w_{kur} \leqslant 0, k \in K, u \in U, r \in V^{tuac} \setminus \{0\} \quad (12-55)$$

式（12-43）和式（12-44）表示 PUAR 路径中无人机从场站出发到达第一个客户点 i 的时间和无人机在场站的释放时间与（0，i）路段上无人机飞行时间之和的不等式关系。式（12-45）和式（12-46）表示 PUAR 路径或 TUAR 子路径中路段（i，j）上，无人机在两个端点的到达时间的先后衔接关系。式（12-47）和式（12-48）表示 PUAR 路径或 TUAR 子路径中无人机要满足客户点的服务时间窗要求，无人机早于 e_j 到达客户点 j 时需要等待，在服务时间窗 $[e_j, l_j]$ 内到达则等待时间为 0，无人机不允许晚于 l_j 到达客户点 j；式（12-49）表示所有无人机最晚返回释放点 r 的时间不小于无人机到达该释放点的时间。式（12-50）和式（12-51）共同要求当 r 为释放点时，必有一架最晚返回该释放点的无人机。式（12-52）和式（12-53）表示当无人机在释放点 r 被释放且为最晚返回释放点 r 的无人机时，at^{u-max}_{kr} 等于该无人机的返回时间。式（12-54）和式（12-55）表示当卡车上的无人机在 r 点不被释放时，令 $at^{u}_{kur} = 0$，避免在运用求解器 CPLEX 进行求解时该变量对 at^{u-max}_{kr} 的求解造成干扰。

$$\sum_{j \in V^{tuac} \setminus \{0\}} x_{k0j} + \sum_{j \in V^{c}} y_{ku00j} \leqslant 1, k \in K, u \in U \quad (12-56)$$

$$\sum_{j \in V^{c}} y_{kurrj} \leqslant 1, \forall k \in K, u \in U, r \in V^{tuac} \quad (12-57)$$

$$\sum_{j \in V^{c}} y_{kurrj} \leqslant \sum_{i \in V^{tuac}} x_{kir}, k \in K, u \in U, r \in V^{tuac} \setminus \{0\} \quad (12-58)$$

$$w_{kur} = \sum_{i \in V^{c}} y_{kurri}, k \in K, u \in U, r \in V^{tuac} \quad (12-59)$$

$$w_{kur} \leqslant \sum_{i \in V^{tuac}} x_{k0i}, k \in K, u \in U, r \in V^{tuac} \setminus \{0\} \quad (12-60)$$

式（12-56）表示一辆卡车最多只能从场站出发一次。式（12-57）表示卡车上

的无人机在 r 点最多被释放一次。式（12－58）表示 TUAR 路径中，若存在子路径由从 tuac 客户点 r 释放的无人机进行服务，则 r 点一定在 TUAR 主路径上。式（12－59）表示当卡车上的无人机以场站或 tuac 客户点为释放点时，$w_{kur}=1$，否则 w_{kur} 取 0。式（12－60）表示若存在子路径由从 tuac 客户点 r（非场站）释放的无人机进行服务，则该卡车必从场站出发服务某一点 i。

$$at_{kr}^{\mathrm{t}}+d_{ri}/v^{\mathrm{u}}+M\cdot(1-y_{kurri})\geqslant at_{kui}^{\mathrm{u}},k\in K,u\in U,r\in V^{\mathrm{tuac}}\setminus\{0\},i\in V^{\mathrm{c}} \quad (12-61)$$

$$at_{kr}^{\mathrm{t}}+d_{ri}/v^{\mathrm{u}}-M\cdot(1-y_{kurri})\leqslant at_{kui}^{\mathrm{u}},k\in K,u\in U,r\in V^{\mathrm{tuac}}\setminus\{0\},i\in V^{\mathrm{c}} \quad (12-62)$$

$$Z_i\geqslant(at_{ki}^{\mathrm{t}}+wt_{ki}^{\mathrm{t}}+s_i-at_{ki}^{\mathrm{u-max}})/M,k\in K,i\in V^{\mathrm{tuac}}\setminus\{0\} \quad (12-63)$$

$$Z_i\leqslant(at_{ki}^{\mathrm{t}}+wt_{ki}^{\mathrm{t}}+s_i-at_{ki}^{\mathrm{u-max}})/M+1,k\in K,i\in V^{\mathrm{tuac}}\setminus\{0\} \quad (12-64)$$

$$at_{ki}^{\max}+M\cdot(2-Z_i-w_{kui})\geqslant at_{ki}^{\mathrm{t}}+wt_{ki}^{\mathrm{t}}+s_i,k\in K,u\in U,i\in V^{\mathrm{tuac}}\setminus\{0\} \quad (12-65)$$

$$at_{ki}^{\max}-M\cdot(2-Z_i-w_{kui})\leqslant at_{ki}^{\mathrm{t}}+wt_{ki}^{\mathrm{t}}+s_i,k\in K,u\in U,i\in V^{\mathrm{tuac}}\setminus\{0\} \quad (12-66)$$

$$at_{ki}^{\max}+M\cdot Z_i+M\cdot(1-w_{kui})\geqslant at_{ki}^{\mathrm{u-max}},k\in K,u\in U,i\in V^{\mathrm{tuac}}\setminus\{0\} \quad (12-67)$$

$$at_{ki}^{\max}-M\cdot Z_i+M\cdot(1-w_{kui})\leqslant at_{ki}^{\mathrm{u-max}},k\in K,u\in U,i\in V^{\mathrm{tuac}}\setminus\{0\} \quad (12-68)$$

$$at_{ki}^{\max}+d_{ij}/v^{\mathrm{t}}-M\cdot(1-x_{kij})-M\cdot(1-w_{kui})\leqslant at_{kj}^{\mathrm{t}},k\in K,u\in U,\ i\in V^{\mathrm{tuac}}\setminus\{0\},j\in V^{\mathrm{tuac}} \quad (12-69)$$

$$at_{ki}^{\max}+d_{ij}/v^{\mathrm{t}}+M\cdot(1-x_{kij})+M\cdot(1-w_{kui})\geqslant at_{kj}^{\mathrm{t}},k\in K,u\in U,\ i\in V^{\mathrm{tuac}}\setminus\{0\},j\in V^{\mathrm{tuac}} \quad (12-70)$$

式（12－61）和式（12－62）表示卡车到达释放点 r 释放无人机，无人机飞行至 TUAR 子路径上第一个客户点 i 这一过程的时间衔接关系。式（12－63）和式（12－64）表示当 i 是无人机的释放点时，判断卡车服务完释放点 i 的时间和所有无人机最晚返回释放点 i 的时间的先后顺序。式（12－65）和式（12－66）表示当 i 是无人机的释放点，所有无人机最晚返回释放点 i 的时间先于卡车服务完释放点 i 的时间时，$at_{ki}^{\max}$ 等于卡车服务完释放点 i 的时间。式（12－67）和式（12－68）表示当 i 是无人机的释放点，卡车服务完释放点 i 的时间先于所有无人机最晚返回释放点 i 的时间时，$at_{ki}^{\max}$ 等于所有无人机最晚返回释放点 i 的时间。式（12－69）和式（12－70）表示当 i 是无人机的释放点时，卡车在主路径路段（i，j）上的两个端点的到达时间的先后衔接关系。

12.2.3 TUARP 问题求解实验

借助邻域搜索算法对 TUARP 问题进行求解，初始解使用节约算法进行构建，下文重点介绍求解 TUARP 问题可以使用的邻域搜索算子。

针对 TUARP 问题设计的邻域搜索算子包括三类，分别是单条路径的客户点的重定位算子（记作 relocate）、两条路径间的客户点的嵌入算子［记作（λ_1，0）insert］与交换算子［记作（λ_1，λ_2）swap］、子路径中 λ_1 个连续客户点更改释放点的算子（记作 λ_1－change）。其中，λ_1、λ_2 表示从两条路径（记作路径 1 和路径 2）中分别选出的进行算子操作的连续客户点数。以下枚举在 TUARP 问题求解过程中可行的邻域搜索算子，各类算子如表 12 – 1 所示。

表 12 – 1　　各类算子

算子类型	针对的路径类型	简写表示
路径内重定位	单条 MR 路径	MR – relocate
	单条 SR 路径	SR – relocate
	单条 PUAR 路径	PUAR – relocate
	单条 PTR 路径	PTR – relocate
路径间（λ_1，0）嵌入与（λ_1，λ_2）交换	两条 PTR 路径	PTR – （λ_1，0）insert
	PTR 路径和 MR 路径	PTR&MR – （λ_1，0）insert
	两条 MR 路径	MR – （λ_1，0）insert
	两条 PUAR 路径	PUAR – （λ_1，0）insert
	PUAR 路径和 SR 路径	PUAR&SR – （λ_1，0）insert
	两条 SR 路径	SR – （λ_1，0）insert
	PUAR 路径和 PTR 路径	PUAR&PTR – （λ_1，0）insert
	PUAR 路径和 MR 路径	PUAR&MR – （λ_1，0）insert
	SR 路径和 PTR 路径	SR&PTR – （λ_1，0）insert
	SR 路径和 MR 路径	SR&MR – （λ_1，0）insert
子路径客户点更改释放点	SR 路径和其所属 MR 路径	λ_1 – inner change
	SR 路径和其他卡车路径	λ_1 – inter change

注：表中，"路径间（λ_1，0）嵌入与（λ_1，λ_2）交换"算子类型的简写表示仅以（λ_1，0）insert 为例，（λ_1，λ_2）swap 的简写表示不再逐一列出。

路径示例如图 12 – 7 所示。其中，路径首尾的六边形表示场站，方框表示 tuac 客户点，圆圈表示 uac 客户点，卡车路径以实线箭头连接路径上的客户点，无人机路径以虚线箭头连接路径上的客户点。图 12 – 7（a）为 PTR 路径（0 – 1 – 3 – 2 – 0）。图 12 – 7（b）为 TUAR 路径，MR 路径为 0 – 1 – 3 – 2 – 0，SR 路径为 1 – 5 – 4 – 1（无人机于客户点 1 释放/回收）和 2 – 6 – 2（无人机于客户点 2 释放/回收）。图 12 – 7（c）为 PUAR 路径（0 – 5 – 6 – 4 – 0）。

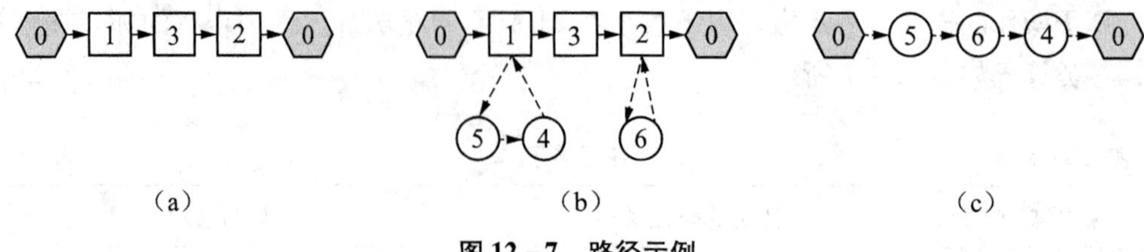

图 12－7 路径示例

经过算子运算后所获得的路径，需要判断是否满足以下条件，从而决定是否保留算子运算结果：①满足客户点时间窗约束；②满足卡车/无人机的额定载重量约束；③满足卡车/无人机的最长行驶/飞行时间约束；④运算后解的目标函数值小于运算前解的目标函数值。值得注意的是，由于 MR、SR 路径间存在时间和空间维度的衔接，一旦 MR、SR 路径之一发生客户点变动，另外一种路径也将随之改变。当在 MR 路径进行客户点重定位、嵌入/交换操作，或在 SR 路径进行客户点重定位、嵌入/交换以及更改释放点操作时，还需对该 MR 路径下的所有 SR 路径或该 SR 路径所属的 MR 路径及其他所有子路径进行路径的可行性判断。

1. 路径内重定位

客户点的重定位操作是对同一条路径中客户点的位置进行重新定位，从而改变路径的结构以获得邻域解。MR 路径、SR 路径、PUAR 路径和 PTR 路径中客户点的重定位操作示意如图 12－8 所示。图 12－8（a）为 MR 路径中客户点的重定位操作，随机选择客户点 1 进行位置重置，MR 路径（0－1－3－2－0）经操作后得到新路径（0－3－1－2－0）。该类型路径在进行客户点的重定位操作时，除其下所有 SR 路径的节点到发时间均发生变化外，某些 SR 路径还可能会随其 MR 路径客户点的重定位发生位置变化。图 12－8（b）为 SR 路径中客户点的重定位操作，随机选择一条子路径（1－5－4－1）上的客户点 5，将其位置在该子路径内进行重置得到新的子路径（1－4－5－1）。图 12－8（c）和图 12－8（d）为 PUAR 路径、PTR 路径中客户点的重定位操作，随机选择路径内的客户点进行位置的重置。

2. 路径间点的嵌入

路径间点的嵌入操作就是将一条路径中的一个或多个相邻的客户点嵌入到另一条路径中。设两条路径分别为路径 1 和路径 2，（λ_1，0）insert 进行的嵌入操作：将路径 1 中的 λ_1 个连续客户点嵌入到路径 2 中。根据所选择的待操作的两条路径的类型进行划分，可分为两条卡车路径间点的嵌入操作、两条无人机路径间点的嵌入操作以及卡车与无人机路径间点的嵌入操作。假设 $\lambda_1 = 1/2$，两条卡车路径间点的嵌入操作采用 PTR－（1，0）insert、PTR－（2，0）insert、PTR&MR－（1，0）insert、MR－（1，0）insert，两条无人机路径间点的嵌入操作采用 PUAR－（1，0）insert、PUAR－（2，0）insert、PUAR&SR－（1，0）insert、SR－（1，0）insert，卡车与无人机路径间点的嵌入操作采用 PUAR&PTR－（1，0）insert、PUAR&PTR－（2，0）insert、PUAR&MR－（1，0）insert、SR&PTR－（1，0）insert、SR&MR－（1，0）insert。

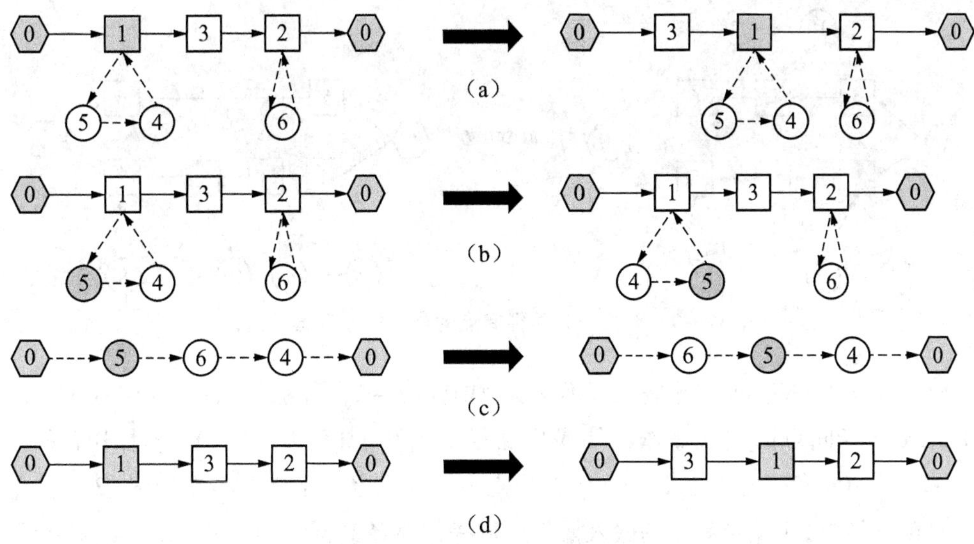

图 12 – 8　客户点的重定位操作示意

两条卡车路径间点的嵌入操作示意如图 12 – 9 所示。图 12 – 9（a）为两条 PTR 路径间点的嵌入操作，待操作路径 1 为 0 – λ_1 – 3 – 2 – 0（λ_1代表随机选择的λ_1个连续客户点），待操作路径 2 为 0 – 5 – 4 – 6 – 0，将路径 1 中λ_1个连续客户点嵌入到路径 2 的随机位置。图 12 – 9（b）为 PTR 路径与 MR 路径间点的嵌入操作，待操作路径 1 为 0 – 5 – λ_1 – 6 – 0，待操作路径 2 的主路径为 0 – 1 – 3 – 2 – 0，随机选择路径 1 中λ_1个连续客户点嵌入到路径 2 的主路径的随机位置，操作后，路径 1 为 0 – 5 – 6 – 0，路径 2 的主路径为 0 – 1 – λ_1 – 3 – 2 – 0。图 12 – 9（c）为两条 MR 路径间点的嵌入操作，待操作路径 1 的主路径为 0 – 5 – λ_1 – 6 – 0，其子路径为λ_1 – 10 – 11 – λ_1，待操作路径 2 的主路径为 0 – 1 – 3 – 2 – 0，随机选择路径 1 中λ_1个连续客户点嵌入到路径 2 的主路径的随机位置，操作后，路径 1 为 0 – 5 – 6 – 0，由 TUAR 路径变为 PTR 路径，路径 2 的主路径为 0 – 1 – 3 – λ_1 – 2 – 0，其增加的子路径为λ_1 – 10 – 11 – λ_1。

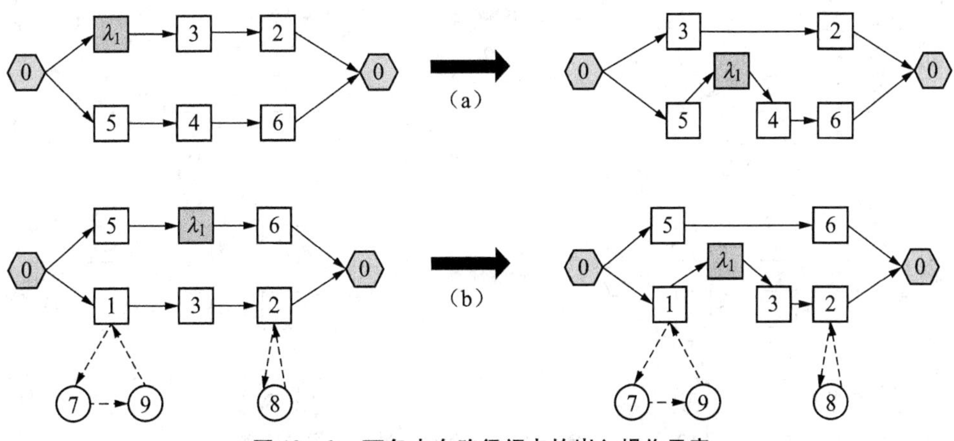

图 12 – 9　两条卡车路径间点的嵌入操作示意

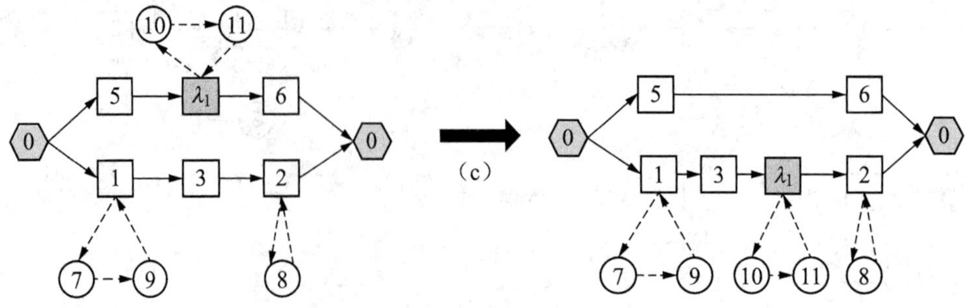

图 12-9　两条卡车路径间点的嵌入操作示意（续）

两条无人机路径间点的嵌入操作示意如图 12-10 所示。图 12-10（a）为两条 PUAR 路径间点的嵌入操作，待操作路径 1 为 $0-\lambda_1-6-4-0$，待操作路径 2 为 0-5-2-7-0，将路径 1 中 λ_1 个连续客户点嵌入到路径 2 的随机位置。图 12-10（b）为 PUAR 路径与 SR 路径间点的嵌入操作，待操作路径 1 为 $0-5-6-\lambda_1-0$，待操作路径 2 的主路径为 0-1-3-2-0，其子路径为 1-7-9-1 和 2-8-2，将路径 1 中 λ_1 个连续客户点嵌入到路径 2 的子路径（2-8-2）的随机位置，操作后，路径 1 为 0-5-6-0，路径 2 中的一条子路径为 $2-8-\lambda_1-2$。图 12-10（c）为两条 SR 路径间点的嵌入操作，待操作路径 1 的子路径为 $4-10-\lambda_1-4$，待操作路径 2 中的一条子路径为 2-8-2，将路径 1 的子路径中的 λ_1 个连续客户点嵌入到路径 2 的子路径（2-8-2）的随机位置。

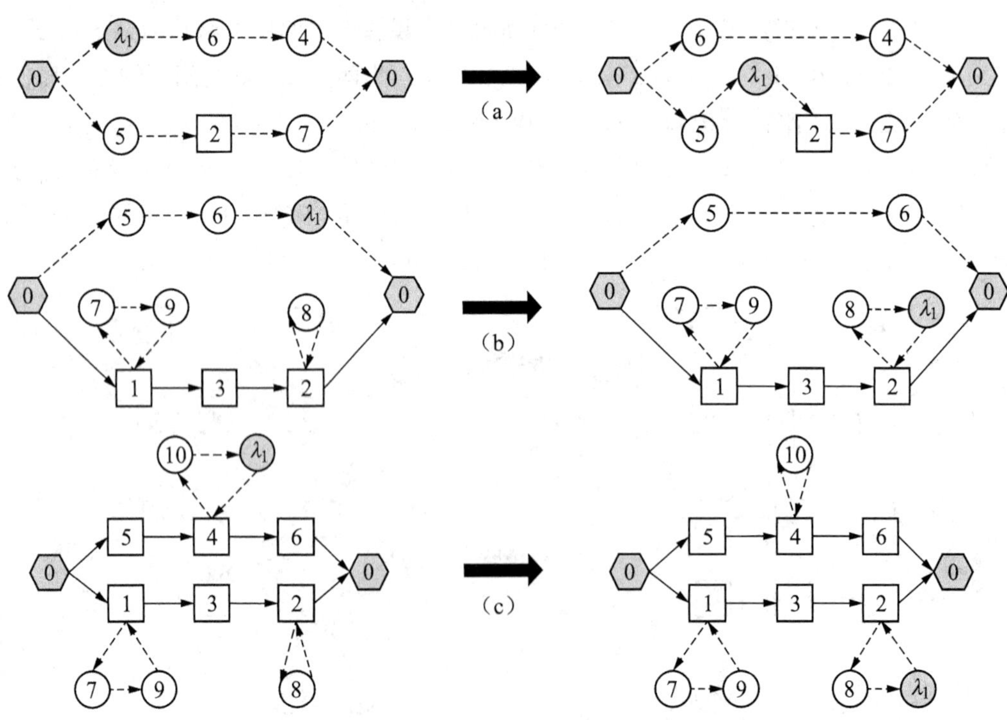

图 12-10　两条无人机路径间点的嵌入操作示意

卡车与无人机路径间点的嵌入操作示意如图 12－11 所示。在进行卡车与无人机路径间点的嵌入操作时还需注意：uac 客户点不能嵌入到 PTR 路径中，嵌入到 PUAR 路径中的 tuac 客户点下不能有子路径。图 12－11（a）为 PTR 路径与 PUAR 路径间点的嵌入操作，随机选择路径 1 中 λ_1 个连续客户点嵌入到路径 2 的随机位置。图 12－11（b）为 PTR 路径与 SR 路径间点的嵌入操作，待操作路径 1 为 0－5－6－λ_1－0，待操作路径 2 的主路径为 0－1－3－2－0，其包含的子路径有 2－8－2，将路径 1 中 λ_1 个连续客户点嵌入到路径 2 的子路径（2－8－2）的随机位置，操作后，路径 1 为 0－5－6－0，路径 2 的一条子路径为 2－λ_1－8－2。图 12－11（c）为 MR 路径与 PUAR 路径间点的嵌入操作，待操作路径 1 为 0－λ_1－2－1－0，待操作路径 2 为 0－7－9－8－0，将路径 1 中 λ_1 个连续客户点嵌入到路径 2 的随机位置，操作后，路径 1 为 0－2－1－0，路径 2 为 0－7－λ_1－9－8－0。图 12－11（d）为 MR 路径与 SR 路径间点的嵌入操作，待操作路径 1 为 0－λ_1－4－6－0，待操作路径 2 的主路径为 0－1－3－2－0，其包含的子路径有 2－8－2，随机选择路径 1 中 λ_1 个连续客户点嵌入到路径 2 的子路径的随机位置，操作后，路径 1 为 0－4－6－0，路径 2 的子路径为 2－λ_1－8－2。

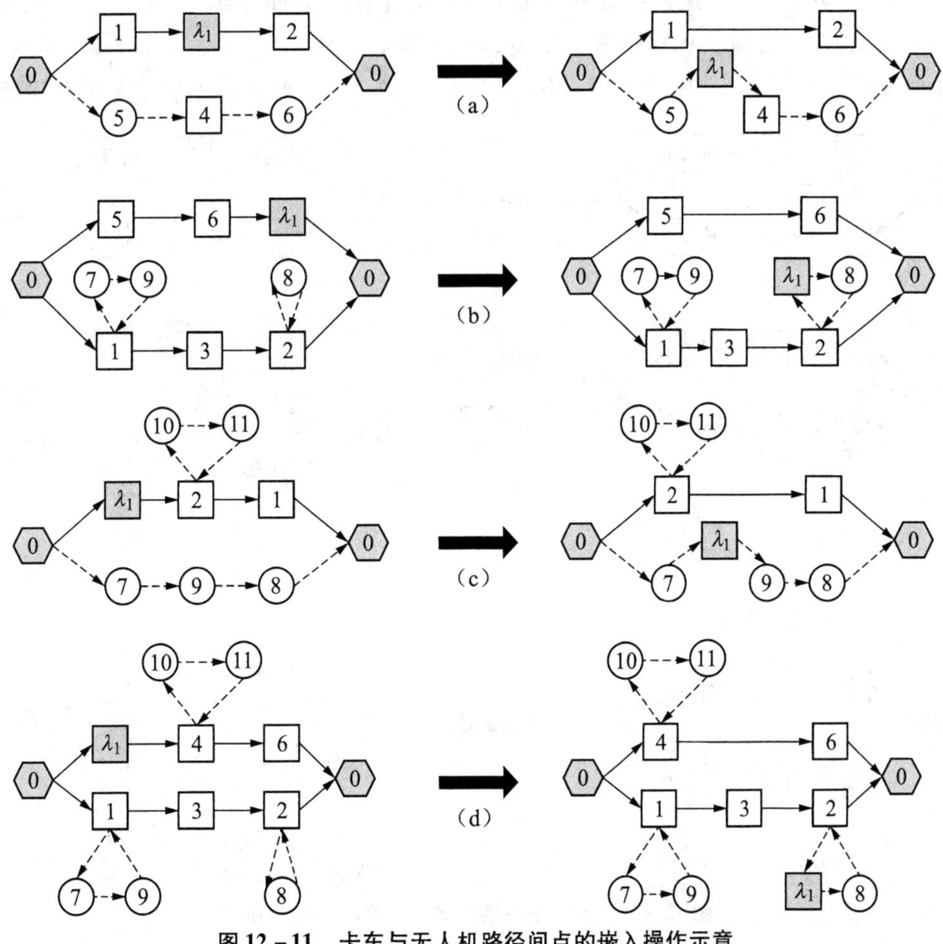

图 12－11　卡车与无人机路径间点的嵌入操作示意

3. 路径间点的交换

路径间点的交换操作就是将分别位于两条路径中的两个片段（每个片段包含若干个点）进行交换。设两条路径分别为路径 1 和路径 2，（λ_1，λ_2）swap 进行的交换操作：将路径 1 中的λ_1个连续客户点与路径 2 中的λ_2个连续客户点进行交换。根据所选择的待操作的两条路径的类型进行划分，可分为两条卡车路径间点的交换操作、两条无人机路径间点的交换操作以及卡车与无人机路径间点的交换操作。假设有（1，1）swap、（1，2）swap 和（2，2）swap，两条卡车路径间点的交换操作采用 PTR－（1，1）swap、PTR－（1，2）swap、PTR－（2，2）swap、PTR&MR－（1，1）swap、MR－（1，1）swap，两条无人机路径间点的交换操作采用 PUAR－（1，1）swap、PUAR－（1，2）swap、PUAR－（2，2）swap、PUAR&SR－（1，1）swap、SR－（1，1）swap，卡车与无人机路径间点的交换操作采用 PUAR&PTR－（1，1）swap、PUAR&PTR－（1，2）swap、PUAR&PTR－（2，2）swap、PUAR&MR－（1，1）swap、SR&PTR－（1，1）swap、SR&MR－（1，1）swap。

由于路径间点的交换操作可以看作路径间点的嵌入操作的泛化形式，故不再逐一详细解释以下示意图。两条卡车路径间点的交换操作示意如图 12－12 所示，其包括 PTR－（λ_1，λ_2）swap、PTR&MR－（λ_1，λ_2）swap、MR－（λ_1，λ_2）swap 的运用，分别如图 12－12（a）、图 12－12（b）、图 12－12（c）所示。两条无人机路径间点

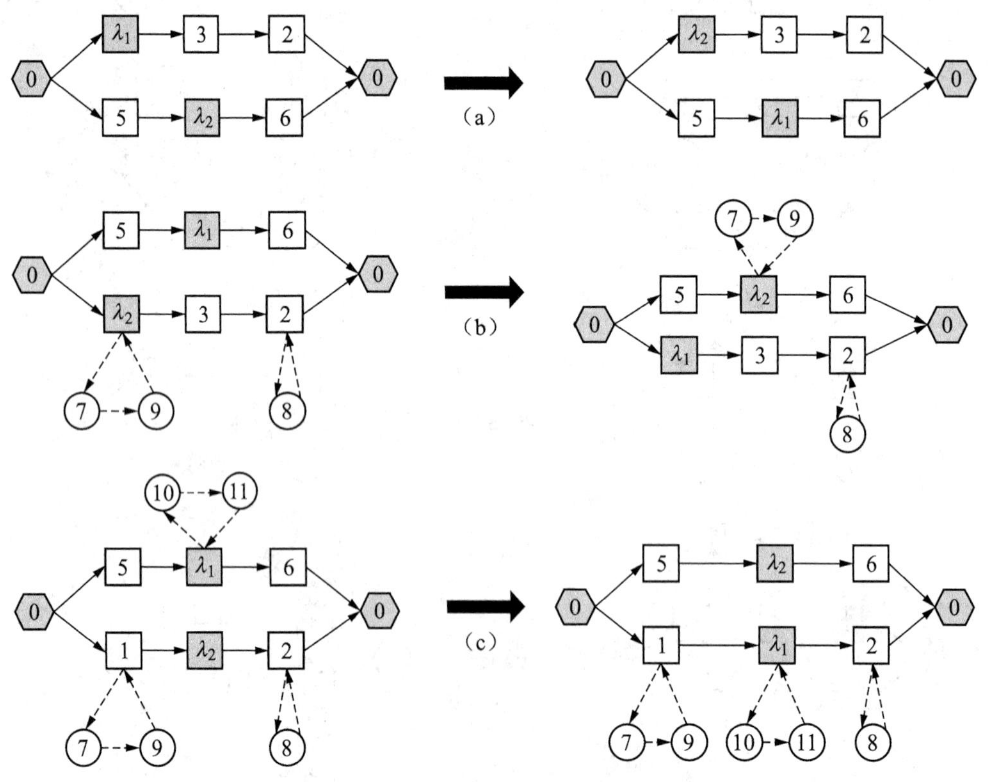

图 12－12　两条卡车路径间点的交换操作示意

的交换操作示意如图 12 - 13 所示，其包括 PUAR - （λ_1，λ_2）swap、PUAR&SR - （λ_1，λ_2）swap、SR - （λ_1，λ_2）swap 的运用，分别如图 12 - 13（a）、图 12 - 13（b）、图 12 - 13（c）所示。卡车与无人机路径间点的交换操作示意如图 12 - 14 所示，其包括 PUAR&PTR - （λ_1，λ_2）swap、SR&PTR - （λ_1，λ_2）swap、PUAR&MR - （λ_1，λ_2）swap、SR&MR - （λ_1，λ_2）swap 的运用，分别如图 12 - 14（a）、图 12 - 14（b）、图 12 - 14（c）、图 12 - 14（d）所示。在进行卡车与无人机路径间点的交换操作时还需注意：只有两条路径中的 tuac 客户点可以进行相互交换，交换到 PUAR 路径中的 tuac 客户点下不能有子路径。

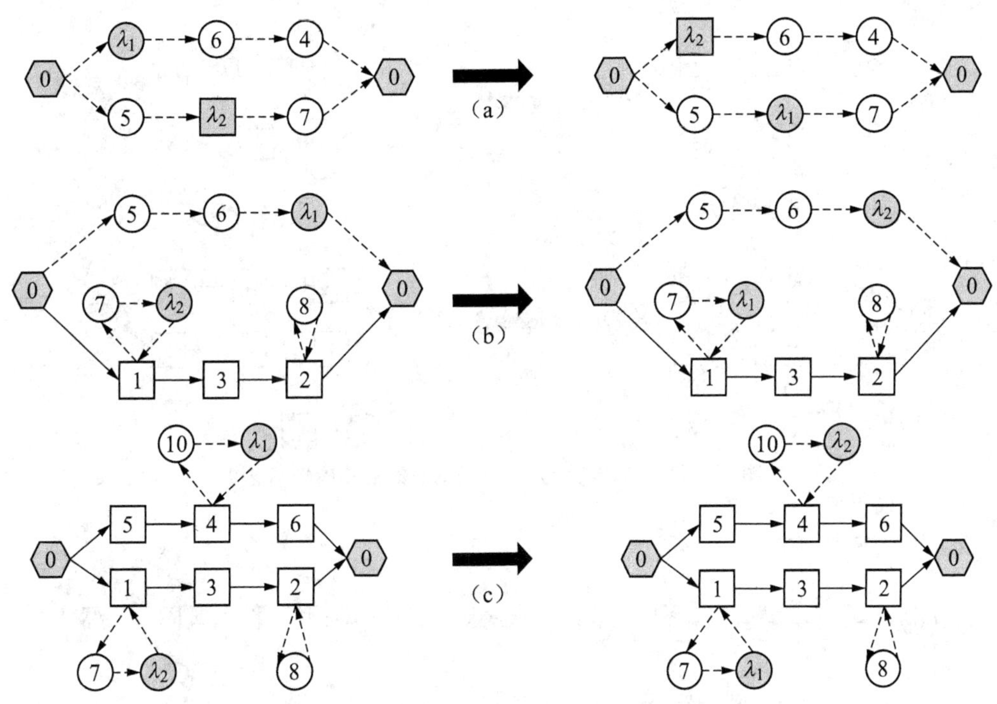

图 12 - 13　两条无人机路径间点的交换操作示意

4. 子路径客户点更改释放点

子路径客户点更改释放点操作示意如图 12 - 15 所示。与操作相关的算子将子路径的部分或全部客户点移动到其他 tuac 客户点下，从而形成新的子路径。PUAR 路径中所含的客户点数有限，若将子路径中连续 1 个、2 个或全部客户点进行释放点的更改，则 λ_1取 1、2 或 *all*（全部客户点的数量）。该类算子包括将子路径中的λ_1个连续客户点移动到其所属主路径的其他 tuac 客户点下的λ_1 - inner change［见图 12 - 15（a）］以及将子路径中的λ_1个连续客户点移动到其他 PTR 路径的 tuac 客户点下的λ_1 - inter change［见图 12 - 15（b）和图 12 - 15（c）］。需要注意操作后的释放点下的子路径条数不能超过一辆卡车所载的无人机总数。

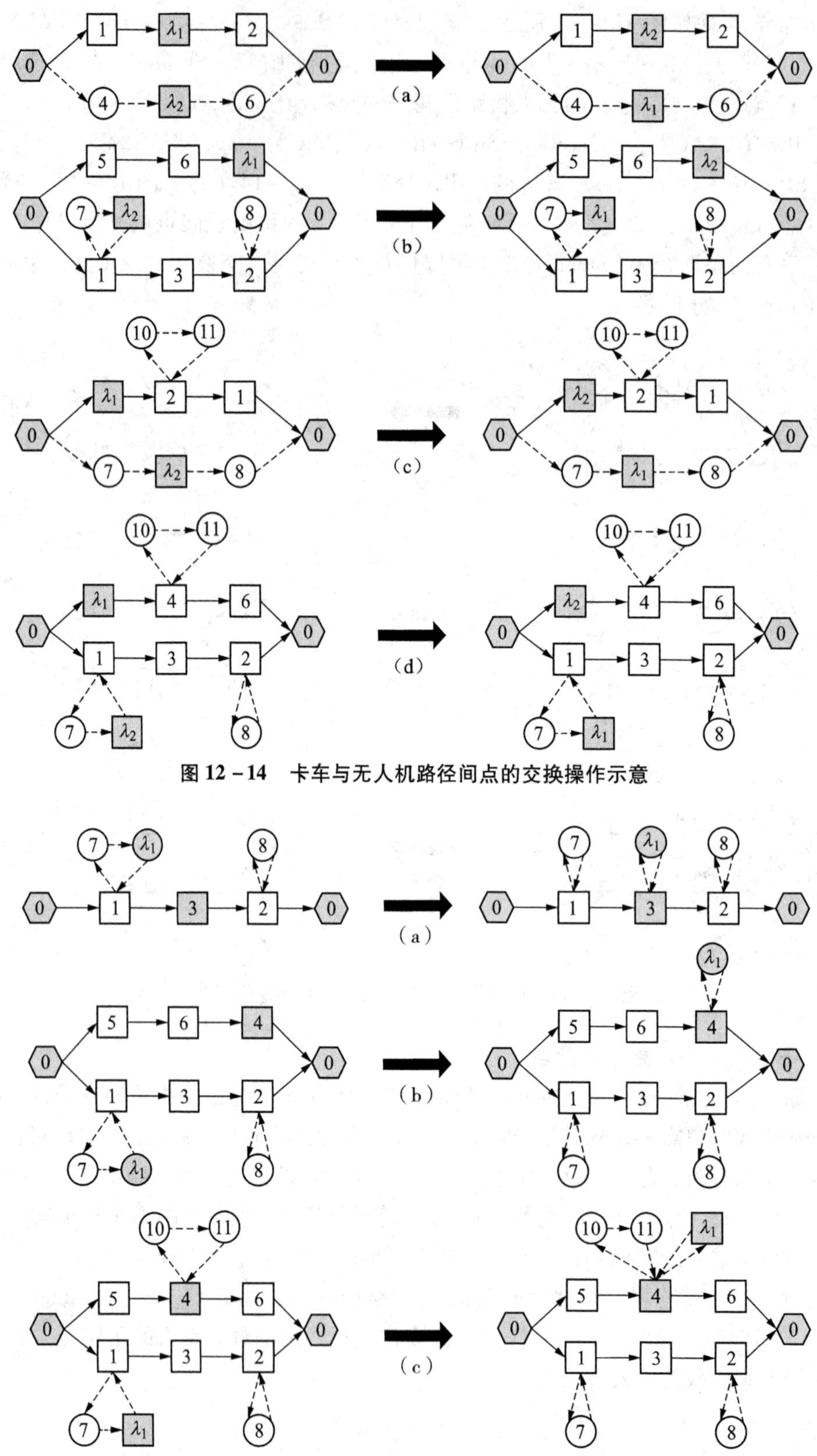

图 12-14　卡车与无人机路径间点的交换操作示意

图 12-15　子路径客户点更改释放点操作示意

5. 算例运算、实验结果和分析

算例设计方法如下。

基于 Solomon 基准算例（C 类的 C1 系列）中客户点的坐标，计算出网络节点之间的曼哈顿距离来表示算例中客户点之间的距离，客户点的时间窗为［0，18］区间内的随机区间，tuac 客户点服务时间定为 15 分钟，uac 客户点服务时间定为 5 分钟。客户点的需求量随机生成，为保证各类型运力能够服务多个客户点，tuac 客户点需求量取 $[0, Q^t/20]$ 区间内的随机数，uac 客户点需求量取 $[0, Q^t/2]$ 区间内的随机数。

小规模算例编号设为"C1－n－p"，其中 C1 表示该小规模算例由 C1 系列基准算例转化而来，n 表示客户点数量，p 表示 uac 客户点所占比例，分别取 0.25、0.5、0.75。大规模算例客户点数量均为 100，大规模算例编号设为"C10x－p"，C10x 表示该算例是从 C1 系列基准算例的第 x 算例转化而来，p 表示 uac 客户点所占比例，分别取 0.25、0.5、0.75。将 Solomon 基准算例中的每个客户点 i 和离其最近的客户点之间的距离表示为 A_i，然后将所有客户点的 A_i 值从小到大进行排列。分别把 A_i 值最小的前 25%、前 50% 和前 75% 对应的客户点作为 uac 客户点，剩余客户点作为 tuac 客户点。

Obj^{CW} 表示初始解的目标函数值，Obj^{CW+LS} 表示经邻域搜索算法优化后获得的优化解的目标函数值。定义 $Gap1$ 为启发式算法的优化率［$Gap1 = (Obj^{CW} - Obj^{CW+LS}) \times 100\% / Obj^{CW}$］。

TUARP 问题模型下的各个小规模算例的启发式算法求解结果如表 12－2 所示。从求解时间看，启发式算法计算时间非常短，初始解的构造时间很短，平均只需 0.05 秒，启发式算法的运算时间主要耗用在第二阶段，优化时间平均为 5.63 秒。从优化率看，最大为 34.93%，平均优化率为 18.67%。

表 12－2　TUARP 问题模型下的各个小规模算例的启发式算法求解结果（限于篇幅，本表只罗列部分算例）

算例	初始解						优化解						Gap1
	Obj^{CW}	N^t	N^u	N^{mr}	N^{sr}	t	Obj^{CW+LS}	N^t	N^u	N^{mr}	N^{sr}	t	(%)
C1－6－0.25	150.00	4	2	0	0	0.01	110.16	2	2	0	0	6.69	26.56
C1－7－0.5	132.00	2	4	0	0	0.00	91.40	1	3	0	0	3.68	30.76
C1－8－0.75	125.84	0	4	1	2	0.02	125.84	0	4	1	2	4.82	0.00
C1－9－0.25	202.80	2	1	1	1	0.02	162.04	1	0	1	1	4.91	20.10
C1－10－0.5	213.80	3	4	1	1	0.01	139.11	1	3	1	1	5.40	34.93
C1－11－0.75	184.72	3	6	0	0	0.00	158.20	2	5	0	0	7.41	14.36
C1－12－0.75	248.00	2	6	1	2	0.04	163.00	1	3	1	2	6.37	34.27

注：表中数据为保留 2 位小数后的结果，初始解的构造时间小于 0.005 秒，表中显示为 0.00。

TUARP 问题模型下的各个大规模算例的启发式算法求解结果如表 12－3 所示。从求解时间看，启发式算法计算时间仍较短，初始解的构造时间平均只需 0.29 秒，优化时间平均为25.56秒。从优化率看，最大为45.98%，平均优化率为29.05%。

表12-3　TUARP问题模型下的各个大规模算例的启发式算法求解结果（限于篇幅，本表只罗列部分算例）

算例	初始解						优化解						Gap1
	Obj^{CW}	N^t	N^u	N^{mr}	N^{sr}	t	Obj^{CW+LS}	N^t	N^u	N^{mr}	N^{sr}	t	(%)
C101-0.25	2877.96	55	16	8	9	0.63	1780.87	7	15	8	9	24.33	38.12
C102-0.5	2303.25	33	30	10	13	0.51	1582.19	8	28	10	13	28.35	31.31
C103-0.75	1156.25	15	34	4	9	0.21	926.85	3	33	4	9	26.47	19.84
C104-0.25	1916.91	17	12	2	4	0.42	1607.79	6	12	2	4	22.30	16.13
C105-0.5	1526.21	30	33	6	6	0.18	1123.02	10	27	6	6	26.38	26.42
C106-0.75	1332.73	14	44	6	7	0.13	1032.36	2	35	6	7	26.70	22.54
C107-0.25	1655.47	53	18	4	4	0.23	894.31	7	16	4	4	23.33	45.98
C108-0.5	1551.38	35	33	4	7	0.21	1000.07	5	26	4	7	24.67	35.54
C109-0.75	1301.90	19	39	3	8	0.09	894.43	2	32	3	8	25.96	31.30

12.3　卡车-无人机联运模式简评

本章简要介绍了两种情景较为简单的卡车和无人机协同开展物流配送的作业模式。从多台卡车与车载无人机开展联运模式的角度，TUARP问题所对应的作业模式是最基础的协同配送模式。在相关技术研发和无人机配送实践中，可以允许无人机的起降点不必一致，从而衍生出TUARP问题的一种变形，即面向多台卡车的无人机起降点不重合的联运模式对应的路径优化问题；也可以允许无人机在不同的卡车上进行起飞/降落作业，进一步增强无人机的使用灵活性，从而衍生出TUARP问题的一种更复杂的变形，即无人机在卡车间进行交换的联运模式对应的路径优化问题。

相对于传统的卡车配送模式，卡车和无人机协同开展物流配送的作业模式可以用现阶段无人机技术水平弥补地面交通制约因素造成的配送漏洞。采用无人机协助卡车配送之后，可以减少整体的配送成本，同时减少卡车的碳排放。无人机的高效性和灵活性，使其可以针对某些紧急物品进行及时配送，从而提高顾客对于配送服务的满意度。传统上，卡车将货物送到终点时，通常需要将货物再次寄存在快递柜、快递站等地方，由快递员派送至顾客手中，当面交接，而无人机可以真正做到无接触配送服务。

但是，从上述卡车-无人机联运模式的协同路径问题界定和数学规划模型复杂度可以直观看出，卡车-无人机联运模式需要考虑很多限制因素和技术条件。无人机性能的不确定性和受自然环境影响大等问题是卡车-无人机联运模式推广运用的限制因素。对于复杂的联运模式，站在理论研究的角度，这些模式确实可以起到降本增效的作用，但在实际应用中针对无人机的操作需要很多条件保障。因此，无人机自控技术的发展和无人机飞行技术可靠性的提升，将对未来无人机应用于物流配送领域起到决定性作用。

课后习题

1. 试分析 TUARP 问题建模相对于传统 VRP 问题建模的难点。

2. 试从求解方法的角度比较 TSPD 问题和 TUARP 问题。

3. 试从混合整数规划模型的角度，分析面向多台卡车的无人机起降点不重合的联运模式对应的路径优化问题和 TUARP 问题的主要差异。

4. 自行查阅有关资料，提出一类卡车 - 无人机联运模式，并给出问题界定和路径示例。

第 13 章　无人机编队配送理论[①]

13.1　多旋翼无人机编队配送模式

近年来，自控、协同乃至集群技术的蓬勃发展，极大拓展了小型无人机的应用场景，特别是在军用领域。迄今，美军正在研发和逐步运用几类无人机协同作战模式，其中包括基于无人机自主协同的集群模式。相比于单架无人机，无人机集群运行时的系统稳定性更好，编队飞行能够减小飞行阻力，更可节省操控成本。伴随着军用无人机技术的进步，民用领域无人机技术的研发和运用在近年来呈现出非常活跃的状态，特别是在多旋翼无人机集群技术运用于应急救援、农药喷洒、灯光秀表演、物流快递等方面。亚马逊在 2013 年宣布 Prime Air 无人机投递计划，在其所申报的一项专利中，设想用小型无人机构建无人机集群，这个无人机集群能组成长方形、菱形、锥形和多种不规则形状的矩阵，确保可运送不同形状、尺寸、重量的货物。

民用领域无人机集群技术发展很快，无人机集群控制技术的研发和局部运用热潮涌动。针对某些实践与理论问题的研究工作开始成为学术研究前沿，特别是宏观层面的无人机集群飞行路径优化方法。在无人机集群这种新技术和新模式运用于物流快递过程中，无人机的载运与续航能力、无人机编队/解编作业点（编/解作业点）布局等，对兼顾无人机技术特点的调度运用方法提出了新的挑战：若将无人机集群视为一个整体运行的载运工具，则其路径设计等相关问题的解决方法可极大地依托 VRP 问题研究成果；若要求无人机的编队/解编作业具有很强的灵活性，则无人机的编队/解编作业点的布局和选址优化、确保无人机路径协同等问题具有很大的挑战性。

在无人机编队的相关研究中，以无人机的编队控制技术、队形控制技术、编队航迹规划等方面的研究居多。多无人机协同控制的关键技术包括整体控制的体系结构设计、巡航和目标跟踪的控制方法、无人机的航迹规划方法等。在体系结构设计上，编队的结构设计方法有跟随领航法、虚拟结构法、行为分解法等；在编队控制方面，常用的控制方法有集中式控制、分散式控制和分布式控制等；在航迹规划上，常用的规划方法有 Voronoi 图法、A * 算法等。学术界对于多智能体、多机器人的编队控制早有研究，当前无人机的编队结构设计和编队控制的方法大多是多机器人系统控制方法的延伸。相比于宏观层面的 VRP 问题，航迹规划的决策偏重于微观，指的是根据无人机

---

① 本章内容适合研究生学习。

所处环境，从出发点到目标点寻找一条综合指标最优的飞行路线。航迹规划可看作在宏观任务规划决策后进行的规划，旨在完善无人机的整体飞行任务。在编队的航迹规划研究中，通常结合编队的结构设计方法和航迹规划方法进行算法设计。

本章介绍一种兼顾临时编队的物流无人机调度问题，简称 URP – FF 问题。

13.1.1 URP – FF 问题界定

URP – FF 问题的基本特点包括如下方面。

（1）网络中包含两类节点，一个场站和场站辐射服务范围内的若干客户点。场站具有配货、无人机机群的运行维护等功能，是无人机的出发和返回点；客户点具有配送需求和时间窗。装载着货物的无人机从场站出发，访问一系列的客户点，空载后返回场站，准备下一次配送任务。URP – FF 问题兼顾无人机的临时编队模式，将场站和客户点作为无人机的编队/解编作业点，两架及以上的无人机能够在编队/解编作业点实施临时组编和解散编队。

（2）每个客户点的需求已知，且需求量可能超出单架无人机的额定载重，所以，允许客户点由多架无人机同时予以服务。客户点的需求必须一次交付完成，不允许二次交付，即对于载有同一个客户点货物的多架无人机而言，它们必须同时到达某客户点以完成配送服务。鉴于客户点具有时间窗，设定无人机只能在时间窗内开始对客户点进行服务。如果无人机提前到达，需等待时间窗开启；如果无人机在时间窗之后到达，则不允许实施配送服务。

（3）场站保有的无人机为同类型的无人机，且允许重复使用。在完成一次配送任务返回场站后，经过装配货物和简单维护等整备作业，无人机能够再次开展配送服务。设定无人机的整备作业时间为已知量。每架无人机具有载重量和续航能力限制。

（4）在无人机路径规划过程中，允许无人机在编队/解编作业点临时组建或解散编队时，设定任意网络节点均可作为编队/解编作业点。鉴于临时编队将每一个节点都视为可能的编队起始点和终止点，设定无人机以每段弧为单位进行编队。当多架无人机在某段弧上进行编队时，它们的起飞时间相同，且同时经过该段弧。以编队形式经过一段弧的无人机数量越多，分摊到每架无人机的、通过该段弧的变动成本越小。为了尽可能地寻求无人机临时编队的优势，允许客户点被不服务它的无人机经停访问。

（5）URP – FF 问题的优化目标为综合成本的最小化。综合成本包括无人机的固定成本和变动成本。兼顾固定成本的目的在于优化决策能够给出场站完成所有配送服务需要配置的无人机机群规模；兼顾变动成本可适当平衡临时编队模式在整体决策过程中的作用，无人机每途经某段弧一次就会产生一次变动成本，每段弧对应的变动成本主要与飞行距离相关。设定单架无人机经过某段弧的变动成本为其编队途经该弧的无人机数量的线性函数。

图 13 – 1 所示为无人机编队飞行路径示例，展示了 URP – FF 问题中无人机路径的一

般特征。该示意图中包括三组临时编队和六条路径。图中①所示意的两条路径构成一组编队路径，两架无人机编队从场站出发，服务客户点后回到场站；图中②所示意的两条路径表示一组临时编队路径，无人机在运行过程中，在某节点处临时编队，共同飞回场站；图中③所示意的两条路径表示两架无人机编队从场站出发，其中一架在服务完某一客户点后，在节点处与另一架无人机解除编队，独自返回场站，而另一架无人机继续飞行。

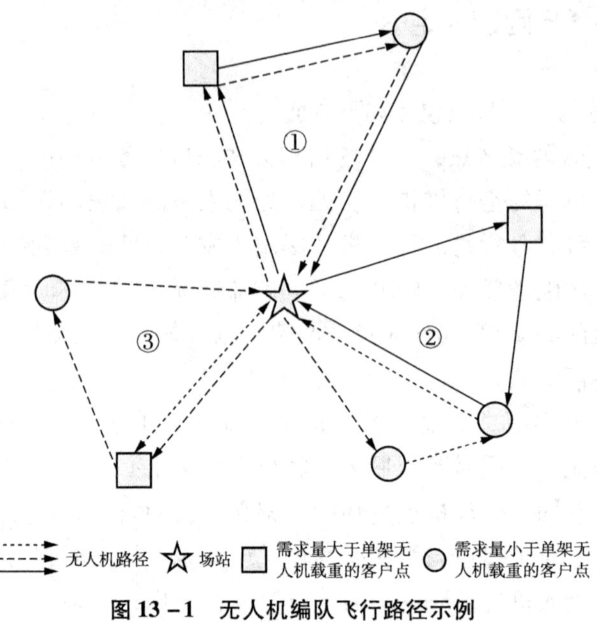

图 13－1　无人机编队飞行路径示例

相比于一般的 VRP 问题，URP－FF 问题特别考虑无人机的临时编队模式，因此除了需求可分割引致的多架无人机搭载货物共同服务某一客户点之外，也允许某些无人机并不为客户点提供配送服务，只是跟随编队访问某一客户点。在 URP－FF 问题的解方案中，会出现一段弧被多条路径经过的情况，这在一般的 VRP 问题中是不会出现的，这个特性大大增加了 URP－FF 问题解方案的多样性和求解的复杂性。

补充知识：VRP 问题最优解方案中每段弧只能被经过一次。

考虑 VRP 问题变形形式：允许客户点能够被多辆车服务。有定理显示，在成本系数满足三角不等式［即车辆行驶经过路段“$i-k-j$”产生的成本一定大于等于直接行驶过路段“$i-j$”的成本，简称三角不等式（Triangle Inequality）］的条件下，最优解方案中每段弧只能被经过一次。简要介绍该定理的证明过程，在该类 VRP 问题变形形式的解方案中，如果出现了重复的弧，则说明有两条路径 R_1 和 R_2 对连续的两个客户点 i 和 j 进行了分批配送，配送量分别记为 p_{R_1i}、p_{R_2i}、p_{R_1j} 和 p_{R_2j}，假设其中的最小值为 p_{R_1i}，则可以进行以下配送量调整操作：$p_{R_1i}^{\text{new}}=p_{R_1i}-p_{R_1i}=0$，$p_{R_1j}^{\text{new}}=p_{R_1j}+p_{R_1i}$，$p_{R_2i}^{\text{new}}=p_{R_2i}+p_{R_1i}$，$p_{R_2j}^{\text{new}}=p_{R_2j}-p_{R_1i}$。经过调整后的路径并不会违反载重量约束，且由于成本系数满足三角不等式条件，路径 R_1 在调整后不需要访问客户点 i，反而使得成本会更小。这意味着，一旦某一段弧被选中进入解方案，与该段弧相关的路径就不需要再考虑，不论是精确算法中的分枝还是启发式算法邻域搜索中的解方案构建，可行域相对而言有所缩小，求解难度也有所降低。

为了更具体地展示 URP - FF 问题所针对的情景，给出 URP - FF 问题的解方案示例，如图 13 - 2 所示。其中，图 13 - 2（a）展示了不允许客户点被不为它提供配送服务的无人机经过的解方案，图 13 - 2（b）展示了允许无人机因为临时编队经过某些其不提供配送服务的客户点的解方案。在图 13 - 2（a）的示例中，无人机 u_1 和 u_2 以编队形式从场站出发，前往客户点 1 进行服务，无人机 u_1 卸下所有货物后与无人机 u_2 解除编队，独自返回场站，无人机 u_2 继续服务客户点 8 后返回场站。经过整备作业，无人机 u_1 和 u_2 再次以编队形式从场站出发，服务客户点 4 后返回场站。经过整备作业，无人机 u_1 与 u_2 以编队形式从场站出发，飞行前往客户点 2，无人机 u_2 卸下所有货物后，与无人机 u_1 解除编队并独自返回场站，无人机 u_1 继续前往客户点 7 和 3 进行配送服务。无人机 u_3 独自从场站出发，前往客户点 3 进行服务，与无人机 u_1 临时组成编队返回场站。在图 13 - 2（b）的示例中，当无人机 u_1、u_2 编队前往客户点 4 进行配送服务后，与无人机 u_3 临时组成编队，共同前往客户点 6，待无人机 u_3 服务完客户点 6 之后再共同返回场站。按照图 13 - 2（a）的方案，无人机 u_1、u_2 的编队服务完客户点 4 后，直接返回场站，而无人机 u_3 继续去服务客户点 6，两组无人机的操作是分开进行的；而图 13 - 2（b）方案中，无人机 u_1 和 u_2 前往客户点 4 后，与无人机 u_3 组成编队，此后只需要对一组无人机进行操作即可。同样地，无人机 u_3 可以与无人机 u_1 组成编队经过“0 - 2 - 7 - 3 - 0”路径，此时无人机 u_3 在客户点 2 和 7 不用卸货，到达客户点 3 后才将货物卸下。（节点 0 表示场站）

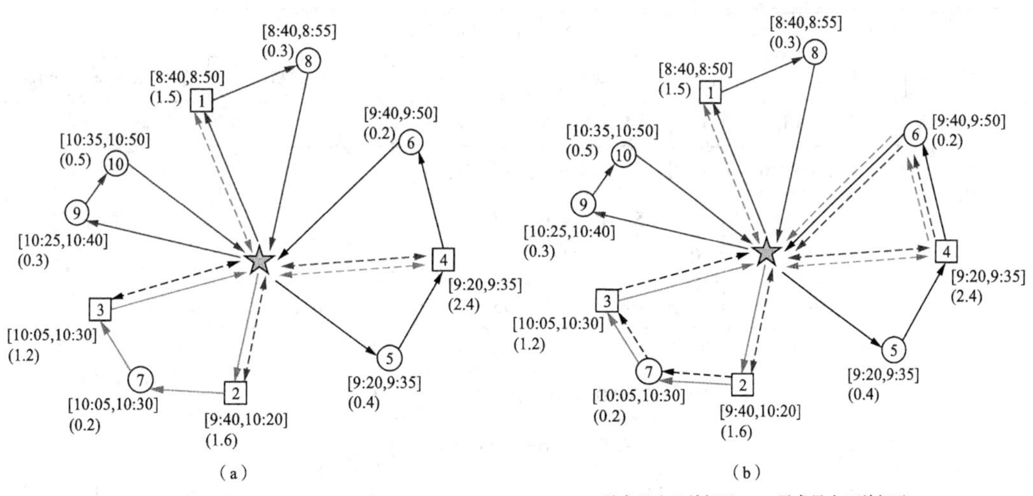

注：[8：35，9：00] ——客户点时间窗；(0.8) ——客户点需求量，表示为无人机额定载重的倍数。

图 13 - 2　URP - FF 问题的解方案示例

图 13 - 2 中解方案的具体路径信息如表 13 - 1 所示。假设无人机在每个客户点的服务时间为 5 分钟，无人机返回场站后进行下一次配送所需的整备时间为 10 分钟。通过

示例情景可以看出，允许客户点可以被不服务它的无人机访问，更有利于无人机进行临时编队，且解方案的情况也更为复杂。本章所介绍的 URP - FF 问题对应于图 13 - 2（b）的情景。如果在 URP - FF 问题的基础上限制客户点的访问次数，则称其为 URP - FF - L 问题，对应于图 13 - 2（a）的情景。

表 13 - 1　　URP - FF 问题示例的具体解方案

<table>
<tr><th colspan="5">图 13 - 2（a）的路径方案</th></tr>
<tr><th>无人机编号</th><th>访问节点</th><th>始发/到达时间</th><th>卸货量</th><th>临时编队途经的弧</th></tr>
<tr><td rowspan="3">u_1</td><td>0 - 1 - 0</td><td>8：30—8：40—8：55</td><td>1</td><td rowspan="9">u_1，u_2 编队途经 (0，1)，(0，2)，(0，4)，(4，0)

u_1，u_3 编队途经 (3，0)</td></tr>
<tr><td>0 - 4 - 0</td><td>9：24—9：30—9：41</td><td>1</td></tr>
<tr><td>0 - 2 - 7 - 3 - 0</td><td>10：05—10：10—10：21—10：30—10：45</td><td>0.6，0.2，0.2</td></tr>
<tr><td rowspan="4">u_2</td><td>0 - 1 - 8 - 0</td><td>8：30—8：40—8：53—9：10</td><td>0.5，0.3</td></tr>
<tr><td>0 - 4 - 0</td><td>9：24—9：30—9：41</td><td>1</td></tr>
<tr><td>0 - 2 - 0</td><td>10：05—10：10—10：20</td><td>1</td></tr>
<tr><td>0 - 9 - 10 - 0</td><td>10：30—10：36—10：46—11：01</td><td>0.3，0.5</td></tr>
<tr><td rowspan="2">u_3</td><td>0 - 5 - 4 - 6 - 0</td><td>9：15—9：20—9：30—9：40—9：53</td><td>0.4，0.4，0.2</td></tr>
<tr><td>0 - 3 - 0</td><td>10：20—10：30—10：45</td><td>1</td></tr>
<tr><th colspan="5">图 13 - 2（b）的路径方案</th></tr>
<tr><th>无人机编号</th><th>访问节点</th><th>到达时间</th><th>卸货量</th><th>临时编队途经的弧</th></tr>
<tr><td rowspan="3">u_1</td><td>0 - 1 - 0</td><td>8：30—8：40—8：55</td><td>1</td><td rowspan="9">u_1，u_2 编队途经 (0，1)，(0，4)

u_1，u_3 编队途经 (0，2)，(2，7)，(7，3)，(3，0)

u_1，u_2，u_3 编队途经 (0，2)，(4，6)，(6，0)</td></tr>
<tr><td>0 - 4 - $\underline{6}$ - 0</td><td>9：24—9：30—9：40—9：53</td><td>1，0</td></tr>
<tr><td>0 - 2 - 7 - 3 - 0</td><td>10：05—10：10—10：21—10：30—10：45</td><td>0.6，0.2，0.2</td></tr>
<tr><td rowspan="4">u_2</td><td>0 - 1 - 8 - 0</td><td>8：30—8：40—8：53—9：10</td><td>0.5，0.3</td></tr>
<tr><td>0 - 4 - $\underline{6}$ - 0</td><td>9：24—9：30—9：40—9：53</td><td>1，0</td></tr>
<tr><td>0 - 2 - 0</td><td>10：05—10：10—10：20</td><td>1</td></tr>
<tr><td>0 - 9 - 10 - 0</td><td>10：30—10：36—10：46—11：01</td><td>0.3，0.5</td></tr>
<tr><td rowspan="2">u_3</td><td>0 - 5 - 4 - 6 - 0</td><td>9：15—9：20—9：30—9：40—9：53</td><td>0.4，0.4，0.2</td></tr>
<tr><td>0 - $\underline{2}$ - $\underline{7}$ - 3 - 0</td><td>10：05—10：10—10：21—10：30—10：45</td><td>0，0，1</td></tr>
</table>

注：表格第二列中，客户点编号处的下划线“_”表示无人机不对该客户点进行配送服务，卸货量为 0。

13.1.2　URP－FF 问题的假设条件

考虑到 URP－FF 问题的复杂性，做出如下假设。

假设Ⅰ：假设无人机仅在飞行和在客户点进行配送服务时消耗电量，在等待客户点时间窗开启和等待其他无人机到达以开始编队的过程可以设置为待机等待状态，不消耗电量。基于此，无人机续航里程约束中只考虑飞行时间和在客户点配送服务的时间。

假设Ⅱ：无人机访问客户点的状态分为两类，即为该客户点进行配送服务和仅访问该客户点而不提供配送服务。如果是服务某客户点，无人机可以提前到达，但需要在客户点的时间窗之内开始服务；如果是仅访问该客户点而不提供配送服务，则无人机在任意时刻到达均可。

假设Ⅲ：假设无人机经过某段弧（i，j）的变动成本随着以临时编队形式经过该段弧的无人机数量的增大而减小。具体而言，任意无人机 u 经过弧（i，j）的变动成本设定为（$b-aN_{uij}$）c_{ij}。其中，无人机经过弧（i，j）的变动成本系数为 c_{ij}，a 和 b 为已知的常量，N_{uij}表示与无人机 u 在弧（i，j）上组成临时编队的其他无人机总数。当 $a>0$ 时，表示经过同一段弧时，与该无人机编队飞行的无人机越多，则变动成本线性减小。举例如下：如果经过弧（i，j）的无人机有 3 架，且均不是编队经过时，变动成本为 $3bc_{ij}$，每架无人机的变动成本为 bc_{ij}。如果有两架组成临时编队，一架单独飞，则变动成本为（$3b-2a$）c_{ij}，其中编队的每架无人机的变动成本为（$b-a$）c_{ij}，单独飞行的那一架的变动成本为 bc_{ij}。如果 3 架组成一个临时编队，则编队成本为（$3b-6a$）c_{ij}，单架的变动成本为（$b-2a$）c_{ij}。

假设Ⅳ：假设同一架无人机不能重复访问同一个客户点。考虑到 URP－FF 问题设定客户点不能二次收货，服务某客户点的无人机需要同时开始配送服务，这就意味着当某一架无人机服务完某一客户点后，该客户点就不需要再被这架无人机服务了。如果这架无人机要再次经过该客户点，那就只能是由于要进行临时编队。为了论证该假设的合理性，给出图 13－3 所示示例。

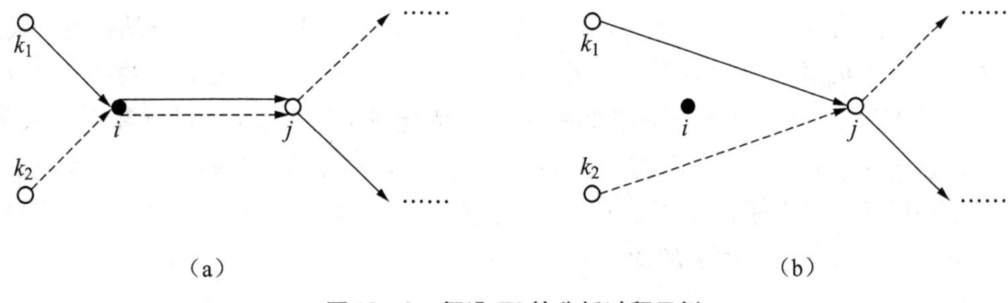

图 13－3　假设 IV 的分析过程示例

客户点 i 已经被一架无人机服务过，如果这架无人机要再次经过客户点 i，就只可能是为了与其他无人机编队，如图 13－3（a）所示。此时，两架无人机的变动成本为 $b(c_{k_2i}+c_{k_1i}+2c_{ij})-2ac_{ij}$。如果不经过节点 i，无人机直接访问节点 j，如图 13－3（b）所示，此时两架无人机的变动成本为 $b(c_{k_2j}+c_{k_1j})$。只有满足条件 $b(c_{k_2i}+c_{k_1i}+2c_{ij})-2ac_{ij}<b(c_{k_2j}+c_{k_1j})$ 时，图 13－3（a）所示的情况才可能发生，也即编队节省的成本大于因为绕行所增加的成本，图 13－3（a）所代表的情景才可能出现在最优解方案中；否则，直接访问节点 j，不经过节点 i 的情况产生的解更优。由于编队节省的成本有限，路径变动成本通常与路径的长度有关，所以路径变动成本一般应满足三角不等式条件，则 $c_{k_2i}+c_{ij}\geqslant c_{k_2j}, c_{k_1i}+c_{ij}\geqslant c_{k_1j}$，即 $b(c_{k_2i}+c_{k_1i}+2c_{ij})\geqslant b(c_{k_2j}+c_{k_1j})$。$2ac_{ij}$ 中参数 a 作为考虑了弧上编队无人机数量增加而成本减小的一个系数参量，比 b 的值小。当 $b=1$，$a=0.05$ 时，表示当一段弧上编队飞行的无人机数量增加一架时，无人机经过该弧的成本减少 5%。本节认为路径中满足 $b(c_{k_2i}+c_{k_1i}+2c_{ij})-2ac_{ij}<b(c_{k_2j}+c_{k_1j})$ 的情况是极少的。无人机不绕行，编队直接访问节点 j 可能是更优的，编队节省成本大于绕行增加成本的情况较少，所以，假设不允许同一架无人机二次访问同一个客户点。

13.2 URP－FF 问题的混合整数规划模型（Model－Ⅰ）

在 VRP 问题的建模中，车辆流模型（Vehicle Flow Formulation）是一类常见的模型形式。按照流变量下标中是否含有表示车辆的下标，又分为两下标模型（Two－Index Formulation）和三下标模型（Three－Index Formulation）。由于 URP－FF 问题考虑了无人机的重复使用，且同一段弧可以被不同的无人机经过，所以构建模型时需要考虑代表载运工具的下标。在无人机重复使用的表示方法上，可以增加一个下标表示无人机使用次数，也可以通过增加一组表示无人机重复使用的变量来表达。这两种方法分别对应 URP－FF 问题的 Model－Ⅰ模型和 Model－Ⅱ模型。本节介绍 Model－Ⅰ模型。

13.2.1 集合与参数

设客户点集合为 C，节点集合为 $V=\{0\}\cup C$，节点 0 表示场站。场站保有同类型的无人机，无人机集合表示为 U。每架无人机的额定载重为 Q，最大飞行时间为 L^T，平均飞行速度为 v，在场站的整备作业时间为 τ，固定成本为 λ。对于任意客户点 $i\in C$，已知需求量为 q_i，时间窗为 $[e_i, l_i]$，其中 e_i 为允许最早开始服务的时间，l_i 为允许最晚开始服务时间。对于任意节点 i，$j\in V$，节点间的飞行距离为 d_{ij}，弧 (i, j) 的变动成本系数为 c_{ij}。M 表示足够大的常数。

13.2.2　变量

变量 x_{uij} 是 0－1 变量，当无人机 $u \in U$，飞行经过弧（i，j）时取 1，否则取 0；y_u 为 0－1 变量，当无人机 $u \in U$ 被使用时取 1，否则取 0；w_{uij} 为 0－1 变量，当无人机 $u \in U$，访问完节点 i 后，经过在场站的整备作业后再次出发，首先访问节点 j，则该变量取 1，否则取 0。考虑到无人机临时编队，引入 0－1 变量 $z_{u_1u_2ij}$ 来辨别无人机的编队状态，当且仅当无人机 $u_1 \in U$ 和 $u_2 \in U$ 编队经过弧（i，j）时取 1，且 $\forall i$，$j \in V$，$z_{u_1u_2ij} = z_{u_2u_1ij}$；$\forall u \in U$，$z_{uuij} = 0$。

URP－FF 问题允许无人机访问而不为客户点提供配送服务，使用 0－1 变量 f_{ui} 表示无人机 $u \in U$ 是否服务节点 $i \in V$；连续变量 p_{ui} 表示无人机 $u \in U$ 在客户点 $i \in C$ 送出的货物量，$p_{ui} \geqslant 0$；连续变量 r_{uij} 表示当无人机 $u \in U$ 在经过弧（i，j）时所载的货物量，$r_{uij} \geqslant 0$。

鉴于无人机的续航能力限制，使用连续变量 g_{uij} 表示当无人机 $u \in U$ 刚离开节点 $i \in V$ 前往节点 $j \in V$ 时的剩余可飞行时长，$g_{uij} \geqslant 0$。

设置时间相关变量如下：连续变量 t_{ui}^{a} 表示无人机 $u \in U$ 到达节点 $i \in V$ 的时间或开始服务节点 $i \in C$ 的时间。如果无人机载有客户点的货物，则该变量表示开始服务时间，如果无人机只是经过该客户点，则该变量表示的是到达时间。连续变量 t_{ui}^{d} 表示无人机 $u \in U$ 离开节点 $i \in V$ 的时间。t_{ui}^{dd} 表示无人机 $u \in U$ 访问的第一个客户点为 $i \in C$ 时，无人机从场站的出发时间。

13.2.3　目标函数

目标函数式（13－1）由两部分组成。第一部分表示无人机的固定成本；第二部分为无人机的变动成本，其中 $\sum_{u_1 \in U, u_1 \neq u} z_{uu_1ij}$ 表示与无人机 u 编队经过弧（i，j）的其他无人机数量，与无人机 u 在弧（i，j）上组成临时编队的其他无人机总数为 N_{uij}，$N_{uij} = \sum_{u_1 \in U, u_1 \neq u} z_{uu_1ij}$。如果有临时编队出现，则 $\sum_{u_1 \in U, u_1 \neq u} z_{uu_1ij} \geqslant 1$，否则 $\sum_{u_1 \in U, u_1 \neq u} z_{uu_1ij} = 0$。

$$\min \lambda \sum_{u \in U} y_u + \sum_{i,j \in V} \sum_{u \in U} c_{ij}\left(bx_{uij} - a \sum_{u_1 \in U, u_1 \neq u} z_{uu_1ij}\right) \qquad (13-1)$$

13.2.4　约束条件

$$\sum_{i \in V} x_{uij} = \sum_{i \in V} x_{uji}, \forall u \in U,\ j \in V \qquad (13-2)$$

$$\sum_{i \in V} x_{u0i}/M \leqslant y_u \leqslant \sum_{i \in V} x_{u0i}, \forall u \in U \qquad (13-3)$$

$$\sum_{i\in V}x_{uij}\leqslant 1,\forall u\in U,j\in C \tag{13-4}$$

式（13－2）为度平衡约束，表示无人机进入任意节点的次数等于它离开同一节点的次数；式（13－3）为无人机的使用约束，表示只要无人机从场站出发，则无人机被使用；式（13－4）表示一架无人机不能重复访问同一个节点。

$$\sum_{u\in U}f_{ui}\geqslant\left\lceil\frac{q_i}{Q}\right\rceil,\forall i\in C \tag{13-5}$$

$$f_{ui}\leqslant y_u,\forall u\in U,i\in C \tag{13-6}$$

$$\sum_{i\in V}x_{uij}\geqslant f_{uj},\forall u\in U,j\in C \tag{13-7}$$

式（13－5）用于估算服务某一客户点的无人机数的下界；式（13－6）表示只有当无人机被使用时，它才有可能被分派去服务某客户点；式（13－7）表示无人机服务和访问客户点的关系，即无人机 u 如果服务客户点 j，则该无人机一定访问客户点 j，反之则未必。这是由于 URP－FF 问题考虑了临时编队，允许无人机访问但不服务客户点，经过不代表一定服务该客户点，可以是跟随编队途经该客户点。

$$\sum_{u\in U}p_{ui}=q_i,\forall i\in C \tag{13-8}$$

$$p_{ui}\leqslant f_{ui}Q,\forall i\in C,u\in U \tag{13-9}$$

$$\sum_{i\in V}r_{uij}-\sum_{i\in V}r_{uji}=p_{uj},\forall j\in C,u\in U \tag{13-10}$$

$$r_{uij}\leqslant Qx_{uij},\forall i,j\in V,u\in U \tag{13-11}$$

$$r_{ui0}=0,\forall i\in C,u\in U \tag{13-12}$$

式（13－8）表示在某一客户点，无人机的货物配送量恰好为客户点的需求量；式（13－9）表示 f_{ui} 和 p_{ui} 之间的关系，没有无人机 u 被分配给客户点 i，则无人机 u 对客户点 i 的送货量应为 0，配送量最多为无人机的额定载重；式（13－10）表示货物流量平衡，流入客户点 j 的货物量应等于流出节点 j 的货物量再加上无人机在该节点配送的货物量；式（13－11）表示 r_{uij} 与 x_{uij} 的关系，结合式（13－10）表示无人机每次使用的最大额定载重约束应被满足；式（13－12）表示返回场站的无人机是空载的。

$$L^T-M(1-x_{u0i})\leqslant g_{u0i}\leqslant L^T+M(1-x_{u0i}),\forall i\in C,u\in U \tag{13-13}$$

$$g_{uij}\leqslant L^Tx_{uij},\forall i,j\in V,u\in U \tag{13-14}$$

$$g_{u0j}\leqslant x_{u0j}d_{0j}/v,\forall j\in V,u\in U \tag{13-15}$$

$$\sum_{i\in V}g_{uij}-\sum_{i\in V}g_{uji}=\sum_{i\in V}x_{uij}d_{ij}/v+f_{uj}s_j,\forall j\in C,u\in U \tag{13-16}$$

式（13－13）表示所有从场站出发的无人机的机载电池都是充满电的；式（13－14）表示无人机经过每段弧的剩余飞行时长不应超过无人机的最大飞行时间；式（13－15）表示无人机有足够的剩余飞行时长，确保其能返回场站；式（13－16）是剩余飞行时长变量的取值约束，表示无人机从任意节点 i 前往客户点 j 的消耗时长，如果无人机需要为客户点 j 提供配送服务，则需要包含配送服务的时间。

$$t_{ui}^{d} + d_{ij}/v - M(1 - x_{uij}) \leqslant t_{uj}^{a}, \forall i \in C, j \in V, u \in U \tag{13-17}$$

$$t_{uj}^{dd} + d_{0j}/v - M(1 - x_{u0j}) \leqslant t_{uj}^{a}, \forall j \in C, u \in U \tag{13-18}$$

$$t_{ui}^{d} \geqslant t_{ui}^{a} + f_{ui}s_{i}, \forall i \in C, u \in U \tag{13-19}$$

$$t_{u_1 i}^{a} - M(2 - f_{u_1 i} - f_{u_2 i}) \leqslant t_{u_2 i}^{a} \leqslant t_{u_1 i}^{a} + M(2 - f_{u_1 i} - f_{u_2 i}), \forall i \in C, u_1, u_2 \in U \tag{13-20}$$

$$t_{ui}^{a} + M(1 - f_{ui}) \geqslant e_{i}, \forall i \in C, u \in U \tag{13-21}$$

$$t_{ui}^{a} - M(1 - f_{ui}) \leqslant l_{i}, \forall i \in C, u \in U \tag{13-22}$$

式（13-17）和式（13-18）是时间连续性约束，表示无人机经过两个连续节点间的到发时间（到达时间和出发时间）之间的关系。式（13-19）表示客户点的到达时间/开始服务时间和出发时间的关系，即无人机从客户点 i 出发的时间需要在无人机到达该客户点的时间之后，如果无人机需要服务该节点，则出发时间需要在配送服务完成之后。式（13-20）表示服务同一个客户点的无人机需要同时开始服务。式（13-21）和式（13-22）为客户点时间窗约束，只有当客户点 i 被无人机 u 服务的时候，才要求其开始服务时间在客户点时间窗内。

$$\sum_{i \in C} w_{uij} \leqslant x_{u0j}, \forall u \in U, j \in C \tag{13-23}$$

$$\sum_{j \in C} w_{uij} \leqslant x_{ui0}, \forall u \in U, i \in C \tag{13-24}$$

$$\sum_{i,j \in C} w_{uij} \geqslant \sum_{j \in C} x_{u0j} - 1, \forall u \in U \tag{13-25}$$

$$t_{ui}^{d} + \tau + (d_{i0} + d_{0j})/v - M(1 - w_{uij}) \leqslant t_{uj}^{a}, \forall i, j \in C, u \in U \tag{13-26}$$

式（13-23）和式（13-24）衔接变量 x_{uij} 和 w_{uij}，这两条约束限制了变量 w_{uij} 仅在弧（0，j）和弧（i，0）被经过时才能取1，且每架无人机所访问的多条路径的先后关系是确定的。式（13-25）表示如果无人机从场站出发的次数大于1，说明该无人机被重复使用，该条约束也表示同一架无人机的路径之间一定存在先后联系；式（13-26）表示无人机两次使用间的时间连续约束。

$$(2 - x_{u_1 ij} - x_{u_2 ij}) - M(1 - z_{u_1 u_2 ij}) \leqslant 0 \leqslant (2 - x_{u_1 ij} - x_{u_2 ij}) + M(1 - z_{u_1 u_2 ij}),$$
$$\forall i, j \in V, u_1, u_2 \in U, u_1 \neq u_2 \tag{13-27}$$

$$t_{u_1 i}^{d} - M(1 - z_{u_1 u_2 ij}) \leqslant t_{u_2 i}^{d} \leqslant t_{u_1 i}^{d} + M(1 - z_{u_1 u_2 ij}),$$
$$\forall i \in C, j \in V, u_1, u_2 \in U, u_1 \neq u_2 \tag{13-28}$$

$$t_{u_1 j}^{dd} - M(1 - z_{u_1 u_2 0j}) \leqslant t_{u_2 j}^{dd} \leqslant t_{u_1 j}^{dd} + M(1 - z_{u_1 u_2 0j}),$$
$$\forall j \in V, u_1, u_2 \in U, u_1 \neq u_2 \tag{13-29}$$

$$\sum_{u_1 \in U} z_{u u_1 ij} \leqslant (|U| - 1) x_{uij}, \forall i, j \in V, u \in U \tag{13-30}$$

式（13－27）～式（13－29）用于判断临时编队状态。式（13－27）表示当两架无人机都经过弧（i，j），才允许其组成编队。式（13－28）和式（13－29）表示组成临时编队的两架无人机从弧的起始节点 i 的出发时间相同。式（13－30）限制了只有当无人机 u 经过弧（i，j）时才考虑它在弧（i，j）上编队飞行，最多有 $|U|-1$ 架无人机在某一弧上组建临时编队。

13.3 URP－FF 问题的混合整数规划模型（Model－Ⅱ）

在无人机单次飞行所载货物、飞行时间的计算上，Model－Ⅰ需要引入新的变量，才能表达出单次飞行的载货量和飞行时间的约束。这里以特定方式来表示无人机重复使用情况，从而给出另一种混合整数规划模型，简称为 Model－Ⅱ。在 Model－Ⅱ中，引入一个表示无人机使用次数的下标 n。Model－Ⅱ中的集合和参数沿用第 13.2 节的设定，以 N 表示车辆使用次数集合。

在 Model－Ⅱ中，设定 0－1 变量 x_{unij}，当第 n 次使用无人机 u 且其途经弧（i，j）时取 1，否则取 0；0－1 变量 $z_{u_1n_1u_2n_2ij}$ 为临时编队变量，当无人机 u_1 第 n_1 次使用和无人机 u_2 第 n_2 次使用时，它们以临时编队的方式经过弧（i，j），则该变量取 1，否则取 0，$\forall i$，$j \in V$，$u \in U$，n_1，$n_2 \in N$，$z_{un_1un_2ij}=0$。0－1 变量 f_{uni} 表示无人机 u 第 n 次使用时是否服务客户点 i；连续变量 p_{uni} 表示第 n 次使用无人机 u 时其为客户点 i 配送的货物量，$p_{ui} \geqslant 0$。连续变量 t^a_{uni} 表示无人机 $u \in U$ 第 n 次使用时到达节点 $i \in V$ 的时间或开始服务节点 $i \in V$ 的时间；连续变量 t^d_{uni} 表示无人机 $u \in U$ 第 n 次使用时离开节点 $i \in V$ 的时间。

Model－Ⅱ的具体形式如下：

$$\min \lambda \sum_{u \in U} y_u + \sum_{i,j \in V} \sum_{u \in U} \sum_{n \in N} c_{ij}\left(b x_{unij} - a \sum_{u_1 \in U, u_1 \neq u} \sum_{n_1 \in N} z_{unu_1n_1ij}\right) \tag{13－31}$$

$$\sum_{i \in V} x_{unij} = \sum_{i \in V} x_{unji} \leqslant 1, \forall u \in U, j \in V, n \in N \tag{13－32}$$

$$\sum_{i \in V} \sum_{n \in N} x_{un0i}/M \leqslant y_u \leqslant \sum_{i \in V} \sum_{n \in N} x_{un0i}, \forall u \in U \tag{13－33}$$

$$\sum_{i \in V} \sum_{n \in N} x_{unij} \leqslant 1, \forall u \in U, j \in C \tag{13－34}$$

$$\sum_{i \in C} x_{un_10i} \geqslant \sum_{i \in C} x_{un_20i}, \forall u \in U, n_1, n_2 \in N, n_1 < n_2 \tag{13－35}$$

$$\sum_{u \in U} \sum_{n \in N} f_{uni} \geqslant \left\lceil \frac{q_i}{Q} \right\rceil, \forall i \in C \tag{13－36}$$

$$f_{uni} \leqslant \sum_{j \in V} x_{unij}, \forall u \in U, i \in C, n \in N \tag{13－37}$$

$$\sum_{n \in N} \sum_{u \in U} p_{uni} = q_i, \forall i \in C \tag{13－38}$$

$$p_{uni} \leqslant f_{uni} Q, \forall i \in C, u \in U, n \in N \tag{13－39}$$

$$\sum_{i \in C} p_{uni} \leqslant Q, \forall u \in U, n \in N \tag{13-40}$$

$$\sum_{i,j \in V} x_{unij} d_{ij}/v + \sum_{i \in C} f_{uni} s_i \leqslant L^T, \forall u \in U, n \in N \tag{13-41}$$

$$t_{uni}^d + d_{ij}/v - M(1 - x_{unij}) \leqslant t_{unj}^a, \forall i \in V, j \in V, u \in U, n \in N \tag{13-42}$$

$$t_{uni}^d \geqslant t_{uni}^a + f_{uni} s_i, \forall i \in C, u \in U, n \in N \tag{13-43}$$

$$t_{u_1 n_1 i}^a - M(2 - f_{u_1 n_1 i} - f_{u_2 n_2 i}) \leqslant t_{u_2 n_2 i}^a \leqslant t_{u_1 n_1 i}^a + M(2 - f_{u_1 n_1 i} - f_{u_2 n_2 i}),$$
$$\forall i \in C, u_1, u_2 \in U, n_1, n_2 \in N \tag{13-44}$$

$$t_{uni}^a + M(1 - f_{uni}) \geqslant e_i, \forall i \in C, u \in U, n \in N \tag{13-45}$$

$$t_{uni}^a - M(1 - f_{uni}) \leqslant l_i, \forall i \in C, u \in U, n \in N \tag{13-46}$$

$$t_{un_1 0}^a + \tau \leqslant t_{un_2 0}^d, \forall u \in U, n_1, n_2 \in N, n_1 < n_2 \tag{13-47}$$

$$(2 - x_{u_1 n_1 ij} - x_{u_2 n_2 ij}) - M(1 - z_{u_1 n_1 u_2 n_2 ij}) \leqslant 0 \leqslant (2 - x_{u_1 n_1 ij} - x_{u_2 n_2 ij}) +$$
$$M(1 - z_{u_1 n_1 u_2 n_2 ij}), \forall i, j \in V, u_1, u_2 \in U, u_1 \neq u_2, n_1, n_2 \in N \tag{13-48}$$

$$t_{u_1 n_1 i}^d - M(1 - z_{u_1 n_1 u_2 n_2 ij}) \leqslant t_{u_2 n_2 i}^d \leqslant t_{u_1 n_1 i}^d + M(1 - z_{u_1 n_1 u_2 n_2 ij}),$$
$$\forall i \in V, j \in V, u_1, u_2 \in U, u_1 \neq u_2, n_1, n_2 \in N \tag{13-49}$$

$$\sum_{n_1 \in N} \sum_{u_1 \in U} z_{unu_1 n_1 ij} \leqslant (|U| - 1) x_{unij}, \forall i, j \in V, u \in U, n \in N \tag{13-50}$$

式（13－31）为目标函数。式（13－32）～式（13－35）为无人机访问节点的相关约束。式（13－32）～式（13－34）与式（13－2）～式（13－4）含义一致。式（13－35）表示无人机的使用次序。式（13－36）与式（13－5）含义一致。式（13－37）与式（13－7）含义一致。式（13－38）～式（13－41）为无人机载货量和续航限制的相关约束。式（13－38）和式（13－39）与式（13－8）和式（13－9）含义一致。式（13－40）表示确保无人机每次使用时的载货量约束。式（13－41）表示无人机的续航限制约束。式（13－42）和式（13－43）为时间连续性相关约束。式（13－42）与式（13－17）和式（13－18）含义一致。式（13－43）～式（13－46）与式（13－19）～式（13－22）含义一致。式（13－47）是无人机两次使用间的时间连续约束，表示每两次使用间需要考虑整备作业时间，对应式（13－23）～式（13－36）。式（13－48）～式（13－50）为编队状态辨识约束，对应式（13－27）～式（13－30）。

表 13－2 列出了 Model－Ⅰ和 Model－Ⅱ约束条件和变量设置上的异同。可以看出，相比起 Model－Ⅰ，Model－Ⅱ在表达上更为直观和简洁，特别是在无人机重复使用的载货量限制、续航限制和时间连续等方面，Model－Ⅱ不需要引入新的变量即可表达这些约束。但是，Model－Ⅱ引入的表示无人机使用次数的下标使得变量、约束条件的数量急剧增加。算例运算实验的结果表明，Model－Ⅰ相对于 Model－Ⅱ更为紧凑，求解效率更高。

表 13-2 Model-Ⅰ和 Model-Ⅱ的对比

项目		Model-Ⅰ	Model-Ⅱ
0-1变量	流变量	x_{uij}	x_{unij}
	表示无人机重复使用的变量	w_{uij}	
	表示无人机是否服务客户点的变量	f_{ui}	f_{uni}
	无人机编队状态判别变量	$z_{u_1u_2ij}$	$z_{u_1n_1u_2n_2ij}$
连续变量	无人机载货量相关变量	p_{ui}，r_{uij}	p_{uni}
	无人机续航能力相关变量	g_{uij}	
	时间相关变量	t_{ui}^a，t_{ui}^d，t_{ui}^{dd}	t_{uni}^a，t_{uni}^d
约束条件	无人机访问节点相关约束	式（13-2）~式（13-4）	式（13-32）~式（13-35）
	配送服务相关约束	式（13-5）~式（13-7）	式（13-36）、式（13-37）
	无人机载货量相关约束	式（13-8）~式（13-12）	式（13-38）~式（13-40）
	无人机续航能力相关约束	式（13-13）~式（13-16）	式（13-41）
	时间连续性相关约束	式（13-17）~式（13-22）	式（13-42）~式（13-46）
	无人机多次使用相关约束	式（13-23）~式（13-26）	式（13-47）
	临时编队相关约束	式（13-27）~式（13-30）	式（13-48）~式（13-50）

13.4 URP-FF 问题求解实验

本节使用 ALNS 算法进行 URP-FF 问题的求解。ALNS 算法中，需要频繁地对解方案中的路径进行移除节点和插入节点操作，后者是为节点寻找更优位置的重要手段，针对 URP-FF 问题的特点设计合理的节点插入方式是 ALNS 算法有效性的重要保证。本节根据 URP-FF 问题的特点，介绍在启发式算法中针对这些特点的处理方法。

除了基本 VRP 问题的特征外，URP-FF 问题的特点主要体现为三个方面：第一，无人机临时编队和解编，编队飞行的无人机变动成本更低；第二，客户点货物量可能超出无人机额定载重，所以允许多架无人机服务同一个客户点，但不允许客户二次收货，所以无人机需要同时开始服务；第三，无人机可以重复使用，重复使用的无人机需要在场站进行整备作业。

临时编队和不允许客户二次收货这两个特点使得不同无人机路径产生关联，且不仅限于访问相同节点的地点关联，还包括路径时间的关联。具体而言，服务同一个客户点的无人机需要同时开始服务，进行编队的无人机需要在同一个节点处同时出发。

无人机可重复使用的特点使得同一架无人机的路径产生关联。针对载运工具重复使用这一特点，既有文献中问题的求解过程通常分为两个阶段，第一阶段构建一组从场站出发最后返回场站的路径，第二阶段再为这些路径分配车辆。当涉及时间窗时，第二阶段就不仅是一个简单的分配问题，因为路径间存在访问先后顺序的问题。考虑到三个特点导致的路径强关联性，本节在构造路径时，不采用文献中的两阶段路径分配法，而是直接针对一架无人机构建路径。在多种商品类型的需求可分割的 VRP 问题中，客户的需求只能按照其所需的商品类型进行分割，针对这类问题所提出的启发式算法中，客户点的处理方式是按照客户点需要的商品类型数量构建虚拟客户点。实际求解过程中，初始化节点数量是所有客户点加上虚拟客户点的数量。

处理需求分割时，不引入虚拟客户点，而是在实际路径构建和节点移除、插入过程中，考虑每次操作时为客户点配送的货物量。如图 13-4 所示，一条路径表示一架无人机的节点访问序列，例如图中无人机 u_2 在执行路径 "0-4-5-0" 后，执行路径 "0-3-0"。图中存在两组临时编队。第一组编队为无人机 u_1 和无人机 u_2 在客户点 3 处组成临时编队返回场站，其中无人机 u_1 没有为客户点 3 进行配送服务；第二组编队为无人机 u_2 和无人机 u_3 同时从场站出发编队前往服务客户点 4，之后解除编队分别执行后续配送任务。

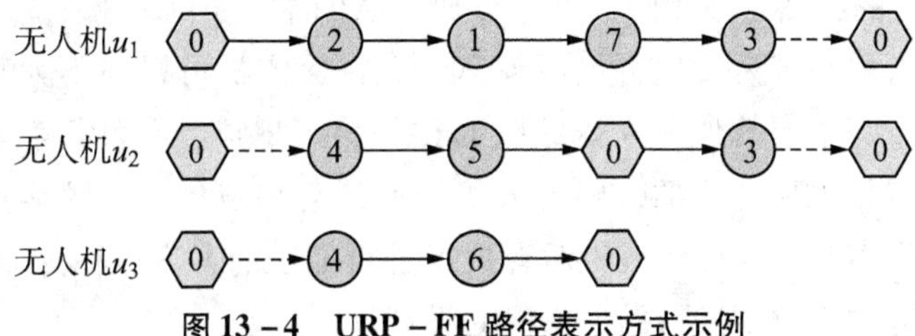

图 13-4　URP-FF 路径表示方式示例

综合 URP-FF 问题的特点和 ALNS 算法设计时考虑的路径形式，单条路径的可行性约束包括额定载重限制、最大飞行时间限制、无人机多次使用间的整备时间要求、开始服务时间需在客户点时间窗内。对于整体解方案而言，还需要满足服务同一个点的无人机要同时开始服务这条约束。ALNS 算法的修复算子每一次进行节点插入和成本计算时，都需要满足这些约束条件。

本节中涉及的诸多术语的简写表示，统一罗列在表 13-3 中。

表 13-3　ALNS 算法涉及的术语简写表示一览

简写表示	含义
S^{initial}，S^{delete}，S，S'，S^*	初始解、破坏算子处理后的解、当前轮次生成的解、当前优化阶段的最优解、全局最优解
$C^{\text{untreated}}$	未被分配路径的客户点集合
C^{delete}	移除的客户点集合
q_i^{remain}	客户点 i 未被服务的需求量，也称为客户点剩余需求量
q_{ui}^{served}	无人机 u 对客户点 i 的配送量
q^{residual}	无人机除了其当前配送路径上的已经配送的客户点的配送量之外剩余的可载货量，也称为无人机的剩余可载货量

续 表

简写表示	含义
$c(S)$	解方案 S 的目标函数值
c_{ih}^{increase}	将客户点 i 插入解方案中位置 h 时造成的成本增加值
H	客户点插入位置集合
h_i^{best}，$h_i^{2-\text{best}}$，$h_i^{3-\text{best}}$	客户点 i 的最优插入位置、次优插入位置和次次优插入位置
N^{delete}	待移除的客户点数量

13.4.1 非零配送客户点的插入方法

在 URP－FF 问题中，临时编队具体表现为多架无人机共同经过一段弧（i，j），且无人机在节点 i 处的起飞时间相同。设定形成编队的某无人机在弧（i，j）上的变动成本相比其单独飞行要小。为实现可灵活编队，允许无人机可以在不为某个客户提供配送服务的情况下，为了与其他无人机编队而访问该客户点。在可行解方案路径中，可能存在部分客户点是无配送量的，即无人机访问该客户点但不为该客户点配送，称这类客户点为零配送客户点；而无人机对客户点进行配送的客户点称为非零配送客户点。本节针对这两类客户点分别进行插入方法的设计。

在一般的 VRP 问题的客户点插入操作中，通常只包括为客户点新构建一条路径和向既有路径中的选定位置插入节点这两种情况，如图 13－5（a）和图 13－5（b）所示。其中，插入既有路径中的位置数等于该路径中节点数减一，如路径“0－2－1－0”有 3 个插入位置。本节针对 URP－FF 问题的特点再增加两种插入位置，即在无人机服务既有路径前、后，为其分配服务该客户点的新路径，如图 13－5（c）和图 13－5（d）所示。此时，对于一条未访问过待插入客户点的路径而言，插入位置数等于该路径中的节点数加一。

对于一般的 VRP 问题而言，客户点一旦被插入某条路径中，就意味着该客户点被该路径的车辆服务完毕，如果路径对应的车辆无法服务这个客户点的需求，则视为不可行。而 URP－FF 问题考虑了客户点的需求超出无人机载重、能够被多架无人机访问的特点，一条路径可以服务该客户点的部分需求，剩余需求可以由其他路径服务。对于没有访问过待插入客户点的路径，客户点的插入方式为图 13－5 所示的方式，即新构建单点路径、插入既有路径中和使用既有无人机构建新路径；而对于已经访问过该客户点的路径，考虑将待插入客户点的待处理需求并入路径中。值得注意的是，URP－FF 问题不允许同一架无人机重复访问同一个客户点，但由于算法中的破坏算子可能使得原本服务该客户点的路径出现有盈余载货空间的情况，此时可以将需求并入这条路径中。本节采用两种并入需求的方式，图 13－6（a）表示当该条路径的载货空间足够时，直接将需求并入路径中，此时不会产生新的变动成本；图 13－6（b）表示当该条

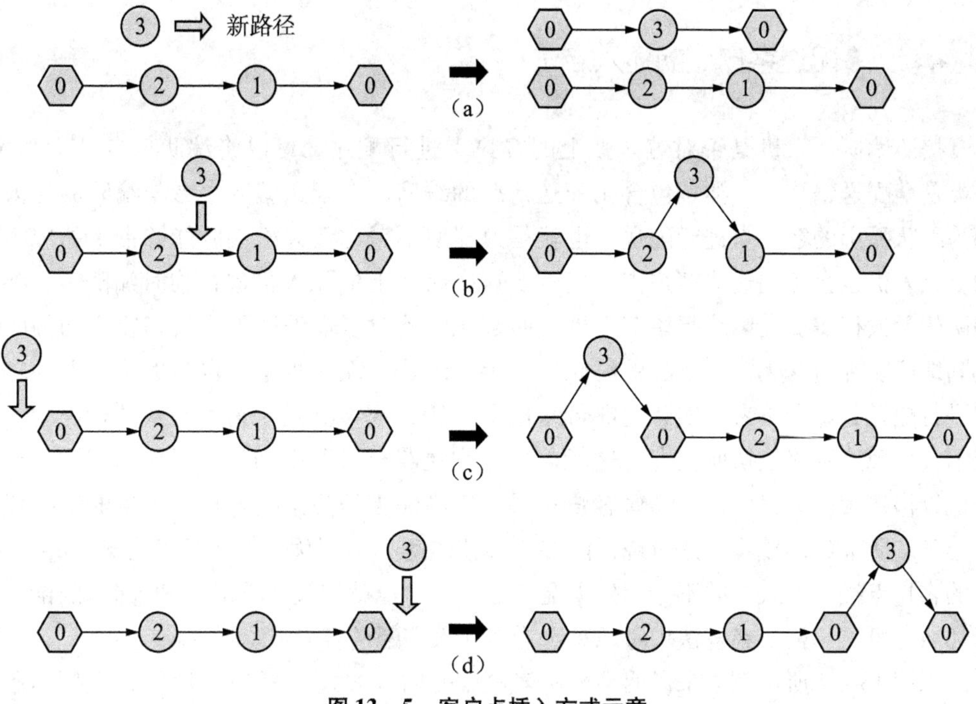

图 13－5　客户点插入方式示意

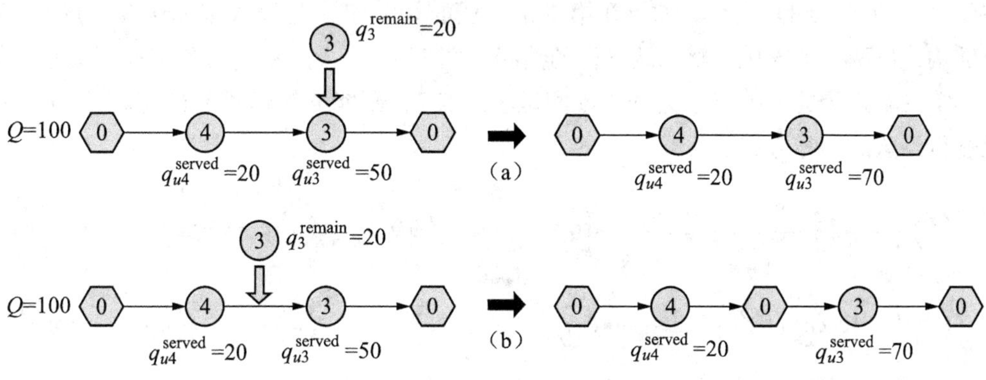

图 13－6　客户点的需求合并示意

路径的载货空间不足时，可以通过拆分原本连续的路径，让无人机在服务该客户点前返回场站的方式来腾出载货空间，之后重新服务该客户点及其后续路径。

在客户点需求量的分配方面，采用一种最大剩余载货量的分配方式，即并不提前将货物需求分割好，而是在优化过程中，根据所插入的路径的情况进行需求的分配。无人机 u 对客户点 i 的配送量取为 $q_{ui}^{served}=\min\{q_i^{remain}, q^{residual}\}$，其中 $q^{residual}$ 表示无人机除了其当前配送路径上的已经配送的客户点的配送量之外剩余的可载货量（称作无人机的剩余载货量），q_i^{remain} 表示客户点 i 未被服务的需求量（称作客户点的剩余需求量）。每次遍历客户点插入位置时，只要该条路径的无人机还有盈余载货空间，就可以为该客户点进行配送。

13.4.2 零配送客户点的插入方法

按照编队无人机是否对编队弧上的客户点进行配送，可以将编队情景分为两类，一类是全配送编队，一类是包含无配送情况的编队。全配送编队中参与编队的无人机都为编队弧上的客户点进行配送，也就是说即使不考虑无人机编队能够带来的成本节约，无人机也会访问这些客户点。当需要这类路径上的无人机进行临时编队时，参与编队的无人机需要在编队起始节点处同时起飞，此时考虑编队无人机路径之间的时间协同即可。在包含无配送情况的编队中，参与编队的无人机不一定为编队弧上的客户点进行配送，即在不考虑编队能够带来成本节约且成本满足三角不等式的情况下，一定不会出现这种路径访问情况。这就需要在构建路径过程中额外考虑成本问题，让无人机以构建编队为目的访问某些客户点时，应确保当访问某些客户点产生的绕行成本要小于编队节约的成本，这时绕行能够使得整体解方案更优。如果只考虑第 13.4.1 节中的客户点插入方式，并不会产生零配送客户点，也就缺失了 URP－FF 问题的部分可行邻域。可见，需要在算法中考虑有选择地插入零配送客户点。

以图 13－7 所示例子来说明零配送客户点的插入方式。图 13－7（a）左侧两条路径都服务了客户点 3，当两条路径在客户点 3 处的无人机起飞时间相同时，两架无人机在弧（3，0）上编队飞行。如果在第二条路径的（0，3）处插入零配送客户点 4，则能够构建出两架无人机完整编队飞行的路径。图 13－7（b）左侧两条路径无关联，如果在第二条路径的（0，3）处插入零配送客户点 2，则能够构建两条路径在弧（0，2）处进行编队的路径方案。

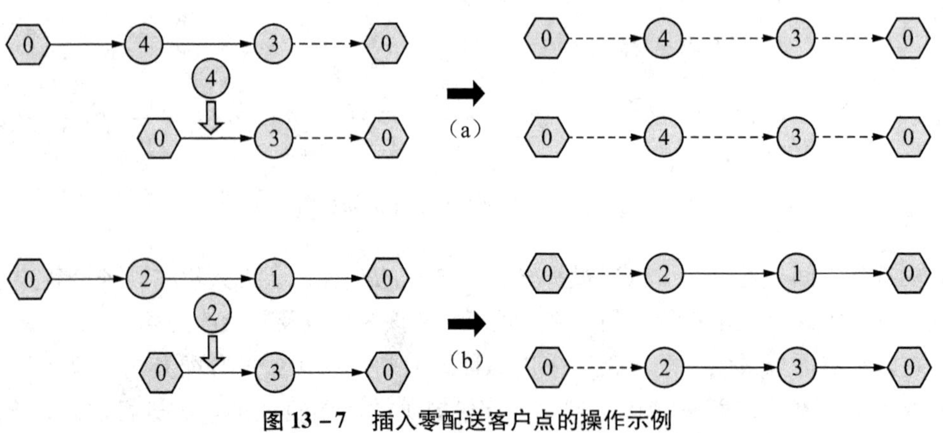

图 13－7 插入零配送客户点的操作示例

本节设计一种考虑编队成本节约的零配送客户点插入算子，该算子每次插入一个能够产生编队且使得整体成本减小的零配送客户点，具体流程如图 13－8 所示。令 c_{ih}^{increase} 表示将客户点 i 插入解方案中位置 h 时造成的成本增加值。每一次执行零配送客户点插入算子，都需要遍历所有的客户点和其所有的可插入位置。判断零配送客户点 i

是否可以插入位置 h 的条件为：首先，插入客户点 i 后，不会产生不可行路径；其次，插入客户点 i 的位置 h 的前后两个节点会与 i 产生多架无人机共同经过的弧；最后，插入客户点 i 后，解方案的成本减小，即，c_{ih}^{increase} 为负值。记录所有客户点的可插入位置及其插入后的成本增加值，选择成本增加值最小的客户点和位置进行插入操作。

零配送客户点插入算法

Input：S
Output：S
　　初始化备选零配送客户点插入位置集合 H 为空集
　　For 所有客户点 i Do
　　　For 解方案 S 中的所有可插入位置 h Do
　　　　If 满足所有约束条件 && 将 i 插入位置 h 后出现多架无人机共同经过的弧 &&$c_{ih}^{\text{increase}} < 0$ Do
　　　　　将 h 加入到 H 中，记录 c_{ih}^{increase}
　　　　End If
　　　End For
　　End For
　　选择 H 中的 c_{ih}^{increase} 最小的客户点 i 和插入位置 h 进行插入操作
　　Return S
End 零配送客户点插入算法

图 13－8　零配送客户点插入算法的整体流程

如果修复算子的每次迭代都执行“零配送客户点插入算法”操作，会大大增加算法的时间复杂度。本节设定在每一次进行客户点插入操作之后，以一定的概率 α 执行一次“零配送客户点插入算法”操作。这种方式能够减少算法的时间复杂度，经过算例运算实验验证，“零配送客户点插入算法”能够有效地构建带有临时编队的无配送编队路径。

13. 4. 3　路径间的时间协同

在 URP－FF 问题中，编队和服务了同一个客户点的无人机路径间存在时间协同的要求。时间协同可以分为两种情况。第一种是时间可行性要求，即在插入客户点时首先需要确保服务同一个客户点的无人机对该客户点的开始服务时间相同。如果访问同一个客户点的无人机开始服务的时间不同，且无法调整至相同时间，则路径方案不可行。第二种是临时编队的起飞时间要求，如果两架无人机在某段弧上编队，则无人机在该段弧起始节点处的起飞时间要相同。但是，如果达不到该条件，并不会影响到解方案的可行性。

需要注意的是，当一条路径的时间发生变动时，如果它服务的其他客户点的时间也发生了变动，且存在与其他路径关联的客户点，那么其他路径的时间也会受到影响，甚至整个解方案中的所有路径都需要进行时间调整。

当有客户点插入解方案中时，时间调整的步骤如下。

步骤 1 以场站的最早开放时间为无人机的始发时间，计算被插入客户点的路径上满足所有客户点时间窗要求的始发和到达时间。

步骤 2 进行解方案的时间可行性判断。寻找解方案中是否存在服务同一个客户点 i 但开始服务时间 t_{ui}^{a} 不相等的路径。如果没有，则不需要进行时间调整，流程结束，返回当前解方案；如果有，则进入步骤 3。

步骤 3 对客户点 i 的开始服务时间进行调整。取当前所有路径开始服务时间的最晚时间 $t_{ui}^{a}=\max\{t_{ui}^{a} \mid p_{ui}>0, u \in U(i)\}$，其中 $U(i)$ 表示访问客户点 i 的无人机集合。确定了客户点 i 的开始服务时间后，对应路径的到发时间依序调整。

步骤 4 判断时间调整后的解方案中是否存在不满足时间窗的客户点，如果是，则流程结束，返回插入方案不可行的信息；如果否，则跳转至步骤 2。

每进行一次时间调整，都需要判断后续节点的时间是否出现变动。如果后续的时间变动的客户点与其他路径存在关联，则还需要进一步进行时间调整，直至解方案可行；或是有客户点的时间窗不能被满足，此时说明该插入方案不可行。

图 13－9 所示为调整开始服务时间的方式示例。如果在无人机 u_2 路径中插入客户点 3，则首先计算插入客户点后的到达时间，如图 13－9（a）所示，并判断解方案中是否存在服务同一个客户点且服务时间不一致的情况。在该示例中，无人机 u_1 和 u_2 都服务了客户点 3 和客户点 5，两架无人机对客户点 3 的开始服务时间不相等，即 $t_{u_13}^{a} \neq t_{u_23}^{a}$，当前解方案不可行，需要调整解方案中无人机 u_2 服务客户点 3 的时间为 $t_{u_23}^{a}=\max\{t_{u3}^{a} \mid p_{u3}>0, u \in U(3)\}=t_{u_13}^{a}$。第一次调整后的解方案如图 13－9（b）所示。由于推后了无人机 u_2 到达客户点 3 的时间，后续服务客户点 5 的时间受到影响，两架无人机服务客户点 5 的时间不一致，即 $t_{u_15}^{a} \neq t_{u_25}^{a}$，需要再次调整无人机 u_1 对客户点 5 的服务时间为 $t_{u_15}^{a}=\max\{t_{u5}^{a} \mid p_{u5}>0, u \in U(5)\}=t_{u_25}^{a}$。第二次调整后的解方案如图 13－9（c）所示，经过两次时间调整后，解方案可行。

判断无人机是否进行临时编队的标识：一是无人机是否有共同飞行途经的弧 (i, j)，二是无人机在弧的起始节点 i 处的起飞时间 t_{ui}^{d} 是否相等。给定一个解方案和临时编队的弧 (i, j)，调整出发时间使得访问弧 (i, j) 的无人机以临时编队方式途经的步骤为：首先，寻找解方案中访问弧 (i, j) 的无人机集合 $U^{F}(i, j)$；其次，计算这些无人机在节点 i 处的最晚起飞时间 $\max\{t_{ui}^{d} \mid u \in U^{F}(i,j)\}$；再次，依次调整 $U^{F}(i,j)$ 中无人机的始发时间 $t_{ui}^{d}=\max\{t_{ui}^{d} \mid u \in U^{F}(i,j)\}$；最后，判断调整时间后的解方案是否出现了不可行的情况，如果调整后不可行，则不进行调整，否则，保留调整后的路径方案。

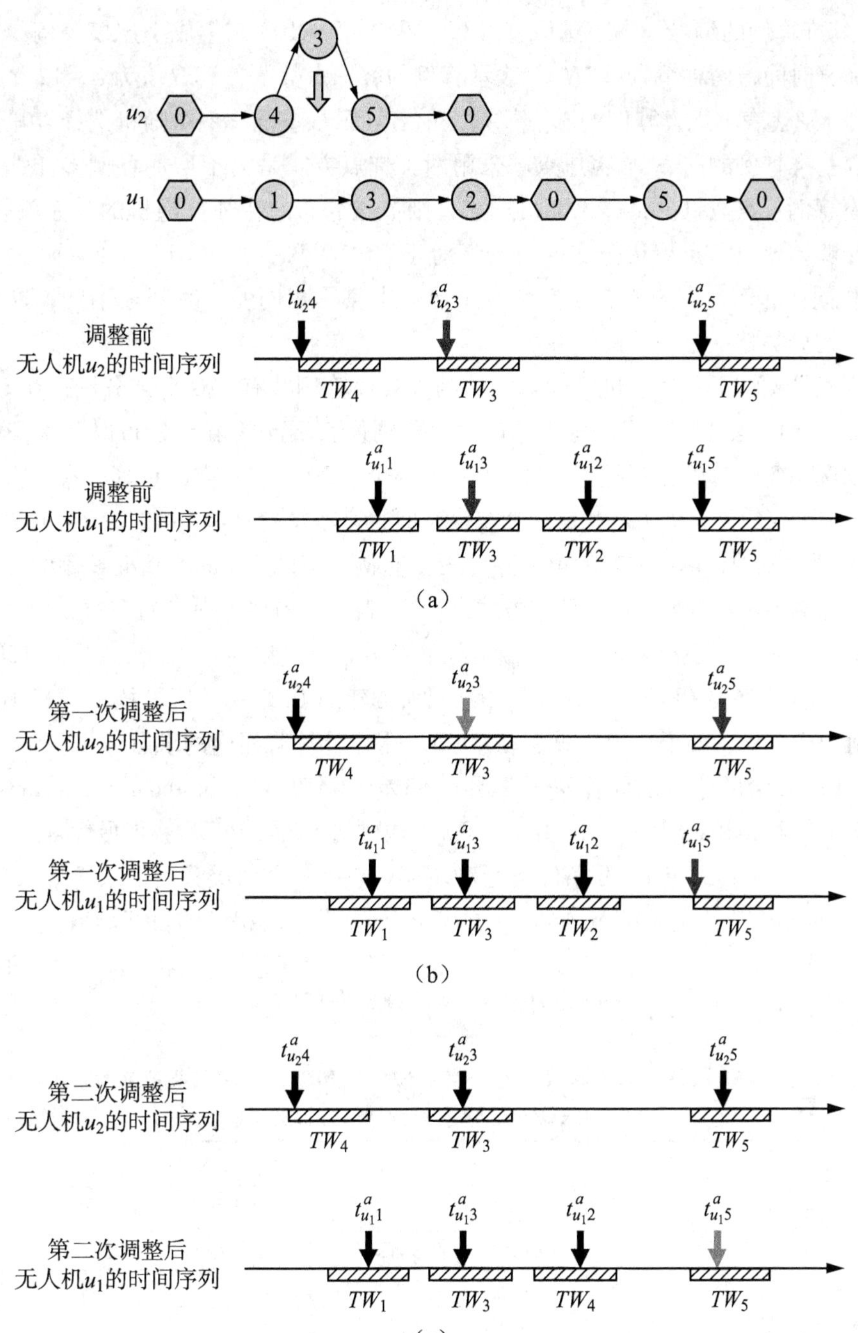

图 13－9　调整开始服务时间的方式示例

13.4.4　算例运算实验结果和分析

小规模算例如下：算例编号为 C10X－R－N^C和 C10X－F－N^C。其中，“X”表示

Solomon 基准算例的编号，本节选取基准算例 C101 和 C108 来生成小规模算例，表示宽时间窗和窄时间窗两种情景；“N^C”表示算例的客户点数量，其取值为 3～12 个；“R”和“F”分别代表小规模算例的选点规则，前者表示从基准算例中随机选择客户点，后者表示取基准算例的前 N^C 个客户点。采用两种选点方式是为了增加算例多样性，考虑到小规模算例节点数量少，如果随机选点，则节点分布的特征是随机的，而取前 N^C 个客户点能够体现出节点聚集分布的特征。对于 C101 – R – N^C 和 C108 – F – N^C 这两种算例，N^C 相同的算例对应的节点坐标和客户点需求量是相同的，时间窗不同，这与基准算例原本的分类特征是一致的。

大规模算例如下：用于进行运算实验的大规模算例共有 116 个，分别使用 Solomon 算例的 C1、RC1 和 R1 三类算例进行转化，分别代表不同的节点分布以及不同的时间窗分布情况。每个算例分别随机选择 10 个、20 个和 30 个客户点，在其原有的需求量的基础上增加 1 倍的无人机额定载重。大规模算例的编号方式为“（C/RC/R）10*X* –（O/P1/P2/P3)”。其中，算例编号的第一部分表示算例对应的 Solomon 基准算例编号；第二部分表示算例中客户点需求量的调整方式，“O”表示不增加客户点的需求，“P1、P2 和 P3”分别表示算例中超出无人机最大额定载重 Q 的客户点数量为 10 个、20 个和 30 个。

（1）利用求解器 CPLEX（版本 12.9）对所构建的 URP – FF 问题模型进行小规模算例的精确求解，记录各个小规模算例在 14400s 限定计算时间内的求解结果。*GAP*1 表示求解器 CPLEX 给出分枝定界算法上下界的偏差，*GAP*1 = | bestbound – bestinteger | /（1e – 10 + | bestinteger |）。当 *GAP*1 为 0 时，说明求解器 CPLEX 获得最优解。表 13 – 4 展示了 Model – Ⅰ和 Model – Ⅱ条件下针对“C10*X* – F – N^C”类算例的求解结果。其中，$Obj^{\text{Model-I}}$ 和 $Obj^{\text{Model-II}}$ 表示基于 Model – Ⅰ和 Model – Ⅱ求解得到的目标函数值，T^{CPLEX} 表示求解器 CPLEX 的求解时间（单位：秒），*GAP*2 表示 $Obj^{\text{Model-I}}$ 和 $Obj^{\text{Model-II}}$ 的相对差异，$GAP2 = 100\% \cdot (Obj^{\text{Model-II}} - Obj^{\text{Model-I}}) / Obj^{\text{Model-I}}$。

表 13 – 4　Model – Ⅰ和 Model – Ⅱ条件下针对“C10*X* – F – N^c”类算例的求解结果
（限于篇幅，本表只罗列部分算例）

算例编号	Model – Ⅰ			Model – Ⅱ			
	$Obj^{\text{Model-I}}$	T^{CPLEX}	*GAP*1	$Obj^{\text{Model-II}}$	T^{CPLEX}	*GAP*1	*GAP*2
C101 – F – 3	3142.06	0.28	0.00%	3142.06	5.09	0.00%	0.00%
C101 – F – 5	3207.95	44.24	0.00%	3207.95	14400.00	1.89%	0.00%
C101 – F – 7	3218.11	14400.00	0.10%	4272.13	10365.41	99.38% *	32.75%
C101 – F – 12	3226.04	14400.00	31.63%	3227.75	14400.00	97.89%	0.05%
C108 – F – 4	3146.80	1.18	0.00%	3146.80	1608.77	0.00%	0.00%
C108 – F – 5	3206.89	51.55	0.00%	3206.99	14400.00	33.32%	0.00%
C108 – F – 11	2187.41	2085.26	0.00%	2187.60	14400.00	98.02%	0.01%
C108 – F – 12	2226.09	12230.27	0.00%	—	14400.00	—	—

注：第 7 列中标“ * ”的项表示该算例计算还未达到限定时间就出现了超计算机内存的情况；“C108 – F – 12”算例的求解结果中，“—”表示在限定计算时间无法获得可行解。

从 $GAP2$ 的角度看，两个模型得到的最优解目标函数值相等，Model－Ⅱ得到的解的目标函数值不会小于 Model－Ⅰ得到的解的目标函数值，这从一个侧面验证了模型的有效性。从两个模型的求解时间和 $GAP1$ 的情况来看，基于 Model－Ⅰ的求解效率显然好于基于 Model－Ⅱ的求解效率。在 20 个算例中，基于 Model－Ⅰ，求解器 CPLEX 能够在限定时间内获得 16 个算例的精确解，但基于 Model－Ⅱ，求解器 CPLEX 只能得到 5 个算例的精确解。基于 Model－Ⅱ的计算结果，特别是 $GAP1$ 和 $GAP2$ 的值，可以看出，虽然大部分的算例求解运算都没有收敛，但有 12 个算例在求解时间到达限定计算时间时给出的整数可行解与基于 Model－Ⅰ获得的最优解一致。但是，$GAP1$ 的值却很大，说明到达限定计算时间时的下界解较差，也说明 Model－Ⅱ不够紧凑。

（2）针对 URP－FF 问题设计的大规模算例共有 116 个，按照算例中超出无人机最大额定载重的客户点的数量比例，大规模算例分为 4 组。大规模算例中超出无人机最大额定载重的客户点数为 0 个、10 个、20 个和 30 个的算例分别归类为“O”组、“P1”组、“P2”组和“P3”组。令 N^F 表示 URP－FF 模型计算所得解方案中无人机临时编队途经的弧的数量。对于大规模算例求解结果的分析如下。

对比“O”“P1”“P2”和“P3”这四组算例的启发式解方案中的 N^F 值可以看出（见图 13－10），当算例中需求量超出单架无人机额定载重的客户点比例越高，解方案中无人机编队的情况就越多。主要原因是：如果需求量超出单架无人机载重，该客户点一定会被多架无人机访问，无人机顺路进行编队的可能性也增大。四组算例解方案中的平均每段临时编队的弧上编队的无人机的数量 N^{AU} 的平均值分别为 2.46、2.73、2.68 和 2.96，可见，超出无人机额定载重的客户点比越高，组建临时编队的无人机越多。

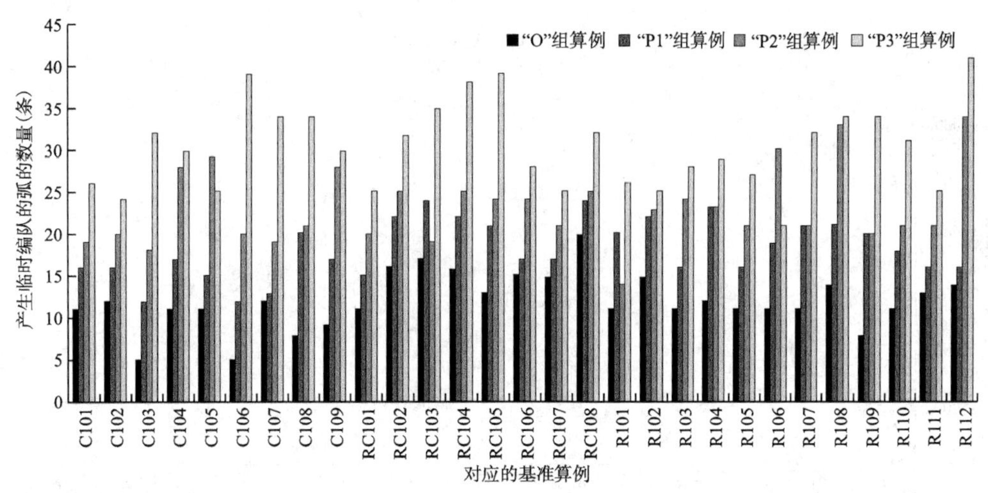

图 13－10　大规模算例解方案中的 N^F 值

对比“O”“P1”“P2”和“P3”这四组算例的计算时间可以发现（见图 13－11），算例中需求量超出无人机额定载重的客户点比例越高，求解所需的时间也就越长。这是由于这类客户点的比例越高，访问同一个客户点的无人机增多。由于 URP - FF 问题中不允许客户二次收货，这就一定会产生路径间协同，在算法运行过程中需要不断执行时间调整的操作。除此之外，临时编队的情况越多，也会产生由于临时编队引起的路径间协同，需要进行时间调整的操作，算法求解的时间增加。

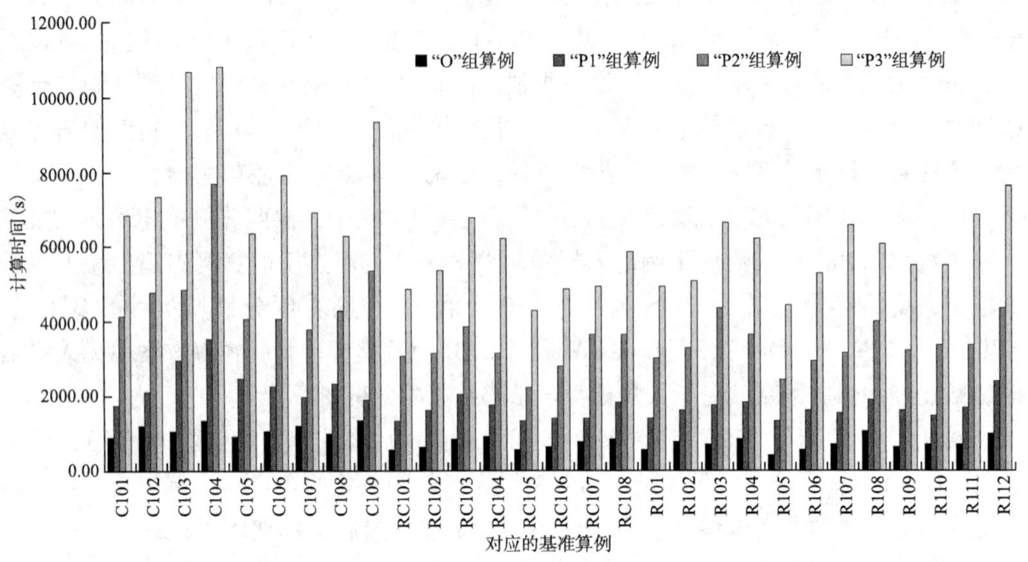

图 13－11　大规模算例计算时间对比

将不包含“零配送客户点插入算法”的 ALNS 算法简称为 ALNS－N 算法。在不考虑零配送客户点的情况下的目标函数值均小于考虑零配送客户点的目标函数（见图 13－12），这表明 ALNS 算法中“零配送客户点插入算法”的有效性。从求解时间上

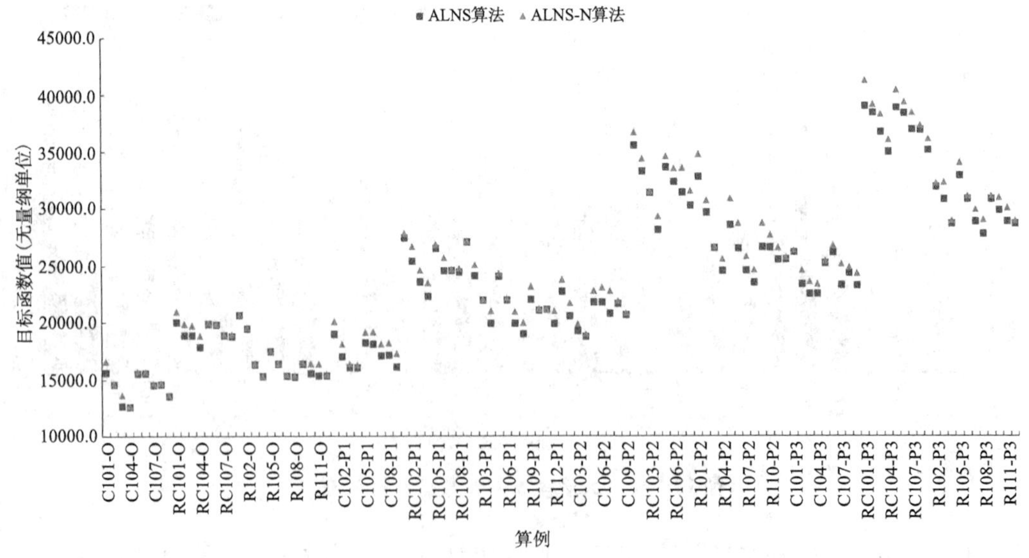

图 13－12　ALNS 算法和 ALNS－N 算法的目标函数值

来看，ALNS－N 算法的求解速度要快于 ALNS 算法的求解速度，考虑了“零配送客户点插入算法”后，出现临时编队的情况更多，编队产生的路径间协同导致需要进行的时间调整的操作增加，从而使得算法求解时间增长。URP－FF 问题情景相较于不考虑零配送客户点的情景复杂度增加，但可优化空间更大。企业应用无人机灵活编队开展配送时，需要平衡寻求路径优化效果和所需的求解时间的背反关系，可以考虑允许部分无人机进行零配送绕行。

ALNS－N 算法求得的“O”“P1”“P2”和“P3”四组算例的解方案中，N^F 的平均值分别为 4.38、10.62、17.34 和 25.14；ALNS 算法的计算结果中的 N^F 的平均值为 12.03、18.21、23.10 和 30.38。相比之下，允许零配送客户点插入的情况下，解方案中产生的临时编队弧的数量更多（见图 13－13）。从 N^{AU} 的平均值来看，ALNS－N 算法的解方案中四组算例的平均值分别为 1.88 架、2.30 架、2.26 架和 2.30 架，所有算例的平均每段弧上编队的无人机数量为 2.17 架；ALNS 算法的计算结果中，平均每段弧上的无人机数量为 2.69 架。可见，允许无人机零配送访问客户点有利于无人机进行临时编队。

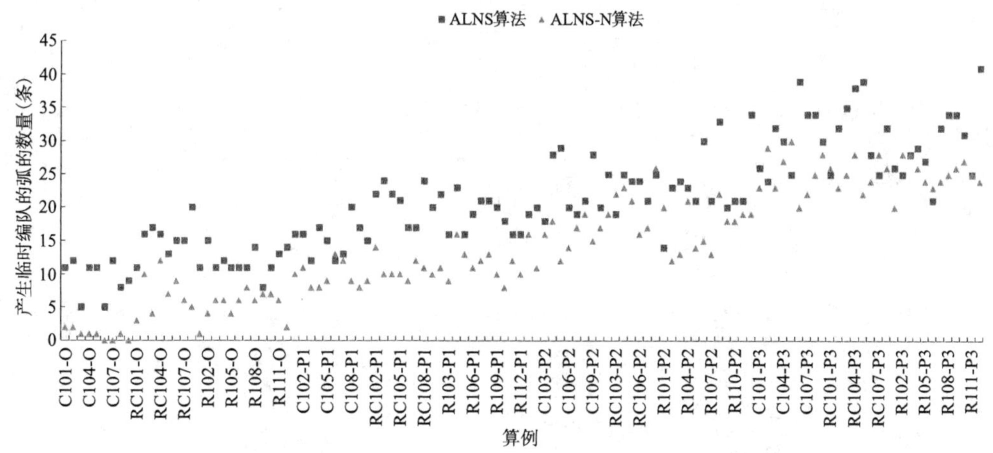

图 13－13　ALNS 算法和 ALNS－N 算法求得的解方案中的 N^F 值

13.5　多旋翼无人机编队配送模式简评

近年来，编队技术在包括交通运输在内的多个领域都有长足发展，如车辆编队行驶是自动驾驶技术创新的一个重要方向。在多旋翼无人机应用方面，无人机编队灯光秀、无人机编队摄影等应用也有很多。本章介绍了一种基于无人机编队的物流配送模式，核心思想在于利用无人机编队降低无人机操作成本和飞行成本，同时可以对某些货量需求大的客户点也使用无人机配送，从而在一定程度上克服无人机载货能力小的缺陷。

但是，识别技术不精确和自动化程度较低制约了多旋翼无人机在实践中的大规模推广，现阶段多旋翼无人机的自动控制技术仍待持续提升。相对于单架无人机，无人机编队对无人机的自动化技术和控制技术的要求更加苛刻，所以从技术方面来说当前无人机编队实现配送还有难度。同时，从配送模式本身来说，无人机编队之间的灵活组编和解编也增加了很多实际操作的难度。

未来，若技术和操作方面的难度都得到了有效克服，那么无人机编队配送，甚至无人机编队和卡车协同配送，将为物流配送业打开新的技术升级格局。

课后习题

1. 结合本章给出的 URP - FF 问题的两类模型，分析两下标模型和三下标模型的主要差异。

2. 试分析 URP - FF 问题建模相对于传统 VRP 问题建模的难点。

3. 自行查阅有关资料，提出一类多旋翼无人机编队配送模式，并给出路径示例。

第 14 章　仓储无人机技术

14.1　无人机仓储管理

相比于无人机送货，无人机仓储管理更容易推广。仓储无人机与普通无人机的主要区别在于其能够在没有全球定位信号的情况下飞行。仓储无人机不借助全球定位技术，是因为它必须在全球定位信号较弱或不存在全球定位信号的室内区域飞行。在仓库应用仓储无人机不需要申请试飞空域，也不需要特别审批。如果仓储无人机能够完成自动检索和分拣货物，仓储管理体系将迎来巨大变革。本节介绍用于仓储管理的仓储无人机，以下将仓储无人机简写为无人机。

小型无人机可以在货物密集、环境拥挤的仓库中自由飞行，其相关应用甚至有可能带来仓库建设标准的改变。例如，美国麻省理工学院的研究人员探索在仓库区域使用 Parrot Bebop 2 无人机，受体积限制，该无人机有负重限制；同时，该无人机搭载了 RFID（射频识别）扫描器，机身被直接改装成信号中继器，成为 RFID 扫描器与标签之间的信号传输桥梁。

由美国麻省理工学院研发的名为 RFly 的系统，可以结合 RFlD 技术，利用无人机在仓库中进行智能化库存管理，企业也可以使用体积更小且更安全的无人机在大型建筑中寻找货物。这项技术可协助找寻和“记忆”库存，避免货物无故失踪。所装备的无人机在数十米外就可以读取仓库货物的标签，其定位平均误差约 19cm。RFly 系统利用无人机自动执行盘点货物程序，其关键在于防止各类信号对无人机造成干扰，确保及时、准确地获取货物的位置信息。

实际上，现代仓储已逐步将货物上的条码替换为 RFID 标签（以下简称为“标签”)，这种小巧的标签可被阅读器发射的无线电频率激活，从而实现库存管理自动化。根据美国麻省理工学院发布的数据，全美国零售业每年失踪货物价值高达数百亿美元，而 RFly 系统可以在防止库存错配及寻找货物位置方面发挥重要作用。相关产品的商用，将大大提高物流业的仓储资源配置效率并促进无人机快递服务发展。此外，为了在仓库中安全飞行，无人机必须具有功能强大的避障和防撞系统、导航传感器，并具备高性能的机载处理能力。

传统企业仓储管理在盘点库存时需要使用大量的人力，在实际盘点中由于盘点计划和人员分工问题，容易造成数据不准确。现代企业仓储管理多利用 RFID 技术进行盘点，RFID 技术可识别高速运动物体并可同时识别多个标签，操作快捷方便。利用 RFID

技术可以实现仓储实时信息管理，其工作原理在于货物和货位上安装的电子标签可以实现两者的对应。无人机或手持设备上的 RFID 读写器模块能快速、准确地获取货物信息，并实时与仓储管理系统进行数据交互，为仓库管理人员提供实时、准确、完整的仓储管理信息。

根据现阶段仓储库房使用的主流信息技术（如 RFID 技术、WiFi 网络技术、数据库技术），将应用架构分为应用层、传输层和采集层。在应用层，通过与仓储管理系统的结合，实现库房物品进出库、摆放、盘点等数据的分析和处理，实现智能化的管理和控制。在传输层，通过仓储库房中的 WiFi 路由器，应用移动通信技术实现数据的向上传输。在采集层，通过智能终端、无人机等设备实现对仓储库房中物品的信息读取。

根据库房内物品种类，合理化分配库位，编制库位和物品编号，对每个库位和物品张贴对应的实物标签，通过无人机或者智能终端对库位标签和物品标签进行扫描，实现库存物品的储存和盘点。

近年来，无人机技术在智能仓储信息化管理方面得到了广泛应用。智能化仓储设计涵盖输送模块层、智能技术层、信息处理层以及后台监测层等结构层。输送模块层主要将外界物品输送进仓库，由输送机器放到对应的货架上，监测物品是否满足入库要求，然后根据物品编号信息实行分类，最后将物品信息通过无线通信传输到数据中心，其间无须人工进行管理操作。信息处理层主要接收来自无人机单元的物品信息并进行数据处理，然后将其发送到后台监测层。后台监测层接收来自信息处理层的信息，通过计算机进行后台物品信息的监测。

无人机在仓库中的一些领域应用，如库存管理、仓库内部物流以及仓库检查和监控。考虑到当前无人机技术在续航和载重能力方面的技术瓶颈，无人机在仓库内部物流、仓库检查和监控领域并不占优势，但在库存管理领域具有较大的发展潜力。无人机在库存管理领域的工作主要包括以下部分：库存审计、周期盘点、物品搜索、缓冲库存维护、库存盘点。此部分仅对常用工作进行说明。周期盘点是一种流行的库存盘点解决方案，它允许企业盘点仓库内多个区域的多个项目，而无须盘点整个库存。周期盘点可以看作一种抽样技术，用某些样本数量进而推断出整个库存量。库存盘点是对现有所有库存的盘点，需要识别当前仓库中的每一件物品，对其进行计数并按物品种类进行数量汇总。

无人机根据飞行任务开始前准备的数字地图在仓库内飞行，无人机库存管理系统可为无人机规划最佳飞行路径。

14.1.1 无人机库存管理系统的硬件

无人机库存管理系统的硬件可以分为数个组成部分：机载电脑、无人机飞控、视觉传感器（摄像头）和激光雷达。无人机飞控与机载电脑通过串口进行连接，采用通信协议与机载电脑中运行的无人机通信模块进行通信。机载电脑通过视觉库驱动摄像头获取图像信息，机载电脑通过雷达解决方案包驱动激光雷达并获得测距信息。将运行机器人操作系统（ROS）的本地计算机与运行 ROS 的机载电脑组成一个分布式系统，可以实现本地计算机与机载电脑间基于局域网的通信。

1. 机载电脑

机载电脑是搭载在无人机上的微型计算机，是无人机的主控制器。作为主控制器，机载电脑运行 Linux 系统或者基于 Debian Linux 的 Raspbian 系统，系统中安装有若干个软件模块库，同时机载电脑可以运行 ROS 以及其他各种功能包。机载电脑通过通信协议与无人机飞控进行通信，实现对无人机飞控的控制。同时，机载电脑装载有摄像头、激光雷达等，可以完成图像获取、无人机定位与建图等操作。

2. 无人机飞控

无人机飞控是无人机的核心部件，其功能主要是发送各种指令，并且处理各部件传回的数据。多旋翼无人机的飞行、悬停等姿态的实现都是由多种传感器将无人机本身的姿态数据传回无人机飞控，再由无人机飞控通过运算和判断下达指令，由执行部件完成动作和飞行姿态调整。

当前主流的开源无人机飞控包括 APM 飞控、PX4 飞控、Pixhawk 飞控、OpenPilot 飞控、TauLabs 飞控、CC3D 飞控、Paparazzi 飞控等。以 Pixhawk2 飞控为例，其采用 stm32f407 作为主控制器，采用 stm32f103 作为协处理器，主控制器具有 168MHz 主频以及较大的内存，其包含三套传感器组（陀螺仪、加速度计、磁力计），可以保证其中一套传感器组发生故障时不影响整体运行。

无人机飞控与各地面站之间通过通信协议（如 MavLink）来进行数据的通信。MavLink 是一种为无人机设计的通信协议，通过将数据进行包装，可以实现多机多控制端的可靠通信。通过使用 MavLink，无人机机载电脑和地面站之间可以实现稳定的通信。

3. 视觉传感器

为了使用无人机完成仓库中图像采集、标签识别等工作，需要在无人机上安装视觉传感器。视觉传感器使用摄像头来获取图像信息，根据图像信息确定目标的状态以及无人机相对于目标的位置和速度等信息。近些年，深度学习算法的发展给视觉传感器在无人机上的应用带来了创新技术。无人机上的机载电脑通过 OpenCV 库，调用摄像头进行拍摄、图像处理工作，实现仓库中图像数据的采集与判断，通过 OpenCV 库内置的算法，对图像进行缩放从而加快运算速度。导入 ROS 包，发布解码获得的数据与图像，这样方便后续其他节点以及本地端获取信息。

4. 激光雷达

激光雷达是利用光的飞行时间原理测量距离的一种仪器。飞行时间原理是指通过发射激光脉冲来测量传感器到物体的距离，即在短时间间隔内一个接一个地发射激光脉冲，它们被物体反射，并被探测器收集，计算发射激光脉冲和接收激光脉冲所需的时间，从而得到传感器到物体的距离。激光雷达可以通过旋转的光学部件形成二维的扫描面，以实现区域扫描及轮廓测量，并且可以生成所在空间的平面点云图信息，从而应用于地图测绘、机器人定位导航和环境建模等。激光雷达具有精度高、单向性好和不易受气流影响等优点，但也存在易受烟雾、灰尘和雨滴干扰以及成本较高等缺点。

无人机机载电脑在 ROS 中获取并发布激光雷达数据，结合即时定位与地图构建技术（简称 SLAM 技术）实现室内定位与无人机建图。无人机根据激光雷达数据构建地图，在该地图中使用灰度图来表示图像，以像素的颜色深度表示该像素所代表的位置出现障碍物的可能性，颜色越浅，该位置出现障碍物的可能性越小。浅灰色部分表示存在障碍物可能性很小的可通行区域，深灰色部分表示可能存在障碍物的未知区域，而黑色部分表示很可能存在障碍物的不可通行区域。

14.1.2 无人机库存管理系统的软件

无人机库存管理系统的软件列举如下。

（1）防撞/避障系统：无人机需要防撞/避障系统来确保在仓库内飞行的安全。

（2）软件开发套件（SDK）和应用程序编程接口（API）：无人机采集的数据不会存储在无人机机载硬件中，这些数据必须集成到无人机库存管理系统中，因此选择合适的用于交换数据的 SDK 和 API 至关重要。

（3）机队管理软件：使多架无人机能够自主飞行、精准悬停、精准着陆。

当无人机停放在特定区域等待新任务时，可以为无人机充电。无人机按预先拟定的时间表启动、起飞、在仓库中盘旋以收集数据，完成任务后返回机位待机、充电。无人机采集数据后，通过数据交换接口将数据上传至云端。处理数据的服务器使用人工智能、机器学习、神经网络算法等分析数据。

借助无人机开展盘点时，根据盘点计划、库房货架的位置及高度设置无人机盘点飞行路线。沿着无人机盘点飞行路线，可设置无人机自动飞行，无人机读取途经路线上的物品信息，由机载摄像头传回画面并进行图像识别。盘点人员也可通过控制器控制无人机飞行，实时读取货位上的物品信息，其读取距离一般为 2 米。无人机读取到物品信息后，通过 WiFi、移动网络，实时与仓储管理系统中库存物品名称及数量进行对比，以达到盘点的目的。

借助无人机进行巡检时，根据巡检计划设置巡检路线，无人机根据巡检计划定时进行巡检。库房管理人员可以通过无人机上的摄像头实时监控库房内的状况，及时发现问题，保障库房安全运行。无人机在库房内定期巡检时，将货位及物品标签上的信息与仓储管理系统中的信息进行对比，及时发现不正确的信息，并通知库房管理人员纠正。此外，库房管理人员也可以人为控制无人机检查人眼视野覆盖不到、身体进不去以及有剧毒品存放的特殊区域。

值得注意的是，计算机视觉、人工智能、机器学习、自动驾驶等相关技术的水平，决定着无人机库存管理系统的运行效果。

14.2 无人机航迹规划算法

无人机航迹规划是指通过执行一系列的操作，在完成任务的前提下，生成无人机的最优/次优路径。无人机航迹规划本质上是由在有限空间内规避障碍的一系列的点组成有向图的过程，无人机航迹规划算法就是该过程的核心。高效的无人机航迹规划算法可确保无人机顺利完成任务且成本付出最小化。无人机在仓库中飞行时，需要使用无人机航迹规划算法规划无人机飞行路径，使无人机在仓库中准确、安全、快速地进行作业。

根据搜索方法建立的不同的模型与算法，可以将无人机航迹规划算法分为五类，分别为基于控制理论的优化算法、基于单元分解的搜索算法、基于图论的规划算法、基于局部搜索的规划算法和基于全局搜索的规划算法。本节介绍这五类算法中具体的几种算法：基于单元分解的 A * 算法、基于图论的快速搜索随机树算法（简称 RRT 算法）、人工势场算法和粒子群算法。

14.2.1 A * 算法

A * 算法是一种基于栅格的算法。无人机飞行过程被设置在栅格地图中，规划无人机飞行路径时，给定起始点和目标点。其飞行过程通常要求路径长度是最短的，且规划的飞行路径必须避开障碍物。A * 算法可以看作 Dijkstra 算法与最佳优先搜索算法的结合，A * 算法继承了 Dijkstra 算法的贪婪特点，同时继承了最佳优先搜索算法的启发式性质。

A * 算法以节点的预测总代价为主要参考，如式（14 - 1）所示，$f(x, y)$ 表示节点（x，y）的预测总代价，$g(x, y)$ 表示从起始点到节点（x，y）已经花费的代价，$h(x, y)$ 表示节点（x，y）到目标点的预测代价。

$$f(x,y) = g(x,y) + h(x,y) \tag{14-1}$$

一般地，$g(x, y)$ 取起始点到当前考察节点（x，y）的实际距离；$h(x, y)$ 为启发函数，启发函数一般取当前节点（x，y）到目标点的欧式距离、曼哈顿距离或对角线距离。本节使用对角线距离计算方法。依据对角线距离计算方法，无人机不仅能够在栅格平面上进行水平和垂直运动，还可以沿着栅格对角运动。令（e_x，e_y）为目标点坐标。$h(x, y)$ 的计算方式如式（14 - 2）至式（14 - 4）所示。

$$h(x,y) = \sqrt{2} \cdot Ds \cdot h_{diagonal}(x,y) + Ds \cdot [h_{manhattan}(x,y) - 2 \cdot h_{diagonal}(x,y)] \tag{14-2}$$

$$h_{diagonal}(x,y) = \min(|x - e_x|, |y - e_y|) \tag{14-3}$$

$$h_{manhattan}(x,y) = |x - e_x| + |y - e_y| \tag{14-4}$$

其中，$h_{diagonal}(x, y)$ 为两个栅格之间沿对角线可以移动的点数，$h_{manhattan}(x, y)$ 为栅格间的曼哈顿距离，Ds 为两个相邻栅格之间的距离，$\sqrt{2} \cdot Ds$ 为对角相邻栅格之间的距离。

在 A * 算法中，不断选取当前位置周围的八个栅格节点（本节以每个栅格的中心点作为栅格节点）中总代价最小的点作为新的航迹点，直到当前位置的临近点出现目标点或没有可选择的栅格节点为止。为实现 A＊算法，需要定义一个数据结构来存储栅格节点位置、节点代价和节点关系。栅格节点位置通过节点坐标进行存储，节点坐标能够确定规划环境中的每一个栅格。节点代价分为三个部分：实际代价，即 $g(x, y)$，从节点 (x, y) 通过父节点回溯到起始点所花费的实际代价；估计代价，即 $h(x, y)$，通过对角线距离计算方法得到的启发函数；预测总代价，即 $f(x, y)$。节点关系需要记录该节点初始的扩展节点（父节点）。定义这个数据结构之后，要实现 A＊算法还需定义两个集合，一个是 *OPEN* 集合，一个是 *CLOSED* 集合。*OPEN* 集合包含被探索但是没有被处理过的节点，*CLOSED* 集合包含已经处理完毕的节点。

基于 A＊算法进行无人机航迹规划的具体步骤如图 14－1 所示。

A＊算法

```
Input：待处理节点集合 OPEN，已处理节点集合 CLOSED，起始点坐标（o_x，o_y），目标点坐标（e_x，e_y），规划环境中栅格节点信息
Output：航迹点集合 Track
    初始化集合 OPEN 和集合 CLOSED 为空集
    在 OPEN 中加入起始点（o_x，o_y），令当前节点（x，y）为起始点，（x，y）←（o_x，o_y）
    Repeat
      从 OPEN 中删除节点（x，y），并将节点（x，y）存入 CLOSED 中
      记录栅格中与节点（x，y）临近的 8 个栅格节点（xl_i，yl_i）（i∈{1，2，…，8}）
      For i：= 1 to 8
        If（xl_i，yl_i）为障碍物点或（xl_i，yl_i）∈CLOSED Then
          i++
        Else If（xl_i，yl_i）不为障碍物点且（xl_i，yl_i）∉CLOSED Then
          计算 g（xl_i，yl_i），h（xl_i，yl_i），f（xl_i，yl_i）
          If（xl_i，yl_i）∉OPEN Then
            将（xl_i，yl_i）存入 OPEN 中
          Else If（xl_i，yl_i）∈OPEN 且 f（xl_i，yl_i）取得新的最小值 Then
            更新 g（xl_i，yl_i），h（xl_i，yl_i），f（xl_i，yl_i）
          End If
        End If
      End For
      选择 OPEN 中 f（x，y）值最小的节点作为当前节点
    Until（e_x，e_y）∈OPEN 或 OPEN =∅
    If（e_x，e_y）∈OPEN
      从（e_x，e_y）开始，通过父节点回溯至（o_x，o_y），得到最终路径，将所有航迹点存入 Track
    Else If OPEN =∅
      该规划环境下没有路径存在，Track =∅
    End If
    Return Track
```

图 14－1　基于 A＊算法进行无人机航迹规划的具体步骤

14.2.2　RRT 算法

RRT 算法是一种基于采样的单查询随机搜索算法，在节点扩展时能够根据规划信息快速有效地搜索规划空间，在可行路径的搜索概率意义上是完备的。RRT 算法能够满足无人机在线自主航迹规划的快速性要求，但是由于节点扩展的随机性，RRT 算法只能快速获得可行航迹，无法获得较优航迹。针对 RRT 算法的不足，学术界在节点采样方式、节点选择方式和节点扩展方式等方面对其进行改进，但是所生成航迹的长度离最小航迹长度还有一定的差距。将航迹长度代价约束作为启发条件引入 RRT 算法中，可以有效地剪除规划空间中的无用节点，获得较优航迹。航迹长度代价的选取一般根据无人机的最大可飞行航程和无人机协同任务的预定飞行时间。

本节介绍一种循环寻优 RRT 算法，对 RRT 算法进行改进，较优解的航迹长度代价作为算法下一次运行的启发信息，确保了新生成航迹的长度代价都优于算法上一次运行所生成的航迹。通过算法循环运行，使最终得到的航迹趋近于最优航迹的最小航迹长度代价，同时得到一系列备用可行航迹，在无人机协同任务中可以根据协同到达时间进行快速选择。

基于 RRT 算法的无人机航迹规划将规划空间中的起始点作为根节点，通过随机采样逐渐增加叶节点，生成随机树和拓展树。当随机树的叶节点中包含了目标点或者目标区域的点时，随机树停止扩展，此时可以在随机树中找到一条从起始点到目标点的路径。定义 T 为当前存在的拓展树，p_{rand}表示规划空间中的随机采样点，p_{near}表示已有拓展树上离随机采样点 p_{rand}距离最近的一个树节点。在 p_{rand}和 p_{near}的直线连线上以拓展步长 L_{step}为单位截取得到新拓展节点 p_{new}，在向 p_{new}行进的过程中若没有遇到障碍物，则将 p_{new}加入拓展树，否则需要重新选择 p_{rand}。重复上述过程，直到 p_{new}到达目标区域，此时可以在拓展树 T 中找到一条从起始点 p_0 到目标点 p_{goal}的航迹。

为了使 RRT 算法更加有效地寻找最优航迹，引入航迹长度代价约束，用来剪除规划空间中的无用节点，引导航迹长度代价趋向于最短航迹。航迹长度代价（d_{cost}）是指从起始点到目标点的可行航迹的长度，航迹点集合为 $\{p_0, p_1, \cdots, p_{goal}\}$，则 $d_{cost} = \sum p_i p_{i+1} (i = 0, 1, \cdots, goal - 1)$。在拓展的过程中，若从 p_0 到 p_{new}的距离与从 p_{new}到 p_{goal}的距离之和大于 d_{cost}，则判定 p_{new}无效，不将 p_{new}加入拓展树。

图 14－2 给出航迹长度代价约束的一个例子。$SL(p_{new})$ 表示 p_{new}和 p_{goal}之间的直线距离，加粗线段表示从 p_0 到 p_{new}的距离，记为 $D(p_{new})$，若 $D(p_{new}) + SL(p_{new}) > d_{cost}$，则需要重新选择 p_{rand}，并重新生成 p_{new}。

基于 RRT 算法的无人机航迹规划流程如下。

步骤 1　将无人机当前位置作为规划起始点（p_0），初始化拓展树（$T = \varnothing$），算法循环迭代次数为 N，新拓展的节点数的最大值为 N_{set}，选择 p_{goal} 作为 p_{rand} 的概率为 $goalP$。

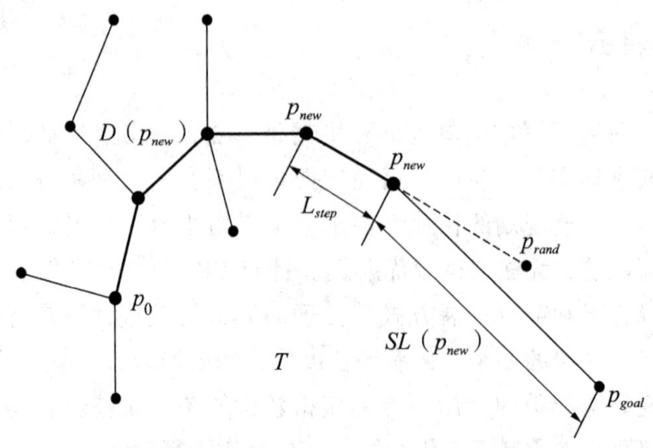

图 14-2 航迹长度代价约束示例

步骤 2 生成一个随机数 q（$q\in[0,1]$），如果 $q<goalP$，则选择 p_{goal} 作为 p_{rand}，否则生成随机采样点 p_{rand}。

步骤 3 在拓展树当前已有的节点中，选择 p_{near}，使

$$Dis(p_{near},p_{rand})+Dis(p_{near},p_0)=\min_{p\in T}\{Dis(p,p_{rand})+Dis(p,p_0)\},$$

在 p_{near} 和 p_{rand} 的直线连线上，前进 L_{step} 得到 p_{new}。

步骤 4 判断 p_{new} 是否满足障碍规避要求，若满足，则将 p_{new} 添加到拓展树中；否则，转到步骤 2。

步骤 5 对当前拓展树新拓展的节点进行计数。若新拓展的节点数小于 N_{set}，判断是否满足 $Dis(p_{new},p_{goal})\leqslant L_{step}$，满足则转到步骤 6，不满足则转到步骤 2。若新拓展的节点数大于 N_{set}，则本次循环结束，清空新拓展的节点数，并判断循环迭代次数是否达到 N。若达到，则保留上次循环的航迹长度，生成航迹数据转到步骤 8；否则保留上次循环的航迹长度，生成航迹数据转到步骤 2。

步骤 6 通过形成的拓展树，获得从 p_0 到 p_{goal} 的航迹，得到航迹长度 S。

步骤 7 判断循环迭代次数是否达到 N，若达到，则转到步骤 8；否则将航迹长度作为航迹长度代价约束进入算法的下一次运行，并转到步骤 2。

步骤 8 采用三次最优的航迹曲线对航迹进行平滑，得到最终航迹。

14.2.3 人工势场算法

人工势场算法是一种基于虚拟力的算法，它将机器人在环境中的运动抽象为在人造受力场中的运动，通过势场中的力引导机器人运动。势场分为两种，分别是障碍物对机器人产生的斥力场和目标点对机器人产生的引力场，两者叠加后产生的合力场决定着机器人的运动，促使机器人向着目标点移动。将人工势场算法应用于无人机航迹规划时，无人机在规划空间中运动，假设无人机、障碍物和目标点都是质点，X 和 X_o 分别表示当前无人机和障碍物的位置坐标，X_g 表示目标点的位置坐标。障碍物对无人

机产生的斥力场为 U_{rep}，目标点对无人机产生的引力场为 U_{att}，合力场为 U_{total}。

1. 斥力函数

无人机在规划环境中会受到障碍物产生的斥力，无人机与障碍物的距离越近，所受的斥力越大，反之则越小。斥力函数的定义如式（14－5）所示。

$$U_{rep}(X)=\begin{cases}\frac{m}{2}\left(\frac{1}{\rho(X,X_o)}-\frac{1}{\rho_o}\right)^2,\rho(X,X_o)<\rho_o\\0,\rho(X,X_o)>\rho_o\end{cases}\tag{14-5}$$

式中：m——斥力场比例增益系数；

ρ（X，X_o）——无人机和障碍物之间的距离；

ρ_o——障碍物的影响半径。

当无人机和障碍物之间的距离大于 ρ_o 时，无人机不再受到斥力。斥力（F_{rep}）就是斥力场的负梯度，如式（14－6）所示。

$$\begin{aligned}F_{rep}(X)&=-\operatorname{grad}[U_{rep}(X)]\\&=\begin{cases}\frac{m}{\rho(X,X_o)^2}\left(\frac{1}{\rho(X,X_o)}-\frac{1}{\rho_o}\right)\frac{\rho(X,X_o)}{\partial X},\rho(X,X_o)<\rho_o\\0,\rho(X,X_o)>\rho_o\end{cases}\end{aligned}\tag{14-6}$$

当无人机同时位于 n 个障碍物的影响范围内时，无人机所受到斥力的合力为 $\sum_{i=1}^{n}F_{rep}^{i}$。

2. 引力函数

无人机在规划环境中会受到目标点产生的引力，无人机与目标点的距离越近，所受的引力越小。当无人机所受的引力为零时，表明其已经到达目标点。引力函数的定义如式（14－7）所示。

$$U_{att}(X)=\frac{k}{2}\rho^2(X,X_g)\tag{14-7}$$

式中：k——引力场比例增益系数；

ρ（X，X_g）——无人机与目标点之间的距离。

引力（F_{att}）就是引力场的负梯度，如式（14－8）所示。

$$F_{att}(X)=-\operatorname{grad}[U_{att}(X)]=-k\rho(X,X_g)\frac{\partial\rho(X,X_g)}{\partial X}\tag{14-8}$$

无人机所受合力的计算公式为 $F_{total}=F_{att}+\sum_{i=1}^{n}F_{rep}^{i}$。无人机在合力（$F_{total}$）的引导下，可以有效地避开障碍物并到达目标点。但是，这仍存在缺点。局部极小点是传统人工势场存在的主要问题，当无人机所受合力为零或者其方向与斥力或引力的方向相同时，无人机会出现停止运动或者徘徊的情况。目标点不可达也是一个缺点，当障碍物在目标点附近时，由于引力小于斥力导致无人机无法到达目标点。通过研究无人机飞行的惯性以及设置无人机的最小速度，无人机一般可以越过局部极小点。针对目标点不可达问题，通过设置最小引力的大小也可以解决。

3. 凹型区域

当无人机遇到U形障碍物时，无人机就会被困在陷阱区域，这是因为无人机所受合力在无人机机头方向的分力较小，而在无人机侧边方向的分力较大。当无人机困在U形障碍物时，其判别公式为式（14－9）。

$$\rho(X_t, X_{t-t'}) < d_1 \tag{14-9}$$

式中：X_t——无人机在t时刻的位置；

$X_{t-t'}$——无人机在t时刻之前t'时刻的位置；

ρ（X_t，$X_{t-t'}$）——无人机在两个时刻的位置之间的距离；

d_1——常量。

在无人机陷入凹型区域之后，可以通过调整目标点引力的最小值，阻止无人机向凹型区域内部进一步陷入，使障碍物的斥力将无人机推出凹型区域。通过判别公式判别无人机跳出凹型区域范围之后，再逐步增加目标点引力的最小值，使无人机更快向目标点靠近。

人工势场算法的整体流程如下。

步骤1 确定无人机从起始点到目标点的理想飞行路径，在不考虑障碍物的情况下，就是两点之间的直线飞行路径。

步骤2 无人机沿着理想飞行路径，在探测范围内判断是否存在障碍物，若不存在，则转到步骤5；若存在，则转到步骤3。

步骤3 判断是否是U形障碍物，若是，则重复调整目标点引力的最小值，使无人机继续行进，直到避开U形障碍物，转到步骤2；若不是，则转到步骤4。

步骤4 根据叠加斥力和引力后产生的合力，使无人机自动避开障碍物，转到步骤2。

步骤5 判断无人机是否到达目标点，若是，则转到步骤6；否则转到步骤2。

步骤6 无人机飞行任务结束，输出无人机从起始点到目标点的飞行路径。

14.2.4 粒子群算法

粒子群算法是一种仿生算法，其原理源于对鸟群捕食行为的研究。假定鸟群在一个只有一块食物的特定区域，对所有鸟，目标（食物）位置均未知。当前寻优目标为寻找某个函数的最小值，而鸟群中所有鸟均不知道最小值的位置，但是可以计算出所有鸟当前位置的函数值（即适应度），将这个函数值作为某只鸟和目标之间的相对距离。找到目标的方式是每一只鸟都寻找离目标最近的鸟的位置，然后一步步接近，直到最后找到目标。用粒子模拟上述鸟类个体，多维搜索对象等效于鸟类的飞行区域，每个粒子都可以对多维搜索对象进行搜索。定义粒子具有两个属性：速度和位置。速度表示移动的快慢，位置表示移动的方向。不断迭代、更新速度和位置，最终获得满足终止条件的解。

1. 参数设置

参数设置如下。

（1）$N_{\max}$ 表示迭代次数的最大值，是算法的终止条件之一。

（2）n_{dim} 为目标函数的自变量个数，对应函数的维度空间，如无人机在三维空间中飞行，则 $n_{dim}=3$。

（3）$v_{\max}$ 表示粒子群中粒子的最大速度。

（4）n_{par} 表示粒子数量，粒子群的规模越大，搜索的范围越大，相应的计算量也就越大。

（5）ω 为惯性因子，表示粒子对上一个速度的继承情况，$\omega \geqslant 0$。

（6）个体极值。处于粒子群中的每个粒子记录着个体目前的空间坐标，再根据某种规则计算到目前为止个体所搜索过的最佳空间坐标。目前这个最佳空间坐标被定义为粒子的个体极值。

（7）全局最优值。据某种事先定义的规则，所有粒子同时记录粒子群中发现的最佳空间坐标，再读取最佳空间坐标。这个粒子群的最佳空间坐标被定义为全局最优值。全局最优值是算法的搜索目标，在无人机航迹规划中即无人机的航点。

2. 速度和位置更新方法

令 i（$i \in \{1, 2, \cdots, N\}$）表示所有粒子，$j$（$j \in \{1, \cdots, D\}$）表示所有维度。粒子的速度更新方法如式（14－10）所示：

$$v_{ij}(t+1) = \omega v_{ij}(t) + c_1 r_{1j}(t)[p_{ji} - x_{ij}(t)) + c_2 r_{2j}(t)(p_{gi} - x_{ij}(t)] \tag{14-10}$$

式中：$v_{ij}(t)$ ——在第 t 次迭代时，粒子 i 在维度 j 的速度；

c_1，c_2——学习因子，取非负值；

r_1，r_2——随机数，取值在［0，1］之间；

p_{ji} ——粒子 i 在维度 j 上的位置；

p_{gi} ——粒子 i 在所有维度的全局最优值所在的位置。

粒子的位置更新方法如式（14－11）所示：

$$x_{ij}(t+1) = x_{ij}(t) + v_{ij}(t+1) \tag{14-11}$$

3. 惯性因子

在标准 PSO 算法中，如果惯性因子的选择不合适，则算法收敛效率低或者无法实现收敛。基于这种情况，学术界对标准 PSO 算法做了各种改进。较小的惯性因子有助于每个粒子对部分空间进行细致搜索，使算法以较快的速度实现收敛；较大的惯性因子可以使当前粒子从局部极小点跳出，以促使算法进行全局搜索。为了获得较好的结果，在算法搜索过程中，需要通过某种方法来适时调整惯性因子，使粒子在部分和全局搜索之间达到一个较为合适的平衡。常见的方法是在搜索过程中将固定惯性因子改为随迭代次数变化的一个函数，惯性因子更新方式多样，如式（14－12）至式（14－14）所示。$\omega_{\max}$ 和 $\omega_{\min}$ 分别表示惯性因子的上界值和下界值。

$$\omega_1(t) = \omega_{\max} - (\omega_{\max} - \omega_{\min})\frac{t}{N_{\max}} \tag{14-12}$$

$$\omega_2(t) = \omega_{\max} - (\omega_{\max} - \omega_{\min})\left(\frac{t}{N_{\max}}\right)^2 \tag{14-13}$$

$$\omega_3(t) = \omega_{\max} - (\omega_{\max} - \omega_{\min})\left[\frac{2t}{N_{\max}} - \left(\frac{t}{N_{\max}}\right)^2\right] \tag{14-14}$$

4. 无人机航迹规划适应度函数

（1）目标函数。

目标函数是判断无人机是否从起始点向目标点靠近的一个标准。（x_B，y_B，z_B）为目标点位置坐标，（x_n，y_n，z_n）为候选航迹点位置坐标。在三维空间中，无人机航迹规划的目标函数可以设定为式（14-15）。

$$f(x_n, y_n, z_n) = (x_B - x_n)^2 + (y_B - y_n)^2 + (z_B - z_n)^2 \tag{14-15}$$

（2）躲避障碍物的条件。

假定无人机的直径为λ，为了让无人机在飞行过程中不碰撞障碍物，且留有飞行余量，规定无人机在飞行过程中需要满足式（14-16）。（x_t，y_t，z_t）为障碍物 t（$t \in \{0, \cdots, M\}$）的位置坐标。

$$l_t = \sqrt{(x_t - x_n)^2 + (y_t - y_n)^2 + (z_t - z_n)^2} \tag{14-16}$$

$$\min_{t \in \{0, \cdots, M\}} l_t \geqslant \lambda/2$$

式中：l_t——无人机中心点到障碍物的距离；

M——障碍物的数量。

上述目标函数和躲避障碍物的条件共同组成了无人机航迹规划适应度函数。

综上，粒子群算法的整体流程如下。

步骤 1 初始化粒子群，设置以下参数：粒子群中的粒子数量为 n_{par}，算法停止迭代的阈值为 N_{th}，最大迭代次数为 $N_{\max}$，惯性因子为 ω，惯性因子的上界值和下界值分别为 $\omega_{\max}$ 和 $\omega_{\min}$，学习因子为 c_1 和 c_2，算法运行的维度空间为 n_{dim}。初始化所有粒子的位置为无人机的起始点位置。

步骤 2 计算所有粒子到障碍物的距离（l_t），确定 $\min\limits_{t \in \{0, \cdots, M\}} l_t$。

步骤 3 根据 $\min\limits_{t \in \{0, \cdots, M\}} l_t$ 和无人机的尺寸，构建所有粒子的候选航迹点集合。

步骤 4 更新所有粒子的速度和位置。

步骤 5 基于候选航迹点集合和无人机航迹规划适应度函数，计算所有粒子的适应度，更新个体极值和全局最优值，并判断是否有粒子满足终止条件，若有则转到步骤 6，否则转到步骤 2。

步骤 6 结束迭代，输出航迹点。

课后习题

1. 使用 A＊算法求解图 14-3 中无人机从 O 点到 D 点的最短航迹，其中栅格的长

和宽取值均为 1，图中阴影表示障碍物。（根据 A∗算法求解步骤进行求解，直接给出答案无效）

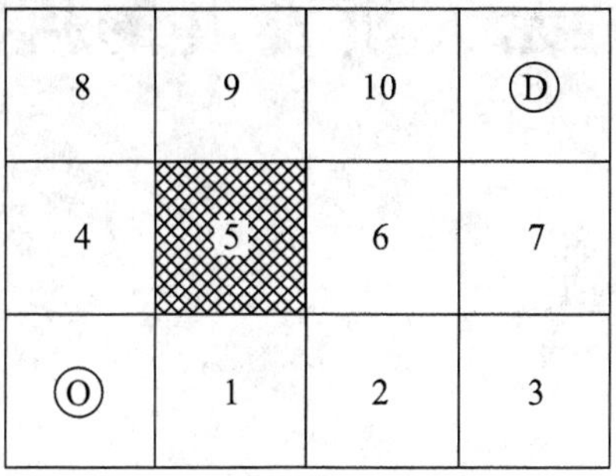

8	9	10	Ⓓ
4	5	6	7
Ⓞ	1	2	3

图 14－3　题 1

2. 在 RRT 算法的迭代过程中，已知某次迭代时的 d_{cost} 为 16，距离计算使用曼哈顿距离。在此次迭代时当前路径长度为 3，随机选定多个 p_{rand} 并确定 p_{near}（假定 p_{near} 为当前迭代最后到达的节点）之后，根据 p_{near} 和 L_{step} 确定出 4 个可以备选的 p_{new}，如图 14－4 所示，其中 B 表示障碍物。已知 p_{new}^{i}（$i \in \{1, 2, 3, 4\}$）的坐标为（4，8），（5，3），（3，0），（2，1），目标点 D 的坐标为（8，4），p_{near} 的坐标为（2.5，3.5）。试在所有 p_{new} 备选点集合中选出可行集合和最优位置点。

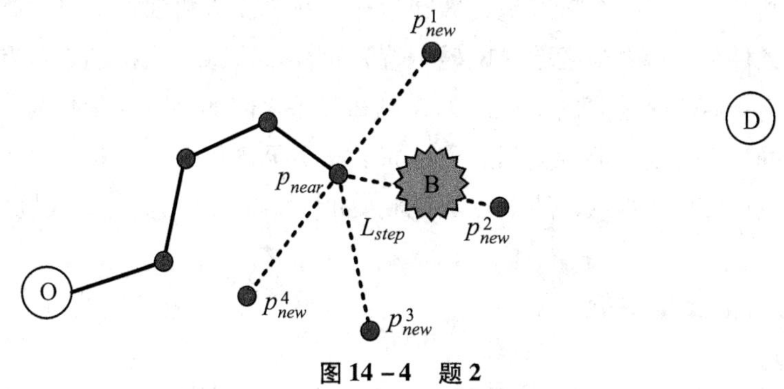

图 14－4　题 2

3. 已知粒子群算法中惯性因子 ω 的取值范围为［0.1，0.9］，令算法最大迭代次数 N_{max} 为 100，若采用动态更新权重因子的方式，试使用三种方法计算在第 20 次迭代时的权重因子的取值，并解释为什么较小的惯性因子有助于每个粒子对部分空间进行细致搜索，使算法以较快的速度实现收敛，而较大的惯性因子可以使当前粒子从局部极小点跳出并促使算法进行全局搜索？

第 15 章　无人机发展的挑战和趋势

15.1　无人机发展的挑战

15.1.1　技术挑战

现阶段无人机续航能力有限，配送业务种类受限。目前市场上的无人机大多以锂电池作为机载能量来源，动力较弱，同时受电池储量限制，无人机续航时长有限。若再考虑返程的要求，其实际配送范围变得更小，难以满足对于偏远地区的配送距离需要。此外，无人机的负载有限，不能承担重量较大或体积较大的商品配送。因此，如何提高无人机的续航能力和载重能力是无人机配送在当前和未来发展中急需解决的难题。同时，无人机多使用电池作为动力来源，无人机飞行 20 分钟可能需要电池充电 1 小时，如果不能为每架无人机配备足够数量的电池，则会降低无人机的使用效率。

采用无人机配送的另一个障碍是天气和信号干扰。无人机对雨、雾、强风等恶劣天气敏感，气候条件和飞行限制区域（电磁干扰）可能会导致无人机的定位和通信信号故障。另外，在电子通信流量高的地区，无人机和飞手之间的远程通信信号，以及无人机和定位卫星之间的定位信号都会受到严重干扰。恶劣天气和信号干扰会对无人机的飞行路径和飞行精度产生负面影响，甚至会导致无人机与障碍物或者其他无人机发生碰撞。

15.1.2　隐私和安全挑战

在无人机配送过程中，难免涉及顾客隐私、公众接受度及公共安全等问题，企业如何确保接触与采集的图像和数据的安全，如何在安全飞行、降噪便民、商业盈利与社会责任等方面做到平衡兼顾，监管方如何在鼓励创新的同时，保护公众利益和国家利益，这均是不小的挑战。

无人机配送过程中存在安全风险。无人机配送主要依靠全球定位技术等。就目前无人机智能避障技术（如超声波探测障碍物法、结构光测距方法等）的优缺点来看，任意一种单一方法都不能完全满足无人机配送的所有场景。无人机配送属于一类空中运输活动，若其在飞行过程中出现故障或因电力不足等原因发生坠落，极有可能会导致地面人员和资产受损。同时，无人机会受到黑客技术带来的潜在威胁，有些不法分子会通过篡改无人机程序劫持货物或改变配送路线，造成不必要的损失。

15.1.3　法律法规和监管制度挑战

包括我国在内的很多国家对无人机的发展持开放态度，我国颁布了《轻小无人机运行规定（试行）》《民用无人驾驶航空器实名制登记管理规定》等相关管理条例，但目前没有关于无人机技术研发和应用实施细则、无人机配送等的相关法律法规出台，也没有明确支持无人机配送发展的政策。美国联邦航空管理局（FAA）有禁止无人机用于商业用途的相关规定。很少有法律法规涉及无人机商用方面的内容，因此在一些行业法规面前，无人机配送的推广和应用受到了质疑。使用无人机配送时如何进行实际签收操作，这一问题仍有待商榷。

无人机作为一种新型配送工具，可以大幅度提升配送效率，但其运行仍存在着安全隐患。鉴于民航安全、国家信息安全，民用无人机飞行空域受限。为了有效促进无人机配送发展，可以开展低空空域管理改革试点，推进低空空域分类划设、低空航线网构建、跨省通用航空飞行服务保障等机制建设，并选取通用航空产业基础好、发展潜力大的地区划设跨省低空飞行航线，实现短途运输、通用航空器跨区交付、转场常态化飞行。

15.1.4　成本挑战

无人机的研发成本高。目前无人机配送整体上处于试验阶段，现有的无人机技术（如智能识障避障技术）尚不能满足物流配送的需求。无人机本身造价就不低，加之技术研发成本和其运行需要搭配的调度系统的开发成本，很可能会使采用无人机配送背离提升配送效率、降低配送成本的初衷。因此，如何降低无人机的研发成本仍是目前技术创新过程中需要面对的问题。

从无人机配送的商业价值和社会价值来看，如果企业及相关方看重的是短期利益，那么无人机配送项目推进起来会相当艰难。在国内，目前能为无人机配送服务买单的主要是企事业单位和政府部门。无人机配送虽然在时效性、可达性等方面优势明显，但是难以快速推广、发挥规模效应，前期的软硬件系统研发投入以及运营成本难以快速摊销，单位配送成本优势得不到体现，项目运营很容易陷入不良循环。因此，无论是头部企业还是创业型企业，在预期收益和资源配置方面都要做好打持久战的准备。

无人机配送的场景定位既十分重要，又十分不易。从空间维度看，在地面交通不畅的场景探索无人机配送是合适的；从时间维度和货物类型维度看，在需求急迫、高附加值、提供增值服务的领域很有潜力，但企业在某个试点取得成效后，后期的推广仍面临各种各样的问题，需持续投入大量的成本。

15.1.5　环境挑战

使用无人机配送虽然能减少温室气体的排放，但会面临一些额外的环境挑战，例如，载荷较大的无人机产生的明显的噪声污染。

综上所述，无人机在大规模实施应用阶段仍面临许多挑战，如何应对这些挑战，使无人机技术真正应用于物流业，是物流企业和研发机构需要考虑的问题。无人机的应用价值和应用挑战如表 15－1 所示。

表 15－1　　无人机的应用价值和应用挑战

	概括	具体描述
应用价值	协助人工配送	为残疾人提供便利； 简化必需品（食品、药品等）的交付流程； 提高医药物流灵活性
	节省配送时间	更加灵活和定制化的配送服务； 提升最后一公里的配送效率； 最小化等待时间和最大化客户满意度
	节省配送成本	更快捷、便宜的运输方式； 拓展利润空间； 减少配送超时造成的损失
	提高配送灵活性	更灵活的配送服务； 提高某些极端灾难情况下的配送能力； 配送方式的补充
	促进配送的可持续发展	减少污染气体的排放量； 促进可再生能源的使用； 减少交通事故率
应用挑战	技术挑战	无人机载重和飞行距离受限； 电池电量消耗过快； 受天气影响程度较大； 容易受到信号干扰； 隐私和安全问题
	组织挑战	后续投资多； 缺乏组织和管理经验； 增加物流运营者的风险
	安全挑战	存在碰撞和坠落的风险； 操作过程易发生事故； 易被不法分子利用
	监管挑战	缺少行业监管和行业标准； 监管存在不确定性和阻碍

15.2　无人机发展的趋势

无人机自控技术的影响因素及其发展预期如表 15－2 所示。

表 15－2　　无人机自控技术的影响因素及其发展预期

影响因素	发展预期		
	近期	中期	远期
人工智能和机器学习	研发部门相互合作； 云技术的发展	增强现实； 虚拟现实	持续感知； 高自主性
无人机自治系统	提高安全性和效率	执行无人任务和完成无人操作； 人类指导无人机	集群协作
信任程度	任务导向和验证，需要人类的伦理经验指导		

美国公布的无人机自主控制等级可以划分为 10 个级别（见图 15－1）。

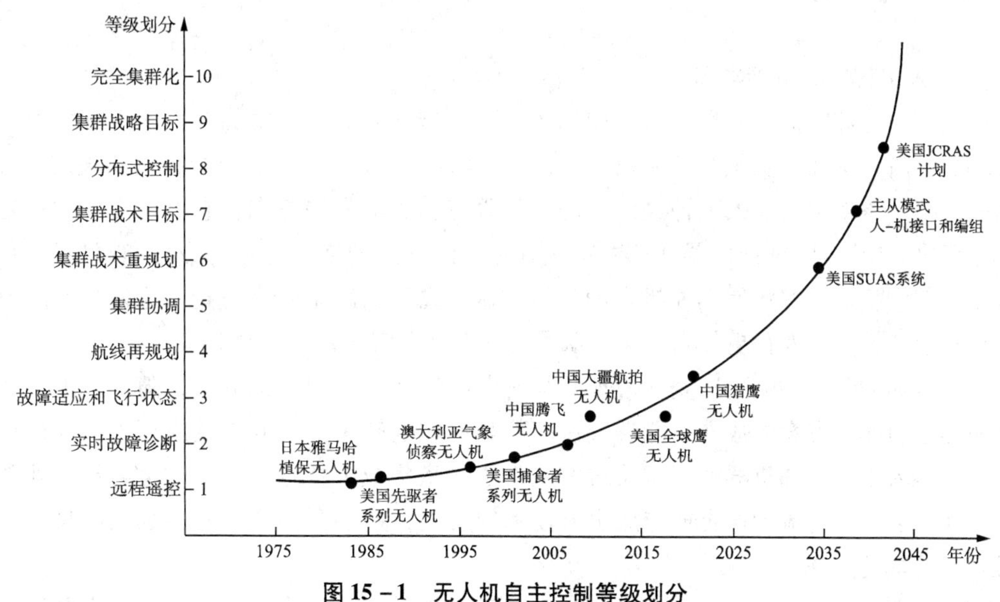

图 15－1　无人机自主控制等级划分

被广泛采纳的自主性等级划分体系对无人机自主控制等级进行了更加概括性的界定（见表 15－3）。

自主性的提高将使无人机系统能够执行更大范围的任务，使无人机拥有更大的自主权，还将不再要求飞手不断输入指令，使飞手可以同时对多架无人机进行更高级别的控制和监督。减少飞手的认知负荷还可以提高整体的配送效率，同时可以执行其他更加高级的任务。机器和机器之间的交互可以通过在复杂环境中自组织、任务分工、活动协调来提高效率。

表 15-3　　无人机自主控制等级划分（概括版）

等级	特点	具体描述
Ⅰ	人工操作	飞手做所有决定，无人机没有自主控制，但无人机可以将感知到的环境数据进行信息传输
Ⅱ	人工授权	当被授权时，无人机可以独立于人类控制而实现许多功能。该等级包括自动控制、发动机控制和其他低级别自动化，这些行为必须由人工激活或停用，并且必须在无人机和飞手交互操作的情况下进行
Ⅲ	人工监督	当给予无人机高级权限或指导时，无人机可以在某个权限下自主执行各种各样的活动。无人机可以根据感知到的数据执行某个动作，但无人机只有在被监督的任务范围内才能这样做
Ⅳ	完全自主化	无人机接收目标，并将其转化为无须人工干预即可执行的任务。飞手仍然可以在紧急情况下改变目标，但在人工干预发生之前可能存在明显的时间延迟

15.2.1 技术趋势

1. 人工智能和机器学习

人工智能和机器学习在无人机应用的诸多领域均具有巨大潜力，如无人机指令和控制、导航、感知（数据智能和数据融合）、障碍物检测和避障、集群控制和决策、人机交互等。深度学习是人工神经网络的一种很有前景的发展方向，它可以借助中央处理单元（CPU）、图形处理器（GPU）或者专门的神经网络芯片进行数据和模型学习。人工智能和机器学习将使无人机自动学习和做出高质量决策变得可行，这种学习能力同样也会使无人机变得更加自动化，赋予无人机自主拓展和改进的空间。

从近期来看，物流配送企业应加强与研发部门（或机构）的联系，随着人工智能和机器学习解决方案的成熟，能够快速获取最有效的解决方案并将其应用于无人机系统。许多人工智能和机器学习解决方案依赖于大型集成云技术来进行数据存储、处理和传输，因此，物流配送企业应加快云技术的发展，在整个服务中解决数据收集、标准化和共享的问题。

从中期来看，在建模和仿真、测试和验证有效性的过程中，人工智能和机器学习解决方案可能已经成熟到可以将其嵌入无人机系统的程度。随着人工智能和机器学习的进步，物流配送企业应该投资于增强现实和虚拟现实，以增强人机之间的交互，还应该继续加强行业内或与学术界的合作关系，从人工智能和机器学习开放架构中获益。

从远期来看，人工智能和机器学习的进步将实现应用程序的开发，让人工操作能够持续控制和感知无人机系统，使无人机系统在学习和决策方面具有类人智能和高自主性。

2. 无人机自治系统

无人机自治系统通过摄取、处理和分析大规模复杂的数据集来进行数据可视化，从而为飞手提供有价值的数据信息。这种类型的人机交互将使人们能够做出更明智的决策，并通过向无人机自治系统提供频繁的系统反馈来增强无人机自治系统的学习过程。此外，自治水平的提升将提高无人机系统的决策速度，最终使其执行决策任务的速度比飞手反应的速度更快。未来，无人机系统能力的扩展将在很大程度上取决于飞手应用无人机自治系统的能力。

从近期来看，需要在提高操作安全性和效率方面取得进展，如空中无人机防碰撞功能。

从中期来看，自主算法的发展、传感器的改进和计算机处理速度的加快将使人机协作从任务级支持演变为操作级支持，使机器可以直接协助人们进行各种操作。例如，无人机驾驶系统中更高水平的自主性将促进跟驰能力的提升，使尾随的半自主无人机跟随无人机机队中指定的领队无人机。

从远期来看，实现了近乎完全自主的无人机编队飞行，其能够在复杂环境中执行各种任务。

3. 信任程度

建立起飞手和无人机自治系统之间的联系，确保飞手的决策在无人机自治系统中的核心地位，并确保有效的人机协作。信任程度是复杂且多维的，必须维持并贯穿系统生命周期的所有阶段，通过持续评估无人机行为和功能的关键指标来建立对无人机自治系统的信任。全面的验证考察不仅有助于提高飞手的信心，也有助于增强设计人员、测试人员、立法者甚至社会公众对于无人机自治系统的信心。此外，无人机自治系统在运行时必须是透明的，能够合理解释系统做出的决策和行动，并使用简洁的表达方式向飞手传达目标和计划。

15. 2. 2　应用趋势

无人机配送重点应用于医院和卫生站点、专业化园区、高校、旅游景点等场景，提供高时效性、高附加值货品的运输服务以及交通不便区域的快递服务等，预期会有较快发展和突破。

未来应更注重发挥协同效应，比如人机协同、地空协同、无人机与无人车、智能枢纽协同等，而非替代效应，各种资源优势互补，创造最大价值。无人机、无人车、智能快递柜等设施设备，是骑手能力的延伸，在为消费者提供更好服务、为商家创造更大价值的同时，减轻骑手的劳动负荷，降低骑手赶时间带来的交通风险，增加骑手的派单量和收入。新技术的应用也有助于应对日益严峻的老龄化形势。

未来，操作无人机的界面会更智能、更安全、更友好。改善用户体验是必然要求，无论是哪一种无人机配送场景，均应把握好用户需求，让用户对相关节点的操作更简便、更省心省力。

课后习题

1. 简述无人机自主控制等级及其主要特点。

2. 自行查阅有关材料，介绍无人机技术应用于物流领域的一类新场景，简要分析其可行性。

本篇参考文献

[1] 王桂平，王衍，任嘉辰．图论算法理论、实现及应用［M］．北京：北京大学出版社，2011.

[2] TOTH P，VIGO D. Vehicle routing：problems，methods，and applications［M］. 2nd ed. Philadelphia：Society for Industrial and Applied Mathematics，2014.

[3] DESAULNIERS G，DESROSIERS J，SOLOMON MM. Column generation［M］. Boston：Springer Science & Business Media，2006.

[4] GENDREAU M，POTVIN JY. Handbook of metaheuristics［M］. New York：Springer，2010.

[5] WAWRLA L，MAGHAZEI O，NETLAND T. Applications of drones in warehouse operations［R］. ETH Zurich，D－MTEC，2019：212.

[6] 丁明跃，郑昌文，周成平，等．无人飞行器航迹规划［M］．北京：电子工业出版社，2009.